인플루언서
# 준이덕의
# 맞춤형화장품
# 조제관리사

핵심이론요약 + 실전연습문제

최근 기출 복원 수록

**실전모의고사 5회**

김석준 편저

북스케치

# 시험 안내

##  시험 소개

맞춤형화장품 조제관리사 자격시험은 「화장품법」에 따라 맞춤형화장품의 혼합, 소분 업무에 종사하고자 하는 자를 양성하기 위해 실시하는 국가전문자격 시험이다.

### 「화장품법」 제3조의2(맞춤형화장품 판매업의 신고)
① 맞춤형화장품 판매업을 하려는 자는 총리령으로 정하는 바에 따라 식품의약품안전처장에게 신고하여야 한다. 신고한 사항 중 총리령으로 정하는 사항을 변경할 때에도 또한 같다.
② 제1항에 따라 맞춤형화장품판매업을 신고하려는 자는 총리령으로 정하는 시설기준을 갖추어야 하며, 맞춤형화장품의 혼합·소분 등 품질·안전 관리 업무에 종사하는 자(이하 "맞춤형화장품조제관리사"라 한다)를 두어야 한다.

### 「화장품법」 제3조의4(맞춤형화장품 조제관리사 자격시험)
① 맞춤형화장품 조제관리사가 되려는 사람은 화장품과 원료 등에 대하여 식품의약품안전처장이 실시하는 자격시험에 합격하여야 한다.
② 식품의약품안전처장은 거짓이나 그 밖의 부정한 방법으로 자격시험에 응시한 사람 또는 자격시험에서 부정행위를 한 사람에 대하여는 그 자격시험을 정지시키거나 합격을 무효로 한다. 이 경우 자격시험이 정지되거나 합격이 무효가 된 사람은 그 처분이 있은 날부터 3년간 자격시험에 응시할 수 없다.
③ 식품의약품안전처장은 제1항에 따른 자격시험의 관리 및 제4항에 따른 자격증 발급 등에 관한 업무를 효과적으로 수행하기 위하여 필요한 전문인력과 시설을 갖춘 기관 또는 단체를 시험운영기관으로 지정하여 시험업무를 위탁할 수 있다.
④ 제1항 및 제3항에 따른 자격시험의 시기, 절차, 방법, 시험과목, 자격증의 발급, 시험운영기관의 지정 등 자격시험에 필요한 사항은 총리령으로 정한다.

### 「화장품법 시행규칙」 제8조의4(맞춤형화장품 조제관리사 자격시험)
① 식품의약품안전처장은 법 제3조의4 제1항에 따라 매년 1회 이상 맞춤형화장품 조제관리사 자격시험(이하 "자격시험"이라 한다)을 실시해야 한다.
② 식품의약품안전처장은 자격시험을 실시하려는 경우에는 시험일시, 시험장소, 시험과목, 응시방법 등이 포함된 자격시험 시행계획을 시험 실시 90일 전까지 식품의약품안전처 인터넷 홈페이지에 공고해야 한다.
③ 자격시험은 필기시험으로 실시하며, 그 시험과목은 다음 각 호의 구분에 따른다.
   1. 제1과목 : 화장품 관련 법령 및 제도 등에 관한 사항
   2. 제2과목 : 화장품의 제조 및 품질관리와 원료의 사용기준 등에 관한 사항
   3. 제3과목 : 화장품의 유통 및 안전관리 등에 관한 사항
   4. 제4과목 : 맞춤형화장품의 특성·내용 및 관리 등에 관한 사항

④ 자격시험은 전 과목 총점의 60퍼센트 이상의 점수와 매 과목 만점의 40퍼센트 이상의 점수를 모두 득점한 사람을 합격자로 한다.
⑤ 자격시험에서 부정행위를 한 사람에 대해서는 그 시험을 정지시키거나 그 합격을 무효로 한다.
⑥ 식품의약품안전처장은 자격시험을 실시할 때마다 시험과목에 대한 전문 지식을 갖추거나 화장품에 관한 업무 경험이 풍부한 사람 중에서 시험 위원을 위촉한다. 이 경우 해당 위원에 대해서는 예산의 범위에서 수당 및 여비 등을 지급할 수 있다.
⑦ 제1항부터 제6항까지에서 규정한 사항 외에 자격시험의 실시 방법 및 절차 등에 필요한 세부 사항은 식품의약품안전처장이 정하여 고시한다.

## 자격 정보

- **자격명** 맞춤형화장품 조제관리사
- **관련 부처** 식품의약품안전처
- **시행 기관** 한국생산성본부
- **(문의) 전화번호** 02-724-1170
- **홈페이지** https://license.kpc.or.kr/qplus/ccmm

## 응시 정보

- **응시자격** 제한 없음
- **응시 수수료** 100,000원
- **합격자 기준** 전 과목 총점(1,000점)의 60%(600점) 이상을 득점하고, 각 과목 만점의 40% 이상을 득점한 자

## 시험 과목 및 시간

| 시험 과목 | 문항 유형 | 과목별 총점 | 시험시간 |
| --- | --- | --- | --- |
| 화장품법의 이해 | 선다형 7문항<br>단답형 3문항 | 100점 | 09:30~11:30(120분)<br>※09:00까지 입실 완료 |
| 화장품 제조 및 품질관리 | 선다형 20문항<br>단답형 5문항 | 250점 | |
| 유통화장품 안전관리 | 선다형 25문항 | 250점 | |
| 맞춤형화장품의 이해 | 선다형 28문항<br>단답형 12문항 | 400점 | |

쮼이덕의 맞춤형화장품 조제관리사

# 시험 영역

| 시험영역 | 주요 내용 | 세부 내용 |
|---|---|---|
| 1<br>화장품법의 이해 | 화장품법 | • 화장품법의 입법취지<br>• 화장품의 정의 및 유형<br>• 화장품의 유형별 특성<br>• 화장품법에 따른 영업의 종류<br>• 화장품의 품질 요소(안전성, 안정성, 유효성)<br>• 화장품의 사후관리 기준 |
| | 개인정보 보호법 | • 고객 관리 프로그램 운용<br>• 개인정보 보호법에 근거한 고객정보 입력<br>• 개인정보 보호법에 근거한 고개정보 관리<br>• 개인정보 보호법에 근거한 고객 상담 |
| 2<br>화장품 제조 및 품질관리 | 화장품 원료의 종류와 특성 | • 화장품 원료의 종류<br>• 화장품에 사용된 성분의 특성<br>• 원료 및 제품의 성분 정보 |
| | 화장품의 기능과 품질 | • 화장품의 효과<br>• 판매 가능한 맞춤형화장품 구성<br>• 내용물 및 원료의 품질성적서 구비 |
| | 화장품 사용제한 원료 | • 화장품에 사용되는 사용제한 원료의 종류 및 사용한도<br>• 착향제(향료) 성분 중 알레르기 유발 물질 |
| | 화장품 관리 | • 화장품의 취급방법<br>• 화장품의 보관방법<br>• 화장품의 사용방법<br>• 화장품 사용상 주의사항 |
| | 위해사례 판단 및 보고 | • 위해여부 판단<br>• 위해사례 보고 |
| 3<br>유통화장품 안전관리 | 작업장 위생관리 | • 작업장의 위생 기준<br>• 작업장의 위생 상태<br>• 작업장의 위생 유지관리 활동<br>• 작업장 위생 유지를 위한 세제의 종류와 사용법<br>• 작업장 소독을 위한 소독제의 종류와 사용법 |
| | 작업자 위생관리 | • 작업장 내 직원의 위생 기준 설정<br>• 작업장 내 직원의 위생 상태 판정<br>• 혼합·소분 시 위생관리 규정<br>• 작업자 위생 유지를 위한 세제의 종류와 사용법<br>• 작업자 소독을 위한 소독제의 종류와 사용법<br>• 작업자 위생 관리를 위한 복장 청결상태 판단 |
| | 설비 및 기구 관리 | • 설비·기구의 위생 기준 설정<br>• 설비·기구의 위생 상태 판정<br>• 오염물질 제거 및 소독 방법<br>• 설비·기구의 구성 재질 구분<br>• 설비·기구의 폐기 기준 |
| | 내용물 및 원료 관리 | • 내용물 및 원료의 입고 기준<br>• 유통화장품의 안전관리 기준<br>• 입고된 원료 및 내용물 관리기준 |

| 시험영역 | 주요 내용 | 세부 내용 |
|---|---|---|
| | | • 보관 중인 원료 및 내용물 출고기준<br>• 내용물 및 원료의 폐기 기준<br>• 내용물 및 원료의 사용기한 확인 · 판정<br>• 내용물 및 원료의 개봉 후 사용기한 확인 · 판정<br>• 내용물 및 원료의 변질 상태(변색, 변취 등) 확인<br>• 내용물 및 원료의 폐기 절차 |
| | 포장재의 관리 | • 포장재의 입고 기준<br>• 입고된 포장재 관리기준<br>• 보관 중인 포장재 출고기준<br>• 포장재의 폐기 기준<br>• 포장재의 사용기한 확인 · 판정<br>• 포장재의 개봉 후 사용기한 확인 · 판정<br>• 포장재의 변질 상태 확인<br>• 포장재의 폐기 절차 |
| 4<br>맞춤형화장품의<br>이해 | 맞춤형화장품 개요 | • 맞춤형화장품 정의<br>• 맞춤형화장품 주요 규정<br>• 맞춤형화장품의 안전성<br>• 맞춤형화장품의 유효성<br>• 맞춤형화장품의 안정성 |
| | 피부 및 모발 생리 구조 | • 피부의 생리 구조<br>• 모발의 생리 구조<br>• 피부 모발 상태 분석 |
| | 관능평가 방법과 절차 | • 관능평가 방법과 절차 |
| | 제품 상담 | • 맞춤형화장품의 효과<br>• 맞춤형화장품의 부작용의 종류와 현상<br>• 배합금지 사항 확인 · 배합<br>• 내용물 및 원료의 사용제한 사항 |
| | 제품 안내 | • 맞춤형화장품 표시 사항<br>• 맞춤형화장품 안전기준의 주요사항<br>• 맞춤형화장품의 특징<br>• 맞춤형화장품의 사용법 |
| | 혼합 및 소분 | • 원료 및 제형의 물리적 특성<br>• 화장품 배합한도 및 금지원료<br>• 원료 및 내용물의 유효성<br>• 원료 및 내용물의 규격(PH, 점도, 색상, 냄새 등)<br>• 혼합 · 소분에 필요한 도구 · 기기 리스트 선택<br>• 혼합 · 소분에 필요한 기구 사용<br>• 맞춤형화장품 판매업 준수사항에 맞는 혼합 · 소분 활동 |
| | 충진 및 포장 | • 제품에 맞는 충진 방법<br>• 제품에 적합한 포장 방법<br>• 용기 기재사항 |
| | 재고관리 | • 원료 및 내용물의 재고 파악<br>• 적정 재고를 유지하기 위한 발주 |

쭌이덕의 맞춤형화장품 조제관리사

# 책의 차례

## APPENDIX 권두부록
2021년도 제4회 기출 복원 문제 · · · · · · · · · · · · · · · · · · · · · · 002

## PART 1 핵심이론 요약
1과목 화장품법의 이해 · · · · · · · · · · · · · · · · · · · · · · · · · · · 008
2과목 화장품 제조 및 품질관리 · · · · · · · · · · · · · · · · · · · · 022
3과목 유통화장품 안전관리 · · · · · · · · · · · · · · · · · · · · · · 035
4과목 맞춤형화장품의 이해 · · · · · · · · · · · · · · · · · · · · · · 052

## PART 2 실전연습문제
실전연습문제 100 · · · · · · · · · · · · · · · · · · · · · · · · · · · · · · 078

## PART 3 실전모의고사
제1회 실전모의고사 · · · · · · · · · · · · · · · · · · · · · · · · · · · · · 130
제2회 실전모의고사 · · · · · · · · · · · · · · · · · · · · · · · · · · · · · 158
제3회 실전모의고사 · · · · · · · · · · · · · · · · · · · · · · · · · · · · · 185
제4회 실전모의고사 · · · · · · · · · · · · · · · · · · · · · · · · · · · · · 212
제5회 실전모의고사 · · · · · · · · · · · · · · · · · · · · · · · · · · · · · 240

## PART 4 실전모의고사 정답과 해설
제1회 정답과 해설 · · · · · · · · · · · · · · · · · · · · · · · · · · · · · · 268
제2회 정답과 해설 · · · · · · · · · · · · · · · · · · · · · · · · · · · · · · 279
제3회 정답과 해설 · · · · · · · · · · · · · · · · · · · · · · · · · · · · · · 289
제4회 정답과 해설 · · · · · · · · · · · · · · · · · · · · · · · · · · · · · · 301
제5회 정답과 해설 · · · · · · · · · · · · · · · · · · · · · · · · · · · · · · 310

## PART 5 부록
1 화장품에 사용할 수 없는 원료 · · · · · · · · · · · · · · · · · · · 322
2 화장품에 사용상의 제한이 필요한 원료 · · · · · · · · · · · · 360
3 유통화장품의 안전관리 기준 · · · · · · · · · · · · · · · · · · · · 373

## 권두부록

# 2021년도 제4회 기출 복원 문제

※ 본 기출문제는 실제 시험 응시자로부터 수집한 후기를 바탕으로 복원되었습니다.

**001** 다음의 ㉠, ㉡에 들어갈 말로 옳게 짝지어진 것을 고르면?

> **사용상의 제한이 필요한 원료**
> 페녹시에탄올의 사용한도 : ( ㉠ )%
>
> **화장품의 함유 성분별 사용 시의 주의사항 표시 문구**
> 폴리에톡실레이티드레틴아마이드가 ( ㉡ )% 이상 함유 제품일 경우에 '폴리에톡실레이티드레틴아마이드는 「인체적용시험자료」에서 경미한 발적, 피부건조, 화끈감, 가려움, 구진이 보고된 예가 있음'이라는 문구를 주의사항에 표시해야 한다.

|  | ㉠ | ㉡ |
|---|---|---|
| ① | 1 | 0.1 |
| ② | 1 | 0.2 |
| ③ | 1 | 1 |
| ④ | 0.1 | 1 |
| ⑤ | 0.1 | 2 |

### 해설

- 사용상의 제한이 필요한 원료 중 보존제 성분인 페녹시에탄올의 사용한도는 1%이다.
- 폴리에톡실레이티드레틴아마이드가 0.2% 이상 함유 제품일 경우에 '폴리에톡실레이티드레틴아마이드는 「인체적용시험자료」에서 경미한 발적, 피부건조, 화끈감, 가려움, 구진이 보고된 예가 있음'이라는 문구를 주의사항에 표시해야 한다.

정답 ②

## 002 화장품의 포장에 기재·표시해야 하는 사항 중 생략 가능한 것은?

① 기능성화장품의 경우 심사받거나 보고한 효능·효과, 용법·용량
② 인체 세포·조직 배양액이 들어있는 경우 그 함량
③ 화장품에 천연 또는 유기농으로 표시·광고하려는 경우 원료의 함량
④ 수입화장품에 「대외무역법」에 따른 원산지를 표시한 경우 제조국의 명칭
⑤ 성분명을 제품 명칭의 일부로 사용한 경우 그 성분명과 함량(방향용 제품은 제외)

### 해설

「화장품법 시행규칙」 제19조(화장품 포장의 기재·표시 등)
④ 법 제10조 제1항 제10호에 따라 화장품의 포장에 기재·표시하여야 하는 사항은 다음 각 호와 같다. 다만, 맞춤형화장품의 경우에는 제1호 및 제6호를 제외한다.
1. 식품의약품안전처장이 정하는 바코드
2. 기능성화장품의 경우 심사받거나 보고한 효능·효과, 용법·용량
3. 성분명을 제품 명칭의 일부로 사용한 경우 그 성분명과 함량(방향용 제품은 제외한다)
4. 인체 세포·조직 배양액이 들어있는 경우 그 함량
5. 화장품에 천연 또는 유기농으로 표시·광고하려는 경우에는 원료의 함량
6. 수입화장품인 경우에는 제조국의 명칭(「대외무역법」에 따른 원산지를 표시한 경우에는 제조국의 명칭을 생략할 수 있다), 제조회사명 및 그 소재지
7. 제2조 제8호부터 제11호까지에 해당하는 기능성화장품의 경우에는 "질병의 예방 및 치료를 위한 의약품이 아님"이라는 문구
8. 다음 각 목의 어느 하나에 해당하는 경우 법 제8조 제2항에 따라 사용기준이 지정·고시된 원료 중 보존제의 함량
 가. 별표 3 제1호 가목에 따른 만 3세 이하의 영유아용 제품류인 경우
 나. 만 4세 이상부터 만 13세 이하까지의 어린이가 사용할 수 있는 제품임을 특정하여 표시·광고하려는 경우

정답 ④

## 003 다음 중 소비자화장품안전관리감시원에 대한 설명으로 틀린 것은?

① 「소비자기본법」에 따라 등록한 소비자단체의 임직원 중 해당 단체의 장이 추천한 사람이나 화장품 안전관리에 관한 지식이 있는 사람을 소비자화장품안전관리감시원으로 위촉할 수 있다.
② 소비자화장품안전관리감시원은 유통 중인 화장품이 표시기준에 맞지 아니할 경우 관할 행정관청에 신고하거나 그에 관한 자료를 제공한다.
③ 식품의약품안전처장은 소비자화장품안전관리감시원에게 직무 수행에 필요한 교육을 실시할 수 있다.
④ 식품의약품안전처장은 소비자화장품안전관리감시원이 질병이나 부상 등의 사유로 직무수행이 어렵게 된 경우 해당 소비자화장품안전관리감시원을 해촉(解囑)하여야 한다.
⑤ 식품의약품안전처장은 소비자화장품안전관리감시원이 직무와 관련하여 부정한 행위를 하거나 권한을 남용한 경우 해당 소비자화장품안전관리감시원에게 관련 교육을 실시할 수 있다.

쭌이덕의 맞춤형화장품 조제관리사

### 해설

「화장품법」 제18조의2(소비자화장품안전관리감시원)
① 식품의약품안전처장 또는 지방식품의약품안전청장은 화장품 안전관리를 위하여 제17조에 따라 설립된 단체 또는 「소비자기본법」 제29조에 따라 등록한 소비자단체의 임직원 중 해당 단체의 장이 추천한 사람이나 화장품 안전관리에 관한 지식이 있는 사람을 소비자화장품안전관리감시원으로 위촉할 수 있다.
② 제1항에 따라 위촉된 소비자화장품안전관리감시원(이하 "소비자화장품감시원"이라 한다)의 직무는 다음 각 호와 같다.
  1. 유통 중인 화장품이 제10조 제1항 및 제2항에 따른 표시기준에 맞지 아니하거나 제13조 제1항 각 호의 어느 하나에 해당하는 표시 또는 광고를 한 화장품인 경우 관할 행정관청에 신고하거나 그에 관한 자료 제공
  2. 제18조 제1항·제2항에 따라 관계 공무원이 하는 출입·검사·질문·수거의 지원
  3. 그 밖에 화장품 안전관리에 관한 사항으로서 총리령으로 정하는 사항
③ 식품의약품안전처장 또는 지방식품의약품안전청장은 소비자화장품감시원에게 직무 수행에 필요한 교육을 실시할 수 있다.
④ 식품의약품안전처장 또는 지방식품의약품안전청장은 소비자화장품감시원이 다음 각 호의 어느 하나에 해당하는 경우에는 해당 소비자화장품감시원을 해촉(解囑)하여야 한다.
  1. 해당 소비자화장품감시원을 추천한 단체에서 퇴직하거나 해임된 경우
  2. 제2항 각 호의 직무와 관련하여 부정한 행위를 하거나 권한을 남용한 경우
  3. 질병이나 부상 등의 사유로 직무 수행이 어렵게 된 경우
⑤ 소비자화장품감시원의 자격, 교육, 그 밖에 필요한 사항은 총리령으로 정한다.

정답 ⑤

### 004 다음의 사용상의 제한이 필요한 원료 중 사용한도가 가장 낮은 원료는?

① 살리실릭애씨드　　　　② 징크피리치온
③ 메칠이소치아졸리논　　④ 벤제토늄클로라이드
⑤ 트리클로카반

### 해설

① 살리실릭애씨드
  – 사용한도 : 인체세정용 제품류에 살리실릭애씨드로서 2%, 사용 후 씻어내는 두발용 제품류에 살리실릭애씨드로서 3%
  – 기타 제품에는 사용금지
② 징크피리치온
  – 사용한도 : 사용 후 씻어내는 제품에 0.5%
  – 기타 제품에는 사용금지
③ 메칠이소치아졸리논
  – 사용한도 : 사용 후 씻어내는 제품에 0.0015%
  – 기타 제품에는 사용금지
④ 벤제토늄클로라이드
  – 사용한도 : 0.1%
  – 점막에 사용되는 제품에는 사용금지
⑤ 트리클로카반(트리클로카바닐리드)
  – 사용한도 : 사용 후 씻어내는 제품류에 1.5%
  – 기능성화장품의 유효성분으로 사용하는 경우에 한하며 기타 제품에는 사용금지

정답 ③

**005** 다음의 「화장품법 시행규칙」의 영업자의 의무 중 맞춤형화장품판매업자의 의무로 옳은 것은?

① 맞춤형화장품판매업자는 소비자에게 유통·판매되는 화장품을 임의로 혼합·소분할 시에는 식품의약품안전처장에게 알려야 한다.
② 맞춤형화장품판매업자는 맞춤형화장품 판매장 시설·기구의 관리 방법, 혼합·소분 안전관리기준의 준수 의무, 혼합·소분되는 내용물 및 원료에 대한 설명 의무, 안전성 관련 사항 보고 의무 등에 관하여 총리령으로 정하는 사항을 준수하여야 한다.
③ 식품의약품안전처장의 명에 의해 화장품 관련 법령 및 제도에 관한 교육을 받아야 하는 자가 셋 이상의 장소에서 화장품제조업, 화장품책임판매업 또는 맞춤형화장품판매업을 하는 경우에는 종업원 중에서 총리령으로 정하는 자를 책임자로 지정하여 교육을 받게 할 수 있다.
④ 지방식품의약품안전청장은 국민 건강상 위해를 방지하기 위하여 필요하다고 인정하면 맞춤형화장품판매업자에게 화장품 관련 법령 및 제도에 관한 교육을 받을 것을 명할 수 있다.
⑤ 맞춤형화장품판매업자는 총리령으로 정하는 바에 따라 맞춤형화장품에 사용된 모든 원료의 목록을 매년 2회 식품의약품안전처장에게 보고하여야 한다.

## 해설

**「화장품법 시행규칙」 제5조(영업자의 의무 등)**
① 화장품제조업자는 화장품의 제조와 관련된 기록·시설·기구 등 관리 방법, 원료·자재·완제품 등에 대한 시험·검사·검정 실시 방법 및 의무 등에 관하여 총리령으로 정하는 사항을 준수하여야 한다.
② 화장품책임판매업자는 화장품의 품질관리기준, 책임판매 후 안전관리기준, 품질 검사 방법 및 실시 의무, 안전성·유효성 관련 정보사항 등의 보고 및 안전대책 마련 의무 등에 관하여 총리령으로 정하는 사항을 준수하여야 한다.
③ 맞춤형화장품판매업자(제3조의2 제1항에 따라 맞춤형화장품판매업을 신고한 자를 말한다. 이하 같다)는 소비자에게 유통·판매되는 화장품을 임의로 혼합·소분하여서는 아니 된다.
④ 맞춤형화장품판매업자는 맞춤형화장품 판매장 시설·기구의 관리 방법, 혼합·소분 안전관리기준의 준수 의무, 혼합·소분되는 내용물 및 원료에 대한 설명 의무, 안전성 관련 사항 보고 의무 등에 관하여 총리령으로 정하는 사항을 준수하여야 한다.
⑤ 화장품책임판매업자는 총리령으로 정하는 바에 따라 화장품의 생산실적 또는 수입실적, 화장품의 제조과정에 사용된 원료의 목록 등을 식품의약품안전처장에게 보고하여야 한다. 이 경우 원료의 목록에 관한 보고는 화장품의 유통·판매 전에 하여야 한다.
⑥ 맞춤형화장품판매업자는 총리령으로 정하는 바에 따라 맞춤형화장품에 사용된 모든 원료의 목록을 매년 1회 식품의약품안전처장에게 보고하여야 한다.
⑦ 책임판매관리자 및 맞춤형화장품조제관리사는 화장품의 안전성 확보 및 품질관리에 관한 교육을 매년 받아야 한다.
⑧ 식품의약품안전처장은 국민 건강상 위해를 방지하기 위하여 필요하다고 인정하면 화장품제조업자, 화장품책임판매업자 및 맞춤형화장품판매업자(이하 "영업자"라 한다)에게 화장품 관련 법령 및 제도(화장품의 안전성 확보 및 품질관리에 관한 내용을 포함한다)에 관한 교육을 받을 것을 명할 수 있다.
⑨ 제8항에 따라 교육을 받아야 하는 자가 둘 이상의 장소에서 화장품제조업, 화장품책임판매업 또는 맞춤형화장품판매업을 하는 경우에는 종업원 중에서 총리령으로 정하는 자를 책임자로 지정하여 교육을 받게 할 수 있다.
⑩ 제7항부터 제9항까지의 규정에 따른 교육의 실시 기관, 내용, 대상 및 교육비 등에 관하여 필요한 사항은 총리령으로 정한다.

정답 ②

**006** 다음의 위해평가의 절차의 ㉠, ㉡에 들어갈 말로 옳게 짝지어진 것을 고르면?

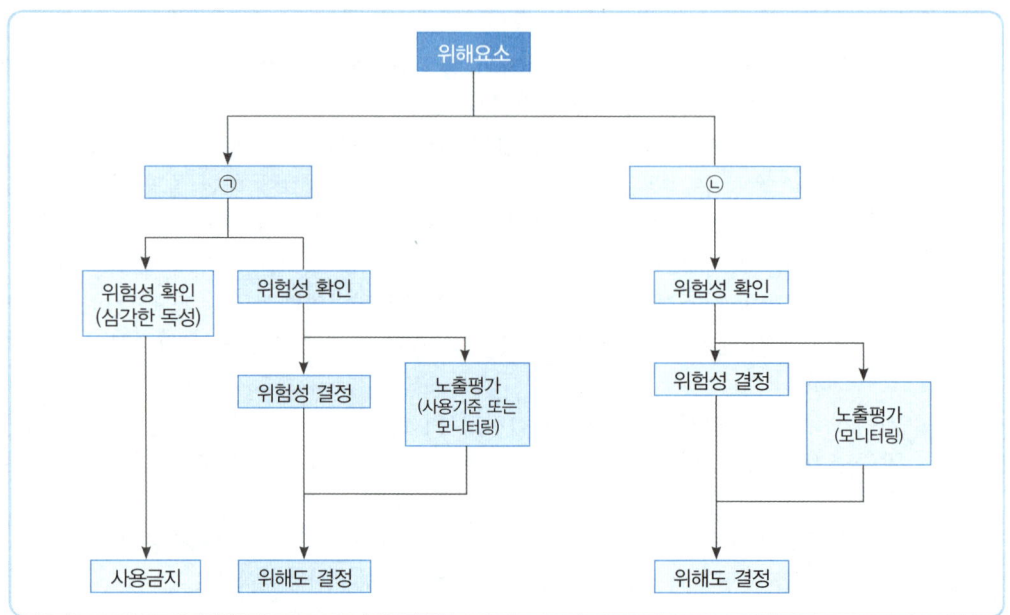

|   | ㉠ | ㉡ |
|---|---|---|
| ① | 의도적 사용물질 | 비의도적 오염물질 |
| ② | 의도적 오염물질 | 비의도적 오염물질 |
| ③ | 비의도적 사용물질 | 의도적 사용물질 |
| ④ | 비의도적 오염물질 | 의도적 오염물질 |
| ⑤ | 비의도적 오염물질 | 비의도적 오염물질 |

### 해설

**위해요소별 위해평가 유형**

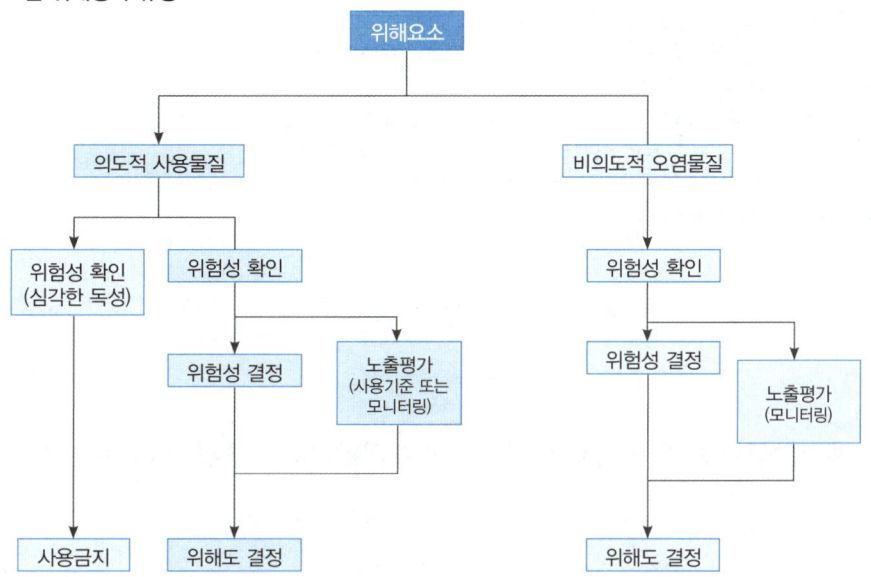

정답 ①

## 007 다음 중 고압가스를 사용하는 에어로졸 제품의 보관 및 취급상의 주의사항으로 옳지 않은 것은?

① 가연성 가스를 사용하는 제품을 밀폐된 실내에서 사용한 후에는 반드시 환기를 할 것
② 가연성 가스를 사용하는 제품을 불 속에 버리지 말 것
③ 가연성 가스를 사용하는 제품을 섭씨 40도 이상의 장소 또는 밀폐된 장소에서 보관하지 말 것
④ 가연성 가스를 사용하지 않는 제품을 섭씨 40도 이상의 장소 또는 밀폐된 장소에 보관하지 말 것
⑤ 가연성 가스를 사용하지 않는 제품은 사용 후 남은 가스가 없도록 하고 불 속에 버리도록 할 것

### 해설

「화장품법 시행규칙」 [별표3] 화장품 유형과 사용 시의 주의사항(제19조 제3항 관련)
9) 고압가스를 사용하는 에어로졸 제품[무스의 경우 가)부터 라)까지의 사항은 제외한다]
　가) 같은 부위에 연속해서 3초 이상 분사하지 말 것
　나) 가능하면 인체에서 20센티미터 이상 떨어져서 사용할 것
　다) 눈 주위 또는 점막 등에 분사하지 말 것. 다만, 자외선 차단제의 경우 얼굴에 직접 분사 하지 말고 손에 덜어 얼굴에 바를 것
　라) 분사가스는 직접 흡입하지 않도록 주의할 것

마) 보관 및 취급상의 주의사항
  (1) 불꽃길이시험에 의한 화염이 인지되지 않는 것으로서 가연성 가스를 사용하지 않는 제품
     (가) 섭씨 40도 이상의 장소 또는 밀폐된 장소에 보관하지 말 것
     (나) 사용 후 남은 가스가 없도록 하고 불 속에 버리지 말 것
  (2) 가연성 가스를 사용하는 제품
     (가) 불꽃을 향하여 사용하지 말 것
     (나) 난로, 풍로 등 화기 부근 또는 화기를 사용하고 있는 실내에서 사용하지 말 것
     (다) 섭씨 40도 이상의 장소 또는 밀폐된 장소에서 보관하지 말 것
     (라) 밀폐된 실내에서 사용한 후에는 반드시 환기를 할 것
     (마) 불 속에 버리지 말 것

정답 ⑤

## 008 음이온 계면활성제 종류 중에서 설페이트계 계면활성제의 종류가 아닌 것은?

① SLS
② SLES
③ ALS
④ ALES
⑤ EMS

 해설

⑤는 '에틸메테인설포네이트'이다.
**음이온 계면활성제**
음이온 계면활성제의 구조에서 친수기가 가장 중요하며, 주로 카르복실레이트, 설페이트, 설포네이트로 이루어져 있다.
- 설페이트계 계면활성제 종류 : 소듐라우릴설페이트(SLS), 소듐라우레스설페이트(SLES), 암모늄라우릴설페이트(ALS), 암모늄라우레스설페이트(ALES)
- 설포네이트계 계면활성제 종류 : 티이에이-도데실벤젠설포네이트, 페르프루오로옥탄설포네이트, 알킬벤젠설포네이트 등
- 카르복실레이트계 계면활성제 종류 : 소듐라우레스-3카복실레이트 등

정답 ⑤

## 009 다음 중 천연화장품 및 유기농 화장품 용기에 사용할 수 없는 것을 모두 고르면?

> ㉠ 폴리프로필렌(PP)
> ㉡ 폴리에틸렌(PE)
> ㉢ 폴리에틸렌 테레프탈레이트(PET/PETE)
> ㉣ 폴리스티렌(PS)
> ㉤ 폴리염화비닐(PVC)
> ㉥ 폴리스티렌 폼

① ㉠, ㉡
② ㉡, ㉢
③ ㉢, ㉤
④ ㉣, ㉤
⑤ ㉤, ㉥

 해설

「천연화장품 및 유기농화장품의 기준에 관한 규정」 제6조(포장)
천연화장품 및 유기농화장품의 용기와 포장에 폴리염화비닐(PVC), 폴리스티렌 폼을 사용할 수 없다.

정답 ⑤

## 010 다음 중 화장품 관능평가에 대한 내용으로 옳지 않은 것을 고르면?

① 관능평가란 여러 가지 물질을 인간의 오감에 의해 평가하는 제품 검사이다.
② 관능평가의 종류로 소비자에 의한 평가, 전문가 패널에 의한 평가, 정확한 관능기준을 가지고 교육을 받은 전문가 패널의 도움을 얻어 실시하는 평가가 있다.
③ 사용감 평가 절차에서 사용감이란 원자재나 제품을 사용할 때 피부에서 느끼는 감각으로 매끄럽게 발리거나 바른 후 가볍거나 무거운 느낌, 밀착감, 청량감 등을 말한다.
④ 그림, 유액 등은 유화 제품은 표준견본과 대조하여 평가하고자 하는 내용물의 표면의 매끄러움과 점성 등을 확인한다.
⑤ 비맹검 사용시험은 제품의 정보를 제공하지 않고 제품에 대한 인식 및 효능이 일치하는 지를 조사하는 시험이다.

 해설

비맹검 사용시험은 제품의 정보를 제공하고 제품에 대한 인식 및 효능이 일치하는 지를 조사하는 시험이다.

정답 ⑤

## 011 다음 중 계면활성제에 대한 설명으로 옳지 않은 것은?

① 계면활성제란 한 분자 내에 친수성과 소수성을 동시에 갖는 물질이다.
② 계면활성제는 계면에 흡착하여 계면의 성질을 바꾸거나 계면의 자유에너지를 낮추어 주는 특징을 가지고 있다.
③ 양이온 계면활성제는 일반적으로 분자량이 적으면 보존제로 이용되며, 분자량이 크면 헤어린스 등 유연제 및 대전 방지제로 주로 활용된다.
④ 음이온 계면활성제는 거품 형성 작용이 우수하여 주로 클렌징 제품에 활용된다.
⑤ 양쪽성 계면활성제는 물에 용해할 때 친수기 부분이 양이온과 음이온을 동시에 갖는 계면활성제로 알칼리에서는 양이온, 산성에서는 음이온 특성을 나타낸다.

### 해설

양쪽성 계면활성제는 물에 용해할 때 친수기 부분이 양이온과 음이온을 동시에 갖는 계면활성제로 알칼리에서는 음이온, 산성에서는 양이온 특성을 나타낸다.

정답 ⑤

## 012 다음 중 안전용기·포장을 사용해야 하는 품목에 대한 설명으로 옳지 않은 것은?

① 아세톤을 함유하는 네일 에나멜 리무버 및 네일 폴리시 리무버
② 어린이용 오일 등 개별포장당 탄화수소류를 10퍼센트 이상 함유하고 운동점도가 21센티스톡스(섭씨 40도 기준) 이하인 에멀션 형태의 제품
③ 개별포장당 메틸 살리실레이트를 5퍼센트 이상 함유하는 액체상태의 제품
④ 안전용기·포장은 성인이 개봉하기는 어렵지 아니하나 만 5세 미만의 어린이가 개봉하기는 어렵게 된 것이어야 한다.
⑤ 일회용 제품, 용기 입구 부분이 펌프 또는 방아쇠로 작동되는 분무용기 제품, 압축 분무용기 제품(에어로졸 제품 등)은 제외한다.

### 해설

「화장품법 시행규칙」 제18조(안전용기·포장 대상 품목 및 기준)
① 법 제9조 제1항에 따른 안전용기·포장을 사용해야 하는 품목은 다음 각 호와 같다. 다만, 일회용 제품, 용기 입구 부분이 펌프 또는 방아쇠로 작동되는 분무용기 제품, 압축 분무용기 제품(에어로졸 제품 등)은 제외한다. 〈개정 2021. 9. 10.〉
  1. 아세톤을 함유하는 네일 에나멜 리무버 및 네일 폴리시 리무버
  2. 어린이용 오일 등 개별포장당 탄화수소류를 10퍼센트 이상 함유하고 운동점도가 21센티스톡스(섭씨 40도 기준) 이하인 에멀션 형태가 아닌 액체상태의 제품
  3. 개별포장당 메틸 살리실레이트를 5퍼센트 이상 함유하는 액체상태의 제품
② 제1항에 따른 안전용기·포장은 성인이 개봉하기는 어렵지 아니하나 만 5세 미만의 어린이가 개봉하기는 어렵게 된 것이어야 한다. 이 경우 개봉하기 어려운 정도의 구체적인 기준 및 시험방법은 산업통상자원부장관이 정하여 고시하는 바에 따른다. 〈개정 2013. 3. 23.〉

정답 ②

**013** 다음 중 '위해평가'가 필요하지 않는 경우는?

① 비의도적 오염 물질의 기준 설정
② 화장품 안전 이슈 성분의 위해성
③ 현 사용한도 성분의 기준 적절성
④ 불법으로 유해물질을 화장품에 혼입한 경우
⑤ 인체 위해의 유의한 증거가 없음을 검증

### 해설

'화장품 위해평가 가이드라인', 위해평가 필요성 검토

| 위해평가 필요한 경우 | 위해평가 불필요한 경우 |
| --- | --- |
| - 위해성에 근거하여 사용금지를 설정<br>- 안전역을 근거로 사용한도를 설정(보존제 등)<br>- 현 사용한도 성분의 기준 적절성<br>- 비의도적 오염물질의 기준 설정<br>- 화장품 안전 이슈 성분의 위해성<br>- 위해관리 우선순위를 설정<br>- 인체 위해의 유의한 증거가 없음을 검증 | - 불법으로 유해물질을 화장품에 혼입한 경우<br>- 안전성, 유효성이 입증되어 기허가 된 기능성화장품<br>- 위험에 대한 충분한 정보가 부족한 경우 |

정답 ④

**014** 다음 중 혼합·소분의 안전관리 기준에 대한 설명으로 옳지 않은 것은?

① 맞춤형화장품 조제에 사용하는 내용물 및 원료의 혼합·소분 범위에 대해 사전에 품질 및 안전성을 확보할 것
② 맞춤형화장품 판매 내역서를 작성·보관할 것(전자문서로 된 판매내역을 포함)
③ 원료 및 내용물의 입고, 사용, 폐기 내역 등에 대하여 기록 관리할 것
④ 맞춤형화장품 판매 시 사용된 내용물 또는 원료의 특성, 사용 시 주의사항을 소비자에게 설명할 것
⑤ 맞춤형화장품 사용과 관련된 부작용 발생사례에 대해서는 10일 내에 식품의약품안전처장에게 보고할 것

### 해설

맞춤형화장품 사용과 관련된 부작용 발생사례에 대해서는 지체 없이 식품의약품안전처장에게 보고할 것

정답 ⑤

## 단답형

**015** 다음의 「화장품법」 조문을 읽고 빈칸에 들어갈 알맞은 말을 쓰시오.

> 화장품책임판매업자는 총리령으로 정하는 바에 따라 화장품의 생산실적 또는 수입실적, 화장품의 제조과정에 사용된 (　　) 등을 식품의약품안전처장에게 보고하여야 한다.

### 해설

「화장품법」 제5조(영업자의 의무 등)
⑤ 화장품책임판매업자는 총리령으로 정하는 바에 따라 화장품의 생산실적 또는 수입실적, 화장품의 제조과정에 사용된 원료의 목록 등을 식품의약품안전처장에게 보고하여야 한다. 이 경우 원료의 목록에 관한 보고는 화장품의 유통·판매 전에 하여야 한다.

정답 원료의 목록

**016** 다음을 읽고 ㉠, ㉡에 들어갈 알맞은 말을 쓰시오.

> 합성원료는 천연화장품 및 유기농화장품의 제조에 사용할 수 없다. 다만, 천연화장품 또는 유기농화장품의 품질 또는 안전을 위해 필요하나 따로 자연에서 대체하기 곤란한 원료는 (　㉠　)% 이내에서 사용할 수 있다. 이 경우에도 석유화학 부분(petrochemical moiety의 합)은 (　㉡　)%를 초과할 수 없다.

㉠　　　　　　㉡

### 해설

「천연화장품 및 유기농화장품의 기준에 관한 규정」 제3조(사용할 수 있는 원료)
① 천연화장품 및 유기농화장품의 제조에 사용할 수 있는 원료는 다음 각 호와 같다. 다만, 제조에 사용하는 원료는 별표2의 오염물질에 의해 오염되서는 아니 된다.
　1. 천연원료
　2. 천연유래 원료
　3. 물
　4. 기타 별표3 및 별표4에서 정하는 원료
② 합성원료는 천연화장품 및 유기농화장품의 제조에 사용할 수 없다. 다만, 천연화장품 또는 유기농화장품의 품질 또는 안전을 위해 필요하나 따로 자연에서 대체하기 곤란한 제1항 제4호의 원료는 5% 이내에서 사용할 수 있다. 이 경우에도 석유화학 부분(petrochemical moiety의 합)은 2%를 초과할 수 없다.

정답 ㉠ 5, ㉡ 2

## 017 다음에서 설명하는 화장품 원료를 쓰시오.

- 분자구조식 : $HSCH_2COOH$
- 분류 : 유기산
- 비중 : 1.325(20℃)
- 성상 : 미황색의 투명한 액체로 강한 불쾌한 취가 있음
- 특징 : 환원제, 제모제, 용제

**해설**

치오글라이콜릭애씨드의 배합목적은 산화방지제, 제모제, 퍼머넌트웨이브용제/헤어스트레이트너용제, 환원제이다.

정답 치오글라이콜릭애씨드

## 018 다음을 읽고 빈칸에 들어갈 알맞은 말을 쓰시오.

레티놀(비타민A) 및 그 유도체, 아스코빅애시드(비타민C) 및 그 유도체, 토코페롤(비타민E), 과산화화합물 및 효소 성분 중 어느 하나를 0.5퍼센트 이상 함유하는 제품은 해당 품목의 (　　　) 시험 자료를 최종 제조된 제품의 사용기한이 만료되는 날부터 1년간 보존해야 한다.

**해설**

「화장품법 시행규칙」 제12조(화장품책임판매업자의 준수사항)
11. 다음 각 목의 어느 하나에 해당하는 성분을 0.5퍼센트 이상 함유하는 제품의 경우에는 해당 품목의 안정성시험 자료를 최종 제조된 제품의 사용기한이 만료되는 날부터 1년간 보존할 것
　가. 레티놀(비타민A) 및 그 유도체
　나. 아스코빅애시드(비타민C) 및 그 유도체
　다. 토코페롤(비타민E)
　라. 과산화화합물
　마. 효소

정답 안정성

## 019 다음을 읽고 ㉠, ㉡에 들어갈 알맞은 말을 쓰시오.

제품의 포장재질·포장방법에 관한 기준 등에 관한 규칙에 따라 인체 및 두발 세정용 제품류(샴푸)는 포장공간비율이 ( ㉠ )% 이하여야 하며, 포장횟수는 ( ㉡ )차 이내여야 한다.

㉠                ㉡

### 해설

**제품의 종류별 포장방법에 관한 기준**

| 제품의 종류 | | | 기준 | |
|---|---|---|---|---|
| | | | 포장공간비율 | 포장횟수 |
| 단위제품 | 화장품류 | 인체 및 두발 세정용 제품류 | 15% 이하 | 2차 이내 |
| | | 그 밖의 화장품류(방향제를 포함한다) | 10% 이하(향수 제외) | 2차 이내 |
| | 세제류 | 세제류 | 15% 이하 | 2차 이내 |
| 종합제품 | 1차식품, 가공식품, 음료, 주류, 제과류, 건강기능식품, 화장품류, 세제류, 신변잡화류 | | 25% 이하 | 2차 이내 |

정답 ㉠ 15, ㉡ 2

## 020 다음을 읽고 빈칸에 공통으로 들어갈 알맞은 말을 쓰시오.

- 화장품에서 사용되는 천연 오일의 종류는 식물성 오일, 동물성 오일, (   ) 오일로 구분할 수 있다.
- (   ) 오일은 대부분 원유를 정제하는 과정에서 생성되는 부산물로, 주성분은 알케인과 파라핀이다.

### 해설

천연 오일은 원료 유래에 따라 식물성 오일, 동물성 오일, 광물성 오일로 구분함

정답 광물성

**021** 다음을 읽고 빈칸에 들어갈 알맞은 말을 쓰시오.

> 우수화장품 제조 및 품질관리기준(CGMP)에서는 (　　)을(를) 규정된 조건 하에서 측정기기나 측정 시스템에 의해 표시되는 값과 표준기기의 참값을 비교하여 이들의 오차가 허용범위 내에 있음을 확인하고, 허용범위를 벗어나는 경우 허용범위 내에 들도록 조정하는 것이라고 정의하고 있다.

### 해설

"교정"이란 규정된 조건 하에서 측정기기나 측정 시스템에 의해 표시되는 값과 표준기기의 참값을 비교하여 이들의 오차가 허용범위 내에 있음을 확인하고, 허용범위를 벗어나는 경우 허용범위 내에 들도록 조정하는 것을 말한다.

정답 교정

**022** 다음을 읽고 빈칸에 공통으로 들어갈 알맞은 말을 3가지 쓰시오.

> 화장품책임판매업자는 맞춤형화장품 판매내역서에 (　,　,　), 사용기한 또는 개봉 후 사용기간을 포함하여 작성하고 보관해야 한다.

### 해설

「화장품법 시행규칙」 제12조의2(화장품책임판매업자의 준수사항)
3. 다음 각 목의 사항이 포함된 맞춤형화장품 판매내역서(전자문서로 된 판매내역서를 포함한다)를 작성·보관할 것
　가. 제조번호
　나. 사용기한 또는 개봉 후 사용기간
　다. 판매일자 및 판매량

정답 제조번호, 판매량, 판매일자

**023** 다음을 읽고 ㉠, ㉡에 들어갈 알맞은 말을 쓰시오.

- 모발의 주성분인 ( ㉠ )에는 디설파이드 결합(disulfide bond,-S-S-)을 가지고 있는 시스테인이 있는데 이 디설파이드 결합을 환원, 산화시켜서 모발의 웨이브(wave)를 형성한다.
- 여드름의 원인이 되는 ( ㉡ )은(는) 트리글리세라이드, 왁스에스테르, 지방산, 스쿠알렌 등의 성분으로 이루어져 있다.

 ㉠                    ㉡

### 해설

- 두발의 주요 구성 단백질은 케라틴이며, 케라틴 단백질의 세부 결합 형태에 따라 두발의 형태가 달라진다. 두발 케라틴 단백질 간의 공유 결합인 이황화결합(disulfide bond,-S-S-)을 환원제로 끊어 준 다음 원하는 두발의 모양을 틀을 이용하여 고정화하고, 산화제로 재결합시켜서 두발의 웨이브를 만들어 변형시키는 것을 퍼머넌트웨이브라고 한다.
- 피지는 피지선으로부터 털의 표면, 표피의 표면에 분비되는 유성(油性)분비물이다. 주된 화학성분으로는 콜레스테롤, 지방산 및 에스테르화합물 등이다.

정답 ㉠ 케라틴, ㉡ 피지

**024** 다음을 읽고 빈칸에 공통으로 들어갈 단어를 쓰시오.

- 피부는 표피, (    ) 및 피하지방으로 구성되어 있다.
- 노화에 따라 피부재생주기가 길어져서 오래된 각질이 피부에 남아 각질층이 두꺼워지고 피부톤이 칙칙함을 나타낸다. 또한 글리코사미노글리칸(glycosaminoglycan, GAG) 합성이 감소하고 (    )와(과) 표피 사이가 얇아져서 피부가 주저앉는 경향을 나타낸다.

### 해설

**진피**
- 표피 아래에 존재하는 층
- 콜라겐 및 엘라스틴 등의 섬유성 단백질이 구성된 세포외기질과 이의 합성과 생산을 담당하는 전피섬유아세포가 존재, 추가적으로 혈관, 땀샘, 신경 말단 등이 존재
- 두께는 표피의 15~40배로, 등과 같이 가장 두꺼운 부위는 5mm
- 진피는 표피와 피하지방층 사이에 위치하며 피부의 90% 이상을 차지하며 표피두께의 10~40배 정도이고, 점탄성을 갖는 탄력적인 조직으로 무정평의 기질과 교원섬유, 탄력섬유 등의 섬유성 단백질로 구성됨
- 혈관계나 림프계 등이 복잡하게 얽혀 있는 형태를 띠며 표피에 영양분을 공급하여 표피를 지지하고 강인성에 의한 피부의 다른 조직들을 유지하고 보호해 주는 역할을 함
- 진피층은 경계가 확실하지 않으나 두 층으로 구분할 수 있는데, 표피의 윗부분에 위치한 유두진피와 망상진피로 나눌 수 있음

정답 **진피**

**025** 다음의 「화장품법」 조문을 읽고 빈칸에 공통으로 들어갈 단어를 쓰시오.

> 식품의약품안전처장은 보존제, ( ), 자외선차단제 등과 같이 특별히 사용상의 제한이 필요한 원료에 대하여는 그 사용기준을 지정하여 고시하여야 하며, 사용기준이 지정·고시된 원료 외의 보존제, ( ), 자외선차단제 등은 사용할 수 없다.

### 해설

「화장품법」 제8조(화장품 안전기준 등)
② 식품의약품안전처장은 보존제, 색소, 자외선차단제 등과 같이 특별히 사용상의 제한이 필요한 원료에 대하여는 그 사용기준을 지정하여 고시하여야 하며, 사용기준이 지정·고시된 원료 외의 보존제, 색소, 자외선차단제 등은 사용할 수 없다.

정답 **색소**

---

**026** 다음을 읽고 ㉠, ㉡에 들어갈 알맞은 내용을 쓰시오.

> 성분명을 제품 명칭의 일부로 사용한 경우 그 성분명과 ( ㉠ )을(를) 기재·표시해야 한다. 단, ( ㉡ )용 제품은 제외한다.

㉠　　　　　　　　　　㉡

### 해설

「화장품법 시행규칙」 제19조(화장품 포장의 기재·표시 등)
④ 법 제10조 제1항 제10호에 따라 화장품의 포장에 기재·표시하여야 하는 사항은 다음 각 호와 같다. 다만, 맞춤형화장품의 경우에는 제1호 및 제6호를 제외한다.
 1. 식품의약품안전처장이 정하는 바코드
 2. 기능성화장품의 경우 심사받거나 보고한 효능·효과, 용법·용량
 3. 성분명을 제품 명칭의 일부로 사용한 경우 그 성분명과 함량(방향용 제품은 제외한다)
 4. 인체 세포·조직 배양액이 들어있는 경우 그 함량
 5. 화장품에 천연 또는 유기농으로 표시·광고하려는 경우에는 원료의 함량
 6. 수입화장품인 경우에는 제조국의 명칭(「대외무역법」에 따른 원산지를 표시한 경우에는 제조국의 명칭을 생략할 수 있다), 제조회사명 및 그 소재지
 7. 제2조 제8호부터 제11호까지에 해당하는 기능성화장품의 경우에는 "질병의 예방 및 치료를 위한 의약품이 아님"이라는 문구
 8. 다음 각 목의 어느 하나에 해당하는 경우 법 제8조 제2항에 따라 사용기준이 지정·고시된 원료 중 보존제의 함량
  가. 별표 3 제1호 가목에 따른 만 3세 이하의 영유아용 제품류인 경우
  나. 만 4세 이상부터 만 13세 이하까지의 어린이가 사용할 수 있는 제품임을 특정하여 표시·광고하려는 경우

정답 ㉠ **함량**, ㉡ **방향**

**027** 다음을 읽고 ㉠, ㉡에 들어갈 알맞은 내용을 쓰시오.

> 알파-하이드록시애씨드(AHA) 함유 제품의 사용상 주의 사항
> - 알파-하이드록시애씨드(AHA)가 ( ㉠ )% 초과 함유된 제품은 햇빛에 대한 피부의 감수성을 증가시킬 수 있으므로 자외선 차단제를 함께 사용할 것(씻어내는 제품 및 두발용 제품은 제외함)
> - AHA 성분이 ( ㉡ )%를 초과하여 함유되어 있거나 산도가 3.5 미만인 제품은 고농도의 AHA 성분이 들어 있어 부작용이 발생할 우려가 있으므로 전문의 등에게 상담할 것

㉠                    ㉡

### 해설

**알파-하이드록시애씨드(AHA) 함유 제품(0.5% 이하의 제품은 제외)의 사용상 주의사항**
- 햇빛에 대한 피부의 감수성을 증가시킬 수 있으므로 자외선 차단제를 함께 사용할 것(씻어내는 제품 및 두발용 제품은 제외함)
- 일부에 시험사용하여 피부 이상을 확인
- 고농도의 AHA 성분이 들어 있어 부작용이 발생할 우려가 있으므로 전문의 등에게 상담할 것(AHA 성분이 10퍼센트를 초과하여 함유되어 있거나 산도가 3.5 미만인 제품만 표시)

정답 ㉠ 0.5, ㉡ 10

**028** 다음을 읽고 빈칸에 들어갈 알맞은 말을 쓰시오.

> 용매에 난용성 물질을 용해시키기 위한 목적으로 사용되는 계면활성제를 (        )(이)라 하고 이때 생성되는 투명 혹은 반투명의 매우 작은 에멀젼을 마이크로에멀젼이라 한다.

### 해설

**가용화제**
- 용매에 난용성 물질을 용해시키기 위한 목적으로 사용되는 계면활성제
- 가용화의 원리
  - 미셀(micelle) 형성 : 물에 계면활성제를 용해하였을 때 계면활성제의 소수성 부분은 가능한 한 물과 접촉을 최소화하려고 할 것이며 희석 용액에서 계면활성제는 주로 물과 공기의 표면에 단분자막 형태로 존재할 것임. 그러나 계면활성제의 농도가 증가하면서 계면활성제의 소수성 부분끼리 서로 모이게 될 것이며 집합체를 형성함. 이러한 집합체를 미셀(micelle)이라 하며 미셀이 형성되기 시작하는 농도를 임계미셀농도(critical micelle concentration, CMC)라 함
  - 가용화는 난용성 물질이 미셀 내부 또는 표면에 흡착되어 용해되는 것과 같아 보이는 현상으로 가용화력과 미셀 형성과는 밀접한 관계를 가짐

정답 **가용화제**

**029** 다음을 읽고 빈칸에 들어갈 알맞은 말을 쓰시오.

> (   )(이)란 적합 판정기준을 벗어난 완제품, 벌크 제품을 재처리하여 품질이 적합한 범위에 들어오도록 하는 작업을 말한다.

**해설**

재작업
- 뱃치 전체 또는 일부에 추가 처리(한 공정 이상의 작업을 추가하는 일)를 하여 부적합품을 적합품으로 다시 가공하는 일
- 적합판정기준을 벗어난 완제품 또는 벌크제품을 재처리하여 품질이 적합한 범위에 들어오도록 하는 작업을 의미

정답 **재작업**

**030** 다음을 읽고 ㉠, ㉡에 들어갈 알맞은 말을 쓰시오.

> - 유기농화장품은 유기농 중량 기준으로 함량이 전체 제품에서 ( ㉠ )% 이상이어야 하며, 유기농 함량을 포함한 천연 함량이 전체 제품에서 95% 이상으로 구성되어야 한다.
> - 기능성화장품 제제를 만들 경우에는 따로 규정이 없는 한 그 보존 중 성상 및 품질의 기준을 확보하고 그 유용성을 높이기 위하여 부형제, 안정제, 보존제, 완충제 등 적당한 ( ㉡ )을(를) 넣을 수 있다.

㉠                          ㉡

**해설**

「천연화장품 및 유기농화장품의 기준에 관한 규정」 제8조(원료조성)
① 천연화장품은 별표7에 따라 계산했을 때 중량 기준으로 천연 함량이 전체 제품에서 95% 이상으로 구성되어야 한다.
② 유기농화장품은 별표7에 따라 계산하였을 때 중량 기준으로 유기농 함량이 전체 제품에서 10% 이상이어야 하며, 유기농 함량을 포함한 천연 함량이 전체 제품에서 95% 이상으로 구성되어야 한다.
③ 천연 및 유기농 함량의 계산 방법은 별표7과 같다.

기능성화장품 기준 및 시험방법 [별표1] 통칙
제제를 만들 경우에는 따로 규정이 없는 한 그 보존 중 성상 및 품질의 기준을 확보하고 그 유용성을 높이기 위하여 부형제, 안정제, 보존제, 완충제 등 적당한 첨가제를 넣을 수 있다. 다만, 첨가제는 해당 제제의 안전성에 영향을 주지 않아야 하며, 또한 기능을 변하게 하거나 시험에 영향을 주어서는 아니된다.

정답 ㉠ **10**, ㉡ **첨가제**

## 쫀이덕의 맞춤형화장품 조제관리사

**031** 다음을 읽고 빈칸에 들어갈 알맞은 말을 2가지 쓰시오.

> 화장품의 함유 성분별 사용 시의 주의사항 표시 문구
> • (　　)을(를) 함유하고 있으므로 만 3세 이하 어린이에게는 사용하지 말 것

### 해설

**화장품의 함유 성분별 사용 시의 주의사항 표시 문구**

| 연번 | 대상 제품 | 표시 문구 |
|---|---|---|
| 1 | 과산화수소 및 과산화수소 생성물질 함유 제품 | 눈에 접촉을 피하고 눈에 들어갔을 때는 즉시 씻어낼 것 |
| 2 | 벤잘코늄클로라이드, 벤잘코늄브로마이드 및 벤잘코늄사카리네이트 함유 제품 | 눈에 접촉을 피하고 눈에 들어갔을 때는 즉시 씻어낼 것 |
| 3 | 스테아린산아연 함유 제품(기초화장용 제품류 중 파우더 제품에 한함) | 사용 시 흡입되지 않도록 주의할 것 |
| 4 | 살리실릭애씨드 및 그 염류 함유 제품(샴푸 등 사용 후 바로 씻어내는 제품 제외) | 만 3세 이하 어린이에게는 사용하지 말 것 |
| 5 | 실버나이트레이트 함유 제품 | 눈에 접촉을 피하고 눈에 들어갔을 때는 즉시 씻어낼 것 |
| 6 | 아이오도프로피닐부틸카바메이트(IPBC) 함유 제품 (목욕용 제품, 샴푸류 및 바디클렌저 제외) | 만 3세 이하 어린이에게는 사용하지 말 것 |
| 7 | 알루미늄 및 그 염류 함유 제품(체취방지용 제품류에 한함) | 신장 질환이 있는 사람은 사용 전에 의사, 약사, 한의사와 상의할 것 |
| 8 | 알부틴 2% 이상 함유 제품 | 알부틴은 「인체적용시험자료」에서 구진과 경미한 가려움이 보고된 예가 있음 |
| 9 | 카민 함유 제품 | 카민 성분에 과민하거나 알레르기가 있는 사람은 신중히 사용할 것 |
| 10 | 코치닐추출물 함유 제품 | 코치닐추출물 성분에 과민하거나 알레르기가 있는 사람은 신중히 사용할 것 |
| 11 | 포름알데하이드 0.05% 이상 검출된 제품 | 포름알데하이드 성분에 과민한 사람은 신중히 사용할 것 |
| 12 | 폴리에톡실레이티드레틴아마이드 0.2% 이상 함유 제품 | 폴리에톡실레이티드레틴아마이드는 「인체적용시험자료」에서 경미한 발적, 피부건조, 화끈감, 가려움, 구진이 보고된 예가 있음 |
| 13 | 부틸파라벤, 프로필파라벤, 이소부틸파라벤 또는 이소프로필파라벤 함유 제품[영·유아용 제품류 및 기초화장용 제품류(만 3세 이하 어린이가 사용하는 제품) 중 사용 후 씻어내지 않는 제품에 한함] | 만 3세 이하 어린이의 기저귀가 닿는 부위에는 사용하지 말 것 |

**정답** 살리실릭애씨드, 아이오도프로피닐부틸카바메이트(IPBC)

**032** 다음을 읽고 ㉠, ㉡에 들어갈 알맞은 내용을 쓰시오.

> 모발의 안쪽에는 모발 무게의 대부분을 차지하는 모피질과 ( ㉠ )이(가) 있으며 모피질에는 피질세포(cortical cell), 케라틴(keratin), 멜라닌(melanin)이 존재한다. ( ㉡ )은(는) 모간의 가장 외측 부분으로 비늘 형태로 겹쳐져 있으며 두발 내부의 모피질을 감싸고 있는 화학적 저항성이 강한 층으로 5°경사로 모발의 뿌리까지 덮어서(overlapping) 모피질을 보호한다.

㉠                    ㉡

### 해설

**모수질**
모수질은 두발의 중심 부근에 공동(속이 비어있는 상태) 부위로, 죽은 세포들이 두발의 길이 방향으로 불연속적으로 다각형의 세포들의 형상으로 존재한다. 수질세포는 핵의 잔사인 둥근 점들을 간혹 포함하고 있으나 이의 기능은 잘 알려져 있지 않다. 굵은 두발은 수질이 있으나 가는 두발은 수질이 없는 것도 있다. 두발에서는 수 % 정도이며 모축에 따라 연속 또는 불연속으로 존재한다. 또한 틈이 있어 탈수화의 과정에서 수축하여 두발에 따라 크기가 작은 공동을 남긴다. 이 공동은 한랭지 서식의 동물에는 털의 약 50%를 차지하여 보온(공기를 함유)의 역할을 한다. 일반적으로 모수질이 많은 두발은 웨이브 펌이 잘되고, 모수질이 적은 두발은 웨이브 형성이 잘 안 되는 경향이 있다.

**모표피**
모간의 가장 외측 부분으로 비늘 형태로 겹쳐져 있으며 두발 내부의 모피질을 감싸고 있는 화학적 저항성이 강한 층이다. 모표피는 판상으로 둘러싸인 형태의 세포로 되어 있으며, 이 각 세포는 두께 약 0.5~1.0㎛, 길이 80~100㎛이다. 일반적으로 두발의 모표피는 5~15층이며 20층인 것도 있다. 모표피는 색깔이 없는 투명체이며 전체 두발의 10~15%를 차지하며 두꺼울수록 두발은 단단하고 저항성이 높다. 물리적 자극으로 모표피의 손상, 박리, 탈락 등이 발생되면 모피질의 손상을 주게 된다.

정답 ㉠ 모수질, ㉡ 모표피 혹은 모소피

---

**033** 다음을 읽고 ㉠, ㉡에 들어갈 알맞은 내용을 쓰시오.

> 착향제 성분 중 알레르기 유발물질은 사용 후 씻어내는 제품(rinse off)에는 ( ㉠ )% 초과, 사용 후 씻어내지 않는 제품(leave on)에는 ( ㉡ )% 초과 함유하는 경우에만 알레르기 유발성분을 표시해야 한다.

㉠                    ㉡

### 해설

**착향제 성분 중 알레르기를 유발하는 고시 성분의 표기 기준**
식품의약품안전처장이 고시하는 알레르기 유발성분을 함유하고 있을 경우 해당 성분의 명칭을 표시하여야 하며, 알레르기 유발성분을 함유하고 있지 않은 경우에는 기존대로 '향료'로 표시할 수 있음 ※다만, 사용 후 씻어내는 제품에는 0.01% 초과, 사용 후 씻어내지 않는 제품에는 0.001% 초과 함유하는 경우에 한한다.

정답 ㉠ 0.01, ㉡ 0.001

**034** 다음을 읽고 빈칸에 들어갈 알맞은 말을 쓰시오.

> 다음의 위반사항은 1차 위반 시 (　　)의 대상이다.
> - 「화장품법 시행규칙」 제6조(시설기준 등) 제1항 제1호 나목(작업대 등 제조에 필요한 시설 및 기구)을 위반한 경우
> - 「화장품법 시행규칙」 제6조(시설기준 등) 제1항 제1호 다목(가루가 날리는 작업실은 가루를 제거하는 시설)을 위반한 경우
> - 「화장품법 시행규칙」 제6조(시설기준 등) 제1항에 따른 해당 품목의 제조 또는 품질검사에 필요한 시설 및 기구 중 일부가 없는 경우
> - 「화장품법 시행규칙」 제6조(시설기준 등) 제1항에 따른 작업소, 보관소 또는 시험실 중 어느 하나가 없는 경우

### 해설

「화장품법 시행규칙」 [별표7] 행정처분의 기준(제29조 제1항 관련)

| 위반 내용 | 처분기준 | | | |
|---|---|---|---|---|
| | 1차 위반 | 2차 위반 | 3차 위반 | 4차 이상 위반 |
| 제6조 제1항에 따른 작업소, 보관소 또는 시험실 중 어느 하나가 없는 경우 | 개수명령 | 제조업무정지 1개월 | 제조업무정지 2개월 | 제조업무정지 4개월 |
| 제6조 제1항에 따른 해당 품목의 제조 또는 품질검사에 필요한 시설 및 기구 중 일부가 없는 경우 | 개수명령 | 해당 품목 제조업무정지 1개월 | 해당 품목 제조업무정지 2개월 | 해당 품목 제조업무정지 4개월 |
| 제6조 제1항 제1호 나목 또는 다목을 위반한 경우 | 개수명령 | 해당 품목 제조업무정지 1개월 | 해당 품목 제조업무정지 2개월 | 해당 품목 제조업무정지 4개월 |

정답 **개수명령**

맞춤형화장품 조제관리사

# PART 1
# 핵심이론 요약

1과목 화장품법의 이해
2과목 화장품 제조 및 품질관리
3과목 유통화장품 안전관리
4과목 맞춤형화장품의 이해

참고문헌 : 맞춤형화장품 조제관리사 교수·학습가이드(식품의약품안전처)

쭌이덕의 맞춤형화장품 조제관리사

# PART 1

# 1과목 화장품법의 이해

## 1 화장품법

### 1 화장품법의 입법취지

#### (1) 화장품법의 목적

이 법은 화장품의 제조·수입·판매 및 수출 등에 관한 사항을 규정함으로써 국민보건 향상과 화장품산업의 발전에 기여함을 목적으로 한다.

#### (2) 화장품법령 체계

화장품법령은 화장품법에서부터 구체화한 시행령·시행규칙으로 실질적으로 집행하는 식약처의 행정규칙으로 발표되어 구체적으로 시행된다.

| 구분 | 입법 취지 |
|---|---|
| 화장품법(법률) | 화장품의 제조·수입·판매 및 수출 등에 관한 사항을 규정하여 국민보건 향상과 화장품 산업의 발전에 기여함을 목적으로 함 |
| 화장품법 시행령(대통령령) | 화장품법에서 위임된 사항과 그 시행에 필요한 사항을 규정함을 목적으로 함 |
| 화장품법 시행규칙(총리령) | 화장품법 및 같은 법 시행령에서 위임된 사항과 그 시행에 필요한 사항을 규정함을 목적으로 함 |
| 화장품 안전기준 등에 관한 규정(행정규칙) | 화장품법에 따라 맞춤형화장품에 사용할 수 있는 원료를 지정하는 한편, 화장품에 사용할 수 없는 원료 및 사용상의 제한이 필요한 원료에 대하여 그 사용기준을 지정하고, 유통화장품 안전관리 기준에 관한 사항을 정함으로써 화장품의 제조 또는 수입 및 안전관리에 적정을 기함을 목적으로 함 |

### 2 화장품 정의 및 유형

| 구분 | 정의 |
|---|---|
| 화장품 | 인체를 청결·미화하여 매력을 더하고 용모를 밝게 변화시키거나 피부·모발의 건강을 유지 또는 증진하기 위하여 인체에 바르고 문지르거나 뿌리는 등 이와 유사한 방법으로 사용되는 물품으로서 인체에 대한 작용이 경미한 것(약사법에 따른 의약품은 제외) |

| 기능성화장품 | • 피부에 멜라닌색소가 침착하는 것을 방지하여 기미·주근깨 등의 생성을 억제함으로써 피부의 미백에 도움을 주는 기능을 가진 화장품<br>• 피부에 침착된 멜라닌색소의 색을 엷게 하여 피부의 미백에 도움을 주는 기능을 가진 화장품<br>• 피부에 탄력을 주어 피부의 주름을 완화 또는 개선하는 기능을 가진 화장품<br>• 강한 햇볕을 방지하여 피부를 곱게 태워주는 기능을 가진 화장품<br>• 자외선을 차단 또는 산란시켜 자외선으로부터 피부를 보호하는 기능을 가진 화장품<br>• 모발의 색상을 변화[탈염(脫染)·탈색(脫色)을 포함한다]시키는 기능을 가진 화장품. 다만, 일시적으로 모발의 색상을 변화시키는 제품은 제외한다.<br>• 체모를 제거하는 기능을 가진 화장품. 다만, 물리적으로 체모를 제거하는 제품은 제외한다.<br>• 탈모 증상의 완화에 도움을 주는 화장품. 다만, 코팅 등 물리적으로 모발을 굵게 보이게 하는 제품은 제외한다.<br>• 여드름성 피부를 완화하는 데 도움을 주는 화장품. 다만, 인체세정용 제품류로 한정한다.<br>• 피부장벽(피부의 가장 바깥 쪽에 존재하는 각질층의 표피를 말한다)의 기능을 회복하여 가려움 등의 개선에 도움을 주는 화장품<br>• 튼살로 인한 붉은 선을 엷게 하는 데 도움을 주는 화장품 |
|---|---|
| 천연화장품 | 동식물 및 그 유래 원료 등을 함유한 화장품으로서 천연 함량이 95% 이상인 화장품 |
| 유기농화장품 | 유기농 원료, 동식물 및 그 유래 원료 등을 함유한 화장품으로서 유기농 함량이 전체 제품에서 10% 이상이어야 하며, 유기농 함량을 포함한 천연 함량이 전체 제품에서 95% 이상으로 구성되어야 한다. |
| 맞춤형화장품 | 제조 또는 수입된 화장품의 내용물에 식품의약품안전처장이 정하여 고시한 원료를 추가하여 혼합한 화장품, 소분(小分)한 화장품 |

## 3 화장품의 유형별 특성

| 구분 | 특성 |
|---|---|
| 영유아용 제품류 | • 만 3세 이하 영유아를 대상으로 하는 제품<br>• 영유아용 샴푸·린스, 영유아용 로션·크림, 영유아용 오일, 영유아 인체 세정용품, 영유아 목욕용 제품류 |
| 목욕용 제품류 | • 목욕 시 욕조에 투입하거나 직접 사람에게 사용하여 피부의 청결, 유연, 청정 또는 몸에 향취를 주기 위하여 사용되는 것을 목적으로 하는 제품<br>• 목욕용 오일·정제·캡슐, 목욕용 소금류, 버블배스, 그 밖의 목욕용 제품류 |
| 인체 세정용 제품류 | • 주로 물 등의 액체를 이용하여 물리적으로 씻음으로 하여 피부를 청결하게 유지하기 위해 사용되는 제품<br>• 폼 클렌저, 바디클렌저, 액체 비누 및 화장비누, 외음부 세정제, 물휴지, 그 밖의 인체 세정용 제품류<br>※ 물휴지<br>식품접객업의 영업소에서 손을 닦는 용도 등으로 사용할 수 있도록 포장된 물티슈와 의료기관 등에서 시체를 닦는 용도로 사용되는 것은 제외함 |

| 눈 화장용 제품류 | • 눈썹, 눈꺼풀, 속눈썹 등의 눈 주위에 미화·청결을 위해 사용되는 아이브로펜슬, 아이라이너, 아이섀도, 마스카라가 있으며 이들을 지우기 위한 리무버와 관련된 화장품<br>• 아이브로펜슬, 아이라이너, 아이섀도, 마스카라, 아이메이크업 리무버, 그 밖의 눈 화장용 제품류 |
|---|---|
| 기초 화장용 제품류 | • 피부의 보습, 수렴, 유연, 영양 공급, 세정 등에 사용되는 스킨케어 제품<br>• 수렴·유연·영양 화장수, 마사지 크림, 에센스, 오일, 파우더, 바디 제품, 팩·마스크, 눈 주위 제품, 로션·크림, 손·발 피부연화 제품 |
| 색조 화장용 제품류 | • 얼굴, 입술 등의 피부에 색 및 질감 효과를 주거나 피부결점을 가려줌으로써 보완, 수정하여 미적효과를 목적으로 하는 제품<br>• 볼연지, 페이스 파우더, 페이스 케이크, 리퀴드·크림·케이크 파운데이션, 메이크업 베이스, 메이크업 픽서티브, 립스틱, 립라이너, 립글로스, 립밤, 바디페인팅, 페이스페인팅, 분장용 제품, 그 밖의 색조 화장용 제품류 |
| 두발용 제품류 | • 두발, 두피 등의 보습이나 청결 등 관리를 위하여 사용하는 제품<br>• 헤어 컨디셔너, 헤어 토닉, 헤어 그루밍 에이드, 헤어 크림·로션, 헤어 오일, 포마드, 헤어 스프레이·무스·왁스·젤, 샴푸, 린스, 퍼머넌트 웨이브, 헤어 스트레이트너, 흑채, 그 밖의 두발용 제품류 |
| 두발 염색용 제품류 | • 두발의 색을 변화시키거나, 탈색시키는 제품<br>• 헤어 틴트, 헤어 컬러스프레이, 염모제, 탈염·탈색용 제품, 그 밖의 두발 염색용 제품류 |
| 손발톱용 제품류 | • 손톱·발톱의 관리 및 메이크업에 사용하는 제품<br>• 베이스코트, 언더코트, 네일폴리시, 네일에나멜, 탑코트, 네일 크림·로션·에센스, 네일폴리시·네일에나멜 리무버, 그 밖의 손발톱용 제품류 |
| 면도용 제품류 | • 여성과 남성의 면도를 용이하게 하는 화장품<br>• 애프터셰이브 로션, 남성용 탤컴, 프리셰이브 로션, 셰이빙 크림, 셰이빙 폼, 그 밖의 면도용 제품류 |
| 방향용 제품류 | • 방향효과를 주기 위하여 사용되는 것을 목적으로 하는 제품<br>• 향수, 분말향, 향낭, 콜롱, 그 밖의 방향용 제품류 |
| 체취 방지용 제품류 | • 체취를 덮어주기 위한 목적으로 사용되는 화장품<br>• 데오도런트, 그 밖의 체취 방지용 제품류 |
| 체모 제거 제품류 | • 체모를 제거하는 데 사용되는 것을 목적으로 하는 제품<br>• 제모제, 제모왁스, 그 밖의 체모 제거용 제품류 |

## 4 화장품법에 따른 영업의 종류

### (1) 영업의 종류

① 화장품제조업
- 화장품의 전부 또는 일부를 제조(1차 포장만 해당)하는 영업(2차 포장 공정을 하는 경우 제외)
  - 화장품을 직접 제조하는 영업

- 화장품 제조를 위탁받아 제조하는 영업
- 화장품의 포장(1차 포장만 해당)을 하는 영업

② 화장품책임판매업
- 취급하는 화장품의 품질 및 안전 등을 관리하면서 이를 유통·판매하거나 수입대행형 거래를 목적으로 알선·수여하는 영업
  - 화장품제조업자가 화장품을 직접 제조하여 유통·판매하는 영업
  - 화장품제조업자에게 위탁하여 제조된 화장품을 유통·판매하는 영업
  - 수입된 화장품을 유통·판매하는 영업
  - 수입대행형 거래(전자상거래만 해당)를 목적으로 화장품을 알선·수여하는 영업

③ 맞춤형화장품판매업
- 맞춤형 화장품을 판매하는 영업
  - 제조 또는 수입된 화장품의 내용물에 다른 화장품의 내용물이나 식품의약품안전처장이 정하여 고시하는 원료를 추가하여 혼합한 화장품을 판매하는 영업
  - 제조 또는 수입된 화장품의 내용물을 소분한 화장품을 판매하는 영업
  ※ 소분 판매를 목적으로 제조 또는 수입된 화장비누(고체 형태의 세안용 비누)의 내용물을 단순 소분하여 판매하는 경우는 맞춤형화장품판매업 범위에서 제외

## (2) 영업의 등록 및 신고

| 구분 | 필요 서류 | 영업 |
|---|---|---|
| 화장품 제조업 | • 등록신청서<br>• 대표자의 건강진단서(정신질환자, 마약류의 중독자가 아님을 증명)<br>• 등기사항증명서(법인의 경우)<br>• 시설명세서 | 등록 |
| 화장품 책임 판매업 | • 등록신청서<br>• 등기사항증명서(법인의 경우)<br>• 책임판매관리자의 자격 확인 서류<br>• 화장품의 품질관리 및 책임판매 후 안전관리에 적합한 기준에 관한 규정 | |
| 맞춤형 화장품 판매업 | • 맞춤형화장품판매업 신고서<br>• 맞춤형화장품조제관리사 자격증 사본<br>• 등기사항증명서(법인의 경우)<br>※ 맞춤형화장품조제관리사가 2명 이상인 경우 대표 1명만 제출 가능하며 매년 교육이수 필수, 시설은 의무사항이 아니며 권장사항이라 별도 제출 서류 없음 | 신고 |

## (3) 변경 등록 및 신고

화장품제조업자 또는 화장품책임판매업자는 변경 사유가 발생한 날로부터 30일(소재지 변경 90일) 이내에 해당 서류를 제출해야 하며, 맞춤형화장품판매업자는 변경신고를 하려면 관련

서류를 제출해야 한다. (단, 폐업은 3가지 유형을 모두 신고해야 한다.)

※ 소재지 관할 지방식품의약품안전청장에게 제출

| 구분 | 변경사유 | 변경 |
|---|---|---|
| 화장품 제조업 | • 화장품제조업자의 변경(법인은 대표자 변경)<br>• 화장품제조업자의 상호 변경(법인은 법인 명칭 변경)<br>• 제조소의 소재지 변경<br>• 제조 유형 변경 | 등록 |
| 화장품 책임 판매업 | • 화장품책임판매업자의 변경(법인은 대표자 변경)<br>• 화장품책임판매업자의 상호 변경(법인은 법인 명칭 변경)<br>• 화장품책임판매업소의 소재지 변경<br>• 책임판매관리자의 변경<br>• 책임판매 유형 변경 | |
| 맞춤형 화장품 판매업 | • 맞춤형화장품판매업자의 변경(법인은 대표자 변경)<br>• 맞춤형화장품판매업소의 상호 변경(법인은 법인 명칭 변경)<br>• 맞춤형화장품판매업소의 소재지 변경<br>• 맞춤형화장품조제관리사의 변경 | 신고 |

## (4) 행정처분의 일반 기준

① 위반행위가 둘 이상인 경우로서 각각의 처분 기준이 다른 경우에는 그 중 무거운 처분 기준을 따른다. 다만, 둘 이상의 처분 기준이 업무정지인 경우에는 무거운 처분의 업무정지 기간에 가벼운 처분의 업무정지 기간의 2분의 1까지 더하여 처분할 수 있으며, 이 경우 그 최대 기간은 12개월로 한다.

② 위반행위가 둘 이상인 경우로서 업무정지와 품목 업무정지에 해당하는 경우에는 그 업무정지 기간이 품목정지 기간보다 길거나 같을 때에는 업무정지처분을 하고, 업무정지 기간이 품목정지 기간보다 짧을 때에는 업무정지처분과 품목 업무정지처분을 병과한다.

③ 위반행위의 횟수에 따른 행정처분의 기준은 최근 1년간 같은 위반행위로 행정처분을 받은 경우 적용한다. 기준의 적용일은 최근에 실제 행정처분의 효력이 발생한 날과 다시 같은 위반행위가 적발한 날을 기준으로 한다. 다만, 품목 업무정지의 경우 품목이 다를 때에는 이 기준을 적용하지 않는다.

④ 행정처분 절차가 진행되는 기간 중에 반복하여 같은 위반행위를 한 경우 진행 중인 사항의 행정처분 기준의 2분의 1씩을 더하여 처분하며, 그 최대 기간은 12개월로 한다.

⑤ 같은 위반행위의 횟수가 3차 이상인 경우에는 과징금 부과 대상에서 제외한다.

⑥ 화장품제조업자가 등록한 소재지에 그 시설이 전혀 없는 경우 등록을 취소한다.

⑦ 수입대행형 거래를 목적으로 화장품을 알선·수여하는 화장품책임판매업을 등록한 자에 대해서 개별 기준을 적용하는 경우 "판매금지"는 "수행대행금지"로, "판매업무정지"는 "수입대행 업무정지"로 한다.

⑧ 다음의 어느 하나에 해당하는 경우에는 그 처분을 2분의 1까지 감경하거나 면제할 수 있다.
- 처분을 2분의 1까지 감경하거나 면제할 수 있는 경우
  - 국민보건, 수요·공급, 그 밖에 공익상 필요하다고 인정된 경우
  - 해당 위반사항에 관하여 검사로부터 기소유예의 처분을 받거나 법원으로부터 선고유예의 판결을 받은 경우
  - 광고주의 의사와 관계없이 광고회사 또는 광고매체에서 무단 광고한 경우
- 처분을 2분의 1까지 감경할 수 있는 경우
  - 기능성화장품으로서 그 효능·효과를 나타내는 원료의 함량 미달의 원인이 유통 중 보관 상태 불량 등으로 인한 성분의 변화 때문이라고 인정된 경우
  - 비병원성 일반세균에 오염된 경우로서 인체에 직접적인 위해가 없으며, 유통 중 보관 상태 불량에 의한 오염으로 인정된 경우

## 5 화장품의 품질 요소

### (1) 안전성

① 피부 및 신체에 대한 안전을 보장하는 성질

② 화장품의 안전성 확보의 필요성
- 화장품은 소비자가 일상적으로 오랜 기간 동안 사용하는 것이므로 안전성이 중요
- 피부자극, 감작성, 이상반응 등의 최소화

③ 안전성에 관한 자료(다만, 과학적인 타당성이 인정되는 경우에는 구체적인 근거자료를 첨부하여 일부 자료를 생략할 수 있다.)
- 단회 투여 독성시험 자료
- 1차 피부 자극시험 자료
- 안(眼)점막 자극 또는 그 밖의 점막자극시험 자료
- 피부 감작성시험 자료
- 광독성 및 광감작성시험 자료(자외선에서 흡수가 없음을 입증하는 흡광도시험 자료를 제출하는 경우엔 면제)
- 인체 첩포시험 자료
- 인체 누적첩포시험 자료(인체적용시험 자료에서 피부이상반응 발생 등 안정성 문제가 우려된다고 판단되는 경우에 한함)

### (2) 안정성

① 다양한 물리·화학적 조건에서 화장품 성분이 일정한 상태를 유지하는 성질
- 물리적 변화 : 분리, 침전, 응집, 합일, 겔화, 증발, 균열 등
- 화학적 변화 : 변색, 분리, 변취, 오염, 결정 석출 등

② 화장품의 안정성 확인 방법
- 장기보존시험, 가속시험, 가혹시험 등 다양한 안정성 시험

### (3) 유효성

① 화장품을 사용함으로써 피부에 직·간접적 유도되는 물리적, 화학적, 생물학적 그리고 심리적으로 나타나는 효과 예 피부의 미백에 도움, 피부의 주름개선에 도움, 자외선으로부터 피부를 보호하는 데에 도움 등

② 유효성 또는 기능에 관한 자료
- 효력시험 자료
- 인체적용시험 자료
- 인체외시험 자료
- 염모효력시험 자료

### (4) 사용성

화장품은 사용자의 기호에 따라 향, 색, 발림성, 흡수성, 편리함 등이 부여되어야 함

## 6 화장품의 사후관리 기준

### (1) 영업자별 준수사항

① 화장품제조업자 준수사항
- 품질관리 기준에 따른 화장품책임판매업자의 지도, 감독 및 요청에 따를 것
- 품질관리 위해 필요한 사항을 화장품책임판매업자에게 제출할 것(단, 화장품제조업자와 화장품책임판매업자가 동일하거나 화장품제조업자가 제품을 설계, 개발, 생산하는 방식이라 영업비밀에 해당하는 경우는 예외)
- 제조관리기준서, 제품표준서, 제조관리기록서, 품질관리기록서를 작성·보관할 것
- 보건위생상 위해가 없도록 제조소, 시설 및 기구를 위생적으로 관리하고 오염되지 않도록 할 것
- 화장품 제조에 필요한 시설, 기구에 대해 정기적으로 점검하여 관리·유지할 것

- 작업소에는 위해가 발생할 염려가 있는 물건은 두지 않고, 국민보건 및 환경에 유해한 물질이 유출되거나 방출되지 않도록 할 것
- 원료 및 자재의 입고부터 완제품의 출고까지 필요한 시험·검사 또는 검정을 할 것
- 제조 또는 품질검사를 위탁하는 경우 제조 또는 품질검사가 적절하게 이루어지고 있는지 수탁자에 대한 관리·감독을 철저히 하고, 그에 관한 기록을 받아 유지·관리할 것

② 화장품책임판매업자 준수사항
- 품질관리기준 준수
- 책임판매 후 안전관리 기준 준수
- 제조업자로부터 받은 제품표준서 및 품질관리기록서 보관
- 수입한 화장품에 대하여 다음의 내용을 적거나 첨부한 수입관리기록서 작성·보관
- 제조번호별로 품질검사를 철저히 한 후 유통
- 화장품의 제조를 위탁하거나 허가된 기관에 위탁검사를 진행할 경우 제조 또는 품질검사가 적절한지, 수탁자에 대한 관리, 감독 및 제조, 품질관리에 관한 기록을 받아 유지·관리하고, 최종 제품의 품질관리를 철저히 함
- 수입화장품을 유통 판매하려는 화장품책임판매업자의 경우 수출·수입요령을 준수하고 전자무역문서로 표준통관예정보고를 함
- 제품과 관련해 국민보건에 직접 영향을 미칠 수 있는 안전성, 유효성에 관한 자료 및 정보는 보고하고 안전대책을 마련함
- 다음 성분을 0.5% 이상 함유하는 제품은 안정성시험 자료를 최종 제조된 제품의 사용기한이 만료되는 날부터 1년간 보존
  - 레티놀(비타민A) 및 그 유도체
  - 아스코빅애씨드(비타민C) 및 그 유도체
  - 토코페롤(비타민E)
  - 과산화화합물
  - 효소

③ 맞춤형화장품판매업자 준수사항
- 맞춤형화장품 판매장 시설, 기구를 정기적으로 점검하여 보건위생상 위해가 없도록 관리
- 혼합·소분 안전관리 기준을 준수
- 다음 사항이 포함된 맞춤형화장품 판매내역서(전자문서로 된 판매내역서를 포함)를 작성·보관
  - 제조번호
  - 사용기한 또는 개봉 후 사용기한

- 판매일자 및 판매량
- 맞춤형화장품 판매 시 다음의 사항을 소비자에게 설명
  - 혼합·소분에 사용된 내용물·원료의 내용 및 특성
  - 맞춤형화장품 사용 시의 주의사항
- 맞춤형화장품 사용과 관련된 부작용 발생사례에 대해서는 지체 없이 식품의약품안전처장에게 보고

### (2) 제조, 수입, 판매 등의 금지

#### 1) 영업금지
① 심사를 받지 아니하거나 보고서를 제출하지 아니한 기능성화장품
② 전부 또는 일부 변패된 화장품
③ 병원미생물에 오염된 화장품
④ 이물이 혼입되었거나 부착된 것
⑤ 화장품 안전기준 등의 규정에 따른 화장품에 사용할 수 없는 원료를 사용하였거나 유통화장품 안전관리기준에 적합하지 아니한 화장품
⑥ 코뿔소 뿔 또는 호랑이 뼈와 그 추출물을 사용한 화장품
⑦ 보건위생상 위해가 발생할 우려가 있는 비위생적인 조건에서 제조되었거나 시설기준에 적합하지 아니한 시설에서 제조된 것
⑧ 용기나 포장이 불량하여 해당 화장품이 보건위생상 위해를 발생할 우려가 있는 것
⑨ 사용기한 또는 개봉 후 사용기간(병행 표기된 제조연월일을 포함한다)을 위조·변조한 화장품

#### 2) 판매 등의 금지
① 판매 금지 대상
- 누구든지 다음의 화장품의 판매 또는 판매 목적의 보관 또는 진열 금지
  - 등록을 하지 아니한 자가 제조한 화장품 또는 제조·수입하여 유통·판매한 화장품
  - 신고를 하지 아니한 자가 판매한 맞춤형화장품
  - 맞춤형화장품조제관리사를 두지 아니하고 판매한 맞춤형화장품
  - 화장품의 기재사항, 가격표시, 기재·표시상의 주의사항에 위반되는 화장품 또는 의약품으로 잘못 인식할 우려가 있게 기재·표시된 화장품
  - 판매의 목적이 아닌 제품의 홍보·판매촉진 등을 위하여 미리 소비자가 시험·사용하도록 제조 또는 수입된 화장품(소비자 판매 화장품에 한함)
  - 화장품의 포장 및 기재·표시 사항을 훼손(맞춤형화장품 판매를 위하여 필요한 경우 제외) 또는 위조·변조한 것

- 누구든지 화장품의 용기에 담은 내용물 소분 판매 금지
  ※ 맞춤형화장품판매업자, 소분 판매를 목적으로 하는 화장비누의 소분판매자 제외

② 유통 · 판매 금지 대상
- 화장품책임판매업자의 동물실험 실시 화장품 유통 · 판매 금지
- 화장품책임판매업자의 동물실험을 실시한 화장품 원료를 사용하여 제조 또는 수입한 화장품 유통 · 판매 금지

③ 예외 적용 사항
- 보존제, 색소, 자외선차단제 등 특별히 사용상의 제한이 필요한 원료의 사용기준 지정
- 국민보건상 위해 우려 제기 화장품 원료 등에 대한 위해평가를 위해 필요한 경우
- 동물대체시험법이 존재하지 않아 동물실험이 필요한 경우
- 화장품 수출을 위하여 수출 상대국의 법령에 따라 동물실험이 필요한 경우
- 수입하려는 상대국의 법령에 따라 제품 개발에 동물실험이 필요한 경우
- 다른 법령에 따라 동물실험을 실시하여 개발된 원료를 화장품의 제조 등에 사용하는 경우
- 그 밖에 동물실험을 대체할 수 있는 실험을 실시하기 곤란한 경우로서 식품의약품안전처장이 정하는 경우

쭌이덕의 맞춤형화장품 조제관리사

## 2 개인정보보호법

### 1 고객 관리 프로그램 운용

#### (1) 개인정보보호법 용어

| | |
|---|---|
| 개인정보 | • 살아있는 개인에 관한 정보로서, 다음 중 어느 하나에 해당하는 것을 말함<br>– 성명, 주민등록번호 및 영상 등을 통하여 개인을 알아볼 수 있는 정보<br>– 해당 정보만으로는 특정 개인을 알아볼 수 없더라도 다른 정보와 쉽게 결합하여 알아볼 수 있는 정보, 이 경우 쉽게 결합할 수 있는지 여부는 다른 정보의 입수 가능성 등 개인을 알아보는 데 소요되는 시간, 비용, 기술 등을 합리적으로 고려하여야 함<br>– 위의 내용을 가명처리함으로써 원래의 상태로 복원하기 위한 추가 정보의 사용·결합 없이는 특정 개인을 알아볼 수 없는 정보(이하 '가명정보') |
| 개인정보처리자 | 업무를 목적으로 개인정보파일을 운용하기 위하여 스스로 또는 다른 사람을 통하여 개인정보를 처리하는 공공기관, 법인, 단체, 개인 등 |
| 개인정보보호책임자 | 개인정보처리 업무를 총괄, 책임, 최종 결정하는 총괄 책임자 |
| 개인정보취급자 | 개인정보처리자의 지위·감독을 받아 개인정보를 처리하는 업무를 담당하는 임직원, 파견근로자, 시간제근로자 등 |

### 2 개인정보보호법에 근거한 고객정보 입력

#### (1) 개인정보를 수집·이용할 수 있는 경우

① 정보주체의 동의를 받은 경우(만 14세 미만 아동은 법정대리인 동의 필요)
- 동의의 방법
    - 가입신청서 등 서면에 직접 서명날인하는 경우
    - 홈페이지 가입 시 "동의"버튼 클릭
    - 구두로 동의의 의사표시하는 경우
- 동의의 요건(다음 사항을 정보주체에게 알려야 함)
    - 개인정보의 수집·이용목적
    - 수집하고자 하는 개인정보의 항목
    - 개인정보의 보유 및 이용기간
    - 동의를 거부할 권리가 있다는 사실 및 동의 거부에 따른 불이익이 있는 경우에는 그 불이익의 내용
② 법률에 특별한 규정이 있거나 법령상 의무를 준수하기 위해 불가피한 경우
③ 공공기관이 법령 등에 의해 업무를 수행하기 위해 불가피한 경우

④ 정보주체와의 계약 체결 및 이행을 위해 불가피한 경우
⑤ 정보주체 또는 법정대리인이 의사표시를 할 수 없는 상태이거나 주소불명 등으로 사전 동의를 받을 수 없는 경우로서 정보주체 또는 제3자의 명백히 급박한 생명, 신체, 재산의 이익을 위해 필요하다고 인정되는 경우
⑥ 개인정보처리자의 이익 달성에 필요한 경우로서 명백하게 정보주체의 권리보다 우선하는 경우
⑦ 친목 도모 단체의 운영을 위한 경우

## (2) 개인정보 보호 원칙

① 개인정보처리자는 개인정보의 처리 목적을 명확하게 하여야 하고 그 목적에 필요한 범위에서 최소한의 개인정보만을 적법하고 정당하게 수집하여야 함
② 개인정보처리자는 개인정보의 처리 목적에 필요한 범위에서 적합하게 개인정보 처리하여야 하며, 그 목적 외의 용도로 활용하여서는 안 됨
③ 개인정보처리자는 개인정보의 처리 목적에 필요한 범위 내에서 개인정보의 정확성, 완전성, 최신성 보장
④ 개인정보처리자는 개인정보의 처리 방법 및 종류에 따라 정보주체의 권리가 침해받을 가능성, 위험정도를 고려하여 안전하게 관리
⑤ 개인정보처리자는 개인정보 처리방침 등 개인정보 처리에 관한 사항을 공개하여야 하며, 열람청구권 등 정보주체의 권리를 보장하여야 함
⑥ 개인정보처리자는 정보주체의 사생활 침해를 최소화하는 방법으로 개인정보를 처리하여야 함
⑦ 개인정보처리자는 개인정보를 익명 또는 가명으로 처리하여도 개인정보 수집목적을 달성할 수 있는 경우 익명처리가 가능한 경우에는 익명에 의하여, 익명처리로 목적을 달성할 수 없는 경우에는 가명에 의하여 처리될 수 있도록 하여야함
⑧ 개인정보처리자는 이 법 및 관계 법령에서 규정하고 있는 책임과 의무를 준수하고 실천함으로써 정보주체의 신뢰를 얻기 위하여 노력하여야 함

## (3) 개인정보를 제3자에게 제공할 수 있는 경우

① 정보주체의 동의를 받은 경우
② 법률에 특별한 규정이 있거나 법령상 의무를 준수하기 위하여 불가피한 경우
③ 공공기관이 법령 등에서 정하는 소관 업무의 수행을 위하여 불가피한 경우
④ 정보주체 또는 그 법정대리인이 의사표시를 할 수 없는 상태이거나 주소불명 등으로 사전 동의를 받을 수 없는 경우로서 명백히 정보주체 또는 제3자의 급박한 생명, 신체, 재산의 이익을 위해 필요한 경우

⑤ 정보통신서비스의 제공에 따른 요금정산을 위하여 필요한 경우
⑥ 다른 법령에 특별한 경우가 있는 경우

### (4) 목적 외에 개인 정보를 이용·제공할 수 있는 경우

개인정보처리자는 다음 각 호의 어느 하나에 해당하는 경우에는 정보주체 또는 제3자의 이익을 부당하게 침해할 우려가 있을 때를 제외하고는 개인정보를 목적 외의 용도로 이용하거나 이를 제3자에게 제공할 수 있음

| 항목 | 제공가능여부 | | |
|---|---|---|---|
| | 개인정보처리자 | 정보통신<br>서비스제공자 | 공공기관 |
| 정보주체로부터 별도의 동의를 받은 경우(1호) | ○ | ○ | ○ |
| 다른 법률에 특별한 규정이 있는 경우(2호) | ○ | ○ | ○ |
| 정보주체 또는 그 법정대리인이 의사표시를 할 수 없는 상태이거나 주소불명 등으로 사전 동의를 받을 수 없는 경우로서 명백히 정보주체 또는 제3자의 급박한 생명, 신체, 재산의 이익을 위하여 필요하다고 인정되는 경우(3호) | ○ | × | ○ |
| 개인정보를 목적 외의 용도로 이용하거나 이를 제3자에게 제공하지 아니하면 다른 법률에서 정하는 소관 업무를 수행할 수 없는 경우로서 보호위원회의 심의·의결을 거친 경우(5호) | × | × | ○ |
| 조약, 그 밖의 국제협정의 이행을 위하여 외국정부 또는 국제기구에 제공하기 위하여 필요한 경우(6호) | × | × | ○ |
| 범죄의 수사와 공소의 제기 및 유지를 위하여 필요한 경우(7호) | × | × | ○ |
| 법원의 재판업무 수행을 위하여 필요한 경우(8호) | × | × | ○ |
| 형(形) 및 감호, 보호처분의 집행을 위하여 필요한 경우(9호) | × | × | ○ |

※「개인정보보호법」제18조 4항은 삭제된 내용(2020. 12. 28 기준)

## 3 개인정보보호법에 근거한 고객정보 관리

### (1) 개인정보의 처리 제한

민감정보와 고유식별정보 처리는 개인정보 처리 동의 외에 별도의 동의를 받은 경우와 법령에서 허용하는 경우를 제외하고는 처리가 제한된다. 개인정보처리자는 정보가 분실·유출되지 않도록 안전성을 확보해야 한다.

## (2) 개인정보 파기

① 개인정보처리자는 보유기간의 경과, 개인정보의 처리 목적 달성 등 그 개인정보가 불필요하게 되었을 때에는 지체 없이 그 개인 정보를 파기해야 함
- 파기할 때에는 개인정보가 복구 또는 재생되지 않도록 조치해야 함

② 단, 다른 법령에 따라 보존하여야 하는 경우에는 그에 따라 보존해야 함
- 이때 보존하는 개인정보 또는 개인정보파일은 다른 개인정보와 분리하여 저장·관리해야 함

③ 정보통신서비스 제공자는 정보통신서비스를 1년의 기간 동안 이용하지 아니하는 이용자의 개인정보를 보호하기 위하여 개인정보의 파기 등 필요한 조치를 취하여야 함
- 다만, 그 기간에 대하여 다른 법령 또는 이용자의 요청에 따라 달리 정한 경우에는 그에 따라야 함

## (3) 영상정보처리기기의 설치 및 운영

① 영상정보처리기기 설치의 예외적 허용
- 법령에서 구체적으로 허용하고 있는 경우
- 범죄의 예방 및 수사를 위하여 필요한 경우
- 시설안전 및 화재 예방을 위하여 필요한 경우
- 교통단속을 위하여 필요한 경우
- 교통정보의 수집·분석 및 제공을 위하여 필요한 경우

② 영상정보처리기기 설치·운영 안내

영상정보 처리기기를 설치·운영하는 자는 정보주체가 쉽게 인식할 수 있도록 다음 사항이 포함된 안내판을 설치하는 등 필요한 조치를 하여야 함
- 설치 목적 및 장소
- 촬영 범위 및 시간
- 관리책임자 성명 및 연락처

# PART 1
# 2과목 화장품 제조 및 품질관리

## 1 화장품 원료의 종류와 특성

### 1 화장품 원료의 종류와 특성

**(1) 화장품 원료의 종류와 특성**

1) 수성원료
   ① 물에 녹는 특성(친수성)을 가진 원료
   ② **종류** : 정제수, 에탄올, 에틸알코올, 보습제(글리세린, 부틸렌글라이콜, 프로필렌글라이콜) 등

2) 유성원료
   ① 물에 녹지 않는 특성(소수성) 또는 기름에 녹는 특성(친유성)을 가진 원료
   ② **종류** : 식물성 오일, 동물성 오일, 탄화수소, 실리콘 오일, 왁스류, 고급 지방산, 고급 알코올, 에스텔 등

3) 계면활성제
   ① 한 분자 내에 극성(친수성)과 비극성(소수성)을 동시에 갖는 물질로서, 계면에 흡착하여 계면의 성질의 바꾸거나 계면의 자유에너지를 낮추어 주는 특징을 가짐
   ② **종류** : 음이온성 계면활성제, 양이온성 계면활성제, 양쪽성 계면활성제, 비이온성 계면활성제, 천연계면활성제 등

| 구분 | 비이온성 | 양쪽성 | 음이온성 | 양이온성 |
|---|---|---|---|---|
| 피부 자극<br>높은 순위 | 4 | 3 | 2 | 1 |
| 세정력<br>우수한 순위 | 4 | 2 | 1 | 3 |
| 대표제품 | 에멀젼 제품 및 스킨케어 제품의 유화제 | 저자극 샴푸, 스킨케어 제품, 어린이용 제품 | 클렌징 제품 | 헤어 린스 등 유연제 및 대전 방지제 |

### 4) 고분자화합물(폴리머)
① 분자량이 보통 10,000 이상인 분자량이 큰 화합물을 총칭
② 종류 : 하이알루로닉애씨드, 점증제, 필름 형성제 등
③ 수용성 특성을 가지는 고분자화합물의 경우 수분과의 결합 및 수분의 이동 억제를 통해 점성을 나타내는 특징을 나타내며, 점증의 효과를 유발할 수 있음

### 5) 색소
① 화장품 내 색상을 부여하는 물질의 총칭
② 종류 : 유기합성색소(타르색소), 천연색소, 무기 안료, 진주광택 안료 등

### 6) 보존제
① 화장품이 보관 및 사용되는 동안 미생물의 성장을 억제하거나 감소시켜 제품의 오염을 막아주는 특성을 가진 성분의 총칭
② 종류 : 페녹시에탄올, 파라벤, 1,2헥산다이올(방부대체제) 등

## (2) 원료 및 제품의 성분 정보

### 1) 화장품 전성분 표시 지침
① 「화장품법 시행규칙」제19조 제6항[별표4](화장품 포장의 표시기준 및 표시방법)

---

**3. 화장품 제조에 사용된 성분**

가. 글자의 크기는 5포인트 이상으로 한다.
나. 화장품 제조에 사용된 함량이 많은 것부터 기재·표시한다. 다만, 1퍼센트 이하로 사용된 성분, 착향제 또는 착색제는 순서에 상관없이 기재·표시한다.
다. 혼합원료는 혼합된 개별 성분의 명칭을 기재·표시한다.
라. 색조 화장품 제품류, 눈 화장용 제품류, 두발염색용 제품류 또는 손발톱용 제품류에서 호수별로 착색제가 다르게 사용된 경우 '± 또는 +/−'의 표시 다음에 사용된 모든 착색제 성분을 함께 기재·표시할 수 있다.
마. 착향제는 "향료"로 표시할 수 있다. 다만, 착향제의 구성 성분 중 식품의약품안전처장이 정하여 고시한 알레르기 유발성분이 있는 경우에는 향료로 표시할 수 없고, 해당 성분의 명칭을 기재·표시해야 한다.
바. 산성도(pH) 조절 목적으로 사용되는 성분은 그 성분을 표시하는 대신 중화반응에 따른 생성물로 기재·표시할 수 있고, 비누화반응을 거치는 성분은 비누화반응에 따른 생성물로 기재·표시할 수 있다.
사. 법 제10조 제1항 제3호에 따른 성분을 기재·표시할 경우 영업자의 정당한 이익을 현저히 침해할 우려가 있을 때에는 영업자는 식품의약품안전처장에게 그 근거자료를 제출해야 하고, 식품의약품안전처장이 정당한 이익을 침해할 우려가 있다고 인정하는 경우에는 "기타 성분"으로 기재·표시할 수 있다.

② 화장품 기재·표시 생략 가능한 성분
- 제조 과정 중 제거되어 최종 제품에 남아 있지 않은 성분
- 안정화제, 보존제 등 원료 자체에 들어 있는 부수 성분으로 그 효과가 나타나게 하는 양보다 적은 양이 들어 있는 성분
- 내용량이 10mL 초과 50mL 이하 또는 중량이 10g 초과 50g 이하인 화장품의 포장인 경우는 다음 성분을 제외한 성분
  - 타르색소
  - 금박
  - 샴푸와 린스에 들어 있는 인산염의 종류
  - 과일산(AHA)
  - 기능성화장품의 효능·효과가 나타나게 하는 원료
  - 식품의약품안전처장이 사용한도를 고시한 화장품의 원료

## 2  화장품의 기능과 품질

### 1 화장품의 효과

① 세정용 화장품
- 얼굴 세정을 통하여 청결 및 상쾌감을 부여함
- 얼굴을 세정하고 좋은 냄새가 나게 함

② 기초 화장품
- 거친 피부를 개선하고 살결을 가다듬음
- 피부를 청정하게 함
- 피부에 수분을 공급하고 조절하여 촉촉함을 유지 및 개선하며, 유연하게 함
- 피부에 수렴 효과를 주며, 피부 탄력을 증가시킴
- 피부 화장을 지워 줌

③ 기능성 화장품
- 피부에 멜라닌색소가 침착하는 것을 방지하여 기미, 주근깨 등의 생성을 억제함으로써 피부의 미백에 도움을 줌
- 피부에 침착된 멜라닌색소의 색을 엷게 하여 피부의 미백에 도움을 줌
- 피부에 탄력을 주어 피부의 주름을 완화 또는 개선
- 강한 햇볕을 방지하여 피부를 곱게 태워줌
- 두발의 색상을 변화(단, 일시적으로 모발의 색상을 변화시키는 제품은 제외)
- 체모를 제거(단, 물리적으로 체모를 제거하는 제품은 제외)
- 탈모 증상의 완화에 도움을 줌(단, 코팅 등 물리적으로 모발을 굵어 보이게 하는 제품은 제외)
- 여드름성 피부를 완화함(인체 세정용 제품류로 한정)
- 피부장벽의 기능을 회복하여 가려움 등의 개선함
- 튼살로 인한 붉은 선을 엷게 하는 데 도움을 줌

④ 색조 화장품
- 피부에 색조 효과를 부여함
- 수분이나 오일 성분으로 인한 피부의 번들거림 또는 결점을 감추어 줌
- 거친 피부를 방지함
- 메이크업의 효과를 지속시킴
- 입술에 색조 효과를 부여하며, 윤기를 주고 부드럽게 함

- 입술의 건조함을 방지하여 입술의 건강을 유지 및 증진함
- 분장용 효과를 부여함

⑤ 두발 화장품
- 두발에 윤기를 부여하고, 두피 및 두발의 건강을 유지함
- 두발이 거칠어지고 갈라지는 것을 방지함
- 두발에 수분 및 지방을 공급하여 부드럽게 함(헤어토닉 제외)
- 두발의 정전기 발생을 방지하여 쉽게 머리를 단정하게 함(헤어토닉 제외)
- 두발의 세팅 효과를 유지하고 원하는 두발 형태를 만들거나 고정함
- 두피 및 두발을 깨끗하게 세정함으로써 비듬과 가려움을 개선함
- 두발을 변형시켜 일정한 형으로 유지함

## 2 판매 가능한 맞춤형화장품 구성

### (1) 맞춤형화장품판매업 영업의 범위

① 제조 또는 수입된 화장품의 내용물에 다른 화장품의 내용물이나 식품의약품안전처장이 정하는 원료를 추가하여 혼합한 화장품을 판매하는 영업
② 제조 또는 수입된 화장품의 내용물(벌크 제품)을 소분한 화장품을 판매하는 영업
※ 원료와 원료를 혼합하는 것은 맞춤형화장품의 혼합이 아닌 '화장품 제조'에 해당함

### (2) 맞춤형화장품의 유형

① 현장 혼합형
소비자가 매장을 방문하여 피부 상태를 진단받고, 피부에 맞는 제품을 현장에서 조제하는 방식의 화장품

② 공장 제조 배송형
소비자의 피부 상태를 진단한 후, 원료 및 재료에 대한 소비자의 욕구와 선택을 바탕으로 제조업소에서 화장품을 생산한 뒤 완제품을 소비자에게 전달하는 방식

③ DIY 키트형
소비자가 화장품 베이스 부스터를 선택하여, 세트 형태로 구매한 뒤 직접 혼합하여 사용하는 방식의 화장품

④ 디바이스형
가정 혹은 매장에서 기기를 활용해 피부 상태를 진단하고, 진단 결과를 기반으로 피부에 맞는 원료를 혼합하여 맞춤형화장품을 제공하는 방식의 화장품

## 3 내용물 및 원료의 품질성적서 구비

### (1) 품질관리기준서

　화장품제조업자는 품질관리기준서를 작성 및 보관하여야 하며, 화장품책임판매업자는 품질관리기준서를 보관하여야 한다. 품질관리기준서는 원료, 반제품 및 완제품의 품질관리를 위한 시험항목, 검체의 체취방법, 보관조건, 품질 관리에 요구되는 표준품과 시약의 관리 등, 제조공정 중에서 불량품을 발생시키는 원인을 가능한 한 미연에 방지, 제거함으로써 품질의 유지와 향상을 위한 기준서이다. 다음은 품질관리기준서 내 포함되는 세부 사항들이다.

- 제품명, 제조번호 또는 관리번호, 제조연월일
- 시험지번호, 지시자 및 지시연원일
- 시험 항목 및 시험 기준
- 시험 검체 채취 방법 및 채취 시 주의사항과 채취 시 오염 방지 대책
- 시험시설 및 시험기구의 점검(장비의 교정 및 성능 점검 방법)
- 안전성 시험
- 완제품 등 보관용 검체의 관리
- 표준품 및 시약의 관리
- 위탁 시험 또는 위탁 제조하는 경우 검체의 송부 방법 및 시험 결과의 판정 방법
- 그 밖에 필요한 사항

### (2) 원료품질성적서

　다음은 원료품질성적서의 세부 사항들이다.

- 원료명(원료 제품명)
- 제조자명 및 공급자명
- 제조번호 또는 관리번호
- 제조연월일
- 보관방법
- 사용기한
- 시험항목, 시험기준, 시험방법, 시험결과
- 적합 판정 및 판정일자

쮼이덕의 맞춤형화장품 조제관리사

## 3 화장품 사용제한 원료

### 1 화장품 사용제한 원료의 종류 및 사용한도

#### (1) 사용상의 제한이 필요한 원료

식품의약품안전처장은 보존제, 색소, 자외선 차단제 등과 같이 특별히 사용상의 제한이 필요한 원료에 대하여는 그 사용 기준을 지정하고 고시하여야 한다.

1) 보존제의 사용한도

① 벤질알코올 : 1.0%(다만, 두발염색용 제품류에 용제로서 사용할 경우에는 10%)

② 이미다졸리디닐우레아 : 0.6%

③ 클로로부탄올 : 0.5%, 에어로졸(스프레이에 한함)제품에는 사용 금지

④ 트리클로산 : 사용 후 씻어내는 인체 세정용 제품류, 데오도런트(스프레이 제품 제외), 페이스 파우더, 피부 결점을 감추기 위해 국소적으로 사용하는 파운데이션에 0.3%, 기타 제품에는 사용 금지

⑤ 페녹시에탄올 : 1.0%

2) 자외선 차단 성분의 사용한도

① 드로메트리졸 : 1.0%

② 시녹세이트 : 5.0%

③ 에칠헥실메톡시신나메이트 : 7.5%

④ 옥토크릴렌 : 10%

⑤ 호모살레이트 : 10%

3) 주요기타 성분의 사용한도

① 실버나이트레이트 : 속눈썹 및 눈썹 착색 용도의 제품에 4%, 기타 제품에는 사용금지

② 우레아 : 10%

③ 톨루엔 : 손발톱용 제품류에 25%, 기타 제품에는 사용금지

### (2) 착향제 성분 중 알레르기 유발 물질 25종

- 아밀신남알
- 벤질알코올
- 신나밀알코올
- 시트랄
- 유제놀
- 하이드록시시트로넬알
- 아이소유제놀
- 아밀신나밀알코올
- 벤질살리실레이트
- 신남알
- 쿠마린
- 제라니올
- 아니스알코올
- 벤질신나메이트
- 파네솔
- 부틸페닐메틸프로피오날
- 리날룰
- 벤질벤조에이트
- 시트로넬롤
- 헥실신남일
- 리모넨
- 메틸2-옥티노에이트
- 알파-아이소메틸아이오논
- 참나무이끼추출물
- 나무이끼추출물

## 2 천연화장품 및 유기농화장품의 원료 기준

### (1) 천연·유기농 화장품의 제조에 사용할 수 있는 허용 합성 원료

천연화장품 또는 유기농화장품의 품질 또는 안전을 위해서 필요하나 따로 자연에서 대체하기 곤란한 기타 원료 및 합성 원료는 5% 이내에서 사용가능하고 석유화학 부분은 2%를 초과하여 사용할 수 없다.

### (2) 천연·유기농 화장품의 용기와 포장

폴리염화비닐(PVC)과 폴리스티렌폼(Polystyrene Foam)을 사용할 수 없다.

### (3) 천연·유기농 화장품의 원료 조성

- **천연화장품** : 중량 기준으로 천연 함량이 전체 제품의 95% 이상으로 구성되어야 함
- **유기농화장품** : 중량 기준으로 유기농 함량이 전체제품의 10% 이상이어야 함, 유기농 함량을 포함한 천연 함량이 전체 제품의 95% 이상으로 구성되어야 함

## 4 화장품 관리

### 1 화장품의 취급 및 보관 방법

#### (1) 화장품 취급 방법 (「우수화장품 제조 및 품질관리 기준 CGMP」)

① 원자재, 반제품 및 벌크제품은 품질에 나쁜 영향을 미치지 아니하는 조건에서 보관하여야 하며 보관기한을 설정하여야 함
② 원자재, 반제품 및 벌크제품은 바닥과 벽에 닿지 않도록 보관하고, 특별한 사유가 없는 한 선입선출에 의하여 출고될 수 있도록 보관하여야 함
③ 원자재, 시험 중인 제품 및 부적합품은 각각 구획된 장소에서 보관하여야 함. 다만, 서로 혼동을 일으킬 우려가 없는 시스템에 의하여 보관되는 경우는 제외
④ 설정된 보관기한이 지나면 사용의 적절성을 결정하기 위해 재평가 시스템을 확립해야 하며, 동 시스템을 통해 보관기한이 경과한 경우 사용하지 않도록 규정하여야 함

#### (2) 화장품 보관 방법

① 적당한 조명, 온도, 습도, 정렬된 통로 및 보관 구역 등의 적절한 보관 조건에 보관
② 불출된 완제품, 검사 중인 화장품, 불합격 판정을 받은 완제품의 각각의 상태에 따라 지정된 물리적 장소에 보관하거나 미리 정해진 자동 적재 위치에 저장
③ 수동 또는 전산화 시스템의 특징
  - 재질 및 제품의 관리와 보관은 쉽게 확인할 수 있는 방식
  - 재질 및 제품의 수령과 철회는 적절히 허가함
  - 유통된 제품은 추적이 용이해야함
  - 재고 회전은 선입선출 방식으로 사용 및 유통
④ 파레트에 적재된 모든 재료(또는 기타 용기 형태)의 표시사항
  - 명칭 또는 확인 코드
  - 제조번호
  - 제품의 품질을 유지하기 위해 필요할 경우, 보관 조건

### 2 화장품의 사용방법

① 화장품 사용 시 깨끗한 손이나 깨끗하게 관리된 도구 사용
② 화장품에 먼지나 미생물의 유입방지를 위해 사용 후 항상 뚜껑을 닫아서 보관
③ 화장품은 별도 보관조건을 명시하지 않은 경우 직사광선을 피해 서늘한 곳에 보관

④ 화장품을 여러 사람이 같이 사용하면, 감염, 오염의 위험이 있으므로 주의하고, 판매장의 테스트용 제품은 사용할 때 일회용 도구 사용 권장
⑤ 화장품의 사용기한과 사용법을 확인하고 사용기한 내에 사용

## 3 화장품의 사용상 주의사항

① 화장품 사용 시 또는 사용 후 직사광선에 의하여 사용 부위에 붉은 반점, 부어오름 또는 가려움증 등의 이상 증상이나 부작용이 있는 경우 전문의 등과 상담할 것
② 상처가 있는 부위 등에는 사용을 자제할 것
③ 보관 및 취급 시 주의사항
- 어린이 손이 닿지 않는 곳에 보관할 것
- 직사광선을 피해서 보관할 것

④ 알파–하이드록시애씨드(AHA) 함유 제품(0.5% 이하의 제품은 제외)
- 햇빛에 대한 피부의 감수성을 증가시킬 수 있으므로 자외선 차단제를 함께 사용할 것 (씻어내는 제품 및 두발용 제품은 제외함)
- 일부에 시험, 사용하여 피부 이상을 확인
- 고농도의 AHA 성분이 들어 있어 부작용이 발생할 우려가 있으므로 전문의 등에게 상담할 것(AHA 성분이 10퍼센트를 초과하여 함유되어 있거나 산도가 3.5 미만인 제품만 표시)

⑤ 퍼머넌트웨이브 제품 및 헤어스트레이트너 제품
- 두피·얼굴·눈·목·손 등에 약액이 묻지 않도록 유의하고, 얼굴 등에 약액이 묻었을 때는 즉시 물로 씻어낼 것
- 특이체질, 생리 또는 출산 전후이거나 질환이 있는 사람 등은 사용을 피할 것
- 머리카락의 손상 등을 피하기 위하여 용법·용량을 지켜야 하며, 가능하면 일부에 시험적으로 사용하여 볼 것
- 섭씨 15도 이하의 어두운 장소에 보존하고, 색이 변하거나 침전된 경우에는 사용하지 말 것
- 개봉한 제품은 7일 이내에 사용할 것(에어로졸 제품이나 사용 중 공기유입이 차단되는 용기는 표시하지 아니함)
- 제2단계 퍼머액 중 그 주성분이 과산화수소인 제품은 검은 머리카락이 갈색으로 변할 수 있으므로 유의하여 사용할 것

## 5 위해사례 판단 및 보고

### 1 위해여부 판단 및 보고

#### (1) 위해평가

인체가 화장품에 존재하는 위해요소에 노출되었을 때 발생할 수 있는 유해영향과 발생 확률을 과학적으로 예측하는 일련의 과정으로 위험성 확인, 위험성 결정, 노출평가, 위해도 결정 등 일련의 단계를 말한다.

- 위험성 확인 : 위해요소에 노출됨에 따라 발생할 수 있는 독성의 정도와 영향의 종류 등을 파악
- 위험성 결정 : 동물실험 결과 등으로부터 독성기준값을 결정
- 노출평가 : 화장품의 사용으로 인해 위해요소에 노출되는 양 또는 노출 수준을 정량적 또는 정성적으로 산출
- 위해도 결정 : 위해 요소 및 이를 함유한 화장품의 사용에 따른 건강상 영향을 인체노출허용량(독성기준값) 및 노출수준을 고려하여 사람에게 미칠 수 있는 위해의 정도와 발생빈도 등을 정량적으로 예측

#### (2) 위해평가 필요성 검토

① 위해평가 필요한 경우
- 위해성에 근거하여 사용금지를 설정
- 안전역을 근거로 사용한도를 설정(살균보존성분 등)
- 현 사용한도 성분의 기준 적절성
- 비의도적 오염물질의 기준 설정
- 화장품 안전 이슈 성분의 위해성
- 위해관리 우선순위를 설정
- 인체 위해의 유의한 증거가 없음을 검증

② 위해평가 불필요한 경우
- 불법으로 유해물질을 화장품에 혼입한 경우
- 안전성, 유효성이 입증되어 기허가 된 기능성 화장품
- 위험에 대한 충분한 정보가 부족한 경우

## (3) 위해평가 단계

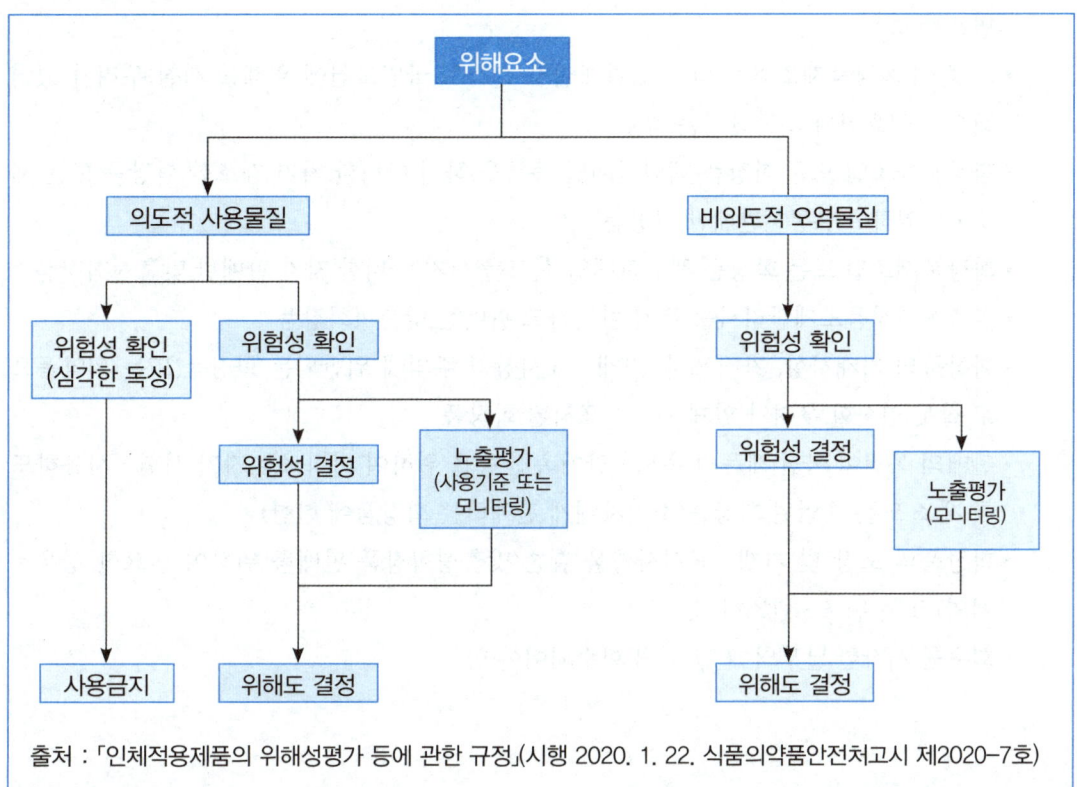

출처 : 「인체적용제품의 위해성평가 등에 관한 규정」(시행 2020. 1. 22. 식품의약품안전처고시 제2020-7호)

## (4) 위해성 등급

① '가' 등급
- 사용할 수 없는 원료를 사용한 경우
- 사용 기준이 지정·고시된 원료 외의 보존제·색소·자외선 차단제 등을 사용한 경우
- 회수를 시작한 날부터 15일 이내 회수되어야 함

② '나' 등급
- 안전용기, 포장 등에 위반
- 유통화장품 안전관리기준에 적합하지 않은 경우
- 회수를 시작한 날부터 30일 이내 회수되어야 함

③ '다' 등급
- 전부 또는 일부가 변패된 경우
- 병원미생물에 오염된 경우
- 이물이 혼입되었거나 부착되어 보건위생상 위해를 발생할 우려가 있는 경우
- 유통화장품 안전관리 기준에 적합하지 않은 경우(기능성 화장품의 주원료 함량이 부적합한 경우)

- 화장품의 사용기한 또는 개봉 후 사용기간(병행표시된 경우 제조연월일 포함)을 위조·변조한 경우
- 그 밖에 화장품제조업자 및 책임판매업자 스스로 국민보건에 위해를 끼칠 우려가 있어 회수가 필요하다고 판단되는 경우
- 화장품제조업 또는 화장품 책임판매업 등록을 하지 아니한 자가 제조한 화장품 또는 제조·수입하여 유통·판매한 화장품
- 화장품제조업 또는 화장품 책임판매업 신고를 하지 아니한 자가 판매한 맞춤형화장품
- 맞춤형화장품조제관리사를 두지 아니하고 판매한 맞춤형화장품
- 화장품의 기재사항, 가격표시, 기재·표시상의 주의에 위반되는 화장품 또는 의약품으로 잘못 인식할 우려가 있게 기재·표시된 화장품
- 판매의 목적이 아닌 제품의 홍보·판매촉진 등을 위하여 미리 소비자가 시험·사용하도록 제조 또는 수입된 화장품(소비자에게 판매하는 화장품에 한함)
- 화장품의 포장 및 기재·표시사항을 훼손(맞춤형화장품 판매를 위하여 필요한 경우는 제외) 또는 위조·변조한 것
- 회수를 시작한 날부터 30일 이내 회수되어야 함

# PART 1
# 3과목 유통화장품 안전관리

## 1 작업장 위생관리

### 1 작업장의 위생 기준

#### (1) 작업소의 시설 적합 기준
① 제조하는 화장품의 종류·제형에 따라 적절히 구획·구분되어 있어 교차오염 우려가 없을 것
② 바닥, 벽, 천장은 가능한 한 청소하기 쉽게 매끄러운 표면을 지니고 소독제 등의 부식성에 저항력이 있어야 할 것
③ 환기가 잘되고 외부와 연결된 창문은 가능한 한 열리지 않도록 할 것
④ 수세실과 화장실은 접근이 쉬워야 하나 생산 구역과 분리되어 있을 것
⑤ 작업장 전체에 적절한 조명을 설치, 파손될 경우를 대비한 제품을 보호할 수 있는 처리 절차 준비
⑥ 제품 오염을 방지하고 적절한 온도 및 습도를 유지할 수 있는 공기조화시설 등 적절한 환기 시설을 갖출 것
⑦ 각 제조 구역별 청소 및 위생관리 절차에 따라 효능이 입증된 세척제 및 소독제를 사용할 것
⑧ 제품의 품질에 영향을 주지 않는 소모품을 사용할 것

#### (2) 작업소의 위생 기준
① 곤충, 해충이나 쥐를 막을 수 있는 대책을 마련하고 정기적으로 점검·확인하여야 한다.
② 제조, 관리 및 보관 구역 내의 바닥, 벽, 천장 및 창문은 항상 청결하게 유지되어야 한다.
③ 제조시설이나 설비의 세척에 사용되는 세제 또는 소독제는 효능이 입증된 것을 사용하고 잔류하거나 적용하는 표면에 이상을 초래하지 아니하여야 한다.
④ 제조시설이나 설비는 적절한 방법으로 청소하여야 하며, 필요한 경우 위생관리 프로그램을 운영하여야 한다.

## 2 작업장의 위생 상태

### (1) 청정도 등급 및 관리 기준

| 등급 | 대상 시설 | 해당 작업실 | 청정 공기 순환 | 관리 기준 | 작업 복장 |
|---|---|---|---|---|---|
| 1등급 | 청정도 엄격관리 | Clean Bench | 20회/hr 이상 또는 차압 관리 | 낙하균 : 10개/hr 또는 부유균 : 20개/$m^3$ | 작업복 작업모 작업화 |
| 2등급 | 화장품 내용물이 노출되는 작업실 | 제조실, 성형실, 충전실, 내용물 보관소, 원료 칭량실, 미생물 실험실 | 10회/hr 이상 또는 차압 관리 | 낙하균 : 30개/hr 또는 부유균 : 200개/$m^3$ | |
| 3등급 | 화장품 내용물이 노출 안되는 곳 | 포장실 | 차압관리 | 옷 갈아 입기, 포장재의 외부 청소 후 반입 | |
| 4등급 | 일반작업실 (내용물 완전폐색) | 포장재 보관소, 완제품 보관소, 관리품 보관소, 원료 보관소, 탈의실, 일반 실험실 | 환기장치 | – | – |

### (2) 작업장의 공기조절 4대 요소 및 대응설비

| 4대 요소 | 대응 설비 |
|---|---|
| 청정도 | 공기정화기 |
| 실내온도 | 열 교환기 |
| 습도 | 가습기 |
| 기류 | 송풍기 |

## 3 작업장 위생 유지를 위한 세제의 종류와 사용법

| 시설기구 | 청소주기 | 세제 | 청소방법 | 점검방법 |
|---|---|---|---|---|
| 원료창고 | 수시 | 상수 | 작업 종료 후 비 또는 진공청소기로 청소하고 물걸레로 닦음 | 육안 |
| 원료창고 | 1회/월 | 상수 | 진공청소기 등으로 바닥, 벽, 창, 선반, 원료통 주위의 먼지를 청소하고 물걸레로 닦음 | 육안 |
| 칭량실 | 작업 후 | 상수, 70%에탄올 | • 원료통, 작업대, 저울 등을 70%에탄올을 묻힌 걸레 등으로 닦음<br>• 바닥은 진공청소기로 청소하고 물걸레로 닦음 | 육안 |
| 칭량실 | 1회/월 | 상수, 70%에탄올 | 바닥, 벽, 문, 원료통, 저울, 작업대 등을 진공청소기, 걸레 등으로 청소하고, 걸레에 전용 세제 또는 70%에탄올을 묻혀 찌든 때를 제거한 후 깨끗한 걸레로 닦음 | 육안 |
| 제조실, 충전실, 반제품 보관실 및 미생물 실험실 | 수시 (최소1회/일) | 중성세제, 70%에탄올 | • 작업 종료 후 바닥 작업대와 테이블 등을 진공청소기로 청소하고 물걸레로 닦음<br>• 작업 전 작업대와 테이블, 저울을 70%에탄올로 소독<br>• 클린 벤치는 작업 전, 작업 후 70%에탄올로 소독 | 육안 |
| 제조실, 충전실, 반제품 보관실 및 미생물 실험실 | 1회/월 | 중성세제, 70%에탄올 | • 바닥, 벽, 문, 작업대와 테이블 등을 진공청소기로 청소하고, 상수에 중성 세제를 섞어 바닥에 뿌린 후 걸레로 세척<br>• 작업대와 테이블을 70%에탄올로 소독 | 육안 |

## 4 작업장 소독을 위한 소독제의 종류

① 물리적 소독

100℃ 물 스팀, 80~100℃ 온수, 전기 가열 테이프

② 화학적 소독

70%에탄올, 크레졸수(3%수용액), 차아염소산나트륨액, 페놀수(3%수용액), 벤잘코늄클로라이드, 글루콘산클로르헥시딘

## 2 작업자 위생관리

### 1 작업장 내 직원의 위생 기준 설정

① 직원의 위생관리 기준
- 적절한 위생관리 기준 및 절차 준비
- 제조소 내의 모든 직원의 준수
- 피부에 외상이 있거나 질병에 걸린 직원은 건강이 양호해지거나 화장품의 품질에 영향을 주지 않는다는 의사의 소견이 있기 전까지는 화장품과 직접적으로 접촉되지 않도록 격리

② 직원의 복장관리 기준
- 작업장 및 보관소 내의 모든 직원은 화장품의 오염을 방지하기 위해 규정된 작업복 착용
- 제조구역별 접근권한이 있는 직원 및 방문객은 가급적 제조·관리 및 보관구역 내에 들어가지 않음
- 불가피한 경우 사전에 직원 위생에 대한 교육 및 복장 규정에 따르도록 하고 감독

### 2 혼합·소분 시 위생관리 규정

① 혼합·소분 전에 혼합·소분에 사용되는 내용물 또는 원료에 대한 품질성적서를 확인할 것
② 혼합·소분 전에 손을 소독하거나 세정할 것. 다만, 혼합·소분 시 일회용 장갑을 착용하는 경우에는 그렇지 않다.
③ 혼합·소분 전에 혼합·소분된 제품을 담을 포장용기의 오염여부를 확인할 것
④ 혼합·소분에 사용되는 장비 또는 기구 등은 사용 전에 그 위생상태를 점검하고, 사용 후에는 오염이 없도록 세척할 것
⑤ 그 밖에 ①~④까지의 사항과 유사한 것으로 혼합·소분의 안전을 위해 식품의약품안전처장이 정하여 고시하는 사항을 준수할 것

### 3 작업자 위생 유지·소독을 위한 세제·소독제의 종류와 사용법

① 손 세제의 사용방법
- 손은 적절한 주기와 방법으로 세정
- 손 세정의 시기 및 방법은 다음과 같음

| 시기 | 손 씻기 및 소독 방법 | 세척 및 소독제 |
|---|---|---|
| • 작업장 입실 전<br>• 작업 중 손이 오염되었을 때<br>• 화장실 이용 후 | • 수도꼭지를 틀어 흐르는 물에 손을 세척<br>• 비누를 이용하여 손을 세척<br>• 흐르는 물에 손을 깨끗이 헹굼<br>• 종이 타월, 드라이어를 이용하여 손 건조<br>• 건조 후 소독제 도포 | • 상수<br>• 비누<br>• 종이 타월<br>• 소독제(70% 에탄올 등) |

② 손 소독제의 사용방법과 종류
- 깨끗한 흐르는 물에 손을 적신 후, 비누를 충분히 적용, 뜨거운 물을 사용하면 피부염 발생 위험이 증가하므로 미지근한 물을 사용
- 손의 모든 표면에 비누액이 접촉하도록 15초 이상 문지름, 손가락 끝과 엄지손가락 및 손가락 사이사이 주의 깊게 문지름
- 물로 헹군 후 손이 재오염되지 않도록 일회용 타월로 건조시킴
- 수도꼭지를 잠글 때는 사용한 타월을 이용하여 잠금
- 타월은 반복사용하지 않으며 여러 사람이 공용하지 않음
- 손이 마른 상태에서 손 소독제를 모든 표면을 다 덮을 수 있도록 충분히 적용
- 손의 모든 표면에 소독제가 접촉되도록, 특히 손가락 끝과 엄지손가락 및 손가락 사이사이를 주의 깊게 문지름
- 손의 모든 표면이 마를 때까지 문지름
- 손 소독제의 종류
  - 알코올
  - 클로르헥시딘디글루코네이트
  - 아이오다인과 아이오도퍼
  - 클로록시레놀
  - 헥사클로로펜
  - 4급 암모늄 화합물
  - 트리클로산
  - 일반 비누

# 3 설비 및 기구 관리

## 1 설비·기구의 위생 기준 설정

### (1) 설비 및 기구의 위생기준

① 사용목적에 적합하고, 청소가 가능하며, 필요한 경우 위생·유지관리가 가능하여야 함 (자동화시스템을 도입한 경우도 동일)
② 사용하지 않는 설비기구는 건조한 상태로 유지하고 먼지, 얼룩 또는 다른 오염으로부터 보호함
③ 설비는 제품의 오염을 방지하고 배수가 용이하도록 설계 및 설치
④ 설비는 제품 및 청소 소독제와 화학반응을 일으키지 않을 것
⑤ 설비 위치는 원자재나 직원의 이동으로 인하여 제품의 품질에 영향을 주지 않도록 할 것
⑥ 설비가 오염되지 않도록 배관과 배수관을 설치하며, 배수관은 역류되지 않아야 하고, 청결유지
⑦ 천정 주위의 대들보, 파이프, 도관 등은 가급적 노출되지 않도록 설계, 파이프는 받침대로 고정하고 벽에 닿지 않게 하여 청소가 용이하도록 설계
⑧ 시설 및 기구에 사용되는 소모품은 제품의 품질에 영향을 주지 않도록 할 것

## 2 설비·기구의 위생 상태 판정

### (1) 설비·기구의 위생 상태 판정 기준

① 예방적 실시가 원칙
② 설비마다 절차서를 작성
③ 계획을 가지고 실행(연간계획이 일반적)
④ 책임 내용을 명확하게 함
⑤ 유지하는 기준은 절차서에 포함
⑥ 점검체크시트를 사용하면 편리
⑦ **점검항목** : 외관검사(더러움, 녹, 이상소음, 이취 등), 작동점검(스위치, 연동성 등), 가능측정(회전수, 전압, 투과율, 감도 등), 청소(외부표면, 내부), 부품교환, 개선(제품 품질에 영향을 미치지 않는 일이 확인되면 적극적으로 개선)

## (2) 세척 후 판정 방법

① 육안 판정
- 세척 육안 판정 자격자 선임
- 각각 설비에 맞는 소도구(손전등, 지시 봉, 거울) 준비
- 육안 판정의 장소는 미리 정해 놓고 판정 결과 기록서에 기재

② 닦아내기 판정
- 닦아 내는 천의 종류 결정
- 판정 자격자를 선임
- 천 표면의 잔류물 유무로 세척결과 판정(흰 천이나 검은 천)

③ 린스 정량법
- 린스 액을 선정하여 설비 세척
- 린스 액의 현탁도를 확인하고, 필요 시 적절한 방법을 선택하여 정량, 결과 기록

④ 표면 균 측정법
- **면봉 시험법**: 면봉으로 검체 구역을 문지른 후 희석액에 담가 채취된 미생물을 희석하여 배양한 후, 검출된 미생물 수를 계산
- **콘택트 플레이트법**: 콘택트 플레이트에 검체를 채취하여 배양한 후 CFU 수를 측정하여 기록

## 3 오염물질 제거 및 소독 방법

### (1) 오염물질 제거 및 소독 방법

① 설비 및 도구들은 작업 후 세척, 도구들은 계획과 절차에 따라 위생 처리 및 기록
② 설비의 세척은 물질 및 세척 대상 설비에 따라 적절히 시행
③ 물 또는 증기만으로 세척하는 것이 가장 좋으나 브러시 등의 세척 기구를 적절히 사용해서 세척
④ 세제 세척 시 유의사항
- 세제는 설비 내벽에 남기 쉬우므로 철저하게 닦아 냄
- 잔존한 세척제는 제품에 악영향을 미칠 수 있으므로 확인 후 제거함
- 세제가 잔존하고 있지 않은 것을 설명하기 위해서는 고도의 화학 분석 필요함

⑤ 화장품 제조 설비의 세척용으로 적당한 세제를 선정하여 사용
⑥ 부품을 분해할 수 있는 설비는 분해해서 세척

⑦ 설비 세척의 원칙
- 위험성이 없는 용제(물이 최적)로 세척
- 가능하면 세제를 사용하지 않음
- 증기 세척은 좋은 방법
- 브러시 등으로 문질러 지우는 것을 고려
- 분해할 수 있는 설비는 분해해서 세척
- 세척 후에는 반드시 '판정'
- 판정 후의 설비는 건조·밀폐해서 보존
- 세척의 유효 기간 설정

## 4 설비·기구의 구성 재질 구분

| 설비명 | 구성요건, 재질 및 특성 |
|---|---|
| 탱크 | • 탱크는 공정 단계 및 완성된 포뮬레이션 과정에서 공정 중 또는 보관용 원료를 저장하기 위해 사용되는 용기<br>• 스테인리스 스틸은 탱크의 제품에 접촉하는 표면 물질로 일반적으로 선호<br>• 미생물학적으로 민감하지 않은 물질이나 제품에는 유리로 안을 댄 강화유리섬유 폴리에스터와 플라스틱으로 안을 댄 탱크를 사용할 수 있음<br>• 모든 용접, 결합은 가능한 한 매끄럽고 평면 유지<br>• 외부 표면은 코팅은 제품에 대해 저항력이 있어야 함 |
| 펌프 | • 펌프는 다양한 점도의 액체를 다른 지점으로 이동시키거나 제품을 혼합(재순환 또는 균질화)하기 위해 사용<br>• 펌프 종류는 미생물학적인 오염을 방지하기 위해서 원하는 속도, 펌프 될 물질의 점성, 수송 단계 필요 조건, 그리고 청소/위생관리(세척/위생관리)의 용이성에 따라 선택, 최종 선택은 펌핑 테스트를 통해 물성에 끼치는 영향을 완전히 해석하여 확증한 후에 선택(매우 민감한 에멀젼에서 중요)해야 함 |
| 혼합과 교반 장치<br>(호모게나이저) | • 혼합 또는 교반 장치는 제품의 균일성 또는 물리적 성상을 얻기 위하여 사용<br>• 전기화학적 반응을 피하기 위해 믹서를 설치할 모든 젖은 부분 및 탱크와 공존이 가능한지 확인해야 함<br>• 혼합기를 작동시키는 사람은 회전하는 샤프트와 잠재적인 위험 요소를 생각하여 안전한 작동 연습을 적절하게 훈련받아야 함 |
| 호스 | • 화장품 생산 작업에 훌륭한 유연성을 제공하기 때문에 한 위치에서 또 다른 위치로 제품의 전달을 위해 화장품 산업에서 광범위하게 사용<br>• 강화된 식품등급의 고무, 또는 네오프렌, tygon 또는 강화된 tygon, 폴리에칠렌 또는 폴리프로필렌, 나일론 등의 구성재질을 사용함 |
| 필터, 여과기, 체 | • 화장품 원료와 완제품에서 원하는 입자 크기, 덩어리 모양을 파쇄와 불순물 제거, 현탁액에서 초과물질을 제거하기위해 사용<br>• 316스테인리스는 제품의 제조를 위해 선호<br>• 시스템 설계는 모든 여과조건하에서 생기는 최고 압력들을 고려해야 함 |

| | |
|---|---|
| 이송파이프 | • 파이프 시스템은 제품을 한 위치에서 다른 위치로 운반하기위해 사용<br>• 유리, 304 또는 316스테인리스, 구리, 알루미늄 등으로 구성되며, 전기화학반응이 일어날 수 있기 때문에 주의하여야 함<br>• 파이프 시스템 설계는 생성되는 최고의 압력을 고려해야 함 |
| 칭량장치 | • 원료, 제조과정 재료 및 완제품에서 요구되는 성분표 양과 기준을 만족하는지를 보증하기 위해 중량적으로 측정하는 장치<br>• 계량적 눈금의 노출된 부분들은 칭량 작업에 간섭하지 않는다면 보호적인 피복제로 칠할 수 있음<br>• 칭량장치들은 제재의 칭량이 쉽게 이루어질 수 있고 교차 오염의 가능성이 최소화된 위치에 설치되어야 함 |
| 게이지와 미터기 | • 온도, 압력, 흐름, 점도, pH, 속도, 부피 등 화장품의 특성을 측정 및 기록하기 위해 사용<br>• 제품과 직접 접하는 게이지와 미터의 적절한 기능에 영향을 주지 않아야 하며, 대부분 원료와 직접 접하지 않도록 분리 장치를 제공함 |
| 제품 충전기 | • 조작 중, 온도 및 압력이 제품에 영향을 끼치지 않아야 함<br>• 제품 충전기는 특별한 용기와 충전 제품에 대해 요구되는 정확성과 조절이 용이하도록 설계되어야 함<br>• 장치는 정해진 속도에서 지정된 허용오차 내에서 원하는 수의 제품의 충전이 가능해야 함 |

## 5 설비·기구의 폐기 기준

### (1) 설비·기구의 이력 관리 및 폐기

① 사용 조건과 설비 관리의 적절성에 따라 내구연한이 단축 또는 연장
② 설비 이력 관리를 통한 설비 가동률과 고장률 파악
③ 점검·정비 주기의 단축 또는 연장 여부 결정
④ 부품의 교체 시기, 설비의 정밀 진단과 폐기 시점 결정
⑤ 설비 가동 일지에는 설비 번호, 설비명, 설치 장소, 설치 연월과 같은 기본 항목 이외에 생산일 및 시간, 조업 시간, 정지 시간, 부하 시간, 가동 시간, 가동률 기록
⑥ 내구연한 종료 설비의 폐기
⑦ 설비 이력카드 양식의 구성

| | |
|---|---|
| 설비 상세 명세 구성 항목 | 설비 번호, 설비명, 설치 장소, 제작 번호, 제작사, 제조 연월, 구입처, 설치 연월, 설비 사진과 주요 기계요소 명칭, 일련번호와 주요 부속품 장치명 |
| 유지·보수 이력 구성 항목 | 유지·보수의 일시·항목·내용, 조치 사항·결과, 작업자 |
| 부품 교체 이력 구성 항목 | 부품 교체 일시, 부품명, 교체 방법, 수량, 이전 교체일, 구입처, 작업자 |

## 4 내용물 원료 관리

### 1 내용물 및 원료의 입고 기준

① 제조업자는 원자재 공급자에 대한 관리·감독을 적절히 수행하며 입고관리를 철저히 이행함
② 원자재 입고 시 구매요구서, 원자재 공급업체 성적서 및 현품이 서로 일치하여야 하며 필요한 경우 운송 관련 자료를 추가적으로 확인할 수 있음
③ 원자재 용기에 제조번호가 없는 경우 관리번호를 부여하여 보관하여야 함
④ 입고 절차 중 육안으로 물품에 결함이 있음을 확인한 경우 입고를 보류하고 격리보관 및 폐기 또는 원자재 공급업자에게 반송함
⑤ 입고된 원자재는 '적합', '부적합', '검사 중' 등으로 상태를 표시하여야 하며 동일 수준의 보증이 가능한 다른 시스템이 있다면 대체할 수 있음
⑥ 원자재 용기 및 시험기록서의 필수적인 기재사항
  - 원자재 공급자가 정한 제품명
  - 원자재 공급자명
  - 수령일자
  - 공급자가 부여한 제조번호 또는 관리번호

### 2 유통화장품의 안전관리 기준

#### (1) 기술적으로 완전 제거가 불가능한 성분의 검출 허용 한도

화장품을 제조하면서 인위적으로 첨가하지 않았으나, 제조 또는 보관 과정 중 포장재로부터 이행되는 등 비의도적으로 유래된 사실이 객관적인 자료로 확인되고 기술적으로 완전한 제거가 불가능한 경우에 해당 물질의 검출 허용 한도를 다음과 같이 정함

| 항목 | 기준 |
| --- | --- |
| 납 | 점토를 원료로 사용한 분말 제품은 50㎍/g 이하, 그 밖의 제품은 20㎍/g 이하 |
| 니켈 | 눈 화장용 제품은 35㎍/g 이하, 색조 화장용 제품은 30㎍/g 이하, 그 밖의 제품은 10㎍/g 이하 |
| 비소 | 10㎍/g 이하 |
| 수은 | 1㎍/g 이하 |
| 안티몬 | 10㎍/g 이하 |

| 카드뮴 | 5㎍/g 이하 |
| --- | --- |
| 디옥산 | 100㎍/g 이하 |
| 메탄올 | 0.2(v/v)% 이하, 물휴지는 0.002%(v/v) 이하 |
| 포름알데하이드 | 2,000㎍/g 이하, 물휴지는 20㎍/g 이하 |
| 프탈레이트류 | 총합으로서 100㎍/g 이하(디부틸프탈레이트, 부틸벤질프탈레이트 및 디에칠헥실프탈레이트에 한함) |

### (2) 화장품의 미생물 한도

| 영유아용 제품류 | 총호기성생균수 500개/g(mL) 이하 |
| --- | --- |
| 눈화장용 제품류 | |
| 물휴지 | 세균 및 진균수 각각 100개/g(mL) 이하 |
| 기타 화장품류 | 총호기성생균수 1,000개/g(mL) 이하 |
| 모든 화장품류 | 대장균, 녹농균, 황색포도상구균 불검출 |

## 3 입고된 원료 및 내용물 관리 기준

### (1) 입고된 원료 및 내용물 관리 기준

① 보관 조건은 각각의 원료의 세부 요건에 따라 적절한 방식으로 정의 예 냉장, 냉동보관
② 원료가 재포장될 때, 새로운 용기에는 원래와 동일한 라벨링이 있어야 함
③ 원료의 경우, 원래 용기와 같은 물질 혹은 적용할 수 있는 다른 대체 물질로 만들어진 용기를 사용하는 것이 중요
④ 적절한 보관을 위한 고려사항
  • 보관 조건은 각각의 원료와 포장재에 적합하여야 하고, 과도한 열기, 추위, 햇빛 또는 습기에 노출되어 변질되는 것을 방지할 수 있어야 함
  • 물질의 특징 및 특성에 맞도록 보관, 취급되어야 함
  • 특수한 보관 조건은 적절하게 준수, 모니터링되어야 함
  • 원료와 포장재의 용기는 밀폐되어 청소와 검사가 용이하도록 충분한 간격으로 바닥과 떨어진 곳에 보관되어야 함
  • 원료와 포장재가 재포장될 경우 원래의 용기와 동일하게 표시되어야 함
  • 원료 및 포장재의 관리는 허가되지 않거나, 불합격 판정을 받거나, 아니면 의심스러운 물질의 허가되지 않은 사용을 방지할 수 있어야 함(물리적 격리나 수동 컴퓨터 위치 제어 등의 방법)

⑤ 재고의 회전을 보증하기 위한 방법이 확립되어 있어야 함
⑥ 특별한 경우를 제외하고, 가장 오래된 재고가 제일 먼저 불출되도록 선입선출
- 재고의 신뢰성을 보증하고, 모든 중대한 모순을 조사하기 위해 주기적인 재고조사가 시행
- 원료 및 포장재는 정기적으로 재고조사를 실시
- 장기 재고품의 처분 및 선입선출 규칙의 확인이 목적
- 중대한 위반품이 발견되었을 때에는 일탈처리
⑦ 원료 보관환경
- **출입제한** : 원료 보관소의 출입제한
- **오염방지** : 시설대응, 동선관리가 필요
- **방충·방서 대책**
- **온도, 습도** : 필요시 설정
⑧ 원료의 허용 가능한 보관 기한을 결정하기 위한 문서화된 시스템을 확립
⑨ 보관기한이 규정되어 있지 않은 원료는 품질부문에서 적절한 보관기한을 정할 수 있음
⑩ 이러한 시스템은 물질의 정해진 보관 기한이 지나면, 해당 물질을 재평가하여 사용 적합성을 결정하는 단계들을 포함해야 함
⑪ 원칙적으로 원료공급처의 사용기한을 준수하여 보관기한을 설정하여야 하며, 사용기한 내에서 자체적인 재시험 기간과 최대 보관기한을 설정·준수해야 함

## 4 보관 중인 원료 및 내용물 출고기준

### (1) 원료 및 내용물 출고기준

① 선입선출
② 출고 절차 마련
③ 출고 관련 책임자 지정
④ 출고 문서화
⑤ 검체가 원료기준을 충족시킬 때 불출

## 5 내용물 및 원료의 폐기 기준 및 폐기절차

### (1) 폐기 기준

① 품질에 문제가 있거나 회수·반품된 제품의 폐기 또는 재작업 여부는 품질보증 책임자에 의해 승인되어야 함

② 재작업은 그 대상이 다음을 모두 만족한 경우에 할 수 있음
- 변질·변패 또는 병원미생물에 오염되지 아니한 경우
- 제조일로부터 1년이 경과하지 않았거나 사용기한이 1년 이상 남아있는 경우

③ 재입고할 수 없는 제품의 폐기처리규정을 작성하여야 하며 폐기 대상은 따로 보관하고 규정에 따라 신속하게 폐기함

④ 기준일탈 제품이 발생했을 때
- 모두 문서에 남김
- 기준일탈이 된 완제품 또는 벌크제품은 재작업할 수 있음
- 폐기하는 것이 가장 바람직하며 재작업 여부는 품질 보증 책임자에 의해 승인되어 진행
- 먼저 권한 소유자(부적합 제품의 제조 책임자)에 의한 원인 조사가 필요함
- 다음 재작업을 해도 제품 품질에 악영향을 미치지 않는 것을 예측함

### (2) 기준일탈 원료의 폐기 절차

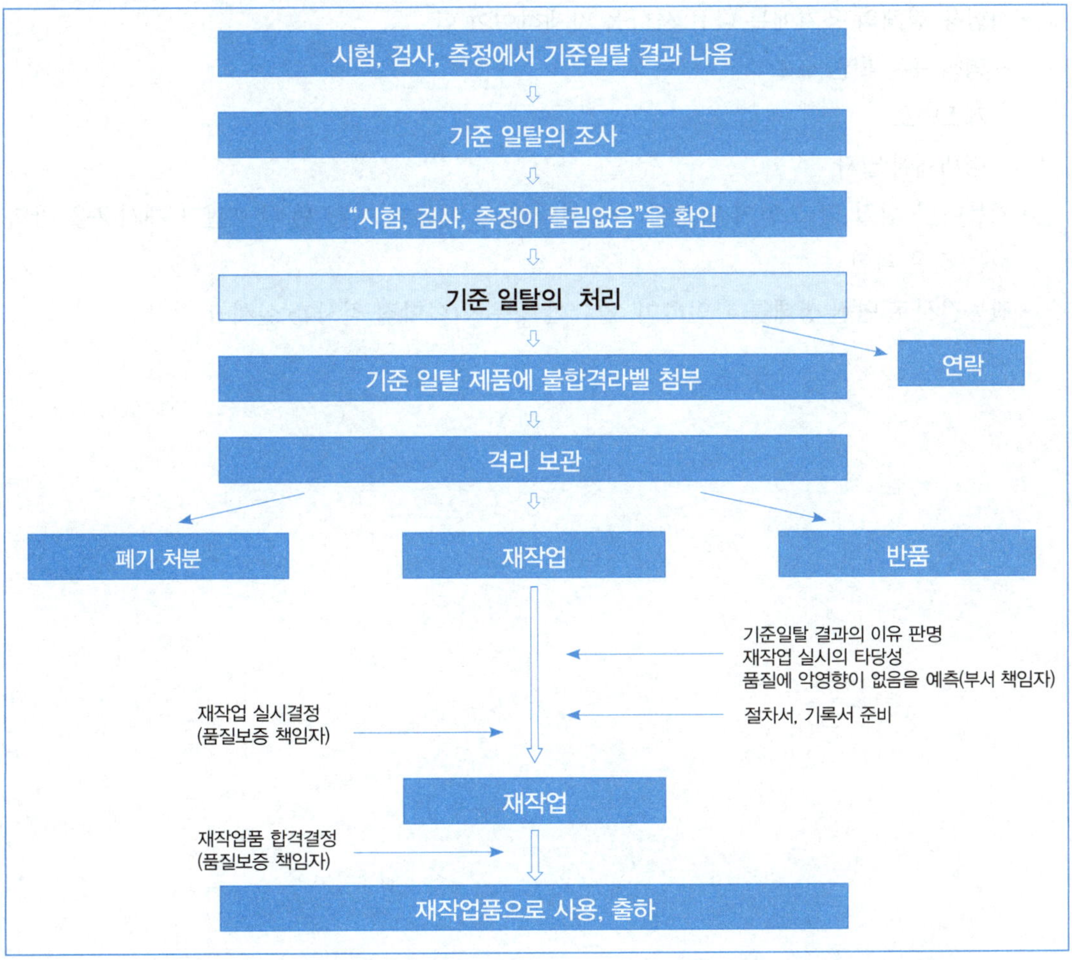

```
시험, 검사, 측정에서 기준일탈 결과 나옴
            ⇩
       기준 일탈의 조사
            ⇩
 "시험, 검사, 측정이 틀림없음"을 확인
            ⇩
       기준 일탈의 처리 ──────→ 연락
            ⇩
   기준 일탈 제품에 불합격라벨 첨부
            ⇩
         격리 보관
      ↙     ↓     ↘
   폐기 처분  재작업   반품
              ↓
   재작업 실시결정 ←── 기준일탈 결과의 이유 판명
   (품질보증 책임자)    재작업 실시의 타당성
                    품질에 악영향이 없음을 예측(부서 책임자)
              ←── 절차서, 기록서 준비
              ↓
            재작업
   재작업품 합격결정 ──→
   (품질보증 책임자)
              ↓
      재작업품으로 사용, 출하
```

## 6 내용물 및 원료의 개봉 후 사용기한 확인·판정

① 원료 및 내용물의 사용기한 확인

원칙적으로 원료공급처의 개봉 후 사용기한을 준수하여 보관기한을 설정하여야 하며, 개봉 후 사용기한 내에서 자체적인 재시험 기간과 최대 보관기한을 설정·준수해야 함

② 원료 및 내용물의 개봉 후 사용기한 확인 판정
- 표시 기재된 사용기한을 육안으로 확인
- 개봉 후 사용기한 확인 일자 표기

## 7 내용물 및 원료의 변질 상태 확인

- 시험용 검체는 오염되거나 변질되지 아니하도록 채취하고, 채취한 후에는 원상태에 준하는 포장을 해야 하며, 검체가 채취되었음을 표시하여야함
- 시험용 검체의 용기에는 다음 사항을 기재하여야 함
    - 명칭 또는 확인 코드
    - 제조번호
    - 검체채취 일자
- 개봉마다 변질 및 오염이 발생할 가능성이 있기 때문에 여러 번 재보관과 재사용을 반복하는 것은 피함
- 관능검사로 변질 상태를 확인하며, 필요한 경우 이화학적 검사를 실시함

# 5 포장재의 관리

## 1 포장재의 입고 기준

### (1) 포장재의 용어 정리

| 원자재 | 화장품 원료 및 자재, 즉 화장품 제조 시 사용된 원료, 용기, 포장재, 표시재료, 첨부문서 등 |
|---|---|
| 포장재 | 화장품 포장에 사용되는 모든 재료를 말하며 운송을 위해 사용되는 외부 포장재는 제외한 것 |
| 1차 포장 | 화장품 제조 시 내용물과 직접 접촉하는 포장용기 |
| 2차 포장 | 1차 포장을 수용하는 1개 또는 그 이상의 포장과 보호재 및 표시의 목적으로 한 포장(첨부문서 등) |
| 안전용 용기 · 포장 | 만 5세 미만의 어린이가 개봉하기 어렵게 설계 · 고안된 용기나 포장 |

### (2) 포장재의 입고 관리

① 시험성적서 확인 : 포장재 규격서에 따른 용기 종류 및 재질을 파악 · 점검
② 관능 검사 : 재질, 용량, 치수, 외관, 인쇄내용, 이물질오염 등 위생상태 점검
③ 유통기한 확인

## 2 입고된 포장재 관리기준

### (1) 포장재의 보관 조건

① 품질에 나쁜 영향을 미치지 아니하는 조건에서 보관하여야 하며 보관기한을 설정해야 함
② 바닥과 벽에 닿지 아니하도록 보관하고, 선입선출에 의하여 출고할 수 있도록 보관하여야 함
③ 시험 중인 제품 및 부적합품은 각각 구획된 장소에서 보관하여야 함(다만, 서로 혼동을 일으킬 우려가 없는 시스템에 의하여 보관되는 경우에는 그러하지 아니함)
④ 설정된 보관기한이 지나면 사용의 적절성을 결정하기 위해 재평가시스템을 확립하여야 하며, 동 시스템을 통해 보관기한이 경과한 경우 사용하지 않도록 규정하여야 함

### (2) 포장재의 품질관리 기준

① 해당 업소가 설정한 기준 규격 : 업소에서 자체적으로 포장재에 대한 기준 규격을 설정하여야 함
② 1차 포장 용기의 청결성 확보 : 해당 업소 자체 세척 또는 용기 공급업자 제공
③ 세척 방법에 대한 유효성 및 정기적 점검 확인

④ 작업 시 확인 및 점검 : 포장 작업 전에 이물질의 혼입이 없도록 작업구역 정리가 필요함
⑤ 완제품에는 포장재에 제조번호 부여

### (3) 포장용기 종류

| 종류 | 설명 |
| --- | --- |
| 밀폐용기 | 일상의 취급 또는 보통의 보존상태에서 외부로부터 고형의 이물질이 들어가는 것을 방지하고 고형의 내용물이 손실되지 않도록 보호할 수 있는 용기 |
| 기밀용기 | 일상의 취급 또는 보통의 보존상태에서 액상 또는 고형의 이물 또는 수분이 침입하지 않고, 내용물을 손실, 풍화, 조해 또는 증발로부터 보호할 수 있는 용기 |
| 밀봉용기 | 일상의 취급 또는 보통의 보존상태에서 기체 또는 미생물의 침입을 방지하는 용기 |
| 차광용기 | 광선의 투과를 방지하는 용기 또는 투과를 방지하는 포장을 한 용기 |

## 3 보관 중인 포장재 출고 기준

### (1) 보관 중인 포장재 출고 기준

① 불출된 포장재만이 사용되고 있음을 확인하기 위한 적절한 시스템(물리적 시스템 또는 그의 대체시스템 즉 전자시스템 등)이 확립되어야 함
② 오직 승인된 자만이 원료 및 포장재의 불출 절차를 수행할 수 있음
③ 뱃치에서 취한 검체가 모든 합격 기준에 부합될 때 뱃치가 불출될 수 있음
④ 포장재는 불출되기 전 까지 사용을 금지하는 격리를 위해 특별한 절차가 이행되어야 함
⑤ 모든 보관소에서는 선입선출의 절차가 사용되어야 함

## 4 포장재의 폐기 기준

### (1) 포장재의 폐기 기준

① 보관기간, 유효기간 경과 시 업소 자체 규정에 따라 폐기
② 포장 중 불량품 발견 시 정상 제품과 구분하여 불량 포장재 인수・인계 또는 별도 장소로 이송
③ 불량 포장재의 부적합처리
  • 창고 이송 후 반품 또는 폐기처리
④ 해당 업체에 시정 요구 등 필요 조치

## 5 포장재의 변질 상태 확인

### (1) 포장재의 변질 상태 확인
① 소재별 특성을 이해한 변질 상태 예측 확인
② 관능검사, 필요시 이화학 검사
③ 포장재 샘플링을 통한 엄격한 관리

## 6 포장재의 폐기 절차

### (1) 포장재의 폐기 절차

> 기준 일탈 포장재에 부적합 라벨 부착 → 격리 보관 → 폐기물 수거함에 분리수거 카드 부착 → 폐기물 보관소로 운반하여 분리수거 확인 → 폐기물 대장 기록 → 인계

- 포장재, 벌크제품과 완제품이 적합판정기준을 만족시키지 못할 경우 "기준일탈제품"으로 지칭함
- 기준일탈제품이 발생했을 때는 미리 정한 절차를 따라 확실한 처리를 하고 실시한 내용을 모두 문서에 남김
- 기준일탈인 포장재는 재작업할 수 있음
- 재작업이란 뱃치 전체 또는 일부에 추가 처리한 공정 이상의 작업을 추가하는 일을 하여 부적합품을 적합품으로 다시 가공하는 일을 말함
- 기준일탈제품은 폐기하는 것이 가장 바람직함
- 폐기하면 큰 손해가 되므로 재작업을 고려할 수 있음
- 일단 부적합 제품의 재작업을 쉽게 허락할 수는 없음
- 먼저 권한 소유자에 의한 원인조사가 필요함
- 권한 소유자는 부적합제품의 제조책임자라고 할 수 있음
- 재작업을 해도 제품품질에 악영향을 미치지 않는 것을 예측해야 함
- 재작업 처리의 실시는 품질보증책임자가 결정함
- 재작업 실시의 제안을 하는 것은 제조책임자일 것이나 실시 결정은 품질보증책임자가 함
- 품질보증책임자가 재작업의 결과에 책임을 짐
- 재작업은 해당 재작업의 절차를 상세하게 작성한 절차서를 준비해서 실시함
- 재작업 실시 시에는 발생한 모든 일들을 재작업 제조기록서에 기록함
- 통상적인 제품시험 시보다 많은 시험을 실시함
- 제품 분석뿐만 아니라 제품 안정성 시험을 실시하는 것이 바람직함
- 제품품질에 대한 좋지 않은 경시 안정성에 대한 악영향으로서 나타날 일이 많기 때문임

쥰이덕의 맞춤형화장품 조제관리사

# PART 1

# 4과목 맞춤형화장품의 이해

## 1 맞춤형화장품 개요

### 1 맞춤형화장품 정의

① 제조 또는 수입된 화장품의 내용물에 다른 화장품의 내용물이나 식품의약품안전처장이 정하는 원료를 추가하여 혼합한 화장품
② 제조 또는 수입된 화장품의 내용물을 소분한 화장품. 다만, 고형 비누 등 총리령으로 정하는 화장품의 내용물을 단순 소분한 화장품은 제외함

### 2 맞춤형화장품의 특징 및 장·단점

#### (1) 맞춤형화장품의 특징

① 맞춤형화장품은 개인의 가치가 강조되는 사회·문화적 환경 변화에 따라 개인맞춤형 상품 서비스를 통한 다양한 소비욕구를 충족시킬 수 있도록 탄생한 제도
② 개인의 요구에 따라 제품을 만들어 주거나 개인의 피부 분석을 통해 꼭 필요한 원료를 혼합하여 제품을 만들어 주는 것을 특징으로 함
  ※ 원료와 원료를 혼합하는 것은 맞춤형화장품의 혼합이 아닌 '화장품 제조'에 해당
③ 소비자 요구에 따라 다양한 형태의 제품 판매의 형태를 가질 수 있음

#### (2) 맞춤형화장품의 장·단점

① 장점
  • 전문가 조언을 통한 소비자의 기호와 특성에 적합한 화장품과 원료의 선택이 가능
  • 고객에 맞는 화장품 사용으로 충족되는 심리적 만족
  • 고객 개인별 피부 특성 및 색·향 등 취향에 따라, 제조·수입한 화장품을 혼합 및 소분하여 판매 가능

② 단점
- 동일한 제품에 대한 사용 후기나 평가를 확인하기 어려움
- 맞춤형화장품 혼합조건에 따라 안정성이 변화될 수 있음

## 3 맞춤형화장품의 안전성 위해평가

### (1) 안전성 시험

화장품의 안전을 확보하기 위하여 화장품 제조 시 고려해야 할 사항 등 안전의 일반적인 원칙과 화장품 성분 및 제품의 위해평가를 통하여 진행됨

① 단회 투여 독성시험
② 1차 피부 자극시험
③ 연속 피부 자극시험
④ 안(眼)점막 자극시험
⑤ 피부 감작성시험 : 실험물질이 피부에 반복적으로 노출되었을 경우 나타날 수 있는 홍반 및 부종 등의 면역학적 피부과민반응을 평가하는 시험법
⑥ 광독성시험
⑦ 광감작성시험
⑧ 인체 첩포시험(인체 패치테스트)
⑨ 유전 독성시험

## 4 맞춤형화장품의 유효성

### (1) 유효성의 종류

| 물리적 유효성 | 물리적 특성(예 물리적 자외선 차단 등)을 기반으로 한 효과 |
|---|---|
| 화학적 유효성 | 화학적 특성(예 계면활성, 화학적 자외선 차단, 염색 등)을 기반으로 한 효과 |
| 생물학적 유효성 | 생물학적 특성(예 미백에 도움, 주름개선에 도움 등)을 기반으로 한 효과 |
| 미적 유효성 | 자신의 취향에 맞는 아름답고 매력적인 화장(메이크업)의 유발 효과 |
| 심리적 유효성 | 심리적인 특성(예 향을 통한 기분 완화 등)을 기반으로 한 효과 |

### (2) 유효성 기능에 관한 자료

① 인체적용시험
- 해당 화장품의 효과 및 안전성을 확인하기 위하여 사람을 대상으로 실시하는 시험 또는 연구
- 관련 분야의 전문의사, 연구소 또는 병원 기타 관련 기관에서 5년 이상 화장품 인체적용 시험 분야의 시험 경력을 가진 자의 지도 및 감독하에 수행·평가되어야 한다.

② 제출자료의 면제
신규 기능성 화장품 심사를 위해 자료를 제출할 때 유효성 또는 기능에 관한 자료 중 인체적용시험 자료를 제출하는 경우 효력시험 자료 제출을 면제할 수 있다. 다만, 효력 시험 자료의 제출을 면제받은 성분에 대해서는 효능·효과를 기재·표시할 수 없다.

### 5 맞춤형화장품의 안정성

### (1) 안정성 실험

① 안정성 시험의 일반적 사항
- 화장품의 안정성 시험은 적절한 보관, 운반, 사용 조건에서 화장품의 물리적, 화학적, 미생물학적 안정성 및 내용물과 용기 사이의 적합성을 보증할 수 있는 조건에서 시험을 실시함
- 시험기준 및 시험방법은 승인된 규격이 있는 경우 그 규격을, 그 이외에는 각 제조업체의 경험에 근거하여 제제별로 시험방법과 관련 기준을 추가로 선정하고 한 가지 이상의 온도 조건에서 안정성 시험을 수행함
- 시험기준 및 시험방법은 평가 대상 제품의 예상 또는 실제 안정성을 추정할 수 있어야 함. 과학적 원칙과 경험에 근거하여 합리적이라고 판단되는 경우 시험항목 및 시험조건은 적절히 조절할 수 있음

② 안정성 시험의 조건
화장품의 안정성은 화장품 제형의 특성, 성분의 특성, 보관용기, 보관조건 등 다양한 변수에 대한 예측과 이미 평가된 자료 및 경험을 바탕으로 하여 과학적이고 합리적인 시험조건에서 평가됨

③ 안정성 시험의 종류
- 장기보존시험 : 화장품의 저장 조건에서의 사용기한 설정을 위해 장기간에 걸쳐 물리적·화학적·미생물학적 안정성 및 용기 적합성을 확인하는 시험

- **가속시험** : 장기보존시험의 저장 조건을 벗어난 단기간의 가속 조건이 물리적·화학적·미생물학적 안정성 및 용기 적합성에 미치는 영향을 평가하기 위한 시험
- **가혹시험** : 가혹 조건에서 화장품의 분해 과정 및 분해산물 등을 확인하기 위한 시험. 일반적으로 개별 화장품의 취약성, 예상되는 운반, 보관, 진열 및 사용 과정에서 뜻하지 않게 일어날 수 있는 가혹 조건에서의 품질 변화를 검토하기 위해 수행
- **개봉 후 안정성시험** : 화장품 사용 시 일어날 수 있는 오염 등을 고려한 사용기한을 설정하기 위하여 장기간에 걸쳐 물리적·화학적·미생물학적 안정성 및 용기 적합성을 확인하는 시험

## 2. 피부 및 모발 생리구조

### 1 피부의 생리 구조

#### (1) 피부의 생리학적 기능

① 보호기능
- 대부분 피부 두께는 6mm 이하에 불과하지만 탄탄한 보호막 역할을 함
- 피부 최외각 표면을 구성하는 주요 성분은 거친 섬유성 단백질인 케라틴이고, 털과 손톱에도 이 성분이 포함되어 있음
- 건강한 피부는 과도한 수분 손실을 막아주고, 외부 미생물과 유해물질을 막아낼 수 있는 매우 효율적인 장벽임
- 피부에 상처가 생기면 평소 피부에 서식하는 미생물이 이 피부 상처를 통해 혈류로 침투할 수 있음
- 피지는 피지선에서 분비되는 기름기 있는 액체로, 피부를 유연하게 해주고 방수 기능을 함
- 우리가 목욕을 할 때 스펀지처럼 물을 흡수하지 않는 이유는 피부의 방수 효과 때문임

② 감각기능
- 우리가 피부를 통해 느끼는 감각은 피부의 진피층에 있는 압력, 진동, 열, 추위, 통증에 대한 수용체를 통해 이루어짐
- 매 초마다 외부로부터 들어오는 수백만 개의 신호는 이 수용체에서 감지되어 뇌로 전달됨

③ 체온조절기능
- 피부 내 모세혈관의 확장과 수축에 의한 피부 혈류량의 변화 및 발한작용에 의해 피부의 체온을 조절
- 피부 혈관은 땀샘(특히, 에크린선)과 함께 자율신경에 의해 지배됨
- 온도가 낮으면 신경활동이 낮아져 혈관 수축이 유발되어 혈관에서 피부를 통한 열 발산 방지 효과가 나타남
- 온도가 높으면 신경활동이 높아져 혈관이 확장되며 땀샘이 활성화되어 온도 발산 효과가 나타남

④ 흡수작용
- 피부를 통하여 여러 가지 물질들이 체내로 흡수 가능
- 흡수 경로는 표피를 통한 흡수와 모낭의 피지선으로의 흡수가 있음
- 지용성 물질과 수용성 물질에 있어 피부 흡수에 대한 차이 발생
- 피부의 다양한 상태 변화에 따라 물질의 피부 흡수력은 달라짐

⑤ 기타작용
- 현재 감정(기분)에 따라 홍조, 창백, 털의 역립 등이 피부에 나타남
- 피부의 생합성 기능(자외선에 의한 비타민D의 합성은 피부에서 나타남)

### (2) 피부의 구조

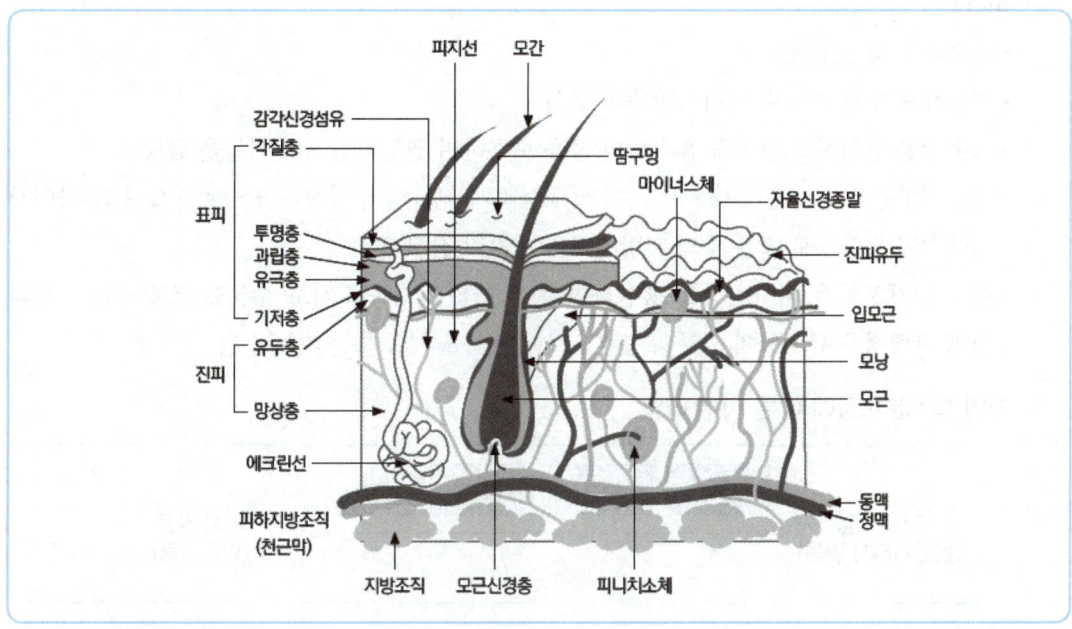

① 표피
- 가장 얇은 바깥쪽 층의 지속적으로 새롭게 생성되는 피부구조물
- 두께는 0.04mm(눈꺼풀)에서 1.6mm(손바닥)까지 부위별로 두께의 차이가 있음
- 각질형성세포 외에도 멜라닌형성세포, 랑게르한스세포 및 머켈세포 등의 세포로 구성
- 표피는 각화됨에 따라 기저층, 유극층, 과립층, 투명층, 각질층으로 모양이 변하게 되며, 이들 세포들은 모두 각질을 형성하는 과정에서 만들어진 세포이므로 각질형성세포라고 부름

② 진피
- 표피 아래에 존재하는 층
- 콜라겐 및 엘라스틴 등의 섬유성 단백질이 구성된 세포외기질과 이의 합성과 생산을 담당하는 진피섬유아세포가 존재, 추가적으로 혈관, 땀샘, 신경 말단 등이 존재
- 두께는 표피의 15~40배로, 등과 같이 가장 두꺼운 부위는 5mm
- 진피는 표피와 피하지방층 사이에 위치하며 피부의 90% 이상을 차지하며 표피두께의 10~40배 정도이고, 점탄성을 갖는 탄력적인 조직으로 무정평의 기질과 교원섬유, 탄력섬유 등의 섬유성 단백질로 구성됨

- 혈관계나 림프계 등이 복잡하게 얽혀 있는 형태를 띠며 표피에 영양분을 공급하여 표피를 지지하고 강인성에 의한 피부의 다른 조직들을 유지하고 보호해 주는 역할을 함
- 진피층은 경계가 확실하지 않으나 두 층으로 구분할 수 있는데, 표피의 윗부분에 위치한 유두진피와 망상진피로 나눌 수 있음

③ 피하지방
- 피부의 가장 깊은 층
- 지방세포가 분포하여, 피하지방층을 구성
- 열손상을 방어하고 충격을 흡수하여 몸을 보호하며 영양저장소의 기능을 담당
- 피하지방층은 진피에서 내려온 섬유가 엉성하게 결합되어 형성된 망상조직으로 그 사이사이에 벌집모양으로 많은 수의 지방세포들이 자리 잡고 있음
- 이 지방세포들은 피하지방을 생산하여 몸을 따뜻하게 보호하고 수분을 조절하는 기능과 함께 탄력성을 유지하여 외부의 충격으로부터 몸을 보호하는 기능을 함

④ 개인 피지분비량에 따른 피부 타입

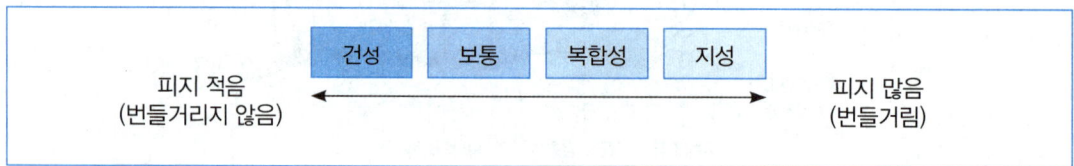

| 건성 | • 피지, 땀 분비가 적고 수분 부족<br>• 피부표면이 건조하고, 윤기가 없음<br>• 잔주름이 생기기 쉬운 피부 |
|---|---|
| 지성 | • 피지 분비량이 많음<br>• 천연 피지막이 잘 형성되어 피부가 촉촉함<br>• 얼굴이 번들거리고 모공이 넓음 |
| 복합성 | • 지성+건성 함께 존재<br>• T존 : 피지분비량이 많고 번들거림<br>• U존 : 피지분비량이 적고 수분 부족, 건조 |
| 중성 | • 피지와 땀 분비활동이 정상적<br>• 피부가 깨끗하고 표면이 매끄러움<br>• 피부탄력, 혈색, 모공이 눈에 띄지 않음 |

## 2 모발의 생리 구조

### (1) 모발의 구조

1) 모발과 모낭

① 모발은 피부 내부에 위치한 모근과 주로 피부 외부에 위치한 모간으로 구분됨
② 모근에 모낭과 모유두가 있으며, 모발은 모낭에 둘러싸여 있음
③ 모근은 태아의 9~12주경에 형성되며, 몸 전체의 모낭의 수는 출생 때부터 죽을 때까지 큰 변화가 없는 것으로 알려져 있음. 몸 전체에는 400~500만 개 정도 존재하고, 두발에는 평균 10만여 개 정도 존재

2) 모근부

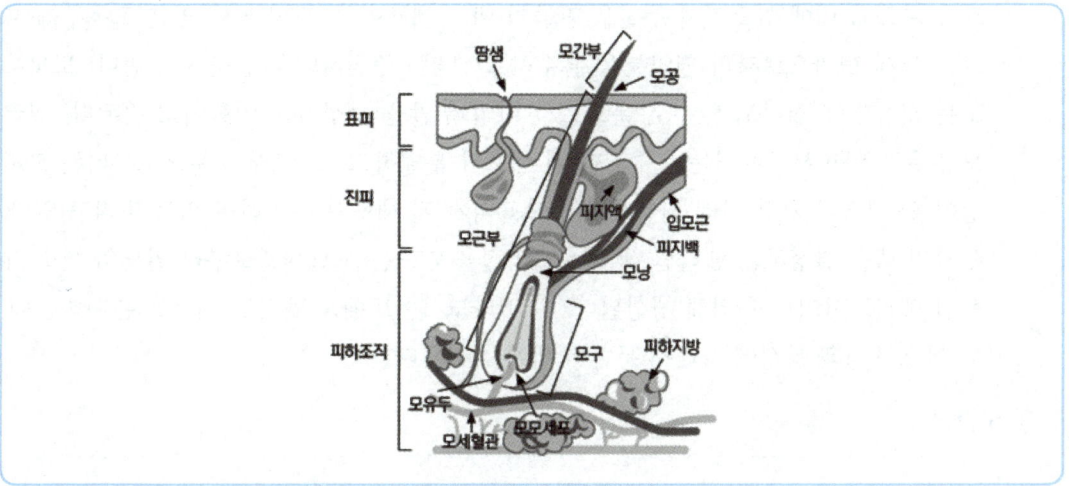

① 모구부
모근부의 아랫부분으로 구근 모양을 모구라 부르며 두발을 생장시키는 데 있어 중요한 부분이다. 모구부의 아래 부분은 오목하게 진피의 결합 조직에 묻혀 있고, 이 움푹 패인 부분에는 진피세포층에서 나온 모유두가 들어있다.

② 모유두
모근의 최하층에 위치하며, 세포가 빈틈없이 짜여있는 모유두는 모세혈관이 엉켜 있으며 이로부터 두발을 성장시키는 영양분과 산소를 운반하고 있다. 이 영양분을 받아 분열하고 있는 세포는 모모세포로, 이는 모유두와 접하고 있는 부분을 둘러싸고 있듯이 존재하고 있다. 여기서 분열된 세포가 각화하면서 위쪽으로 두발을 만들면서 두피 밖으로 밀려나온다.

③ 내모근초와 외모근초
내모근초는 내측의 두발 주머니로서 외피에 접하고 있는 표피의 각질층인 초표피와 과립층의 헉슬리층, 유극층의 헨리층으로 구성되고 외모근초는 표피층의 가장 안쪽인 기저층에 접하고 있다. 즉 내모근초와 외모근초는 모구부에서 발생한 두발을 완전히 각화

가 종결될 때까지 보호하고, 표피까지 운송하는 역할을 하고 있다. 내모근초와 외모근초도 모구부 부근에서 세포분열에 의해 만들어지고 두발의 육성과 함께 모유두와 분리된 휴지기 상태가 되면 외모근초(소)는 입모근 근처(모구의 1/3 지점)까지 위로 밀려 올라간다. 내모근초는 두발을 표피까지 운송하여 역할을 다한 후에는 비듬이 되어 두피에서 떨어진다.

④ 모모세포

모유두 조직 내에 있으면서 두발을 만들어 내는 세포이다. 모낭 밑에 있는 모유두에 흐르는 모세 혈관으로부터 영양분을 흡수하고 분열·증식하여 두발을 형성한다. 모모세포는 모유두에 접하고 있는 부분으로서 이미 두발을 구성하는 역할이 결정된다. 결국 모유두의 정점 부분에서는 모수질이 된 세포가 분열하고, 그 아래 부분으로부터는 모피질이 된 세포가 가장 아래 외측으로는 모표피가 된 세포가 분열하여 위로 밀리고 있다. 두발의 색을 결정하는 멜라닌 색소는 모피질을 만드는 모모세포로부터 별도의 색소 세포인 멜라노사이트에 의해 생성된다. 이 멜라노사이트에서 멜라닌 색소를 분비하는데, 이 색소의 양과 특성에 따라서 두발의 색이 결정된다.

### 3) 모간부

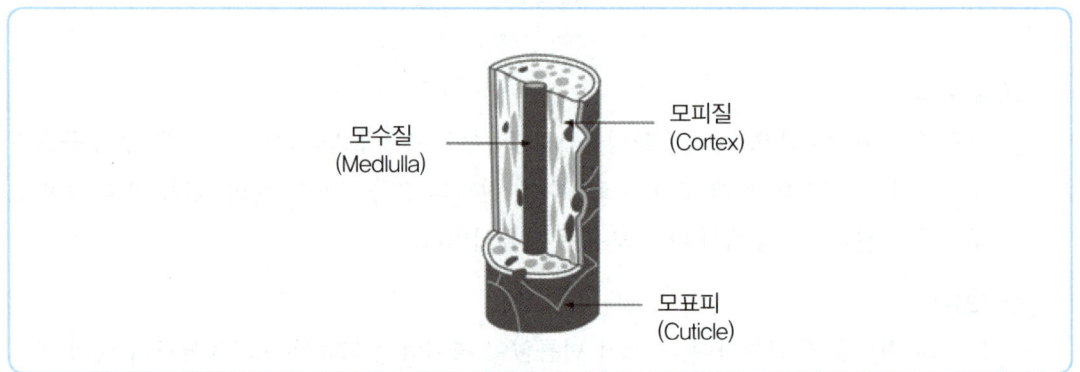

① 모표피

모간의 가장 외측 부분으로 비늘 형태로 겹쳐져 있으며 두발 내부의 모피질을 감싸고 있는 화학적 저항성이 강한 층이다. 모표피는 판상으로 둘러싸인 형태의 세포로 되어 있으며, 이 각 세포는 두께 약 0.5~1.0㎛, 길이 80~100㎛이다. 일반적으로 두발의 모표피는 5~15층이며 20층인 것도 있다. 모표피는 색깔이 없는 투명층이며 전체 두발의 10~15%를 차지하며 두꺼울수록 두발은 단단하고 저항성이 높다. 물리적 자극으로 모표피의 손상, 박리, 탈락 등이 발생되면 모피질의 손상을 주게 된다. 표피층의 세포를 살펴보면 3개의 층으로 보이며 다음과 같이 구성되어 있다.

- 에피큐티클 : 가장 바깥층이며 두께 100â 정도의 얇은 막으로, 수증기는 통하지만 물은

통과하지 못하는 구조로 딱딱하고 부서지기 쉽기 때문에 물리적인 자극에 약하다. 이 층은 아미노산 중 시스틴의 함유량이 많으며, 각질 용해성 또는 단백질 용해성의 약품(친유성, 알칼리 용액)에 대한 저항성이 가장 강한 성질을 나타낸다.

- **엑소큐티클** : 연한 케라틴 층으로 시스틴이 많이 포함되어 있고, 퍼머넌트 웨이브와 같이 시스틴 결합을 절단하는 약품의 작용을 받기 쉬운 층이다.
- **엔도큐티클** : 가장 안쪽에 있는 층으로 시스틴 함유량이 적으며, 친수성이며 알칼리에 약하다. 이층의 내측면은 양면접착 테이프와 같은 세포막복합체로 인접한 모표피를 밀착시키고 있다.

② 모피질

모피질은 피질세포(케라틴 단백질)와 세포 간 결합물질(말단결합·펩티드)로 구성되어 있다. 각화된 케라틴 피질세포가 두발의 길이 방향(섬유질)으로 비교적 규칙적으로 나열된 세포집단으로 두발 대부분(85~90%)을 차지하고 있다. 피질에는 두발의 응집력과 두발의 색상을 결정하는 멜라닌 색소가 존재한다. 이 멜라닌 색소에 의해 머리카락의 색상이 결정되며, 친수성이고 염모제 등 화학약품에 의해 손상받기 쉽다. 피질세포 사이에 간층물질로 채워져 있는 구조이다. 모피질은 물과 쉽게 친화하는 친수성로 펌, 염색 시에는 모피질을 활용한다.

③ 모수질

모수질은 두발의 중심 부근에 공동(속이 비어있는 상태) 부위로, 죽은 세포들이 두발의 길이 방향으로 불연속적으로 다각형의 세포들의 형상으로 존재한다. 수질세포는 핵의 잔사인 둥근 점들을 간혹 포함하고 있으나 이의 기능은 잘 알려져 있지 않다. 굵은 두발은 수질이 있으나 가는 두발은 수질이 없는 것도 있다. 또한 틈이 있어 탈수화의 과정에서 수축하여 두발에 따라 크기가 작은 공동을 남긴다. 이 공동은 한랭지 서식의 동물에는 털의 약 50%를 차지하여 보온(공기를 함유)의 역할을 한다. 일반적으로 모수질이 많은 두발은 웨이브 펌이 잘되고, 모수질이 적은 두발은 웨이브 형성이 잘 안 되는 경향이 있다.

4) 모발의 생성 및 주기

① 성장기

머리카락의 모근은 2~3년(또는 3~4년)동안 성장함. 자라나는 속도는 0.2~0.5mm/일, 1~1.5cm/월 정도임. 성장기 동안 모근은 피하지방층까지 밑으로 내려가 튼튼하게 자리 잡음. 모유두에 있는 모모세포는 신속하게 유사분열을 진행시킴. 모발의 성장기 단계는 딱딱한 케라틴이 모낭 안에서 만들어지고 성장기의 수명은 3~6년이며 전체 모발(10~15만 모)의 약 88%를 차지하고 한 달에 1.2~1.5cm 정도 자람

② 퇴행기

성장기 이후 모낭이 위축되기 시작하고 모근이 점점 노화되는 시기에 해당함. 성장기가 끝나고 모발의 형태를 유지하면서 대사과정이 느려지는 시기로 천천히 성장하며, 세포분열은 정지함. 이 단계에서는 케라틴을 만들어 내지는 않으며, 퇴행기의 수명은 2~3주이고 전체 모발의 약 1%가 이 시기에 해당됨

③ 휴지기

2~3개월의 기간이며 모근이 각질화되고(죽어가며) 모발이 더 이상 자라지 않음. 모유두가 위축되며 모낭은 차츰 수축되고 모근은 위쪽으로 밀려올라가 빠지며, 모낭의 깊이는 1/3로 되어 있음. 휴지기 단계에서 모모세포가 활동을 시작하면 새로운 모발로 대체됨. 수명은 3~4개월이고 전체 모발의 약 11%가 이 시기에 해당되며, 이 시기의 모발은 강한 브러싱으로도 쉽게 빠짐

## 3 피부 모발 상태 분석

### (1) 피부 분석법의 종류

① 피부 보습도 분석
- 각질 수분량 측정
- Transepidermal Water Loss(TEWL), 경피수분손실량 측정

② 피부 주름 분석
- Replica 분석법
- 피부 표면 형태 측정

③ 피부 탄력 분석
- 탄력 측정기를 이용한 측정법

④ 피부 색소 침착 분석
- 피부 색소 측정기를 이용한 측정
- UV광을 이용한 측정

### (2) 모발 및 탈모, 두피 분석법

① 모발의 상태 분석
모발의 굵기, 손상 정도, 탈염, 탈색 등 분석

② 탈모 상태 분석
- 남성형 탈모, 여성 탈모, 원형 탈모, 스트레스성 탈모 등
- 탈모의 증상과 종류
  - 남성형 탈모증 : 남자 성인의 탈모는 집단으로 머리털이 빠져 대머리가 되는 것이 특징임. 안면과 두피의 경계선이 점점 뒤로 물러나고 이마가 넓어지며 정수리 쪽의 굵은 머리가 점점 빠져서 대머리가 됨. 반들거리는 두피는 모근이 소실되어 새 머리카락이 나오기 어렵기 때문에 탈모 현상을 일찍 발견하여 탈모 증상을 완화하는 것이 최선의 방법임. 남성형 탈모증은 남성 호르몬의 일종인 DHT(Dihydrotestosterone)라는 호르몬이 원인이 되어 나타남
  - 여성 탈모증 : 여성 탈모 또한 남성과 같이 유전과 남성호르몬에 대한 모낭 세포의 반응이 주된 원인임. 전체적으로 머리숱이 적어지고 가늘어지며 특히 정수리 부분이 많이 빠져 두피가 훤히 들여다보임. 여성의 경우 남성호르몬은 신장 옆에 위치한 부신에서 분비되며 난소에서도 모발에 영향을 미치는 호르몬을 분비함. 그래서 부신이나 난소의 비정상 과다 분비나 남성호르몬 작용이 있는 약물 복용이 탈모의 원인이 되는 경우가 있음
  - 원형 탈모증 : 대부분 스트레스에 의한 것으로 하나 혹은 여러 개의 원형으로 보통 두피(혹은 신체의 다른 부위)에 탈모가 일어남. 일종의 일과성 탈모질환으로 활발히 성장하는 모낭에 염증을 유발함. 유전적 소인, 알레르기, 자가 면역성 소인과 정신적인 스트레스를 포함하는 복합적인 요인들에 의해서 발생하는 것으로 사료됨

③ 두피 상태 분석
두피의 홍반, 지루성 두피 상태 등에 대한 분석

## 3 관능평가 방법과 절차

### 1 관능평가 방법과 절차

관능평가란 여러 가지 품질을 인간의 오감에 의하여 평가하는 제품검사로, 화장품에 적합한 관능품질을 확보하기 위하여 외관·색상 검사, 향취 검사, 사용감 검사를 수행하는 능력

관능평가에는 좋고 싫음을 주관적으로 판단하는 기호형과, 표준품 및 한도품 등 기준과 비교하여 합격품, 불량품을 객관적으로 평가, 선별하거나 사람의 식별력 등을 조사하는 분석형의 2가지 종류가 있음

### (1) 관능평가 절차

① 성상 및 색상의 판별 절차
- 유화제품(크림, 유액) : 표준견본과 대조하여 평가하고자 하는 내용물의 표면의 매끄러움과 내용물의 점성, 내용물의 색이 유백색인지 육안으로 확인
- 색조제품(파운데이션, 아이섀도, 립스틱 등) : 표준 견본과 내용물을 슬라이드 글라스에 각각 소량씩 묻힌 후 슬라이드 글라스로 눌러서 대조되는 색상을 육안으로 확인하거나 손등 혹은 실제 사용부위(얼굴, 입술)에 발라서 색상 확인

② 향취 평가 절차
비커에 내용물을 일정량 담고 코를 비커에 대고 향취를 맡거나 손등에 내용물을 바르고 향취를 맡음

③ 사용감 평가 절차
내용물을 손등에 문질러서 느껴지는 사용감(무거움, 가벼움, 촉촉함, 산뜻함 등)을 확인

### (2) 관능평가 종류

① 소비자에 의한 평가
- 맹검 사용시험 : 제품의 정보를 제공하지 않는 제품 사용시험
- 비맹검 사용시험 : 제품의 정보를 제공하고 제품에 대한 인식 및 효능이 일치하는지를 조사하는 시험

② 전문가 패널에 의한 평가

③ 정확한 관능기준을 가지고 교육을 받은 전문가 패널의 도움을 얻어 실시하는 평가
- 의사의 감독하에서 실시하는 시험
- 그 외 전문가(준의료진, 미용사 등) 관리하에 실시하는 평가

# 4 제품 상담

## 1 맞춤형화장품의 부작용의 종류와 현상

### (1) 맞춤형화장품의 부작용

일반 화장품 사용 시 나타날 수 있는 부작용이 맞춤형화장품 사용 시 나타날 수 있음
① 피부 증상으로는 육안적 소견이 없는 가려움, 따가움이나 육안으로 식별할 수 있는 자극, 알레르기 등이 있음
② 눈의 증상으로는 육안적 소견이 없는 눈따가움, 눈시림 등의 불쾌감이 있을 수 있으며, 육안적 소견이 있는 자극(결막, 각막 등)이 있음

## 2 배합금지 사항 확인·배합

### (1) 화장품에 사용할 수 없는 원료

① 화장품에 사용할 수 없는 원료는 「화장품 안전 기준 등에 관한 규정」 별표 1 등에서 규정하고 있다.

> 나프탈렌, 니코틴, 니트로메탄, 돼지폐 추출물, 메칠렌글라이콜, 메탄올, 아트라놀, 클로로아트라놀, 영국 및 북아이랜드산 소 유래 성분, 에스트로겐, 이부프로펜피코놀, 인태반 유래 물질, 천수국꽃 추출물 또는 오일(항료 포함), 클로로아세타미드, 페닐살리실레이트, 페닐파라벤, 히드로퀴논, 항히스타민제, 미세플라스틱(세정, 각질 제거 등 제품에 남아 있는 5mm 크기 이하의 고체플라스틱), 아세토페논, 포름알데하이드, 사이클로헥실아민, 메탄올 및 초산의 반응물, 하이드록시아이소헥실, 3-사이클로헥센 카보스알데히드(HICC) …

② 맞춤형화장품에 사용할 수 없는 원료이나, 화장품 조제 또는 보관 시 비의도적으로 다음의 원료가 유입되는 경우, 아래의 한도로 검출을 허용한다.

| 납 | 점토를 원료로 사용한 분말 제품 50㎍/g 이하, 그 밖의 제품은 20㎍/g 이하 |
|---|---|
| 니켈 | 눈화장용 제품 35㎍/g 이하, 색조화장용 제품 30㎍/g 이하, 그 밖의 제품은 10㎍/g 이하 |
| 비소 | 10㎍/g 이하 |
| 안티몬 | 10㎍/g 이하 |
| 카드뮴 | 5㎍/g 이하 |
| 수은 | 1㎍/g 이하 |

| 디옥산 | 100㎍/g 이하 |
|---|---|
| 메탄올 | 0.2(v/v)% 이하, 물휴지는 0.002%(v/v) 이하 |
| 포름알데하이드 | 2,000㎍/g 이하, 물휴지는 20㎍/g 이하 |
| 프탈레이트류 | 디부틸프탈레이트, 부틸벤질프탈레이트 및 디에칠헥실프탈레이트에 한하여 총합으로서 100㎍/g 이하 |

### (2) 화장품의 미생물 허용 한도

| 영유아용 제품류 | 총호기성생균수 500개/g(mL) 이하 |
|---|---|
| 눈화장용 제품류 | |
| 물휴지 | 세균 및 진균수 각각 100개/g(mL) 이하 |
| 기타 화장품류 | 총호기성생균수 1,000개/g(mL) 이하 |
| 모든 화장품류 | 대장균, 녹농균, 황색포도상구균 불검출 |

## 3 내용물 및 원료의 사용제한 사항

### (1) 사용상의 제한이 필요한 원료

① 화장품 안전 기준 등에 관한 규정 중 [별표 2] 사용상의 제한이 필요한 원료로 고시된 원료

| 원료명 | 사용한도 |
|---|---|
| 벤질알코올 | 1.0%(다만, 두발염색용 제품류에 용제로서 사용할 경우에는 10%) |
| 이미다졸리디닐우레아 | 0.6% |
| 클로로부탄올 | 0.5%, 에어로졸(스프레이에 한함)제품에는 사용 금지 |
| 트리클로산 | 사용 후 씻어내는 인체 세정용 제품류, 데오도런트(스프레이 제품 제외), 페이스 파우더, 피부 결점을 감추기 위해 국소적으로 사용하는 파운데이션에 0.3%, 기타 제품에는 사용 금지 |
| 페녹시에탄올 | 1.0% |
| 드로메트리졸 | 1.0% |
| 시녹세이트 | 5.0% |
| 에칠헥실메톡시신나메이트 | 7.5% |
| 옥토크릴렌 | 10% |
| 호모살레이트 | 10% |
| 실버나이트레이트 | 속눈썹 및 눈썹 착색 용도의 제품에 4%, 기타 제품에는 사용금지 |
| 우레아 | 10% |
| 톨루엔 | 손발톱용 제품류에 25%, 기타 제품에는 사용금지 |

② 기능성화장품의 효능·효과를 나타내는 고시 원료(화장품책임판매업자가 해당 원료를 포함하여 기능성화장품에 대한 심사를 받은 경우 제외)

## 5  제품 안내

### 1  맞춤형화장품 표시 사항

#### (1) 맞춤형화장품의 기재사항

① 1차 포장 필수 기재사항

- 화장품의 명칭
- 영업자의 상호
- 제조번호
- 사용기한 또는 개봉 후 사용기간(개봉 후 사용기간을 기재할 경우에는 제조연월일을 병행 표기)

② 1차 포장 또는 2차 포장 기재사항

- 화장품의 명칭
- 영업자의 상호 및 주소
- 해당 화장품 제조에 사용된 모든 성분(인체에 무해한 소량 함유 성분 등 총리령으로 정하는 성분은 제외)
- 내용물의 용량 또는 중량
- 제조번호
- 사용기한 또는 개봉 후 사용기간(개봉 후 사용기간을 기재할 경우에는 제조연월일을 병행 표기)
- 가격(소비자에게 화장품을 직접 판매하는 자가 표시)
- 기능성화장품의 경우 "기능성화장품"이라는 글자 또는 기능성화장품을 나타내는 도안으로서 식품의약품안전처장이 정하는 도안
- 사용할 때의 주의사항
- 그 밖에 총리령으로 정하는 사항
  - 식품의약품안전처장이 정하는 바코드
  - 기능성화장품의 경우 심사받거나 보고한 효능·효과, 용법·용량
  - 성분명을 제품 명칭의 일부로 사용한 경우 그 성분명과 함량(방향용 제품은 제외)
  - 인체세포·조직 배양액이 들어 있는 경우 그 함량
  - 화장품에 천연 또는 유기농으로 표시·광고하려는 경우에는 원료의 함량
  - 수입화장품인 경우에는 제조국의 명칭(대외무역법에 따른 원산지를 표시한 경우에는 제조국의 명칭을 생략 가능), 제조회사명 및 그 소재지

- 다음에 해당하는 기능성화장품의 경우에는 "질병의 예방 및 치료를 위한 의약품이 아님"이라는 문구
  가. 탈모 증상의 완화에 도움을 주는 화장품. 다만, 코팅 등 물리적으로 모발을 굵게 보이게 하는 제품은 제외
  나. 여드름성 피부를 완화하는 데 도움을 주는 화장품. 다만, 인체세정용 제품류로 한정
  다. 피부장벽(피부의 가장 바깥 쪽에는 존재하는 각질층의 표피를 말한다)의 기능을 회복하여 가려움 등의 개선에 도움을 주는 화장품
  라. 튼살로 인한 붉은 선을 엷게 하는 데 도움을 주는 화장품
- 다음 각 목의 어느 하나에 해당하는 경우 법 제8조 제2항에 따라 사용기준이 지정·고시된 원료 중 보존제의 함량
  가. 별표 3 제1호 가목에 따른 만 3세 이하의 영유아용 제품류인 경우
  나. 만 4세 이상부터 만 13세 이하까지의 어린이가 사용할 수 있는 제품임을 특정하여 표시·광고하려는 경우

### (2) 소용량 또는 비매품 기재사항

내용량이 10ml 이하 또는 10g 이하인 화장품의 포장, 판매의 목적이 아닌 제품의 선택 등을 위하여 미리 소비자가 시험·사용하도록 제조 또는 수입된 화장품의 포장
- 화장품의 명칭
- 맞춤형화장품판매업자의 상호
- 가격
- 제조번호와 사용기한 또는 개봉 후 사용기간(개봉 후 사용기간의 경우 제조연월일 병행표기)

### 2 맞춤형화장품 안전기준의 주요사항

| 혼합·소분 장소의 위생관리 | • 맞춤형화장품판매업소 내 혼합·소분 장소의 위생관리에 있어 주의해야 할 사항<br>– 맞춤형화장품 혼합·소분 장소의 판매 장소는 구분·구획하여 관리<br>– 적절한 환기시설 구비<br>– 작업대, 바닥, 벽, 천장 및 창문 청결 유지<br>– 혼합 전·후 작업자의 손 세척 및 장비 세척을 위한 세척 시설 구비<br>– 방충·방서 대책 마련 및 정기적 점검·확인 |
|---|---|
| 혼합·소분 장비 및 도구의 위생관리 | • 혼합·소분 장비 및 도구의 위생관리에 있어 주의해야 할 사항<br>– 사용 전·후 세척 등을 통해 오염 방지<br>– 작업 장비 및 도구 세척 시에 사용되는 세제·세척제는 잔류하거나 표면 이상을 초래하지 않는 것을 사용<br>– 세척한 작업 장비 및 도구는 잘 건조하여 다음 사용 시까지 오염 방지<br>– 자외선 살균기 이용 시, 충분한 자외선 노출을 위해 적당한 간격을 두고 장비 및 도구가 서로 겹치지 않게 한 층으로 보관, 살균기 내 자외선램프의 청결 상태를 확인 후 사용 |

| 위생 환경 모니터링 | • 맞춤형화장품 혼합·소분 장소, 장비·도구의 위생 환경 모니터링<br>– 맞춤형화장품 혼합·소분 장소가 위생적으로 유지될 수 있도록 맞춤형화장품 판매업자는 주기를 정하여 판매장 등의 특성에 맞도록 위생관리할 것<br>– 맞춤형화장품판매업소에서는 작업자 위생, 작업환경위생, 장비·도구 관리 등 맞춤형화장품판매업소에 대한 위생 환경 모니터링 후 그 결과를 기록하고 판매업소의 위생 환경 상태를 관리할 것 |
|---|---|

## 3 맞춤형화장품의 특징

### (1) 맞춤형화장품의 특징

① 맞춤형화장품은 개인의 가치가 강조되는 사회·문화적 환경 변화에 따라 개인맞춤형 상품 서비스를 통한 다양한 소비욕구를 충족시킬 수 있도록 탄생한 제도
② 개인의 요구에 따라 제품을 만들어 주거나 개인의 피부 분석을 통해 꼭 필요한 원료를 혼합하여 제품을 만들어 주는 것을 특징으로 함
　※ 원료와 원료를 혼합하는 것은 맞춤형화장품의 혼합이 아닌 '화장품 제조'에 해당
③ 소비자 요구에 따라 다양한 형태의 제품 판매의 형태를 가질 수 있음

### (2) 맞춤형화장품의 장·단점

① 장점
- 전문가 조언을 통한 소비자의 기호와 특성에 적합한 화장품과 원료의 선택이 가능
- 고객에 맞는 화장품 사용으로 충족되는 심리적 만족
- 고객 개인별 피부 특성 및 색·향 등 취향에 따라, 제조·수입한 화장품을 혼합 및 소분하여 판매 가능

② 단점
- 동일한 제품에 대한 사용 후기나 평가를 확인하기 어려움
- 맞춤형화장품 혼합조건에 따라 안정성이 변화될 수 있음

## 4 맞춤형화장품의 사용법

### (1) 맞춤형화장품의 사용법

① 맞춤형화장품조제관리사와 전문적인 상담을 통해 제조한 맞춤형화장품을 사용
② 화장품 사용 중 이상 증상이 발생할 경우 즉시 사용 중단
③ 사용기한 또는 개봉 후 사용기간을 지켜서 사용
④ 맞춤형화장품조제관리사로부터 내용물과 원료에 대한 설명을 듣고 사용

## 6 혼합 및 소분

### 1 원료 및 제형의 물리적 특성

#### (1) 화장품 제형의 세부 종류

| 제형의 종류 | 내용 |
|---|---|
| 로션제 | 유화제 등을 넣어 유성성분과 수성성분을 균질화하여 점액상으로 만든 것 |
| 액제 | 화장품에 사용되는 성분을 용제 등에 녹여서 액상으로 만든 것 |
| 크림제 | 유화제 등을 넣어 유성성분과 수성성분을 균질화하여 반고형상으로 만든 것 |
| 침적마스크제 | 액제, 로션제, 크림제, 겔제 등을 부직포 등의 지지체에 침적하여 만든 것 |
| 겔제 | 액체를 침투시킨 분자량이 큰 유기분자로 이루어진 반고형상 |
| 에어로졸제 | 원액을 같은 용기 또는 다른 용기에 충전한 분사제(액화기체, 압축기체 등)의 압력을 이용하여 안개 모양, 포말상 등으로 분출하도록 만든 것 |
| 분말제 | 균질하게 분말상 또는 미립상으로 만든 것 |

#### (2) 제형의 물리적 특성

① 가용화

물에 대한 용해도가 아주 낮은 물질을 계면활성제의 일종인 가용화제가 물에 용해될 때 일정 농도 이상에서 생성되는 마이셀을 이용하여 용해도 이상으로 용해시키는 기술을 말함. 이를 이용하여 만든 제품은 투명한 형상을 갖는 화장수(토너), 미스트, 향수 등이 있음

② 유화

서로 섞이지 않는 두 액체 중에서 하나의 액체가 다른 액체에 미세한 입자 형태로 균일하게 분산된 현상을 말하며, 유화된 상태의 혼합물을 에멀전이라 함, 이를 이용하여 만든 제품은 유백색의 형상을 갖는 크림류, 로션류 등이 있음

③ 분산

넓은 의미로 어떤 분산 매질에 분산상이 퍼져 있는 혼합계를 말하며, 화장품에서는 고체의 미립자가 액체 중에 퍼져있는 형상을 말함. 이를 이용하여 만든 제품은 마스카라, 파운데이션 등이 있음

## 2 원료 및 내용물의 규격

### (1) 원료 규격

① 원료의 전반적인 성질에 관한 것으로 원료의 성상, 색상, 냄새, ph, 굴절률, 중금속, 비소, 미생물 등 성상과 품질에 관련된 시험항목과 그 시험방법이 기재되어 있으면서 보관 조건, 유통기한, 포장단위, inci명 등의 정보가 기록되어 있음

② 원료 규격서에 의해 원료에 대한 물리, 화학적 내용을 알 수 있음

### (2) 내용물 규격

내용물의 전반적인 품질 성질에 관한 것으로 성상, 색상, 향취, 미생물, 비중, 점도, ph, 기능성주성분의 함량(기능성화장품 내용물의 경우에 한함) 등, 성상과 품질에 관련된 항목 및 규격이 기재되어 있으며 보관 조건, 사용기한, 포장단위, 전성분 등의 정보가 기록되어 있음

## 3 혼합·소분에 필요한 기구 사용

| | | | |
|---|---|---|---|
| 소분 | 냉각통 (cooling bath) | | 내용물 및 특정성분을 냉각할 때 사용 |
| | 디스펜서 (dispenser) | | 내용물을 자동으로 소분해주는 기기 |
| | 디지털발란스 (digital balance) | | 내용물 및 원료 소분 시 무게를 측정할 때 사용 |
| | 비커 (beaker) | | 유리와 플라스틱 비커 사용, 내용물 및 원료를 혼합 및 소분 시 사용 |
| | 스파츌라 (spatula) | | 내용물 및 특정성분 소분 시 무게 측정하고 덜어낼 때 사용 |
| | 헤라 (hera) | | 실리콘 재질의 주걱. 내용물 및 특정성분을 비커에서 깨끗하게 덜어낼 때 사용 |
| 혼합 | 스틱성형기 (stick mold) | | 립스틱 및 선스틱 등 스틱 타입 내용물을 성형할 때 사용 |
| | 오버헤드스터러 (over head stirrer) | | 아지믹서(agi-mixer), 프로펠러믹서(propeller mixer)라고도 함. 봉(shaft)의 끝부분에 다양한 모양의 회전 날개가 붙어 있음<br>내용물에 내용물을 또는 내용물에 특정성분을 혼합 및 분산 시 사용하며 점증제를 물에 분산 시 사용 |
| | 온도계 (thermometer) | | 내용물 및 특정성분 온도를 측정할 때 사용 |

| 핫플레이트<br>(hotplate) | | 랩히터(lab heater)라고도 함. 내용물 및 특정성분 온도를 올릴 때 사용 |
|---|---|---|
| 호모믹서<br>(homomixer) | | 호모게나이저 또는 균질화기(honogenizer)라고도 함. 터빈형의 회전 날개가 원통으로 둘러싸인 형태로 내용물에 내용물을 또는 내용물에 특정성분을 혼합 및 분산 시 사용. 회전 날개의 고속 회전으로 오버헤드스터러보다 강한 에너지를 줌(일반적으로 유화할 때 사용) |

※ 소분 및 혼합 시 취급하는 내용물(벌크 제품)과 특성성분에 따라 또는 맞춤형화장품판매장에 따라 사용 장비 및 기기는 상이할 수 있음

## 4 맞춤형화장품 판매업 준수사항에 맞는 혼합·소분 활동

### (1) 맞춤형화장품 판매업 준수사항에 맞는 혼합·소분 활동

① 맞춤형화장품조제관리사를 채용해 맞춤형화장품 혼합·소분 활동을 할 것

② 다음의 안전관리 기준을 준수할 것
- 혼합·소분 전에 혼합·소분에 사용되는 내용물 또는 원료에 대한 품질성적서를 확인할 것
- 혼합·소분 전에 손을 소독하거나 세정할 것. 다만, 혼합·소분 시 일회용 장갑을 착용하는 경우에는 그렇지 않음
- 혼합·소분 전에 혼합·소분된 제품을 담을 포장용기의 오염 여부를 확인할 것
- 혼합·소분에 사용되는 장비 또는 기구 등은 사용 전에 그 위생 상태를 점검하고, 사용 후에는 오염이 없도록 세척할 것
- 그 밖에 위와 유사한 것으로 혼합·소분의 안전을 위해 식품의약품안전처장이 정하여 고시하는 사항을 준수할 것

③ 맞춤형화장품 판매내역(전자문서로 된 판매내역서를 포함)을 작성·보관할 것

④ 맞춤형화장품 판매 시 해당 제품의 혼합 또는 소분에 사용된 내용물·원료의 내용 및 특성, 사용 시 주의사항에 대해 소비자에게 설명할 것

⑤ 시설 기준(권장사항)
- 맞춤형화장품의 혼합·소분 공간은 다른 공간과 구분 또는 구획할 것
- 맞춤형화장품 간 혼입이나 미생물 오염 등을 방지할 수 있는 시설 또는 설비 등을 확보할 것
- 맞춤형화장품의 품질유지 등 위하여 시설 또는 설비 등에 대해 주기적으로 점검·관리할 것

⑥ 작업자의 위생관리
- 혼합·소분 시 위생복 및 마스크(필요시) 착용
- 피부 외상 및 증상이 있는 직원은 건강 회복 전까지 혼합·소분 행위 금지
- 혼합 전·후 손 소독 및 세척

⑦ 맞춤형화장품 혼합·소분 장소의 위생관리
- 맞춤형화장품 혼합·소분 장소와 판매 장소는 구분·구획하여 관리
- 적절한 환기시설 구비
- 작업대, 바닥, 벽, 천장 및 창문 청결 유지
- 혼합 전·후 작업자의 손 세척 및 장비 세척을 위한 세척시설 구비
- 방충·방서 대책 마련 및 정기적 점검·확인

⑧ 맞춤형화장품 혼합·소분 장비 및 도구의 위생관리
- 사용 전·후 세척 등을 통해 오염 방지
- 작업 장비 및 도구 세척 시에 사용되는 세제·세척제는 잔류하거나 표면 이상을 초래하지 않는 것을 사용
- 세척한 작업 장비 및 도구는 잘 건조하여 다음 사용 시 까지 오염 방지
- 자외선 살균기 이용 시
  - 충분한 자외선 노출을 위해 적당한 간격을 두고 장비 및 도구가 서로 겹치지 않게 한 층으로 보관
  - 살균기 내 자외선램프의 청결 상태를 확인 후 사용

⑨ 혼합·소분 장소, 장비·도구 등 위생 환경 모니터링
- 맞춤형화장품 혼합·소분 장소가 위생적으로 유지될 수 있도록 맞춤형화장품판매업자는 주기를 정하여 판매장 등의 특성에 맞도록 위생관리를 해야 한다.
- 맞춤형화장품판매업소에서는 위생 점검표를 활용하여 작업자 위생, 작업환경위생, 장비·도구 관리 등 맞춤형화장품판매업소에 대한 위생 환경 모니터링 후 그 결과를 기록하고 판매업소의 위생 환경 상태를 관리해야 한다.

쭌이덕의 맞춤형화장품 조제관리사

## 7 충진 및 포장

### 1 제품에 맞는 충진 방법 및 포장방법

**(1) 제품에 맞는 충진 방법 및 포장방법**

① 충진(충전)은 빈 곳에 집어넣어서 채운다는 의미로, 화장품의 경우 일정한 규격의 용기에 내용물을 넣어서 채우는 작업을 말하며 1차 포장 작업에 포함

② 충진기 종류
- **피스톤 방식 충진기** : 용량이 큰 액상타입의 샴푸, 린스, 컨디셔너 같은 제품의 충진에 사용됨
- **파우치 충진기** : 견본품 등의 1회용 파우치 포장 제품의 충진에 사용됨
- **파우더 충진기** : 페이스파우더 등의 파우더류 제품의 충진에 사용됨
- **카톤 충진기** : 박스에 테이프를 붙이는 테이핑기
- **액체 충진기** : 스킨로션, 토너, 앰플 등의 액상타입 제품의 충진에 사용됨
- **튜브 충진기** : 폼클렌징, 선크림 등의 튜브용기 제품의 충진에 사용됨

# 8 재고 관리

## 1 원료 및 내용물의 재고 파악과 발주

### (1) 원료 및 내용물의 입고 및 보관방법과 절차

① 화장품 원료 입고 절차
- 입고된 원료와 시험성적서 확인
  - 납품 시 거래 명세서 및 발주 요청서와 일치하는 원료가 납품되었는지 확인
  - 화장품 원료의 용기 표면에 주의 사항이 있는지 확인
  - 화장품 원료의 포장이 훼손되어 있는지 확인

② 화장품 원료의 보관 관리
- 화장품 원료의 보관 관리를 위해서는 적절한 보관과 원료 보관소의 환경과 설비를 적절히 유지하여야 함
- 혼동과 오염 방지, 자원의 효율적 관리, 품질의 향상성 유지를 위하여 분리 또는 구획, 선입선출, 합격품 사용, 적절한 보관 조건 유지 등의 방법으로 보관 관리해야 함

③ 화장품 원료의 보관 장소 및 보관 방법
- 화장품 원료 관리 시에는 입고 시 품명, 규격, 수량 및 포장의 훼손 여부에 대한 확인 방법과 훼손되었을 때 그 처리 방법을 숙지하고 있어야 함
- 원료의 보관 장소 및 보관 방법을 알고 있어야 함. 취급 시의 혼동 및 오염 방지 대책을 알고, 출고 시 선입선출 및 칭량된 용기의 표시 사항, 재고 관리 방법에 대해서도 숙지해야 함
  - 화장품의 원료는 바닥과 벽에 닿지 않도록 보관해야 함
  - 원료의 보관 장소는 내용물에 따라 냉동(영하 5℃)/3~5℃/상온(15~25℃)/고온(40℃) 등으로 나누어서 보관해야 함
  - 위험물인 경우 위험물 보관 방법에 따라 옥외 위험물 취급 장소에 별도 보관해야 함

### (2) 판매장 내 원료 및 내용물의 재고 파악을 위한 표준운영절차(SOP)

① 표준작업절차는 작업을 실시할 때마다 보는 문서로 작업 내용에 정통하는 사람이 작성하고 작업하는 사람이 사용함
② 절차서는 다음의 사항을 만족하여야 함
- 명료하고, 이해하기 쉽게 작성되어야 함
- 사용 전 승인된 자에 의해 승인되고, 서명과 날짜가 기재되어야 함

- 작성되고, 업데이트되고, 철회되고, 배포되고, 분류되어야 함
- 폐기된 문서가 사용되지 않음을 확인할 수 있는 근거가 있어야 함
- 유효기간이 만료된 경우, 작업 구역으로 회수하여 폐기되어야 함
- 관련 직원이 쉽게 이용할 수 있어야 함
- 수기로 기록하여야 하는 자료의 경우는 다음 사항을 만족하여야 함
  - 기입할 내용을 표시함
  - 지워지지 않는 검정색 잉크로 읽기 쉽게 작성함
  - 성명 및 년, 월, 일순으로 날짜를 기입함
  - 필요한 경우 수정함. 단, 원래의 기재사항을 확인할 수 있도록 남겨두어야 하고, 가능하다면 수정의 이유를 기록해두어야 함

### (3) 화장품 원료의 입고 · 출고 관리

① 화장품의 원료를 거래처로부터 받아서 원료의 구매 요청서와 성적서, 현품이 일치하는가를 살핀 후에 원료 입출고 관리장에 기록해야 함
② 원료가 출고될 때는 원료의 수불장에 기록해야 함
③ 원료 및 내용물은 선입선출 및 선한선출 방식에 입각해 불용재고가 없도록 관리하는 것이 매우 중요
  - 선입선출 : 먼저 들어온 것부터 사용
  - 선한선출 : 유효기간에 도달하는 것부터 먼저 사용
④ 재고의 회전을 보증하기 위한 방법이 확립되어야 한다. 따라서 특별한 경우를 제외하고, 가장 오래된 재고가 제일 먼저 불출되도록 선입선출해야 함
  - 재고의 신뢰성을 보증하고, 모든 중대한 모순을 조사하기 위해 주기적인 재고조사가 시행
  - 원료 및 포장재는 정기적으로 재고조사를 실시
  - 장기 재고품의 처분 및 선입선출 규칙의 확인이 목적
  - 중대한 위반품이 발견되었을 때에는 일탈처리

맞춤형화장품 조제관리사

# PART 2
# 실전연습문제

실전연습문제 100

**PART 2**

# 실전연습문제 100

※ 본 문제는 최근 시행된 시험 출제 유형에 맞추어 구성하였습니다.

## 1과목  화장품법의 이해

**001** 다음 중 맞춤형화장품 판매업자의 결격사유에 해당하지 않는 자를 모두 고르면?

> ㉠ 「정신건강증진 및 정신질환자 복지서비스 지원에 관한 법률」 제3조 제1호에 따른 정신질환자
> ㉡ 피성년후견인 또는 파산선고를 받고 복권되지 아니한 자
> ㉢ 「마약류 관리에 관한 법률」 제2조 제1호에 따른 마약류의 중독자
> ㉣ 「보건범죄 단속에 관한 특별조치법」을 위반하여 금고 이상의 형을 선고받고 그 집행이 끝나지 아니하거나 그 집행을 받지 아니하기로 확정되지 아니한 자

① ㉠, ㉡
② ㉠, ㉢
③ ㉠, ㉣
④ ㉡, ㉢
⑤ ㉡, ㉣

 **key point**
정신질환자와 마약중독자는 화장품제조업 등록이 불가하지만 맞춤형화장품 판매업 신고는 가능하다.

**해설**

「화장품법」 제3조의3(결격사유) 다음의 어느 하나에 해당하는 자는 화장품제조업 또는 화장품책임판매업의 등록이나 맞춤형화장품 판매업의 신고를 할 수 없다.
1. 정신질환자(화장품제조업만 해당)
2. 피성년후견인 또는 파산선고를 받고 복권되지 아니한 자
3. 마약류의 중독자(화장품제조업만 해당)
4. 금고 이상의 형을 선고받고 그 집행이 끝나지 아니하거나 그 집행을 받지 아니하기로 확정되지 아니한 자
5. 등록이 취소되거나 영업소가 폐쇄된 날로부터 1년이 지나지 아니한 자

정답 ②

**002** 다음 중 「개인정보 보호법」상 개인정보의 수집 · 이용에 관한 요건에 해당하는 것으로 옳지 않은 것은?

① 정보주체가 의사표시를 할 수 없어 법정대리인이 의사표시를 해야 하는 경우
② 법률에 특별한 규정이 있거나 법령상 의무를 준수하기 위하여 불가피한 경우
③ 정보주체의 동의를 받은 경우
④ 공공기관이 법령 등에서 정하는 소관 업무의 수행을 위하여 불가피한 경우
⑤ 정보주체와의 계약의 체결 및 이행을 위하여 불가피하게 필요한 경우

 **해설**

「개인정보 보호법」 제15조(개인정보의 수집 · 이용)
① 개인정보처리자는 다음 각 호의 어느 하나에 해당하는 경우에는 개인정보를 수집할 수 있으며 그 수집 목적의 범위에서 이용할 수 있다.
  1. 정보주체의 동의를 받은 경우
  2. 법률에 특별한 규정이 있거나 법령상 의무를 준수하기 위하여 불가피한 경우
  3. 공공기관이 법령 등에서 정하는 소관 업무의 수행을 위하여 불가피한 경우
  4. 정보주체와의 계약의 체결 및 이행을 위하여 불가피하게 필요한 경우
  5. 정보주체 또는 그 법정대리인이 의사표시를 할 수 없는 상태에 있거나 주소불명 등으로 사전 동의를 받을 수 없는 경우로서 명백히 정보주체 또는 제3자의 급박한 생명, 신체, 재산의 이익을 위하여 필요하다고 인정되는 경우
  6. 개인정보처리자의 정당한 이익을 달성하기 위하여 필요한 경우로서 명백하게 정보주체의 권리보다 우선하는 경우. 이 경우 개인정보처리자의 정당한 이익과 상당한 관련이 있고 합리적인 범위를 초과하지 아니하는 경우에 한한다.

정답 ①

**003** 다음 중 「화장품법」에서 규정한 화장품의 유형으로 옳은 것은?

① 목욕용 제품류 – 바디 클렌저(body cleanser)
② 목욕용 제품류 – 액체 비누(liquid soaps) 및 화장 비누
③ 기초 화장용 제품 – 손 · 발 피부연화 제품
④ 인체 세정용 제품류 – 시체(屍體)를 닦는 용도로 사용되는 물휴지
⑤ 기초 화장용 제품류 – 아이 메이크업 리무버(eye make-up remover)

 **key point**
화장품의 유형을 전체적으로 훑어보고 본인이 잘 혼동하는 것을 제대로 알고 있어야 출제되었을 때 틀리지 않는다.

**해설**

「화장품법 시행규칙」 별표 3(화장품 유형과 사용 시의 주의사항)
바디 클렌저, 액체 비누 및 화장 비누는 인체 세정용 제품류이다. 물휴지는 인체 세정용 제품류이나 시체를 닦는 용도로 사용되는 물휴지와 식품접객업의 영업소에서 손을 닦는 용도 등으로 사용할 수 있도록 포장된 물티슈는 제외된다. 아이 메이크업 리무버는 눈 화장용 제품류이다.

정답 ③

**004** 다음은 「화장품법」에 따른 안전용기·포장을 사용하여야 할 품목에 대한 설명이다. 괄호 안에 들어갈 숫자로 알맞게 짝지어진 것은?

 **key point**

천연화장품과 유기농화장품 모두 천연 함량이 95% 이상이어야 한다고 기억하면 외우기 쉽다.

- **천연화장품** : 중량 기준으로 천연 함량이 전체 제품에서 ( ㉠ )% 이상으로 구성되어야 한다.
- **유기농화장품** : 유기농 함량이 전체 제품에서 ( ㉡ )% 이상이어야 하며, 유기농 함량을 포함한 천연 함량이 전체 제품에서 ( ㉢ )% 이상으로 구성되어야 한다.

|   | ㉠ | ㉡ | ㉢ |
|---|---|---|---|
| ① | 95% | 10% | 95% |
| ② | 10% | 10% | 95% |
| ③ | 10% | 85% | 95% |
| ④ | 95% | 10% | 85% |
| ⑤ | 85% | 10% | 95% |

 **해설**

「천연화장품 및 유기농화장품의 기준에 관한 규정」 제8조(원료조성)
① 천연화장품은 별표 7에 따라 계산했을 때 중량 기준으로 천연 함량이 전체 제품에서 95% 이상으로 구성되어야 한다.
② 유기농화장품은 별표 7에 따라 계산하였을 때 중량 기준으로 유기농 함량이 전체 제품에서 10% 이상이어야 하며, 유기농 함량을 포함한 천연 함량이 전체 제품에서 95% 이상으로 구성되어야 한다.

정답 ①

**005** 다음 중 「화장품법」상 과태료 부과기준으로 옳지 않은 것은?

① 화장품을 의약품으로 잘못 인식할 우려가 있게 기재, 표시한 경우
② 책임판매관리자 및 맞춤형화장품 조제관리사가 화장품의 안전성 확보 및 품질관리에 대한 연간 교육 이수 명령을 위반한 경우
③ 화장품의 생산실적, 수입실적, 화장품 원료의 목록 등을 보고하지 아니한 경우
④ 폐업 또는 1개월 이상의 휴업 등의 신고를 하지 아니한 경우
⑤ 화장품의 판매가격을 표시하지 아니한 경우

> **key point**
> 「화장품법」 제40조(과태료)에 관한 내용이다.

### 해설
①의 경우에는 1년 이하의 징역 또는 1천만 원 이하의 벌금에 처한다.

정답 ①

---

**006** 다음 중 「화장품법」상 화장품에 대한 정의로 옳은 것은?

① 피부·모발·구강의 건강을 유지하기 위해 사용되는 물품
② 피부·모발·구강의 건강을 증진하기 위해 인체에 바르는 물품
③ 인체를 청결·미화하도록 인체에 바르고 문지르거나 뿌리는 물품
④ 인체에 대한 작용이 뛰어난 의약품
⑤ 인체를 청결·미화하여 매력을 더하고 용모를 밝게 변화시키는 의약품

> **key point**
> 화장품의 정의는 가장 기본이 되는 내용이므로 숙지하고 있어야 한다.

### 해설
**「화장품법」 제1조(화장품의 정의)**
화장품이란 인체를 청결, 미화하여 매력을 더하고 용모를 밝게 변화시키거나 피부, 모발의 건강을 유지 또는 증진하기 위하여 인체에 바르고 문지르거나 뿌리는 등 이와 유사한 방법으로 사용되는 물품으로서 인체에 대한 작용이 경미한 것을 말한다. 다만, 의약품에 해당하는 물품은 제외한다.

정답 ③

**007** 다음 중 개인정보처리 준수사항 보호 원칙으로 옳지 않은 것은?

① 개인정보처리자는 익명으로 처리가 가능한 정보라도 반드시 실명으로 처리해야 한다.
② 개인정보처리자는 개인정보의 처리 목적을 명확하게 하여야 하고 그 목적에 필요한 범위에서 최소한의 개인정보만을 적법하고 정당하게 수집하여야 한다.
③ 개인정보처리자는 개인정보의 처리 목적에 필요한 범위에서 적합하게 개인정보를 처리하여야 하며, 그 목적 외의 용도로 활용하여서는 안 된다.
④ 개인정보처리자는 개인정보의 처리 목적에 필요한 범위에서 개인정보의 정확성, 완전성 및 최신성이 보장되도록 하여야 한다.
⑤ 개인정보처리자는 개인정보의 처리 방법 및 종류 등에 따라 정보주체의 권리가 침해받을 가능성과 그 위험 정도를 고려하여 개인정보를 안전하게 관리해야 한다.

**key point**

개인정보는 화장품의 안전성, 안정성과 더불어 굉장히 중요하게 여겨지고 있고, 실제로 고객과의 접점에서 맞춤형화장품 조제관리사가 다루어야 할 정보이므로, 그 부분을 중점적으로 공부해야 한다.

**해설**

「개인정보 보호법」 제3조(개인정보 보호 원칙)
⑦ 개인정보처리자는 개인정보를 익명 또는 가명으로 처리하여도 개인정보 수집목적을 달성할 수 있는 경우 익명처리가 가능한 경우에는 익명에 의하여, 익명처리로 목적을 달성할 수 없는 경우에는 가명에 의하여 처리될 수 있도록 하여야 한다. 〈개정 2020. 2. 4.〉
[시행일 : 2020. 8. 5.]

정답 ①

 **단답형**

**008** 다음은 1차 포장에 반드시 표시되어야 할 내용이다. 괄호 안에 들어갈 알맞은 내용을 쓰시오.

- 화장품의 명칭
- 화장품책임판매업자의 상호
- (         )
- 사용기한 또는 개봉 후 사용기간

**key point**

「화장품법 시행규칙」 제19조(화장품 포장의 기재·표시 등)에 관한 내용이다.

### 해설

1차 포장 또는 2차 포장에는 화장품의 명칭, 화장품책임판매업자 또는 맞춤형화장품판매업자의 상호, 가격, 제조번호와 사용기한 또는 개봉 후 사용기간(개봉 후 사용기간을 기재할 경우에는 제조연월일을 병행 표기하여야 한다)만을 기재·표시할 수 있다. 다만, 제2호의 포장의 경우 가격이란 견본품이나 비매품 등의 표시를 말한다.

정답 제조번호

**009** 화장품책임판매업자는 영유아 또는 어린이가 사용할 수 있는 화장품임을 표시·광고하려는 경우에는 안전과 품질을 입증할 수 있는 다음의 자료들을 작성 및 보관하여야 한다. 괄호 안에 들어갈 알맞은 말을 쓰시오.

> 1. 제품 및 제조방법에 대한 설명 자료
> 2. 화장품의 (      ) 평가 자료
> 3. 제품의 효능·효과에 대한 증명 자료

### 해설

「화장품법」 제4조의2(영유아 또는 어린이 사용 화장품의 관리)
① 화장품책임판매업자는 영유아 또는 어린이가 사용할 수 있는 화장품임을 표시·광고하려는 경우에는 제품별로 안전과 품질을 입증할 수 있는 다음 각 호의 자료(이하 "제품별 안전성 자료"라 한다)를 작성 및 보관하여야 한다.
1. 제품 및 제조방법에 대한 설명 자료
2. 화장품의 안전성 평가 자료
3. 제품의 효능·효과에 대한 증명 자료

정답 안전성

**010** 다음을 읽고 괄호 안에 들어갈 알맞은 내용을 쓰시오.

> 화장품 제조는 사용된 함량이 많은 순으로 기재·표시하는데 다만, (      )(으)로 사용된 성분, 착향제 또는 착색제는 순서에 상관없이 기재·표시할 수 있다.

**key point**
「화장품법 시행규칙」 별표4(화장품 포장의 표시기준 및 표시방법)의 내용에서 출제가 많이 되었기 때문에 내용을 파악해두는 것이 좋다.

### 해설

「화장품법 시행규칙」 별표 4(화장품 포장의 표시기준 및 표시방법)
3. 화장품 제조에 사용된 성분
   가. 글자의 크기는 5포인트 이상으로 한다.
   나. 화장품 제조에 사용된 함량이 많은 것부터 기재·표시한다. 다만, 1퍼센트 이하로 사용된 성분, 착향제 또는 착색제는 순서에 상관없이 기재·표시할 수 있다.
   다. 혼합원료는 혼합된 개별 성분의 명칭을 기재·표시한다.
   라. 색조 화장용 제품류, 눈 화장용 제품류, 두발염색용 제품류 또는 손발톱용 제품류에서 호수별로 착색제가 다르게 사용된 경우 '± 또는 +/-'의 표시 다음에 사용된 모든 착색제 성분을 함께 기재·표시할 수 있다.
   마. 착향제는 "향료"로 표시할 수 있다. 다만, 착향제의 구성 성분 중 식품의약품안전처장이 정하여 고시한 알레르기 유발성분이 있는 경우에는 향료로 표시할 수 없고, 해당 성분의 명칭을 기재·표시해야 한다.
   바. 산성도(pH) 조절 목적으로 사용되는 성분은 그 성분을 표시하는 대신 중화반응에 따른 생성물로 기재·표시할 수 있고, 비누화반응을 거치는 성분은 비누화반응에 따른 생성물로 기재·표시할 수 있다.
   사. 법 제10조 제1항 제3호에 따른 성분을 기재·표시할 경우 영업자의 정당한 이익을 현저히 침해할 우려가 있을 때에는 영업자는 식품의약품안전처장에게 그 근거자료를 제출해야 하고, 식품의약품안전처장이 정당한 이익을 침해할 우려가 있다고 인정하는 경우에는 "기타 성분"으로 기재·표시할 수 있다.

정답 1퍼센트 이하

 **화장품 제조 및 품질관리**

### 선다형

**011** 다음 중 품질관리 기준상 제품의 폐기처리 등에서 재작업 판단기준으로 옳지 않은 것은?

① 변질 또는 변패되지 아니한 경우
② 병원 미생물에 오염되지 아니한 경우
③ 제조일로부터 1년이 경과하지 않은 화장품
④ 사용기한이 1년 이상 남아있는 화장품
⑤ 개봉하고 3개월 이상 경과하지 않은 화장품

 **해설**

품질에 문제가 있거나 회수, 반품된 제품의 폐기 또는 재작업 여부는 품질보증 책임자에 의해 승인되어야 한다. 재작업은 그 대상이 다음을 모두 만족한 경우에 할 수 있다.
- 변질, 변패 또는 병원 미생물에 오염되지 아니한 경우
- 제조일로부터 1년이 경과하지 않았거나 사용기한이 1년 이상 남아 있는 경우

정답 ⑤

## 012 다음 중 보존제의 사용 한도로 옳은 것은?

① 페녹시에탄올 : 1.0%
② 클로페네신 : 0.2%
③ 살리실릭애씨드 : 1.0%
④ 엠디엠하이단토인 : 0.4%
⑤ 징크피리치온 : 1.0%

 **key point**

보존제 성분과 사용 한도는 출제 확률이 높다. 어렵다면 실제로 자주 사용되는 성분 위주로 파악해서 암기하는 것이 좋다.
[예] 페녹시에탄올, 벤질알코올, 살리실릭애씨드

 **해설**

**보존제의 사용 한도**
- 클로페네신 : 0.3%
- 살리실릭애씨드 : 0.5%
- 엠디엠하이단토인 : 0.2%
- 징크피리치온 : 0.5%

정답 ①

## 013 다음 괄호 안에 들어갈 내용으로 알맞은 것은?

( ) 검출 허용 한도
점토를 원료로 사용한 분말제품은 50㎍/g 이하, 그 밖의 제품은 20㎍/g 이하

① 납
② 니켈
③ 비소
④ 카드뮴
⑤ 안티몬

 **key point**

「화장품 안전기준 등에 관한 규정」 제6조 제2항 허용 한도를 암기해야 한다.

### 해설

납 검출 허용 한도
- 점토를 원료로 사용한 분말제품 : 50µg/g 이하
- 그 밖의 제품 : 20µg/g 이하

정답 ①

**014** 다음 중 「화장품 안전기준 등에 관한 규정」에서 디옥산의 비의도적 검출 허용 한도로 옳은 것은?

① 1µg/g 이하
② 10µg/g 이하
③ 100µg/g 이하
④ 500µg/g 이하
⑤ 1,000µg/g 이하

### 해설

디옥산의 검출 허용 한도는 100µg/g 이하이다.

정답 ③

**015** 다음 중 비타민과 성분의 연결이 옳은 것을 모두 고르면?

㉠ 비타민 A – 레티놀
㉡ 비타민 B5 – 살리실릭애씨드
㉢ 비타민 C – 아스코빌산
㉣ 비타민 D – 판테놀
㉤ 비타민 E – 토코페롤

① ㉠, ㉡, ㉣
② ㉠, ㉢, ㉣
③ ㉠, ㉢, ㉤
④ ㉡, ㉣, ㉤
⑤ ㉡, ㉢, ㉤

 key point
비타민 A, C, E의 특징을 중점적으로 공부해야 한다.

### 해설

비타민 B5는 판테놀이다. 살리실릭애씨드는 비타민이 아니다.

정답 ③

**016** 다음 중 「화장품 안전기준 등에 관한 규정」에서 물휴지에서의 포름알데히드의 비의도적 검출 허용 한도로 옳은 것은?

① 1㎍/g 이하
② 10㎍/g 이하
③ 20㎍/g 이하
④ 100㎍/g 이하
⑤ 500㎍/g 이하

**key point**
「화장품 안전기준 등에 관한 규정」 제6조 제2항 제8호에 대한 내용이다.

 **해설**

포름알데히드 검출 허용 한도
- 물휴지 : 20㎍/g 이하
- 그 밖의 제품 : 2,000㎍/g 이하

정답 ③

**017** 다음 중 화장품 표시·광고에 대한 준수사항으로 옳지 않은 것은?

① 의약품으로 잘못 인식할 우려가 있는 내용, 제품의 명칭 및 효능·효과 등에 대한 표시·광고를 하지 말 것
② 의사·치과의사·한의사·약사·의료기관 또는 그 밖의 자가 이를 지정·공인·추천·지도·연구·개발 또는 사용하고 있다는 내용이나 이를 암시하는 등의 표시·광고를 하지 말 것
③ 국제적 멸종위기종의 가공품이 함유된 화장품임을 표현하거나 암시하는 표시·광고를 하지 말 것
④ 배타성을 띤 "최고" 또는 "최상" 등의 절대적 표현의 표시·광고를 하지 말 것
⑤ 사실과 달라 소비자가 잘못 인식할 우려가 있는 표시·광고 또는 소비자를 속이거나 소비자가 속을 우려가 있는 표시·광고를 하지 말 것(부분적으로 사실이라고 인정되는 경우 예외)

**key point**
화장품 표시·광고에 대한 내용은 여러 번 반복 학습하여 체득해야 한다.

**해설**

「화장품법 시행규칙」 별표 5(화장품 표시·광고 시 준수사항)
- 의약품으로 잘못 인식할 우려가 있는 내용, 제품의 명칭 및 효능·효과 등에 대한 표시·광고를 하지 말 것
- 기능성화장품, 천연화장품 또는 유기농화장품이 아님에도 불구하고 제품의 명칭, 제조방법, 효능·효과 등에 대해 기능성화장품 또는 유기농화장품으로 잘못 인식할 우려가 있는 표시·광고를 하지 말 것
- 의사·치과의사·한의사·약사·의료기관 또는 그 밖의 자(할랄화장품, 천연화장품 또는 유기농화장품 등을 인증·보증하는 기관으로서 식품의약품안전처장이 정하는 기관은 제외)가 이를 지정·공인·추천·지도·연구·개발 또는 사용하고 있다는 내용이나 이를 암시하는 등의 표시·광고를 하지 말 것
- 외국제품을 국내제품으로 또는 국내제품을 외국제품으로 잘못 인식할 우려가 있는 표시·광고를 하지 말 것
- 외국과의 기술제휴를 하지 않고 외국과의 기술제휴 등을 표현하는 표시·광고를 하지 말 것
- 경쟁상품과 비교하는 표시·광고는 비교 대상 및 기준을 분명히 밝히고 객관적으로 확인될 수 있는 사항만을 표시·광고해야 하며, 배타성을 띤 "최고" 또는 "최상" 등의 절대적 표현의 표시·광고를 하지 말 것
- 사실과 다르거나 부분적으로 사실이라고 하더라도 전체적으로 보아 소비자가 잘못 인식할 우려가 있는 표시·광고 또는 소비자를 속이거나 소비자가 속을 우려가 있는 표시·광고를 하지 말 것
- 품질·효능 등에 대해 객관적으로 확인될 수 없거나 확인되지 않았는데도 불구하고 이를 광고하거나 법 제2조 제1호에 따른 화장품의 범위를 벗어나는 표시·광고를 하지 말 것
- 저속하거나 혐오감을 주는 표현·도안·사진 등을 이용하는 표시·광고를 하지 말 것
- 국제적 멸종위기종의 가공품이 함유된 화장품임을 표현하거나 암시하는 표시·광고를 하지 말 것
- 사실 유무와 관계없이 다른 제품을 비방하거나 비방한다고 의심이 되는 표시·광고를 하지 말 것

정답 ⑤

**018** 다음 중 자외선 A의 파장 범위로 옳은 것은?

① 200~290nm  ② 200~320nm
③ 290~320nm  ④ 290~350nm
⑤ 300~400nm

 key point
자외선 A가 가장 길다.

 **해설**

**자외선의 파장 범위**
자외선 A(300~400nm) > 자외선 B(290~320nm) > 자외선 C(200~290nm)

정답 ⑤

**019** 다음 중 탈모증상 완화에 도움을 주는 원료로 옳은 것을 모두 고르면?

① 판테놀
② 치오글리콜산 80%
③ 덱스판테놀
④ 엘-멘톨
⑤ 징크피리치온

> **key point**
> 탈모 증상 완화제 식약처 고시 원료
> 덱스판테놀, 비오틴, 엘-멘톨, 징크피리치온, 징크피리치온액 (50%)

 **해설**

치오글리콜산 80%는 체모제거제 식약처 고시 원료이다. 판테놀은 비타민 B5이다.

정답 ③, ④, ⑤

**020** 기능성화장품 심사에서 식품의약품평가원장에게 심사를 신청하기 위해 필요한 자료 중 안전성에 관한 것을 모두 고르면?

㉠ 다회 투여 독성시험 자료
㉡ 2차 피부 자극시험 자료
㉢ 안(眼)점막 자극 또는 그 밖의 점막 자극시험 자료
㉣ 피부 감작성시험 자료
㉤ 동물 첩포시험 자료

① ㉠, ㉡          ② ㉠, ㉤
③ ㉡, ㉢          ④ ㉢, ㉣
⑤ ㉣, ㉤

> **key point**
> 안정성과 안전성을 혼동하지 않게 개념을 잡아두는 것이 중요하다.

 **해설**

「화장품법 시행규칙」 제9조(기능성화장품의 심사)
2. 안전성에 관한 자료
  가. 단회 투여 독성시험 자료
  나. 1차 피부 자극시험 자료
  다. 안(眼)점막 자극 또는 그 밖의 점막 자극시험 자료
  라. 피부 감작성시험(感作性試驗) 자료
  마. 광독성(光毒性) 및 광감작성 시험 자료
  바. 인체 첩포시험(貼布試驗) 자료

정답 ④

**021** 화장품의 품질요소 중 안정성에서 물리적 변화에 해당하는 것으로 옳은 것을 모두 고르면?

① 변색
② 침전
③ 응집
④ 변취
⑤ 분리

**해설**

변색, 변취는 물리적 변화에 해당하지 않는다.

정답 ②, ③, ⑤

**key point**

안전성과 안정성의 차이점을 숙지해야 한다.

---

**022** 다음 중 여드름성 피부 완화에 도움을 주는 성분으로 옳은 것은?

① 알부틴
② 벤조페논
③ 닥나무추출물
④ 알파-비사보롤
⑤ 살리실릭애씨드

**해설**

여드름 완화에 도움을 주는 성분은 살리실릭애씨드이다.

정답 ⑤

**key point**

살리실릭애씨드는 중요하게 다뤄지는 성분 중 하나이다.

---

**023** 다음 중 주름개선 기능성 원료로 옳지 않은 것은?

① 레티놀
② 레티닐팔미테이트
③ 아데노신
④ 토코페롤아세테이트
⑤ 폴리에톡실레이티드레틴아마이드

**해설**

토코페롤아세테이트는 비타민 E 유도체이다.

정답 ④

**key point**

주름 개선에 도움을 주는 원료는 레티놀, 레티닐팔미테이트, 아데노신, 폴리에톡실레이트드레틴아마이드 4가지이다. '레티놀'이라는 키워드를 암기해놓는 것이 좋다.

**024** 다음의 주어진 성분을 0.5% 이상 함유하는 제품은 안정성시험 자료를 최종 제조된 제품의 사용기한이 만료되는 날부터 얼마동안 보존해야 하는가?

- 레티놀(비타민 A) 및 그 유도체
- 아스코빅애씨드(비타민 C) 및 그 유도체
- 토코페롤(비타민 E)
- 과산화화합물
- 효소

① 1개월   ② 6개월
③ 1년      ④ 2년
⑤ 3년

 key point

「화장품법 시행규칙」 제12조 화장품책임판매업자의 준수사항 내용은 각 호의 내용을 꼼꼼하게 숙지해두어야 한다.

 해설

해당하는 성분을 0.5% 이상 함유하는 제품의 경우에는 해당 품목의 안정성시험 자료를 최종 제조된 제품의 사용기한이 만료되는 날부터 1년간 보존해야 한다.

정답 ③

**025** 화장품에 사용되는 사용상의 제한이 필요한 원료로 옳은 것은?

① 착색제, 보존제, 자외선차단제
② 점증제, 산화방지제, 유기원료
③ 보존제, 자외선차단제, 염모제
④ 금속이온봉쇄제, 보존제, 수성원료
⑤ 산화방지제, 점증제, 금속이온봉쇄제

 key point

「화장품법 안전기준 등에 관한 규정」 별표 2의 사용상의 제한이 필요한 원료에 대한 내용이다.

 해설

식품의약품안전처장은 보존제, 염모제, 자외선차단제 등과 같이 특별히 사용상의 제한이 필요한 원료에 대하여는 그 사용기준을 지정하여 고시하여야 하며, 사용기준이 지정, 고시된 원료 외의 보존제, 염모제, 자외선차단제 등은 사용할 수 없다.

정답 ③

**026** 다음 중 우수화장품 제조 및 품질관리기준 내용에 해당하는 용어로 옳은 것은?

> 하나의 공정이나 일련의 공정으로 제조되어 균질성을 갖는 화장품의 일정한 분량, 제조단위를 말한다.

① 완제품
② 반제품
③ 벌크제품
④ 배치
⑤ 시험품

**key point**
배치는 균질성의 근거가 된다.

**해설**
제조단위 또는 배치에 관한 설명이다.

정답 ④

**027** 다음 중 천연화장품 또는 유기농화장품에 사용가능한 원료의 기준에 대한 설명으로 옳지 않은 것은?

① 천연화장품 및 유기농화장품 기준에서 허용하는 합성원료는 5% 이내 사용 가능하다.
② 식물원료는 식물을 가지고 허용하는 물리적 공정에 따라 가공한 화장품 원료이다.
③ 천연화장품은 중량 기준으로 천연 함량이 전체 제품에서 95% 이상으로 구성되어야 한다.
④ 유기농화장품은 유기농 함량이 전체 제품에서 10% 이상 되어야 한다.
⑤ 물과 소금을 포함한 천연 함량이 95% 이상 포함되어야 한다.

**key point**
제외되는 내용도 숙지할 수 있도록 한다.

**해설**
천연화장품 : 중량 기준으로 천연 함량이 전체 제품에서 95% 이상으로 구성되어야 함
유기농화장품 : 유기농 함량이 전체 제품에서 10% 이상이어야 하며, 유기농 함량을 포함한 천연 함량이 전체 제품에서 95% 이상으로 구성되어야 함(물과 소금은 제외)

정답 ⑤

**028** 다음 중 괄호 안에 들어갈 말로 옳은 것은?

> (　　　)는 타르색소를 기질에 흡착, 공침 또는 단순한 혼합이 아닌 화학적 결합에 의하여 확산시킨 색소를 말한다.

① 체질안료
② 염료
③ 천연색소
④ 레이크
⑤ 유기염료

**key point**
레이크는 물에 녹기 쉬운 염료를 칼슘 등의 염이나 황산 알루미늄, 황산 지르코늄 등을 가해 물에 녹지 않도록 불용화시킨 것이다.

**해설**

화장품에 쓰이는 유기 합성 색소는 염료, 레이크, 안료 3종류가 있다.

정답 ④

---

**029** 다음 중 화장품 원료에 대한 설명이 옳은 것은?

① 계면활성제는 수분의 증발을 억제하고 사용감촉을 향상시키는 등의 목적으로 사용된다.
② 고분자화합물은 제품의 점성을 높이고 사용감 개선 및 피막형성을 위해 사용된다.
③ 유상원료는 피부의 홍반, 그을림, 흑화 등을 완화하는 데 도움을 주며 화장품 내용물 변화를 방어하는 목적으로 사용된다.
④ 자외선차단제는 화장품에 배합하여 색을 나타나게 하거나 피복력을 부여하고 자외선을 방어하기도 하는 성분으로 사용된다.
⑤ 금속이온봉쇄제는 한 분자 내에 친수기와 친유기를 동시에 갖는 물질로 화장품 안정성에 도움을 주는 물질이다.

**key point**
유성원료, 계면활성제, 보습제, 고분자화합물 등 기본적인 화장품 원료의 종류와 특성을 알아두어야 한다.

**해설**

고분자화합물은 제품의 점성을 높이고 사용감 개선 및 피막형성을 위해 사용된다. ①은 보습제, ③은 자외선차단제, ④는 색소, ⑤는 계면활성제에 대한 설명이다.

정답 ②

**030** 다음 중 우수화장품 제조 및 품질관리상 검체의 채취 및 보관과 관련하여 옳은 것을 모두 고르면?

key point
검체의 보관기한도 숙지하는 것이 좋다.

> ㉠ 모든 검체는 냉장 보관되어야 한다.
> ㉡ 검체는 가장 안정한 조건에서 보관되어야 한다.
> ㉢ 2개의 배치인 경우 한 개의 배치 검체를 대표로 사용할 수 있다.
> ㉣ 검체를 두 번 시험할 만큼을 떠서 보관한다.
> ㉤ 제조일로부터 1년 혹은 사용기한이 기재되어 있는 경우 검체를 1년간 보관한다.

① ㉠, ㉡  
② ㉠, ㉣  
③ ㉡, ㉣  
④ ㉢, ㉣  
⑤ ㉣, ㉤

 해설

**완제품 보관 검체 주요 사항**
- 제품을 그대로 보관한다.
- 각 배치를 대표하는 검체를 보관한다.
- 일반적으로는 각 배치별로 제품 시험을 2번 실시할 수 있는 양을 보관한다.
- 제품이 가장 안정한 조건에서 보관한다.
- 사용기한 경과 후 1년간 또는 개봉 후 사용기간을 기재하는 경우에는 제조일로부터 3년간 보관한다.

정답 ③

**031** 다음 중 화장품 전 성분 표시에 대한 설명으로 옳지 않은 것은?

key point
전 성분 표시와 같은 내용은 응용이 얼마든지 가능한 내용이므로 확실하게 이해하고 있어야 한다.

① 착향제는 '향료'로 표시할 수 있다.
② 제조 과정 중 제거되어 최종 제품에 남아 있지 않은 성분은 표시하지 아니할 수 있다.
③ 산성도 조절 목적으로 사용되는 성분은 그 성분을 표시하는 대신 중화반응에 따른 생성물로 기재·표시할 수 있다.
④ 식품의약품 안전처장이 정당한 이익을 침해할 우려가 있다고 인정하는 경우 '기타 성분'으로 기재·표시할 수 있다.
⑤ 착향제의 구성 성분 중 알레르기 유발물질로 알려져 있는 성분이 함유되어 있는 경우에는 그 성분을 표시하지 않도록 권장할 수 있다.

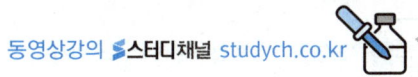

 **해설**

착향제의 구성 성분 중 알레르기 유발물질로 알려져 있는 성분이 함유되어 있는 경우에는 그 성분을 '표시하도록' 권장할 수 있다.

정답 ⑤

## 032 다음 중 천연화장품에서 사용가능한 보존제로 옳은 것은?

① 소르빅애씨드 및 그 염류
② 벤잘코늄클로라이드
③ 프로필파라벤
④ 프탈레이트류
⑤ 페녹시에탄올

 **key point**

천연과 유기농화장품은 허용 보존제 및 변성제 기준이 다르므로 구분하여 숙지하는 것이 좋다.

 **해설**

**천연화장품 및 유기농화장품의 허용 합성 보존제 및 변성제**
- 벤조익애씨드 및 그 염류
- 벤질알코올
- 살리실릭애씨드 및 그 염류
- 소르빅애씨드 및 그 염류
- 데하이드로아세틱애씨드 및 그 염류
- 데나토늄벤조에이트, 3급 부틸알코올, 기타 변성제(프탈레이트류 제외)
- 이소프로필알코올
- 테트라소듐글루타메이트디아세테이트

정답 ①

## 033 다음 중 안전용기·포장에 대한 설명으로 옳은 것은?

① 메틸살리실레이트를 3% 미만 함유하는 액체상태의 제품에 사용된다.
② 아세톤을 사용하는 네일 리무버 및 네일 폴리시 리무버는 안전용기가 필요하지 않다.
③ 탄화수소류를 5% 이상 함유하고 있는 제품에 사용된다.
④ 만 5세 미만의 어린이가 개봉하기 어렵게 설계, 고안된 용기나 포장이 있다.
⑤ 용기 입구 부분이 펌프 또는 방아쇠로 작동되는 분무용기 제품을 포함한다.

 **key point**

예시문항에도 나왔던 만큼 기출에도 출제되었다. 「화장품법 시행규칙」 제18조에 관한 내용이다.

쥰이덕의 맞춤형화장품 조제관리사

> 📝 **해설**

「화장품법 시행규칙」 제18조(안전용기, 포장 대상 품목 및 기준)
- 아세톤을 함유하는 네일 에나멜 리무버 및 네일 폴리시 리무버
- 어린이용 오일 등 개별 포장당 탄화수소류를 10% 이상 함유하고 운동점도가 21센티스톡스(40℃ 기준) 이하인 비에멀전 타입의 액체상태의 제품
- 개별 포장당 메틸살리실레이트를 5% 이상 함유하는 액체상태의 제품

정답 ④

**034** 맞춤형화장품의 중대한 유해사례에 관련해서 식품의약품안전처장에게 보고해야 할 때 회수의무자와 보고일자가 옳은 것은?

① 화장품책임판매업자 – 알게 된 날로부터 15일 이내
② 화장품제조업자 – 알게 된 날로부터 15일 이내
③ 맞춤형화장품판매업자 – 알게 된 날 즉시
④ 화장품책임판매업자 – 알게 된 날 즉시
⑤ 맞춤형화장품판매업자 – 알게 된 날로부터 30일 이내

> 📝 **해설**

화장품책임판매업자는 정보를 알게 된 날로부터 15일 이내에 신속보고해야 한다.

정답 ①

**key point**

중대한 유해 사례와 유해 사례를 구별할 수 있어야 한다.

- **유해사례(Adverse Event, AE)**
  화장품의 사용 중 발생한 바람직하지 않고 의도되지 아니한 징후, 증상 또는 질병을 말하며, 당해 화장품과 반드시 인과관계를 가져야 하는 것은 아니다.

- **중대한 유해사례(Serious AE)**
  다음 중 어느 하나에 해당하는 경우를 말한다.
  1. 사망을 초래하거나 생명을 위협하는 경우
  2. 입원 또는 입원기간의 연장이 필요한 경우
  3. 지속적 또는 중대한 불구나 기능저하를 초래하는 경우
  4. 선천적 기형 또는 이상을 초래하는 경우
  5. 기타 의학적으로 중요한 상황

**035** 다음 중 화장품의 내용물에 갖춰져야 할 품질요소로 옳은 것을 모두 고르면?

① 안전성        ② 안정성
③ 판매성        ④ 사용성
⑤ 위해성

> 📝 **해설**

화장품의 품질요소는 안전성, 안정성, 사용성, 유효성이다.

정답 ①, ②, ④

### 단답형

**036** 다음은 화장품의 위해도 평가 순서를 나열한 내용이다. 괄호 안에 들어갈 말을 쓰시오.

> 1. 위험성 확인 : 위해요소에 노출됨에 따라 발생할 수 있는 독성의 정도와 영향의 종류 등을 파악한다.
> 2. 위험성 결정 : 동물, 실험결과, 동물 대체 실험결과 등의 불확실성 등을 보정하여 인체노출 허용량을 결정한다.
> 3. ( ㉠ ) : 화장품의 사용을 통하여 노출되는 위해요소의 양 또는 수준을 정량적 또는 정성적으로 산출한다.
> 4. ( ㉡ ) : 위해요소 및 이를 함유한 화장품의 사용에 따른 건강상영향, 인체노출 허용량 또는 수준 및 화장품 이외의 환경 등에 의하여 노출되는 위해요소의 양을 고려하여 사람에게 미칠 수 있는 위해의 정도와 발생빈도 등을 정량적 또는 정성적으로 예측한다.

㉠                       ㉡

**key point**
「화장품법 시행규칙」제17조 화장품 원료 등의 위해평가 과정을 숙지해두도록 한다.

**해설**

위험성 확인 → 위험성 결정 → 노출평가 → 위해도 결정으로 이어지는 일련의 순서를 기억하고 암기해야 한다.

정답 ㉠ 노출평가 ㉡ 위해도 결정

**037** 다음을 읽고 괄호 안에 들어갈 알맞은 내용을 쓰시오.

> (      )은(는) 제1호의 색소 중 콜타르, 그 중간생성물에서 유래되었거나 유기합성하여 얻은 색소 및 그 레이크, 염, 희석제와의 혼합물을 말한다.

**key point**
「화장품의 색소 종류와 기준 및 시험방법」(식품의약품안전처 고시) 제2조 용어의 정의를 숙지해두도록 한다.

**해설**

콜타르라는 단어를 보고 바로 타르색소를 유추할 수 있다.

정답 타르색소

**038** 다음을 읽고 괄호 안에 들어갈 알맞은 내용을 쓰시오.

> 착향제는 "향료"로 표시할 수 있다. 다만, 착향제의 구성 성분 중 식품의약품안전처장이 정하여 고시한 (     ) 유발 성분이 있는 경우에는 향료로 표시할 수 없고, 해당 성분의 명칭을 기재·표시해야 한다.

🔑 **key point**

알레르기 유발성분 25종은 암기하고 있는 것이 도움이 된다.
아밀신남알, 벤질알코올, 신나밀알코올, 시트랄, 유제놀, 하이드록시시트로넬알, 이소유제놀, 아밀신나밀알코올, 벤질살리실레이트, 신남알, 쿠마린, 제라니올, 아니스에탄올, 벤질신나메이트, 파네솔, 부틸메칠프로피오날, 리날룰, 벤질벤조에이트, 시트로넬올, 헥실신남알, 리모넨, 메칠2-옥티노에이트, 알파-이소메칠이오논, 참나무이끼추출물, 나무이끼추출물

**해설**

「화장품법 시행규칙」 별표 4(화장품 포장의 표시기준 및 표시방법)
3. 화장품 제조에 사용된 성분
    마. 착향제는 "향료"로 표시할 수 있다. 다만, 착향제의 구성 성분 중 식품의약품안전처장이 정하여 고시한 알레르기 유발성분이 있는 경우에는 향료로 표시할 수 없고, 해당 성분의 명칭을 기재·표시해야 한다.

정답 알레르기

**039** 다음 보기를 읽고 빈칸에 들어갈 알맞은 내용을 쓰시오.

> (     )란 유해 사례와 화장품 간의 인과관계 가능성이 있다고 보고된 정보로서 인과관계가 알려지지 아니하거나 입증자료가 불충분한 것을 말한다.
> * '유해 사례'는 화장품의 사용 중 바람직하지 않고 의도되지 아니한 징후나 증상을 말하는데, 화장품과의 인과관계가 반드시 있어야 되는 것은 아니다.

**해설**

실마리 정보란 유해 사례와 화장품 간의 인과관계 가능성이 있다고 보고된 정보로서, 인과관계가 알려지지 아니하거나 입증자료가 불충분한 것을 말한다.

정답 실마리 정보

**040** 다음은 화장품의 전 성분이다. 이 화장품에 사용된 보존제의 이름과 사용한도를 쓰시오.

> 정제수, 사이클로펜타실록산, 마치현 추출물, 부틸렌글라이콜, 알란토인, 마카다미아씨오일, 벤질알코올, 알지닌, 라벤더오일, 로즈마리잎오일, 리모넨

**key point**
보존제로 같이 자주 쓰이는 페녹시에탄올도 함량이 1.0% 이하로 사용된다. 사용상 제한이 필요한 원료는 성분뿐만 아니라 사용제한 및 함량까지 암기가 필요하다.

**해설**

이 화장품에 사용된 보존제의 이름은 벤질알코올이고, 사용한도는 1.0%이다. 「화장품 안전기준 등에 관한 규정」에서 알 수 있는 내용이다.

정답 벤질알코올, 1.0%

## 3과목  유통화장품 안전관리

### 선다형

**041** 다음 중 미생물의 검출 허용 한도에 대한 설명으로 옳은 것은?

① 물휴지의 경우 세균수는 100개/g(mL) 이하이다.
② 물휴지의 경우 진균수는 500개/g(mL) 이하이다.
③ 눈 화장용 제품류의 총호기성생균수는 100개/g(mL) 이하이다.
④ 기타 화장품의 경우 세균 및 진균수는 500개/g(mL) 이하이다.
⑤ 영유아용 제품류의 총호기성생균수는 1,000개/g(mL) 이하이다.

**key point**
미생물 한도는 검출한도 100개, 500개, 1,000개 순으로 본인이 재정리해서 암기하는 것이 더 효율적이다.

**해설**

**미생물한도**
- 총호기성생균수는 영유아용 제품류 및 눈 화장용 제품류의 경우 500개/g(mL) 이하
- 물휴지의 경우 세균 및 진균수는 각각 100개/g(mL) 이하
- 기타 화장품의 경우 세균 및 진균수는 1,000개/g(mL) 이하
- 대장균, 녹농균, 황색포도상구균은 불검출

정답 ①

**042** 다음 중 비중이 0.8이고 부피가 300ml인 제품의 질량으로 옳은 것은?

① 240g
② 280g
③ 300g
④ 340g
⑤ 380g

**해설**

0.8 × 300 = 240(g)

정답 ①

> **key point**
> 비중 × 부피 = 질량

**043** 유통화장품 안전관리 기준에서 pH 기준이 3.0~9.0에 해당하는 제품으로 옳은 것은?

① 영유아용 샴푸
② 샴푸, 린스
③ 바디 로션
④ 셰이빙 크림, 셰이빙 폼
⑤ 클렌징 워터

**해설**

영유아용 제품류(영유아용 샴푸, 영유아용 린스, 영유아 인체 세정용 제품, 영유아 목욕용 제품 제외), 눈화장용 제품류, 색조 화장용 제품류, 두발용 제품류(샴푸, 린스 제외), 면도용 제품류(셰이빙 크림, 셰이빙 폼 제외), 기초화장용 제품류(클렌징 워터, 클렌징오일, 클렌징 로션, 클렌징 크림 등 메이크업 리무버 제품 제외)중 액, 로션, 크림 및 이와 유사한 제형의 액상제품은 pH 기준이 3.0~9.0이어야 한다. 다만, 물을 포함하지 않는 제품과 사용한 후 곧바로 물로 씻어내는 제품은 제외한다.

정답 ③

> **key point**
> 물을 포함하지 않는 제품과, 사용한 후 곧바로 물로 씻어내는 제품에 대한 내용은 출제 가능성이 높다.

**044** 다음 중 청정도 기준으로 옳은 것은?

① 제조실 - 낙하균 : 10개/hr 또는 부유균 : 20개/$m^3$
② 칭량실 - 낙하균 : 10개/hr 또는 부유균 : 20개/$m^3$
③ 충전실 - 낙하균 : 30개/hr 또는 부유균 : 200개/$m^3$
④ 포장실 - 낙하균 : 30개/hr 또는 부유균 : 200개/$m^3$
⑤ 원료보관실 - 낙하균 : 10개/hr 또는 부유균 : 20개/$m^3$

> **key point**
> 청정도 1, 2등급 낙하균, 부유균 기준을 구별할 수 있어야 한다.

### 해설
- 청정도 1등급 : 클린벤치 – 낙하균 : 10개/hr 또는 부유균 : 20개/$m^3$
- 청정도 2등급 : 제조실, 성형실, 충전실, 내용물보관소, 원료칭량실, 미생물시험실 – 낙하균 : 30개/hr 또는 부유균 : 200개/$m^3$
- 청정도 3등급 : 포장실/경의실, 포장재의 외부 청소 후 반입
- 청정도 4등급 : 포장재보관소, 완제품보관소, 관리품보관소, 원료보관소, 경의실, 일반시험실

정답 ③

**045** 다음 중 화장품이 제조된 날부터 적절한 보관 상태에서 제품이 고유의 특성을 간직한 채 소비자가 안정적으로 사용할 수 있는 최소한의 기간으로 옳은 것은?

① 사용기한
② 보관기한
③ 개봉 후 유효기간
④ 유통기한
⑤ 제조기한

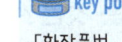

「화장품법」제2조에 정의된 각 개념은 암기해두어야 한다.

### 해설
사용기한 : 제조된 날로부터 적절한 보관 상태에서 제품이 고유의 특성을 간직한 채 소비자가 안정적으로 사용할 수 있는 최소한의 기한을 말한다.

정답 ①

**046** 다음 중 유통화장품의 안전관리 기준에서 미생물의 검출 한도로 옳지 않은 것은?

① 총호기성생균수는 영·유아용 제품류의 경우 100개/g(mL) 이하
② 물휴지의 경우 세균 및 진균수는 각각 100개/g(mL) 이하
③ 기타 화장품의 경우 1,000개/g(mL) 이하
④ 대장균, 녹농균, 황색포도상구균은 불검출
⑤ 총호기성생균수는 눈화장용 제품류의 경우 500개/g(mL) 이하

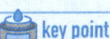

미생물의 검출한도는 중요하므로 숙지해야 한다.
「화장품 안전기준 등에 관한 규정」제6조 유통화장품의 안전관리 기준에 규정된 각 물질의 검출 허용 한도, 미생물한도 등을 정리하여 암기해두는 것이 필요하다.

### 해설

**미생물한도**
- 총호기성생균수는 영유아용 제품류 및 눈 화장용 제품류의 경우 500개/g(mL) 이하
- 물휴지의 경우 세균 및 진균수는 각각 100개/g(mL) 이하
- 기타 화장품의 경우 세균 및 진균수는 1,000개/g(mL) 이하
- 대장균, 녹농균, 황색포도상구균은 불검출

정답 ①

**047** 유통화장품안전관리 기준 중 비의도적 물질 검출 허용 한도로 옳은 것은?

① 카드뮴 – 10㎍/g 이하
② 안티몬 – 5㎍/g 이하
③ 디옥산 – 10㎍/g 이하
④ 수은 – 1㎍/g 이하
⑤ 비소 – 5㎍/g 이하

 **key point**
유해물질의 검출 허용 한도는 암기해야 한다.

### 해설

**유해물질의 검출 허용 한도**
- 카드뮴 – 5㎍/g 이하
- 안티몬 – 10㎍/g 이하
- 디옥산 – 100㎍/g 이하
- 비소 – 10㎍/g 이하

정답 ④

**048** 화장품 혼합 시 내용물을 혼합할 때 사용하는 기기로 옳은 것은?

① 탱크(Tanks)
② 균질기(Homogenizer)
③ 펌프(Pumps)
④ 칭량 장치(Weighing device)
⑤ 게이지와 미터(Gauges and Meters)

 **key point**
각각 기기와 사용법을 숙지하는 것이 좋다.
- **탱크**: 공정 중 또는 보관용 원료를 저장하기 위해 사용됨
- **펌프**: 다양한 점도의 액체를 이동하고 제품을 혼합하기 위해 사용됨
- **칭량 장치**: 원료, 제조과정 재료, 완제품을 요구되는 성분표 양과 기준을 만족하는지 보증하기 위해 중량적으로 측정함
- **게이지와 미터**: 온도, 압력, 흐름, pH, 점도, 속도, 부피, 다른 화장품의 특성을 측정 및 기록하기 위해 사용됨

### 해설

제품의 균질화에는 호모게나이저가 사용된다.

정답 ②

**049** 유통화장품 안전관리 기준 중 비의도적 미생물 검출 한도로 옳은 것은?

① 녹농균 검출
② 황색포도상구균 검출
③ 영, 유아용 제품류 100개/g(mL)개 이하
④ 물휴지의 경우 세균 및 진균수는 각각 100개/g(mL)개 이하
⑤ 기초화장품 2,000개/g(mL)개 이하

**key point**
미생물 한도는 출제빈도가 높다.

 **해설**

미생물한도
• 총호기성생균수는 영유아용 제품류 및 눈 화장용 제품류의 경우 500개/g(mL) 이하
• 물휴지의 경우 세균 및 진균수는 각각 100개/g(mL) 이하
• 기타 화장품의 경우 세균 및 진균수는 1,000개/g(mL) 이하
• 대장균, 녹농균, 황색포도상구균은 불검출

정답 ④

**050** 다음 중 우수화장품 제조 및 품질관리에서의 기준일탈 제품의 처리과정을 순서대로 나열한 것은?

㉠ 기준일탈 제품에 불합격 라벨을 첨부한다.
㉡ 격리 보관한다.
㉢ 폐기처분, 재작업 또는 반품을 시행한다.
㉣ 기준일탈을 조사한다.
㉤ 시험, 검사, 측정이 틀림없음을 확인한다.
㉥ 기준일탈을 처리한다.

① ㉠－㉢－㉡－㉤－㉥－㉣
② ㉡－㉠－㉣－㉢－㉤－㉥
③ ㉢－㉥－㉤－㉣－㉠－㉡
④ ㉣－㉤－㉥－㉠－㉡－㉢
⑤ ㉤－㉥－㉣－㉠－㉡－㉢

**해설**

기준일탈 제품의 처리 과정
기준일탈의 조사 → 시험, 검사, 측정이 틀림없음 확인 → 기준일탈의 처리 → 기준일탈 제품에 불합격 라벨 첨부 → 격리 보관 후 폐기처분 또는 재작업 또는 반품

정답 ④

**051** 다음 중 회수 대상 화장품에 해당하지 않는 것은?

① 화장품책임판매업자가 영업상 회수가 필요하다고 판단한 화장품
② 화장품에 사용할 수 없는 원료를 사용한 화장품
③ 화장품의 사용기한을 변조한 화장품
④ 유통화장품 안전관리 기준에 적합하지 않은 화장품
⑤ 화장품 중 위생상 위해를 발생할 우려가 있는 화장품

**해설**

스스로 영업상 회수가 필요하다고 판단한 화장품은 회수대상이 아니다.

정답 ①

> **key point**
> 「화장품법 시행규칙」 제14조의2 제1항의 내용이다.

**052** 다음 중 유통화장품 안전관리 기준에서 비의도적 검출 허용 한도 성분에 해당되지 않는 것은?

① 메탄올
② 비소
③ 코발트
④ 포름알데히드
⑤ 니켈

**해설**

코발트는 비의도적 검출 허용 한도 성분에 포함되지 않는다.

정답 ③

**053** 다음 중 제조구역별 접근권한이 없는 직원, 신규직원, 방문객 등에 대한 설명으로 옳지 않은 것은?

① 안전 위생 교육훈련 자료를 미리 작성해야 한다.
② 출입 전 안전·위생 교육을 실시해야 한다.
③ 안내자와 동행하면 보관구역으로 들어갈 수 있다.
④ 방문객은 필요한 보호설비를 갖추어야 출입이 가능하다.
⑤ 출입 시에는 반드시 퇴장시간과 성명, 두 가지를 기록해야 한다.

> **key point**
> 접근권한이 없는 직원, 신규직원, 방문객을 묶어서 암기하면 좋다.

### 해설

방문객과 훈련받지 않은 직원은 생산, 관리 및 보관구역에 안내자 없이는 출입할 수 없다. 불가피한 경우 사전에 직원위생에 대한 교육 및 복장규정에 따르도록 지시 및 감독해야 한다. 성명과 입·퇴장시간 동행자를 기록해야 한다.

정답 ⑤

**054** 다음은 작업장의 위생기준에 관한 내용이다. 옳지 않은 것을 모두 고르면?

① 가격이 비싸더라도 효능이 좋은 소모품을 사용해야 한다.
② 파이프는 벽에 닿지 않게 해야 한다.
③ 창문은 가능하면 열리지 않도록 해야 한다.
④ 세척실과 화장실은 생산구역에 설치되어 접근성이 좋아야 한다.
⑤ 바닥, 벽, 천장은 가능하면 청소하기 쉽게 매끄러운 표면을 지니고 소독제 등의 부식성에 저항력이 있어야 한다.

> **key point**
> 위생기준에 관한 내용은 쉬운 내용이 많기 때문에 본인이 무엇이 혼동되는지 잘 파악하는 것이 중요하다.

### 해설

① 제품의 품질에 영향을 주지 않는 소모품을 사용해야 한다.
④ 화장실과 세척실은 분리되어 있어야 한다.

정답 ①, ④

**055** 다음 중 직원의 위생관리에 대한 내용으로 옳지 않은 것은?

① 적절한 위생관리기준 및 절차를 마련하여 준수해야 한다.
② 화장품의 오염을 방지하기 위해 규정된 작업복을 착용해야 한다.
③ 음식물을 작업소 내에 반입하여서는 아니 된다.
④ 제조 구역별 권한이 없는 작업원은 제조, 관리, 보관구역에 가급적 들어가지 않는다.
⑤ 개인물품은 작업소에서 주머니 안에 보관해야 한다.

> **key point**
> 개인물품은 작업소 내에 반입해서는 아니 된다.

### 해설

「우수화장품 제조 및 품질관리기준」 제6조(직원의 위생관리)
- 적절한 위생관리 기준 및 절차를 마련하고 제조소 내의 모든 직원은 이를 준수하여야 한다.
- 작업소 및 보관소 내의 모든 직원은 화장품의 오염을 방지하기 위해 규정된 작업복을 착용해야 하고 음식물 등을 반입해서는 아니 된다.
- 피부에 외상이 있거나 질병에 걸린 직원은 건강이 양호해지거나 화장품의 품질에 영향을 주지 않는다는 의사의 소견이 있기 전까지는 화장품과 직접적으로 접촉되지 않도록 격리되어야 한다.
- 제조구역별 접근권한이 없는 작업원 및 방문객은 가급적 제조, 관리 및 보관구역 내에 들어가지 않도록 하고, 불가피한 경우 사전에 직원 위생에 대한 교육 및 복장 규정에 따르도록 하고 감독하여야 한다.

정답 ⑤

**056** 다음 중 맞춤형화장품 조제관리사가 의무교육을 이수하지 않았을 때의 처벌로 옳은 것은?

① 과태료 50만 원  ② 과징금 50만 원
③ 과태료 100만 원  ④ 업무정지 15일
⑤ 판매정지 15일

**key point**
「화장품법」 제5조 제5항(책임판매관리자, 맞춤형화장품 조제관리사의 교육이수의무)에 따른 명령을 위반한 경우 법 제40조 제1항 제4호 과태료 50만 원

### 해설

과태료 50만 원
- 생산실적, 수입실적, 화장품 원료의 목록 등을 보고하지 않은 경우
- 교육이수의무에 따른 명령을 위반한 경우
- 판매 가격을 표시하지 않은 경우
- 폐업 등의 신고를 하지 않은 경우

정답 ①

**057** 다음 중 「화장품법」에 따라 100만 원 이하의 과태료가 부과되는 경우로 옳지 않은 것은?

① 화장품의 생산실적을 보고하지 아니한 자
② 화장품의 수입실적을 보고하지 아니한 자
③ 화장품 원료의 목록 등을 보고하지 아니한 자
④ 폐업 등의 신고를 하지 아니한 자
⑤ 화장품을 회수하는 데 필요한 조치를 식품의약품안전처장에게 미리 보고해야 하는데 이를 위반한 자

**key point**
100만 원 이하에는 50만 원이 포함된다.

 **해설**

「화장품법」 제40조(과태료)
다음의 어느 하나에 해당하는 자에게는 100만 원 이하의 과태료를 부과한다.
- 화장품의 생산실적 또는 수입실적 또는 화장품 원료의 목록 등을 보고하지 아니한 자
- 책임판매관리자 및 맞춤형화장품 조제관리사가 화장품의 안전성 확보 및 품질관리에 관한 교육을 매년 받지 아니한 경우
- 폐업 등의 신고를 하지 아니한 자

⑤ 200만 원 이하의 벌금

정답 ⑤

**058** 다음 중 회수 대상 화장품으로 옳지 않은 것은?

① 안전용기·포장 기준에 위반되는 화장품
② 전부 또는 일부가 변패(變敗)된 화장품이거나 병원미생물에 오염된 화장품
③ 이물이 혼입되었거나 부착된 화장품 중 보건위생상 위해를 발생할 우려가 있는 화장품
④ 2차 포장이 되어있지 않은 화장품
⑤ 혼합, 소분을 위해 포장 및 기재사항을 훼손한 맞춤형화장품

 **key point**
혼합, 소분을 위해 포장을 뜯는 경우는 회수가 필요한 화장품이 아니다.

 **해설**

**회수가 필요한 화장품**
- 화장품에 사용할 수 없는 원료를 사용한 화장품
- 유통 화장품 안전관리 기준에 적합하지 않은 화장품
- 사용기한 또는 개봉 후 사용기간을 위조, 변조한 화장품
- 영업의 등록을 하지 않은 자가 제조한 화장품 또는 제조, 수입하여 유통 판매한 화장품

정답 ⑤

**059** 다음 중 포장재에 관한 설명으로 옳지 않은 것은?

① 제품과 직접적으로 접촉하는지 여부에 따라서 1차 포장과 2차 포장으로 나눌 수 있다.
② 포장재 재고는 장부상의 재고파악보다는 수시로 현물의 수량을 파악해야 한다.
③ 포장 작업을 시작하기 전에 포장 작업 관련 문서의 완비 여부, 포장 설비의 청결 및 작동 여부 등을 점검하여야 한다.
④ 라벨에는 제품제조번호 및 기타 관리번호가 기입되므로 실수 방지가 중요하다.
⑤ 라벨과 봉함 라벨도 포장재에 포함이 된다.

 **해설**

장부상의 재고와 현물의 수량을 같이 파악해야 한다.

정답 ②

**060** 다음 중 원자재 용기 및 시험 기록서의 필수적인 기재사항으로 옳지 않은 것은?

① 원자재 공급자가 정한 제품명
② 원자재 공급자명
③ 공급자가 부여한 제조번호 또는 관리번호
④ 원자재 공급가격
⑤ 수령일자

기록서의 필수 기재사항은 본인이 가상의 시험 기록서를 만들어 보면 기억하기 더 쉽다.

 **해설**

**시험 기록서의 필수 기재사항**
- 공급자가 부여한 제조번호
- 공급자가 부여한 관리번호
- 원자재 공급자가 정한 제품명
- 원자재 공급자명
- 수령일자

정답 ④

**061** 다음 중 화장품의 제조 시 폐기절차에 대한 내용으로 옳지 않은 것은?

① 변질, 변패 또는 병원미생물에 오염되지 않고 사용기한이 1년 경과된 화장품은 재작업이 가능하다.
② 기준일탈 제품은 폐기하는 것이 가장 바람직하다.
③ 기준일탈 제품이 발생했을 때는 절차에 따라서 처리하고 문서로 기록한다.
④ 변질, 변패, 병원미생물에 오염되지 않고 사용기한이 2년 이상 남은 화장품은 재작업이 가능하다.
⑤ 사용기한이 3년 이상 남았더라도 변질, 변패되었을 경우 재작업을 할 수 없다.

 해설

재작업은 그 대상이 다음을 모두 만족한 경우에 할 수 있다.
– 변질, 변패, 병원미생물에 오염되지 않은 경우
– 제조일로부터 1년이 경과하지 않았거나 사용기한이 1년 이상 남아 있는 경우

정답 ①

**062** 다음 중 보관용 검체에 대한 설명으로 옳지 않은 것은?

① 화장품 제조 시 보관용 검체를 보관하는 것은 중요하다.
② 보관용 검체는 사용기한 경과 후 1년간 보관한다.
③ 일반적으로 각 배치별로 제품 시험을 2번 실시할 수 있는 양을 보관한다.
④ 시험용 검체는 안정성 측정을 위해 주기적으로 장소를 변경한다.
⑤ 사용기간을 기재하는 경우에는 제조일로부터 3년간 보관한다.

 key point
검체는 가장 안정적인 조건에서 보관되어야 한다.

 해설

보관용 검체
– 보관용 검체는 재시험이나 고객 불만 사항의 해결을 위하여 사용한다.
– 제품을 그대로 보관하며, 각 배치를 대표하는 검체를 보관한다.
– 일반적으로 각 배치별로 제품 시험을 2번 실시할 수 있는 양을 보관한다.
– 제품이 가장 안정적인 조건에서 보관한다.
– 사용기한 경과 후 1년간 또는 개봉 후 사용기간을 기재하는 경우에는 제조일로부터 3년간 보관한다.

정답 ④

**063** 위해성 등급은 위해성이 높은 순서에 따라 가, 나, 다 등급으로 분류된다. 가 등급에 해당하는 경우는?

① 맞춤형화장품 조제관리사를 두지 아니하고 판매한 맞춤형화장품
② 화장품에 사용할 수 없는 원료를 사용한 화장품
③ 전부 또는 일부가 변패된 화장품
④ 이물이 혼입되었거나 부착된 화장품
⑤ 병원미생물에 오염된 화장품

 해설

①, ③, ④, ⑤는 다 등급에 해당된다.

정답 ②

**064** 다음 중 작업장 내 직원의 위생관리 기준으로 적합하지 않은 것은?

① 별도의 지역에 개인적인 물품을 보관하여야 한다(의약품은 개인소지 허용).
② 규정된 작업복을 착용하여야 한다.
③ 음식, 음료수는 제조 및 보관 지역과 분리된 지역에서만 섭취해야 한다.
④ 피부에 외상이 있거나 질병에 걸린 직원은 화장품과 직접적으로 접촉하지 않아야 한다.
⑤ 방문객은 교육 후 제조, 관리 구역에 안내자를 동행해야 한다.

 key point
제조, 관리 구역에서 허용되지 않는 것들을 따로 적어보자.

 해설

별도의 지역에 의약품을 포함한 개인적인 물품을 보관하여야 한다.

정답 ①

**065** 다음 중 납, 비소, 안티몬, 카드뮴을 공통적으로 검출할 수 있는 시험법으로 옳은 것은?

① 디티존법
② 원자 흡광 광도법
③ 기체크로마토그래프-질량분석기법
④ 유도 결합 플라즈마 분광기법(ICP)
⑤ 유도 결합 플라즈마-질량분석기법(ICP-MS)

### 해설

| 시험항목 | 기준 | 시험법 |
|---|---|---|
| 납 | 점토를 원료로 사용한 분말 제품 50μg/g 이하, 그 밖의 제품은 20μg/g 이하 | 디티존법, 원자흡광광도법(AAS), 유도 결합 플라즈마 분광기법(ICP), 유도 결합 플라즈마-질량분석기법(ICP-MS) |
| 비소 | 10μg/g 이하 | 비색법, 원자흡광광도법(AAS), 유도 결합 플라즈마 분광기법(ICP), 유도 결합 플라즈마-질량분석기법(ICP-MS) |
| 안티몬 | 10μg/g 이하 | 유도 결합 플라즈마-질량분석기법(ICP-MS) |
| 카드뮴 | 5μg/g 이하 | 유도 결합 플라즈마-질량분석기법(ICP-MS) |

정답 ⑤

## 4과목 맞춤형화장품의 이해

### 선다형

**066** 다음 중 자외선에 대한 설명으로 옳지 않은 것은?

① UVB는 파장 290~320nm 사이의 자외선으로 일광화상의 원인이 된다.
② 자외선 차단지수는 UVB를 차단하는 제품의 차단효과를 나타내는 지수로 SPF로 표시한다.
③ 최소홍반량(MED)은 UVB를 사람의 피부에 조사한 후 홍반을 나타낼 수 있는 최소한의 자외선 조사량을 말한다.
④ 자외선 A 차단지수가 16 이상이면 PA++++로 표시한다.
⑤ 자외선차단지수는 자외선차단제품을 도포하여 얻은 최소홍반량을 자외선차단제품을 도포하고 얻은 최소홍반량으로 나눈 값이다.

**key point**
UVA, UVB, UVC에 대한 차이점을 숙지하는 것이 좋다.
파장에 따라 나뉨
UVC(200~290nm)
UVB(290~320nm)
UVA(320~400nm)

**해설**
자외선차단지수(SPF)는 자외선차단제품을 도포하여 얻은 최소홍반량을 자외선차단제품을 '도포하지 않고' 얻은 최소홍반량으로 나눈 값이다.

정답 ⑤

**067** 다음 중 화장품에 사용할 수 없는 원료로 옳은 것은?

① 시녹세이트
② 제라니올
③ 부틸 파라벤
④ 페닐 파라벤
⑤ 살리실릭애씨드

**key point**
사용금지 파라벤류는 페닐, 이소프로필, 벤질, 펜틸 파라벤이다.

**해설**
사용가능한 파라벤류는 메틸, 에칠, 프로필, 부틸 파라벤이다.

정답 ④

**068** 다음 중 피지 분비가 적어 유수분 밸런스가 맞지 않아 탄력이 저하되고 주름이 쉽게 잡히는 피부로 옳은 것은?

① 복합성피부
② 지성피부
③ 건성피부
④ 중성피부
⑤ 민감성피부

 **해설**

지성피부는 피지 분비가 과다할 때, 건성피부는 피지 분비가 적을 때, 중성피부는 유수분 밸런스가 잘 잡혀있을 때이다.

정답 ③

**069** 사용 후 씻어내지 않는 제품에 알레르기를 유발하는 착향제는 일정 %를 초과 함유하면 표시해야 하는데, 보기 중 옳은 것은?

① 1% 초과 함유
② 0.1% 초과 함유
③ 0.01% 초과 함유
④ 0.001% 초과 함유
⑤ 0.0001% 초과 함유

**key point**
씻어내는 제품이 더 높은 함량이 들어가도 씻어내기 때문에 괜찮다고 생각하면 함량이 혼동되지 않는다.

 **해설**

씻어내는 제품에는 0.01% 초과, 씻어내지 않는 제품에는 0.001% 초과 함유하는 경우에 한한다.

정답 ④

### 070 다음 중 검체의 채취 및 보관에 대한 설명으로 옳지 않은 것은?

① 시험용 검체는 오염되거나 변질되지 아니하도록 채취한다.
② 시험용 검체의 용기에는 명칭, 제조번호를 기재한다.
③ 완제품의 보관용 검체는 적절한 보관조건하에 지정된 구역 내에서 제조단위별로 보관한다.
④ 시험용 검체의 용기에는 검체채취 일자를 기재한다.
⑤ 완제품의 보관용 검체는 제조일로부터 1년간 보관한다.

검체의 보관조건에 대한 내용은 보관연도를 주의해서 숙지하자.

#### 해설
완제품의 보관용 검체는 적절한 보관조건하에 지정된 구역 내에서 제조단위별로 사용기한 경과 후 1년간 보관하여야 한다. 다만, 개봉 후 사용기간을 기재하는 경우에는 제조일로부터 3년간 보관하여야 한다.

정답 ⑤

### 071 다음 중 화장품 안전기준 등에 관한 규정 중 유통화장품의 내용량 기준으로 옳은 것은?

① 제품 3개를 가지고 시험할 때 그 평균 내용량이 표기량에 대하여 90% 이상
② 제품 3개를 가지고 시험할 때 그 평균 내용량이 표기량에 대하여 95% 이상
③ 제품 3개를 가지고 시험할 때 그 평균 내용량이 표기량에 대하여 97% 이상
④ 제품 9개를 가지고 시험할 때 그 평균 내용량이 표기량에 대하여 90% 이상
⑤ 제품 9개를 가지고 시험할 때 그 평균 내용량이 표기량에 대하여 95% 이상

3개 97% + 6개 97% 등으로 간단하게 축약해서 암기하도록 하자.

#### 해설
**내용량 기준**
- 제품 3개를 가지고 시험할 때 그 평균 내용량이 표기량에 대하여 97% 이상
- 위의 기준치를 벗어날 경우 : 6개를 더 취하여 시험할 때 9개의 평균 내용량과 위의 기준치 이상

정답 ③

**072** 다음 중 퍼머넌트 웨이브 제품 및 헤어 스트레이트너 제품의 주의사항으로 옳지 않은 것은?

① 주성분이 과산화수소인 제품은 검은 머리카락이 갈색으로 변할 수 있으므로 유의한다.
② 색이 변하거나 침전된 경우는 소량을 도포한다.
③ 개봉한 제품은 7일 이내에 사용해야 한다.
④ 머리카락의 손상 등을 피하기 위하여 용법, 용량을 지켜야 한다.
⑤ 15도 이하의 어두운 장소에 보존해야 한다.

 key point

퍼머넌트 웨이브, 스트레이트너 제품은 자주 묶여서 나온다.

 해설

**주의사항**
- 15도 이하의 어두운 장소에 보존한다.
- 개봉한 제품은 7일 이내에 사용한다.
- 제2단계 파마액 중 주성분이 과산화수소인 제품은 검은 머리카락이 갈색으로 변할 수 있으므로 유의한다.
- 색이 변하거나 침전된 경우에는 사용하지 않는다.

정답 ②

**073** 다음 중 착향제 성분을 향료로만 기재·표시할 수 있는 것은?

① 시트랄
② 아밀신남알
③ 스테비오사이드
④ 알파-이소메틸이오논
⑤ 나무이끼추출물

 key point

향료의 알레르기 유발 25종은 이름이 비슷한 것끼리 묶어서 외우면 암기가 수월하다.

해설

알레르기 유발성분 표시는 의무이다. 알레르기 유발 성분 25종은 다음과 같다.
아밀신남알, 벤질알코올, 신나밀알코올, 시트랄, 유제놀, 하이드록시시트로넬알, 이소유제놀, 아밀신나밀알코올, 벤질살리실레이트, 신남알, 쿠마린, 제라니올, 아니스알코올, 벤질신나메이트, 파네솔, 부틸페닐메틸프로피오날, 리날룰, 벤질벤조에이트, 시트로넬올, 헥실신남알, 리모넨, 메틸 2-옥티노에이트, 알파-이소메틸이오논, 참나무이끼추출물, 나무이끼추출물

정답 ③

**074** 다음 중 판매 가능한 화장품으로 옳은 것은?

① 「화장품법 시행규칙」 제4조에 따른 심사 또는 화장품 보고서를 제출하지 않은 기능성화장품
② 「화장품법」 제8조 제1항 또는 제2항에 따른 사용할 수 없는 원료를 사용한 화장품
③ 맞춤형화장품 판매업을 신고하고 맞춤형화장품 조제관리사를 두지 않고 판매한 화장품
④ 의약품으로 잘못 인식할 우려가 있도록 표시, 광고된 화장품
⑤ 포장이 훼손된 화장품의 표시를 새로 고쳐 맞춤형화장품으로 판매한 화장품

**key point**
「화장품법」 제16조(판매 등의 금지)에 대해서 제대로 학습해야 풀 수 있는 문제이다.

### 해설

① 심사를 받지 아니하거나 보고서를 제출하지 아니한 기능성화장품을 판매하거나 판매할 목적으로 제조, 수입, 보관 또는 진열하여서는 아니 된다.
② 화장품판매업자는 사용할 수 없는 원료를 사용한 화장품을 유통, 판매하여서는 아니 된다.
③ 맞춤형화장품 판매업소를 두지 아니하고 맞춤형화장품을 판매할 수 없다.
④ 의약품으로 잘못 인식할 우려가 있게 기재·표시할 수 없다.

정답 ⑤


**075** 다음 중 맞춤형화장품 조제관리사의 업무로 적절하지 않은 것은?

① 일반화장품을 판매하는 업무
② 수입된 화장품의 내용물에 고시된 원료를 혼합하는 업무
③ 제조 또는 수입된 화장품의 내용물을 소분하는 업무
④ 국내에서 제조된 화장품의 내용물에 고시된 원료를 혼합하는 업무
⑤ 심사를 받은 기능성 원료를 벌크제품에 혼합하는 업무

**key point**
"맞춤형화장품"이란 다음 각 목의 화장품을 말한다.
가. 제조 또는 수입된 화장품의 내용물에 다른 화장품의 내용물이나 식품의약품안전처장이 정하는 원료를 추가하여 혼합한 화장품
나. 제조 또는 수입된 화장품의 내용물을 소분(   )한 화장품. 다만, 고형(   ) 비누 등 총리령으로 정하는 화장품의 내용물을 단순 소분한 화장품은 제외한다.

### 해설

일반화장품보다는 맞춤형화장품을 조제하는 것이 주 업무이다.

정답 ①

**076** 다음 중 기능성화장품에 해당하지 않는 것은?

① 피부의 미백에 도움을 주는 화장품
② 튼살로 인한 붉은 선을 엷게 하는 데 도움을 주는 화장품
③ 피부에 탄력을 주어 피부의 주름을 개선하는 기능을 가진 화장품
④ 모발의 색상을 일시적으로 변화시키는 기능을 가진 화장품
⑤ 자외선을 차단 또는 산란시켜 자외선으로부터 피부를 보호하는 기능을 가진 화장품

 해설

모발의 색상을 변화시키는 기능을 가진 화장품은 기능성화장품에 포함되지만, 일시적으로 모발의 색상을 변화시키는 제품은 제외한다.

정답 ④

**077** 다음 중 자외선 화장품의 원료와 성분함량이 옳은 것은?

① 옥토크릴렌 : 10%
② 호모살레이트 : 7.5%
③ 벤조페논-3 : 10%
④ 징크옥사이드 : 10%
⑤ 에칠헥실메톡시신나메이트 : 10%

해설

② 호모살레이트 : 10%
③ 벤조페논-3 : 5%
④ 징크옥사이드 : 25%
⑤ 에칠헥실메톡시신나메이트 : 7.5%

정답 ①

**key point**
자외선 차단제 성분의 함량은 알고 있는 것이 좋다.

**078** 다음 괄호 안에 들어갈 말이 순서대로 바르게 연결된 것은?

> ( ㉠ )(이)란 ( ㉡ )을(를) 수용하는 1개 또는 그 이상의 포장과 보호재 및 표시의 목적으로 한 포장(첨부문서 등을 포함한다)을 말한다.

|   | ㉠ | ㉡ |
|---|---|---|
| ① | 1차 포장 | 2차 포장 |
| ② | 표시 | 1차 포장 |
| ③ | 표시 | 2차 포장 |
| ④ | 2차 포장 | 1차 포장 |
| ⑤ | 2차 포장 | 표시 |

**key point**
1차 포장은 제조업에 포함되지만 2차 포장만의 공정은 제조업에 포함되지 않는다.

**해설**
- "1차 포장"이란 화장품 제조 시 내용물과 직접 접촉하는 포장용기를 말한다.
- "2차 포장"이란 1차 포장을 수용하는 1개 또는 그 이상의 포장과 보호재 및 표시의 목적으로 한 포장(첨부문서 등을 포함한다)을 말한다.

정답 ④

**079** 다음 중 화장품 전 성분 기재, 표시사항으로 옳지 않은 것은?

① 모든 성분을 함량순으로 기재한다.
② 1% 이하로 사용한 성분은 순서에 관계없이 기재·표시한다.
③ 수출용 제품 등의 경우 그 수출 대상국의 언어로 적을 수 있다.
④ 산성도(pH) 조절 목적으로 사용되는 성분은 최종 생성물로 기재·표시 가능하다.
⑤ 총리령으로 정하는 바에 따라 한자나 외국어를 병행 표기할 수 없다.

**key point**
꼭 한글만으로 표기해야 하는 것은 아니다.

**해설**
총리령으로 정하는 바에 따라 읽기 쉽고 이해하기 쉬운 한글로 정확히 기재·표시하여야 하되, 한자 또는 외국어를 함께 기재할 수 있다.

정답 ⑤

**080** 다음 중 미백 기능성화장품에 사용되는 성분과 함량으로 옳은 것은?

① 닥나무추출물 : 2%
② 살리실릭애씨드 : 0.5%
③ 아데노신 : 0.4%
④ 알부틴 : 0.5%
⑤ 폴리에톡실레이티드레틴아마이드 : 0.5%

**key point**
미백, 주름개선 화장품의 원료, 함량은 출제 빈도가 매우 높으므로 반드시 암기해야 한다.

### 해설
- 폴리에톡실레이티드레틴아마이드 : 주름개선/0.05~0.2%
- 살리실릭애씨드 : 여드름완화/0.5%
- 아데노신 : 주름개선/0.04%
- 알부틴 : 미백/2~5%

정답 ①

**081** 다음 중 화장품 사용 시 공통 주의사항이 아닌 것은?

① 직사광선에 의하여 이상 증상이 있는 경우 전문의 등과 상담할 것
② 상처가 있는 부위 등에는 사용을 금지할 것
③ 어린이의 손이 닿지 않는 곳에 보관할 것
④ 직사광선을 피해서 보관할 것
⑤ 부작용이 있는 경우 전문의 등과 상담할 것

**key point**
사용 자제, 금지 등 단어의 혼동을 조심해야 한다.

### 해설
**화장품 사용 시 주의사항**
1. 화장품 사용 후 직사광선에 의해 사용 부위에 붉은 반점, 부어오름, 가려움 등 이상증상, 부작용이 있는 경우 전문의 등과 상담할 것
2. 상처 부위 등에는 사용을 자제할 것
3. 어린이의 손에 닿지 않는 곳, 직사광선을 피해서 보관할 것

정답 ②

**082** 다음 중 맞춤형화장품 조제관리사의 역할로 옳지 않은 것은?

① 심미적인 부분도 상담을 통해서 만족시켜주는 역할
② 원료에 원료를 더해서 고객에게 맞는 맞춤형화장품을 조제하는 역할
③ 완성된 화장품의 내용물을 소분해서 판매하는 역할
④ 맞춤형화장품 조제관리사 자격증을 가진 사람만이 혼합할 수 있음
⑤ 고객들의 특성, 기호에 맞게 혼합할 수 있음

> key point
> 가장 기본이 되는 조제관리사의 역할부분에서 실수하지 않아야 한다.

### 해설
② 내용물에 내용물을 더하거나 내용물에 식품의약품안전처장이 정하는 원료를 더한다.

정답 ②

**083** 다음 중 맞춤형화장품 조제관리사의 행위로 옳지 않은 것은?

① 혼합, 소분할 때 위생복과 마스크를 착용하였다.
② 피부 외상이 있어서 위생복, 위생장갑, 마스크를 완벽히 착용하고 혼합, 소분하였다.
③ 혼합, 소분에 사용되는 시설, 기구는 사용전, 후 세척하였다.
④ 세제나 세척제는 잔류하거나 표면에 이상을 초래하지 않는 것을 사용하였다.
⑤ 소분 전에는 손을 소독하거나 세정하였다.

### 해설
피부 외상이나 질병이 있는 경우 회복 전까지 혼합, 소분 행위가 금지된다.

정답 ②

**084** 다음 중 표피의 세포로 옳지 않은 것은?

① 섬유아세포
② 머켈세포
③ 각질 형성 세포
④ 멜라닌색소 형성 세포
⑤ 랑게르한스세포

**key point**
각 세포의 기능을 익혀두는 것이 좋다.

**해설**
섬유아세포는 진피에 존재하는 세포이다.

정답 ①

**085** 다음 중 점증제에 해당하는 것으로 옳은 것은?

① 카복시비닐폴리머
② 페녹시에탄올
③ 알파-하이드록시애씨드
④ 부틸하이드록시톨루엔(BHT)
⑤ 글루타랄

**key point**
점증제란 화장품의 점착성을 높이기 위해 첨가하는 약품을 말한다.

**해설**
점증제의 종류로는 카복시비닐폴리머, 카라기난, 펙틴, 천연검, 잔탄검, 전분 등이 있다.

정답 ①

**086** 다음 중 원료 및 입고 내용물을 처리할 때 시험 중에 붙여야 하는 라벨의 색상으로 옳은 것은?

① 청색라벨
② 백색라벨
③ 적색라벨
④ 황색라벨
⑤ 흑색라벨

**key point**
시험 중 상태에 따른 라벨 색상을 알아두어야 한다.

**해설**
• 황색라벨 - 시험 중
• 청색라벨 - 적합
• 적색라벨 - 부적합

정답 ④

**087** 다음 중 맞춤형화장품 조제관리사가 혼합, 조제해서 판매 가능한 상황으로 옳은 것은?

① 사용할 수 없는 원료를 사용한 화장품
② 화장품의 부패를 막기 위해 보존제를 사용한 화장품
③ 기능성 화장품의 효능, 효과를 나타내는 원료를 사용한 화장품
④ 사용상의 제한이 필요한 원료 리스트의 원료를 사용한 화장품
⑤ 책임판매업자가 원료를 포함하여 기능성 화장품에 대한 심사를 받은 화장품

**key point**
안전성에 관한 내용이므로 중요도가 높다.

**해설**

①, ②, ③, ④는 사용할 수 없는 원료에 해당된다.

정답 ⑤

**088** 다음 중 맞춤형화장품에 대한 내용으로 옳은 것은?

① 고객의 취향을 반영하기는 어렵다.
② 법에서 허용되는 범위가 좁기 때문에 개인별 취향에 대한 조제가 어렵다.
③ 일반적인 제품에 비해서 효능이 더 우수한 편이다.
④ 피부변화나 자극 등이 있을 때 맞춤형화장품 조제관리사의 도움을 받을 수 있다.
⑤ 화장품의 혼합, 소분 시 고객의 니즈에 따라 조제가 가능하다.

**key point**
맞춤형화장품의 한계에 대해서 이해하고 있어야 한다.

**해설**

① 고객의 취향을 반영 가능하다.
② 법에서 허용되는 범위에 맞춰서 개인별 취향에 대한 조제가 가능하다.
③ 일반적인 제품에 비해서 효능이 우수하지는 않다.
④ 피부변화나 자극 등이 있을 때는 의사 등 전문가의 상담을 받아야 한다.

정답 ⑤

**단답형**

**089** 다음 중 맞춤형화장품 조제관리사가 혼합할 수 있는 원료를 모두 골라 그 기호를 쓰시오.

> ㉠ 우레아
> ㉡ 알지닌
> ㉢ 트리클로산
> ㉣ 파이틱애씨드
> ㉤ 징크피리치온
> ㉥ 에틸헥실글리세린

 해설

㉠, ㉢, ㉤은 사용상의 제한이 필요한 원료이다.
- 우레아 : 10%
- 트리클로산 : 0.3%
- 징크피리치온 : 1.0%

정답 ㉡, ㉣, ㉥

**090** 다음 괄호 안에 들어갈 적절한 말을 쓰시오.

> - (    )의 예 : 소듐, 포타슘, 칼슘, 마그네슘, 암모늄, 에탄올아민, 클로라이드, 브로마이드, 설페이트, 아세테이트, 베타인 등
> - 에스텔류 : 메칠, 에칠, 프로필, 이소프로필, 부틸, 이소부틸, 페닐

 해설

「화장품 안전기준 등에 관한 규정」 별표 2(사용상의 제한이 필요한 원료)에서 보존제 성분 표 아래에 기재되어 있는 내용이다.

정답 염류

쭌이덕의 맞춤형화장품 조제관리사

**091** 다음 괄호 안에 들어갈 알맞은 말을 쓰시오.

> (    )이란 충전(1차 포장) 이전의 제조 단계까지 끝낸 제품을 말한다.

우수화장품 제조 및 품질관리기준(CGMP)에 관한 내용이다.

 해설

벌크제품이 되기 전 공정이 남아있는 것이 '반제품', 그리고 두 가지 단계가 끝난 제품을 '완제품'이라고 한다.

정답 벌크 제품

**092** 다음 사용 시 주의사항에 대한 내용을 읽고 괄호 안에 들어갈 알맞은 성분명을 쓰시오.

> 가. 햇빛에 대한 피부의 감수성을 증가시킬 수 있으므로 자외선차단제를 함께 사용할 것(씻어내는 제품 및 두발용 제품은 제외)
> 나. 일부에 시험 사용하여 피부 이상을 확인할 것
> 다. 고농도의 (    ) 성분이 들어 있어 부작용이 발생할 우려가 있으므로 전문의 등에게 상담할 것[(    ) 성분이 10%를 초과하여 함유되어 있거나 산도가 3.5% 미만인 제품만 표시]

 해설

AHA는 말 그대로 Acid, 즉 산이기 때문에 피부에 대한 햇빛의 감수성을 증가시킨다. 각질을 녹여내는 제품들이 햇빛에 대한 피부의 감수성을 증가시키고 자외선차단제를 함께 사용해야 하는 경우가 많은데 레티놀(비타민 A)도 같이 기억하면 좋다.

정답 AHA(알파 하이드록시애씨드, Alpha Hydroxy acid)

**093** 다음은 기능성화장품 심사를 받기 위해 제출해야 하는 자료들에 대한 내용이다. 괄호 안에 들어갈 알맞은 내용을 쓰시오.

> 유효성 또는 기능에 관한 자료 중 인체적용시험자료를 제출하는 경우 (　　　) 제출을 면제할 수 있다. 다만, 이 경우에는 (　　　)의 제출을 면제받은 성분에 대해서는 효능·효과를 기재·표시할 수 없다.

 해설

기능성화장품 심사에는 안전성, 유효성, 시험기준, 시험방법 등이 포함되며, 위의 경우에는 유효성에 해당한다고 볼 수 있다.

 효력시험자료

**094** 유통화장품은 안전관리 기준에 적합하여야 한다. 보기의 괄호 안에 알맞은 내용을 쓰시오.

> 화장비누의 안전기준을 위해 시행하는 유리알칼리 시험은 (　　)% 이하여야 한다.

**key point**

유통화장품은 제2항~제5항까지의 안전관리 기준에 적합하여야 하며, 유통화장품 유형별로 제6항~제9항까지 기준에 추가적으로 적합해야 한다.

 해설

「화장품 안전기준 등에 관한 규정」 제6조(유통화장품의 안전관리 기준)
⑨ 유리알칼리 0.1% 이하(화장 비누에 한함)

정답 0.1

**095** 다음을 읽고 괄호 안에 들어갈 알맞은 내용을 쓰시오.

( )은(는) 실험실의 배양접시, 인체로부터 분리한 모발 및 피부, 인공피부 등 인위적 환경에서 시험물질과 대조물질 처리 후 결과를 측정하는 것을 말한다.

 해설

'인체로부터 분리한'이라는 키워드를 보고 정답을 유추할 수 있어야 한다.

정답 인체 외 시험

**096** 다음을 읽고 괄호 안에 들어갈 알맞은 내용을 쓰시오.

( )은(는) 피부세포 가운데 표피 각질층의 지질막 성분의 하나이다. 피부 장벽을 생성하여 피부 표면에서 손실되는 수분을 방어하고 외부로부터의 유해 물질의 침투를 막아주는 역할을 한다.

 **key point**

지질의 구성성분
세라마이드 40%, 콜레스테롤 25%, 유리지방산 25%

 해설

세라마이드는 각질세포 간 지질의 구성성분 중 가장 많은 부분을 차지하고 있다.

정답 세라마이드

**097** 다음의 상황을 보고 맞춤형화장품 조제관리사(A)가 고객 (B)에게 추천할 수 있는 알맞은 화장품 원료를 아래에서 골라 쓰시오.

🕯️ **key point**
알파-비사보롤의 사용제한 함량은 0.5%이다.

> (A) : 안녕하세요. 무슨 고민이 있으신가요?
> (B) : 요즘들어 피부가 많이 어두어진 것 같아요. 좋은 제품이 없을까요?
> (A) : 멜라닌색소의 색을 엷게 해서 피부의 미백에 도움을 주는 (　　) 성분을 추천해드리겠습니다.
> (B) : 감사합니다. 그걸로 할게요!

> 아데노신, 에칠헥실메톡시신나메이트, 베타-카로틴, 알파-비사보롤, 레티닐팔미테이트

💬 **해설**
- 아데노신 : 주름개선
- 에칠헥실메톡시신나메이트 : 자외선차단
- 베타-카로틴 : 항산화
- 레티닐팔미테이트 : 주름개선

정답 알파-비사보롤

**098** 다음을 읽고 괄호 안에 들어갈 알맞은 내용을 쓰시오.

🕯️ **key point**
빛을 받으면 약해지는 성분이 포함되어 있는 제품들에 많이 쓰인다.

> 광선의 투과를 방지하는 용기 또는 투과를 방지하는 포장을 한 용기를 (　　)용기라고 한다.

💬 **해설**
차광용기는 빛을 차단하는 용기이다.

정답 차광

**099** 다음을 읽고 괄호 안에 들어갈 알맞은 내용을 쓰시오.

> 모발 모간부의 구조는 모표피, (　　), 모수질로 구성되어 있다.
> (　　)은(는) 모발 면적의 약 75~90%를 차지하고 있다.

**key point**
모피질은 모발에서 가장 두꺼운 부분이다.

**해설**
모간은 모표피, 모피질, 모수질로 구성되어 있다.

정답 모피질

**100** 다음을 읽고 괄호 안에 들어갈 알맞은 내용을 쓰시오.

> (　㉠　)은(는) 기저층에 존재하며 멜라닌 색소를 만든다. 자외선이나 호르몬 등의 자극을 받으면 (　㉠　) 내에 위치한 타원형의 소기관인 (　㉡　)에서 생성된다.

㉠　　　　　　　　　㉡

**key point**
각질층 – 과립층 – 유극층 – 기저층으로 이루어지는 기본적인 피부구조와 각각 층에 위치한 세포에 관한 내용은 출제 확률이 높다.

**해설**
기저층에는 멜라닌형성세포(멜라노사이트)와 멜라닌 색소를 합성하는 기관 멜라노좀이 존재한다.

정답 ㉠ 멜라노사이트　㉡ 멜라노좀

# PART 3
## 실전모의고사

**제1회** 실전모의고사
**제2회** 실전모의고사
**제3회** 실전모의고사
**제4회** 실전모의고사
**제5회** 실전모의고사

# PART 3
# 제1회 실전모의고사

100문항 / 120분

## 1과목 화장품법의 이해

### 선다형

**001** 다음은 「화장품법」의 목적에 관한 내용이다. 괄호 안에 들어갈 단어가 알맞게 짝지어진 것은?

> 제1장 총칙
> 제1조(목적) 이 법은 화장품의 제조·수입·판매 및 수출 등에 관한 사항을 규정함으로써 ( ㉠ )와(과) ( ㉡ )의 발전에 이바지하기 위함이다.

|   | ㉠ | ㉡ |
|---|---|---|
| ① | 개인의 권리 | 맞춤형화장품 |
| ② | 개인의 권리 | 화장품 제조업 |
| ③ | 국민보건 향상 | 화장품 산업 |
| ④ | 국민보건 향상 | 맞춤형화장품 |
| ⑤ | 책임판매업의 발전 | 화장품 산업 |

**002** 다음은 화장품의 정의에 관한 내용이다. 옳지 않은 것은?

① 화장품은 인체를 청결·미화하여 매력을 더하고 용모를 밝게 변화시킨다.
② 화장품은 피부 모발의 건강을 유지 또는 증진시키기 위해서 인체에 바르고 문지르거나 뿌리는 물품이다.
③ 의약품에 해당하는 물품은 제외한다.
④ 인체에 대한 작용이 우수한 것이어야 한다.
⑤ 화장품은 피부 부작용이 없어야 한다.

**003** 다음 중 기능성화장품에 해당하지 않는 것을 고르면?

① 피부의 미백에 도움을 주는 제품
② 피부의 보습에 도움을 주는 제품
③ 피부를 자외선으로부터 보호하는 데 도움을 주는 제품
④ 피부와 모발의 건조함을 방지하거나 개선하는 데 도움을 주는 제품
⑤ 모발의 영양 공급에 변화를 주는 제품


**004** 다음 중 용어의 설명으로 옳지 않은 것은?

① 천연 화장품 : 동식물 및 그 유래 원료 등을 함유한 화장품으로서 식품의약품안전처장이 정하는 기준에 맞는 화장품
② 유기농 화장품 : 유기농 원료, 동식물 및 그 유래 원료 등을 함유한 화장품으로서 식품의약품안전처장이 정하는 기준에 맞는 화장품
③ 맞춤형화장품 : 제조 수입된 화장품의 내용물을 소분(小分)한 화장품
④ 안전용기·포장 : 만 3세 미만의 어린이가 개봉하기 어렵게 설계·고안된 용기나 포장
⑤ 사용기한 : 화장품이 제조된 날부터 적절한 보관 상태에서 제품이 고유의 특성을 간직한 채 소비자가 안정적으로 사용할 수 있는 최소한의 기한


**005** 다음 중 맞춤형화장품 판매업을 신고할 수 없는 사람은 누구인가?

① 피성년후견인 또는 파산선고를 받고 복권되지 아니한 자
②「마약류 관리에 관한 법률」제2조 제1호에 따른 마약류의 중독자
③「정신건강증진 및 정신질환자 복지서비스 지원에 관한 법률」제3조 제1호에 따른 정신질환자
④ 금고 이상의 형을 선고받고 그 집행이 끝나지 아니하거나 그 집행을 받지 아니하기로 확정된 자
⑤ 안면인식장애를 가지고 있어서 얼굴 인식이 불가능한 자

**006** 다음 중 화장품이 갖추어야 할 품질요소를 모두 고르면?

> ㉠ 안전성  ㉡ 안정성  ㉢ 환경성  ㉣ 판매성  ㉤ 사용성

① ㉠, ㉡, ㉢  ② ㉠, ㉡, ㉤
③ ㉡, ㉢, ㉣  ④ ㉡, ㉣, ㉤
⑤ ㉢, ㉣, ㉤

**007** 다음 보기 중 판매업의 종류가 일치하지 않는 것은?

① 화장품을 직접 제조 판매하는 영업
② 화장품을 위탁받아 제조하는 영업
③ 화장품의 1차 포장을 하는 영업
④ 화장품의 2차 포장을 하는 영업
⑤ 등록 시 시설명세서가 필요한 영업

**[단답형]**

**008** 「화장품법」에 따른 영업의 종류 3가지를 적으시오.

**009** 다음은 천연화장품 및 유기농화장품의 기준에 관한 규정이다. 괄호 안에 들어갈 말을 쓰시오.

> **천연화장품** : 중량 기준으로 천연 함량이 전체 제품에서 ( ㉠ ) 이상으로 구성되어야 함
> **유기농화장품** : 유기농 함량이 전체 제품에서 ( ㉡ ) 이상이어야 하며, 유기농 함량을 포함한 천연 함량이 전체 제품에서 ( ㉠ ) 이상으로 구성되어야 함

㉠                                    ㉡

**010** 다음의 괄호 안에 들어갈 내용으로 알맞은 말을 쓰시오.

> (　　　　　　　　　)이란 화장품 중에서 다음 각 목의 어느 하나에 해당되는 것으로서 총리령으로 정하는 화장품을 말한다.
> 가. 피부의 미백에 도움을 주는 제품
> 나. 피부의 주름개선에 도움을 주는 제품
> 다. 피부를 곱게 태워주거나 자외선으로부터 피부를 보호하는 데에 도움을 주는 제품
> 라. 모발의 색상 변화・제거 또는 영양공급에 도움을 주는 제품
> 마. 피부나 모발의 기능약화로 인한 건조함, 갈라짐, 빠짐, 각질화 등을 방지하거나 개선하는 데에 도움을 주는 제품

## 2과목 화장품 제조 및 품질관리

### 선다형

**011** 화장품에 사용되는 원료의 특성을 설명한 것으로 옳은 것은?

① 금속이온봉쇄제는 주로 점도증가, 피막형성 등의 목적으로 사용된다.
② 계면활성제는 계면에 흡착하여 계면의 성질을 현저히 변화시키는 물질이다.
③ 고분자화합물은 원료 중에 혼입되어 있는 이온을 제거할 목적으로 사용된다.
④ 산화방지제는 수분의 증발을 억제하고 사용감촉을 향상시키는 등의 목적으로 사용된다.
⑤ 유성원료는 산화되기 쉬운 성분을 함유한 물질에 첨가하여 산패를 막을 목적으로 사용된다.

**012** 화장수의 원료인 알코올의 기능은?

① 수분 증발 차단　　② 피부 유연화
③ 피부 수렴　　　　④ 모공 확대
⑤ 계면 활성

**013** 다음 중 동물성 오일이 아닌 것은?

① 난황 오일
② 스쿠알렌
③ 밀납
④ 라놀린
⑤ 카놀라유

**014** 다음 중 음이온성 계면활성제를 모두 고르면?

㉠ 린스　㉡ 헤어트리트먼트　㉢ 비누　㉣ 샴푸

① ㉠, ㉡
② ㉠, ㉢
③ ㉢, ㉣
④ ㉠, ㉡, ㉣
⑤ ㉡, ㉢, ㉣

**015** 다음 중 자외선차단제에 대한 설명으로 틀린 것은?

① 자외선산란은 물리적인 자외선 차단이다.
② 자외선흡수는 화학적인 자외선 차단이다.
③ 자외선차단제는 산란과 흡수로 나눌 수 있다.
④ 화학적 자외선 차단은 백탁현상이 일어난다.
⑤ 물리적 자외선 차단에는 징크옥사이드, 티타늄디옥사이드가 주로 사용된다.

**016** 다음은 화장품의 품질에 대한 내용이다. 그 중 안정성에 관한 것은?

① 피부에 대한 자극성이 없을 것
② 변색, 변취, 미생물 오염 등을 일으키지 않을 것
③ 피부 알레르기 반응을 일으키지 않을 것
④ 경구독성이 없을 것
⑤ 이물질의 혼입, 파손이 없을 것

**017** 탄화수소는 탄소(C)와 수소(H)로 이루어진 물질을 말한다. 다음 중 탄화수소가 아닌 것은?

① 미네랄오일
② 메틸살리실레이트
③ 스쿠알렌
④ 스쿠알란
⑤ 페트롤라툼

**018** 다음 중 옳은 설명은?

① 계면활성제는 수분의 증발을 억제하고 사용감촉을 향상시키는 등의 목적으로 사용된다.
② 고분자화합물은 제품의 점성을 높이고 사용감 개선 및 피막형성을 위해 사용된다.
③ 유성원료로는 적은 양으로 높은 점성을 얻을 수 있는 카복시비닐폴리머가 가장 널리 이용된다.
④ 자외선차단제는 화장품에 배합하여 색을 나타나게 하거나 피복력을 부여하고 자외선을 방어하기도 하는 성분으로 사용된다.
⑤ 금속이온봉쇄제는 한 분자 내에 친수기와 친유기를 동시에 갖는 물질로 화장품 안정성에 도움을 주는 물질이다.

**019** 다음 중 보존제 성분의 사용한도로 옳은 것은?

① 클로페네신 : 0.2%
② 살리실릭애씨드 : 1.0%
③ 페녹시에탄올 : 1.0%
④ 디엠디엠하이단토인 : 0.2%
⑤ 징크피리치온 : 1.0%

**020** 소비자의 안전을 위한 성분 표시제도로 틀린 설명은 무엇인가?

① 소비자의 알권리 보장을 목적으로 만들어졌다.
② 부작용이 생겼을 때 원인을 찾기가 쉬워진다.
③ 화장품 제조 시보다 안전한 소재를 사용하도록 유도하기 위함이다.
④ 제조에 사용된 함량순으로 많은 것부터 기입한다.
⑤ 원료 자체에 이미 포함되어 있는 미량의 보존제 및 안정화제도 표시한다.

**021** 다음 중 표시, 광고의 범위 및 준수사항으로 틀린 것은?

① 의약품으로 오인하게 할 우려가 있는 표시, 광고를 하지 말 것
② 기능성화장품으로 오인시킬 우려가 있는 효능, 효과 표시, 광고를 하지 말 것
③ 외국 제품을 국내 제품으로, 또는 국내 제품을 외국 제품으로 오인하게 할 우려가 있는 표시, 광고를 하지 말 것
④ 저속하거나 혐오감을 주는 표현을 한 표시, 광고를 하지 말 것
⑤ 야생 동·식물의 가공품이 함유된 화장품은 반드시 암시하는 표시, 광고를 할 것


**022** 다음 중 보존제에 대한 설명으로 옳지 않은 것은?

① 미생물 성장을 억제해서 화장품의 품질을 유지시켜 준다.
② 화장품의 제조 과정 중 오염 발생 가능성이 있기에 사용해야 한다.
③ 소비자가 사용하는 동안에 2차 오염 우려가 있기 때문에 사용된다.
④ 사용 가능한 보존제 및 사용한도로 규제되고 있다.
⑤ 씻어내는 제품과 기타 제품은 동일한 사용 한도를 규제한다.


**023** 다음 중 자외선에 대한 설명으로 옳은 것은?

① UVB는 파장의 길이가 UVA보다 길다.
② UVB는 피부를 흑화시키는 역할을 한다.
③ UVB는 PA++ 수치로 차단력을 확인할 수 있다.
④ UVA는 화상을 유발한다.
⑤ UVA는 UVC보다 파장이 길다.


**024** 다음 중 미백에 도움을 주는 성분이 아닌 것은?

① 닥나무 추출물
② 에칠아스코빌에텔
③ 알파-비사보롤
④ 나이아신아마이드
⑤ 옥토크릴렌

**025** 다음 중 탈모 증상 완화 성분으로 옳지 않은 것은?

① 비오틴(biotin)
② 덱스판테놀(Dexpanthenol)
③ 엘-멘톨(l-Menthol)
④ 치오글리콜산 80%(Thioglycolic Acid 80%)
⑤ 징크피리치온(Zinc Pyrithione)

**026** 다음은 향수 화장품의 종류이다. 지속시간이 긴 순서대로 올바르게 정렬된 것은?

㉠ 퍼퓸  ㉡ 오드트왈렛  ㉢ 오드퍼퓸  ㉣ 샤워코롱  ㉤ 오드코롱

① ㉠ > ㉡ > ㉢ > ㉤ > ㉣
② ㉠ > ㉡ > ㉤ > ㉣ > ㉢
③ ㉠ > ㉢ > ㉡ > ㉤ > ㉣
④ ㉡ > ㉠ > ㉢ > ㉣ > ㉤
⑤ ㉡ > ㉠ > ㉢ > ㉤ > ㉣

**027** 제조 및 품질관리의 적합성을 보증하기 위해 작성·보관해야 하는 것으로 옳지 않은 것은?

① 제조지시서
② 제품표준서
③ 제조관리기준서
④ 품질관리기준서
⑤ 제조위생관리기준서

**028** 다음 중 맞춤형화장품에 사용할 수 있는 원료는 무엇인가?

① 화장품에 사용할 수 없는 원료 리스트의 원료
② 화장품에 사용상의 제한이 필요한 원료 리스트의 원료
③ 식품의약품안전처장이 고시한 기능성화장품의 효능·효과를 나타내는 원료 리스트의 원료
④ 화장품 책임 판매업자가 대학, 연구소 등 품목별 안전성 및 유효성에 관하여 식약처장의 심사를 받은 경우
⑤ 맞춤형화장품 판매업자가 독자적으로 개발한 원료

**029** 다음 중 기능성화장품의 범위에 들어가지 않는 것은?

① 태닝오일
② 주름개선크림
③ 선크림
④ 미백크림
⑤ 바디로션


**030** 다음 중 액상 유성원료의 설명으로 옳지 않은 것은?

① 식물성 오일은 식물의 잎이나 줄기에서 채취되는데, 감촉이 좋고 향료를 사용하지 않아도 향이 좋다.
② 동물성 오일은 동물의 피하조직이나 장기에서 추출되며 윤리적 문제로 잘 사용되지 않는다.
③ 광물성 오일은 무취, 무미이며 고분자로 사용되었을 때 모공을 막을 우려가 있다.
④ 합성 오일은 안정성이 높고 끈적임이 적으나 온도변화에 안정적이지 않다.
⑤ 광물성 오일과 합성 오일은 탄화수소류이다.


**031** 다음 중 원료가 제대로 연결되지 않은 것은?

① 산화방지제 – BHA(Beta hydroxy acid), AHA(Alpha hydroxy acid)
② 수성원료 – 정제수, 에탄올, 글리세린, 프로필렌글라이콜
③ 유성원료 – 라우릭애씨드, 스테아릭애씨드, 세틸알코올, 스테아릴알코올
④ 계면활성제 – SLS, SLES, PEG
⑤ 점증제 – 카복시비닐폴리머, 잔탄검


**032** 다음 중 알파-하이드록시애씨드(α-hydroxyacid, AHA)에 대한 설명으로 옳지 않은 것은?

① 햇빛에 대한 피부의 감수성이 높아질 수 있다.
② 피부 일부에 시험적으로 사용해서 피부 이상을 확인하는 것이 좋다.
③ 고농도의 AHA 성분을 사용했을 때 부작용의 위험이 있으므로 전문의에게 상담이 필요하다.
④ AHA 제품은 전문의에게 처방받아서 사용해야 한다.
⑤ AHA 성분이 10%를 초과하여 함유되거나 산도가 3.5 미만인 제품은 표시한다.

**033** 맞춤형화장품 매장에 근무하는 조제관리사에게 향료 알레르기가 있는 고객이 제품에 대해 문의를 해왔다. 조제관리사가 제품에 부착된 아래의 설명서를 참조하여 고객에게 안내해야 할 말로 가장 적절한 것은?

― 설명서 ―
제품명 : 유기농 모이스처로션
제품의 유형 : 액상 에멀전류
내용량 : 50g
전성분 : 정제수, 1,3부틸렌글리콜, 글리세린, 스쿠알란, 호호바유, 모노스테아린산글리세린, 피이지 소르비탄지방산에스터, 1,2헥산디올, 녹차추출물, 황금추출물, 참나무이끼추출물, 토코페롤, 잔탄검, 구연산나트륨, 수산화칼륨, 벤질알코올, 유제놀, 리모넨

① 이 제품은 유기농 화장품으로 알레르기 반응을 일으키지 않습니다.
② 이 제품은 알레르기 면역성이 있어 반복해서 사용하면 완화될 수 있습니다.
③ 이 제품은 조제관리사가 조제한 제품이어서 알레르기 반응을 일으키지 않습니다.
④ 이 제품은 알레르기 완화 물질이 첨가되어 있어 알레르기 체질 개선에 효과가 있습니다.
⑤ 이 제품은 알레르기를 유발할 수 있는 성분이 포함되어 있어 사용 시 주의를 요합니다.

**034** 미백화장품 식약처 고시 원료 중 사용제한 함량이 옳은 것은?

① 아스코빌테트라이소팔미테이트 : 1%
② 알파-비사보롤 : 0.5%
③ 나이아신아마이드 : 3~5%
④ 아스코빌글루코사이드 : 1%
⑤ 알부틴 : 1~5%

**035** 화장품 책임판매업자는 품질관리 업무를 적정하고 원활하게 수행하기 위하여 다음의 사항이 포함된 품질관리 업무 절차서를 작성·보관해야 한다. 업무절차서의 포함사항이 아닌 것은?

① 제조기록에 관한 절차
② 교육·훈련에 관한 절차
③ 문서 및 기록의 관리 절차
④ 시장출하에 관한 기록 절차
⑤ 회수처리 절차

### 단답형

**036** 다음 빈칸에 들어갈 알맞은 말을 쓰시오.

> 착향제의 구성 성분 중 알레르기 유발 성분은 사용 후 씻어내는 제품에는 ( ㉠ ) 초과, 사용 후 씻어내지 않는 제품에는 ( ㉡ ) 초과 함유하는 경우에만 알레르기 유발 성분을 표시한다.

㉠                                    ㉡

**037** 다음은 피부의 어떠한 기능에 도움을 주는 성분들이다. 어떠한 기능에 도움을 주는지 작성하시오.

> 레티놀, 레티닐팔미테이트, 아데노신, 폴리에톡실레이티드레틴아마이드는 피부의 ( ) 에 도움을 준다.

**038** 다음은 색소에 대한 설명이다. 빈칸에 알맞은 내용을 쓰시오.

> 색소는 좋지 못한 색을 숨길 때(차폐) 주로 사용되는데, 물과 오일에 녹는 ( ㉠ )은(는) 주로 화장수, 로션, 샴푸 등에 사용되고 물과 오일에 녹지 않고 용매에 분산되는 ( ㉡ )은(는) 메이크업 화장품에 배합되어 피부를 피복하거나 색채 부여, 커버력 등을 주기도 한다.

㉠                                    ㉡

**039** 다음 주어진 글이 무엇에 대한 설명인지 쓰시오.

> 화장품의 사용 중 발생한 바람직하지 않고 의도되지 아니한 징후, 증상 또는 질병(당해 화장품과 반드시 인과관계를 가져야 하는 것은 아님)

**040** 다음은 안전용기·포장 등의 사용에 관한 내용이다. 빈칸에 들어갈 알맞은 내용을 쓰시오.

> **안전용기 요건** : 만 5세 미만의 어린이가 개봉하기 어렵게 된 것이어야 함
> **적용대상**
> • 아세톤을 함유하는 네일에나멜 리무버 및 네일폴리시 리무버
> • 어린이용 오일 등 개별 포장당 탄화수소 화합물을 10% 이상 함유하고, 운동 점도가 21센티스톡스(40℃ 기준) 이하인 비에멀젼 타입의 액상 제품
> • 개별 포장당 메틸살리실레이트를 (　　) 이상 함유하는 액체 상태의 제품

 **3과목** 유통화장품 안전관리

**041** 다음은 작업장의 위생기준에 관한 내용이다. 옳지 않은 것은?

① 제조하는 화장품의 종류·제형에 따라서 적절히 구획·구분되어 있어 교차 오염 우려가 없어야 한다.
② 바닥, 벽, 천장은 가능하면 거친 표면을 지니고 있어서 부식성에 저항력이 있어야 한다.
③ 외부와 연결된 창문은 가능하면 열리지 않도록 해야 한다.
④ 세척실과 화장실은 접근이 쉬워야 하나 생산구역과 분리되어 있어야 한다.
⑤ 작업장 전체에 적절한 조명을 설치하고, 조명이 파손될 경우 제품을 보호할 수 있는 조취를 취해야 한다.

**042** 다음은 공기 조절의 4요소에 관한 내용이다. 올바르지 않은 것은?

| 4대 요소 | 대응설비 |
|---|---|
| ① 기류 | 송풍기 |
| ② 습도 | 가습기 |
| ③ 실내온도 | 열교환기 |
| ④ 청정도 | 공기 정화 |
| ⑤ 낙하균 | 낙하균 측정기 |

**043** 작업장 구역별 위생 상태에 대한 내용 중 보관구역에 대한 내용으로 적절하지 않은 것은?

① 통로는 사람과 물건이 이동하는 구역이기 때문에 이동의 불편함을 초래해서는 안 되며, 교차 오염의 위험이 없어야 한다.
② 손상된 팔레트는 수거하여 폐기하거나 수리한다.
③ 동물이나 해충이 침입하기 쉬운 환경을 개선한다.
④ 용기들은 열어서 깨끗하게 정돈시켜 보관한다.
⑤ 매일 바닥의 폐기물을 치워야 한다.

**044** 작업장 위생 유지를 위한 건물관리에 대한 설명으로 옳지 않은 것은?

① 작업장의 출입구는 해충, 곤충의 침입에 대비하여 보호해야 한다.
② 배수관은 물이 잘 고일 수 있게 설계되어야 한다.
③ 화장품 제조에 적합한 물이 공급되어야 한다.
④ 공기조화장치의 필터는 정기적으로 교체되어야 한다.
⑤ 관리와 안전을 위해 모든 공정과 포장, 보관 장소에 적절한 조명을 설치한다.

**045** 화장품의 내용물이 노출되는 작업실(제조실, 충전실, 원료 칭량실 등)의 미생물 관리 기준으로 옳은 것은?

① 낙하균 10개/hr, 부유균 20개/$m^3$
② 낙하균 10개/hr, 부유균 200개/$m^3$
③ 낙하균 30개/hr, 부유균 20개/$m^3$
④ 낙하균 30개/hr, 부유균 200개/$m^3$
⑤ 낙하균 20개/hr, 부유균 30개/$m^3$

**046** 다음은 작업장 위생을 위한 기본 관리에 대한 내용이다. 옳지 않은 것은?

① 작업장 온도 및 습도의 기준 설정 및 관리가 필요하다.
② 공기조화 장치를 주기적으로 점검하고 기록한다.
③ 작업장의 실압을 관리하고 외부와의 차압을 일정하게 유지하도록 관리한다.
④ 청소는 아래에서 위로, 바깥에서 안쪽 방향으로 시행하며 더러운 쪽에서 깨끗한 지역으로 이동하며 진행한다.
⑤ 오물이 묻은 걸레는 사용 후에 버리거나 세탁한다.

**047** 방충, 방서를 위한 관리에 대한 내용으로 옳지 않은 것은?

① 창문은 가능하면 개방되지 않게 해야 하며 차광되어야 한다.
② 외부로 통하는 구멍은 방충망을 설치한다.
③ 방충, 방서의 목적은 건물 내외에 해충과 쥐의 침입을 막아서 위생상태를 유지하고 우수한 화장품을 제조하는 데에 있다.
④ 문 하부에는 스커트를 설치하고, 흡기구에는 필터를 설치한다.
⑤ 실내압을 외부보다 항상 낮게 유지해야 한다.

**048** 소독제의 조건에 관한 설명으로 옳은 것은?

① 쉽게 이용할 수 있고 퀄리티와 가격이 높을 것
② 사용 농도에서 독성이 강해 병원미생물을 사멸시킬 수 있을 것
③ 제품과 설비에 반응해 작용력이 강할 것
④ 광범위한 항균 스펙트럼을 가질 것
⑤ 소독 전에 존재하던 미생물을 95% 이상 사멸시킬 것

**049** 다음 중 세정제의 혼합액으로 주로 사용하는 것으로 옳지 않은 것은?

① 산                    ② 염기
③ 고분자화합물          ④ 용매
⑤ 계면활성제

**050** 작업장의 청소에 대해서 설명한 것으로 옳지 않은 것은?

① 물청소 이후에는 물기를 확실히 제거한다.
② 세균 관리의 필요성이 있는 경우 정기적인 낙하균 시험을 수행한다.
③ 이동설비의 소독을 위하여 세척실은 UV 램프를 점등하여 멸균한다.
④ 대걸레 등은 언제라도 청결화 작업을 시행할 수 있게 물에 젖은 상태로 보관한다.
⑤ 작업장별 관리 담당자는 오염 발생 시 원인을 분석하고 조치 후 재발을 방지한다.

**051** 다음 중 작업자의 위생관리와 직원의 위생에 대한 내용으로 옳지 않은 것은?

① 규정된 작업복을 착용하고 음식물 등을 반입해서는 아니 된다.
② 피부에 외상이 있거나 질병에 걸린 직원은 의사의 소견이 있기 전까지 격리되어야 한다.
③ 위생관리 기준 및 절차를 마련하고 잘 지켜야 한다.
④ 제조 구역별 접근 권한이 있더라도 가급적 제조, 관리 및 보관 구역에 들어가지 않도록 한다.
⑤ 오염도에 따라 작업복을 세탁하거나 소독하는데, 훼손된 작업복은 수선하여 사용한다.

**052** 안전 위생의 교육 훈련을 받지 않은 사람들이 생산, 관리, 보관 구역으로 출입하는 경우에는 교육훈련을 실시하는데, 훈련의 내용으로 옳지 않은 것은?

① 직원용 안전 대책
② 손 씻는 절차
③ 작업복 착용
④ 청소 및 소독법
⑤ 작업 위생 규칙

**053** 직원의 위생 상태를 판정하기 위해 주관부서가 해야 할 활동으로 옳지 않은 것은?

① 연 1회 이상 정기 건강진단을 받도록 한다.
② 작업 중에 발생하는 건강 이상에 대해서 업무 종료 후 진료소에서 진료를 받아야 한다.
③ 신입 사원을 채용할 경우 건강 진단서를 첨부하여야 한다.
④ 진단결과에 이상이 있는 작업자에 한해 그 결과를 부서장에게 통보해서 조치하도록 한다.
⑤ 주관 부서는 작업자의 일상적인 건강관리를 위하여 양호실을 설치해서 운영한다.

**054** 혼합·소분 시의 위생관리 규정으로 옳은 것은?

① 화장품은 기본적으로 유성성분과 수성성분에 단백질과 당이 배합되는 경향이 있어 미생물이 살기 힘든 환경이다.
② 화장품을 혼합·소분하기 전에는 건조한 상태여야 하므로 세정하지 않는다.
③ 혼합·소분 시에는 옷에 화장품이 묻을 수 있으므로 화장품이 묻어도 상관없는 편한 옷을 입는다.
④ 피부에 외상이나 질병이 있는 경우는 혼합과 소분행위를 해서는 안 된다.
⑤ 손으로 용기 안쪽 면이 제대로 구성되어 있는지 만져보고 혼합·소분을 진행한다.

**055** 다음 중 세척제 및 소독제의 종류와 사용방법이 옳지 않은 것은?

① 증기(스팀) - 물을 이용한다. 체류시간이 길고 잔류물이 남을 수 있다.
② 온수 - 물을 이용한다. 부식성이 없으며 체류기간이 길고 습기가 발생한다.
③ 전기 가열 테이프 - 다루기 어려운 설비나 파이프에 효과적이며, 일반적으로 자주 쓰인다.
④ 크레졸수 - 크레졸 30mL에 정제수를 더해 1,000mL를 만들어 3%로 사용한다.
⑤ 에탄올(70%) - 소독력이 좋지만 가연성이 있다.

**056** 작업자의 위생관리를 위한 청결 상태 판단에 대한 내용으로 옳지 않은 것은?

① 음식, 음료수, 흡연물질을 보관해서는 안 되며 개인 약품은 따로 보관이 가능하다.
② 작업 장소에 들어가기 전에는 반드시 손을 씻어야 한다.
③ 손 소독은 70% 에탄올을 이용한다.
④ 제품 품질에 영향을 줄 수 있는 액세서리는 착용하지 않아야 한다.
⑤ 화장실을 이용하면 작업자는 다시 손세척 또는 손소독을 실시하고 작업실에 입실하여야 한다.

**057** 다음 중 설비 및 기구 관리의 위생기준에 대한 내용으로 옳지 않은 것은?

① 건물, 시설 및 주요 설비는 정기적으로 점검한다.
② 결함이 발생했거나 정비 중인 설비는 적절한 방법으로 표시한다.
③ 고장 등 사용이 불가할 경우, 개선 가능 여부를 판단한 후 당장의 개선이 불가능하고 실무자와의 커뮤니케이션이 이루어지지 않는 경우 따로 표시를 하지 않는다.
④ 모든 제조 관련 설비는 승인된 자만이 접근·사용하여야 한다.
⑤ 제품의 품질에 영향을 줄 수 있는 검사·측정·시험장비 및 자동화 장치는 계획을 수립하여 정기적으로 교정 및 성능 점검을 하고 기록해야 한다.

**058** 다음 중 세척 후 판정하는 방법에 대한 내용으로 옳지 않은 것은?

① 설비의 세척은 물질 및 세척 대상 설비에 따라 적절하게 시행한다.
② 표준 지침을 만들어서 모든 작업자가 동일하게 세척과 소독을 할 수 있도록 한다.
③ '판정'을 확인하는 방법은 육안 판정, 닦아내기 판정, 린스 정량 등이 있다.
④ 판정 후의 설비는 건조·밀폐해서 보존한다.
⑤ 물(스팀)로 세척을 했을 때는 판정하지 않아도 된다.

**059** 다음의 비의도적 검출 허용한도에 대한 내용 중 옳지 않은 것은?

① 납 – 점토를 원료로 사용한 분말 제품은 50㎍/g 이하, 그 밖의 제품은 20㎍/g 이하
② 니켈 – 눈 화장용 제품은 35㎍/g 이하, 색조화장용 제품은 30㎍/g 이하, 그 밖의 제품은 10㎍/g 이하
③ 비소 – 10㎍/g 이하
④ 안티몬 – 10㎍/g 이하
⑤ 카드뮴 – 10㎍/g 이하

**060** 다음 중 원료 및 입고 내용물을 처리할 때 검체 채취 전에 붙여야 하는 라벨의 색상으로 옳은 것은?

① 백색라벨
② 황색라벨
③ 청색라벨
④ 적색라벨
⑤ 흑색라벨

**061** 포장작업 중 포장 지시서에 포함되어 있는 각 호의 사항이 아닌 것은?

① 제품명
② 포장 설비명
③ 포장재 리스트
④ 포장 생산 수량
⑤ 작업자의 이름

**062** 다음은 완제품을 만들었을 때 보관해야 하는 검체에 관한 내용이다. 빈칸에 들어갈 내용으로 알맞은 것은?

- 검체는 각 제조 단위를 대표하는 검체를 판매하는 제품과 동일하게 하여 그대로 안정한 조건에서 보관한다.
- 사용기한 경과 후 ( ㉠ )년간 또는 개봉 후 사용기한을 기재하는 경우에는 제조일로부터 ( ㉡ )년간 보관한다.

| | ㉠ | ㉡ |
|---|---|---|
| ① | 1 | 2 |
| ② | 1 | 3 |
| ③ | 2 | 1 |
| ④ | 2 | 3 |
| ⑤ | 3 | 1 |

**063** 보관 중인 포장재의 출고기준에 대한 설명으로 옳지 않은 것은?

① 불출하기 전에 설정된 시험 방법에 따라 관리하고 합격 판정 기준에 부합하는 포장재만 불출한다.
② 절차서에는 적당한 조명, 온도, 습도, 정렬된 통로 및 보관 구역 등 적절한 보관 조건을 포함한다.
③ 포장재 관리는 추적이 용이하고 관리 상태를 쉽게 확인할 수 있는 방식으로 수행한다.
④ 포장재는 시험 결과 적합 판정된 것만 선입선출 방식으로 출고한다.
⑤ 포장재의 불출 절차는 작업복장을 갖춘 직원은 모두 수행 가능하다.

**064** 다음 중 포장재의 폐기 기준에 대한 설명으로 옳지 않은 것은?

① 포장재는 보관기간 또는 유효기간이 지났을 때 규정에 따라 폐기한다.
② 출고 자재가 선입선출 순으로 출고되는지 확인한다.
③ 포장 도중에 불량품이 발견되었을 경우에는 품질관리 부서에서 적합 판정되었는지 확인하고 적합 판정을 확인하면 출고한다.
④ 포장재 보관 담당자는 불량 포장재에 대해 부적합 처리하여 부적합 창고로 이송한다.
⑤ 부적합 포장재는 반품 또는 폐기 조치 후 해당 업체에 시정조치 요구한다.

**065** 다음 중 포장재의 폐기 절차에 대한 설명으로 옳지 않은 것은?

① 작업장 현장 발생 폐기물의 수거는 발생 부서에서 실시한다.
② 품질에 문제가 생긴 원료나 내용물은 제품 폐기를 포함해서 검토한다.
③ 처리하고자 하는 폐기물 수거함 밖에는 분리수거 카드를 부착한다.
④ 폐기물 보관소로 운반하여 먼저 폐기물 대장에 기록하고 나서 분리수거를 확인하고 중량을 측정한다.
⑤ 결재 처리가 완료된 폐기물 처리 의뢰서와 같이 폐기물 담당자에게 인계한다.

## 4과목  맞춤형화장품의 이해

**066** 맞춤형화장품의 정의에 대한 내용으로 옳지 않은 것은?

① 제조 또는 수입된 화장품의 내용물에 다른 화장품의 내용물이나 식품의약품안전처장이 정하는 원료를 추가하여 혼합한 화장품이다.
② 제조 또는 수입된 화장품의 내용물을 소분(小分)한 화장품이다.
③ 맞춤형화장품의 내용물은 벌크 제품, 반제품, 원료 등이 있다.
④ 맞춤형화장품은 유통화장품 안전관리기준에 적합해야 한다.
⑤ 원료와 원료를 혼합하는 것은 맞춤형화장품의 혼합이 아니라 제조에 해당한다.

**067** 다음 중 맞춤형화장품 혼합의 기본원칙에 해당하는 것을 모두 고르면?

> ㉠ 「화장품법」에 따라 등록된 업체에서 공급된 특정 원료만으로 혼합이 이루어져야 한다.
> ㉡ 책임판매업자가 특정 성분의 혼합 범위를 규정하고 있는 경우에는 그 범위 내에서 특정 성분의 혼합이 이루어져야 한다.
> ㉢ 기존 표시·광고된 화장품의 효능·효과에 변화가 없는 범위 내에서 특정 성분의 혼합이 이루어져야 한다.
> ㉣ 소비자의 직·간접적인 요구에 따라 기존 화장품의 특정 성분 혼합이 이루어져야 한다.

① ㉠, ㉡
② ㉢, ㉣
③ ㉡, ㉢
④ ㉠, ㉢, ㉣
⑤ ㉡, ㉢, ㉣

**068** 다음 중 맞춤형화장품 혼합 판매의 원칙으로 옳지 않은 것은?

① 소비자 요구에 따라 베이스 화장품에 특성 성분을 혼합한다.
② 기본 제형이 정해져 있어야 하고, 기본 제형의 변화가 없는 범위 내에서 특정 성분의 혼합이 이루어져야 한다.
③ 맞춤형화장품을 만들기 위해서는 판매자가 임의로 브랜드를 변경해야 한다.
④ 책임판매업자가 특정 성분의 혼합 범위를 규정하고 있는 경우 그 범위 내에서 특정 성분의 혼합이 이루어져야 한다.
⑤ 안전성 및 품질관리 검증을 거친 베이스 화장품, 특정 성분만을 혼합해서 판매해야 한다.

**069** 다음 중 맞춤형화장품에 사용할 수 있는 원료는 무엇인가?

① 화장품에 사용할 수 없는 원료에 포함된 원료
② 화장품에 사용상의 제한이 필요한 원료 리스트에 포함된 원료
③ 기능성화장품의 효능·효과를 나타내는 원료 리스트에 포함된 경우
④ 책임판매업자가 원료를 포함하여 기능성화장품에 대한 심사를 받거나 보고서를 제출한 경우
⑤ 화장품의 부패를 막기 위해 사용하는 보존제

**070** 맞춤형화장품의 신고 및 변경에 대한 내용으로 옳지 않은 것은?

① 맞춤형화장품을 판매하려는 자는 소재지별로 신고서 및 구비 서류를 갖추어 소재지 관할 지방 식약청장에게 신고해야 한다.
② 신고 시에는 맞춤형화장품 조제관리사 자격증이 필요하다.
③ 변경신고 시에는 변경 사유가 발생한 날부터 30일 이내에 변경 서류를 제출한다.
④ 소재지 변경의 경우에는 60일 이내에 변경 서류를 제출한다.
⑤ 책임판매업자와 체결한 계약서 사본은 신고 시에 필요한 구비 서류 중 하나이다.

**071** 다음 중 맞춤형화장품 판매업자의 준수사항으로 옳지 않은 것은?

① 맞춤형화장품 판매업소마다 맞춤형화장품 조제관리사를 둬야 한다.
② 둘 이상의 책임판매업자와 계약하는 경우에는 각 책임판매업자에게 고지한다.
③ 맞춤형화장품 판매 내역을 작성해서 보관해야 한다.
④ 내용물 및 원료를 제공받는 책임판매업자와의 계약 체결 및 계약사항을 준수한다.
⑤ 기존에 시장에서 판매되고 있는 기성 화장품에 특정 성분을 혼합하며 연구와 개발에 정진한다.

**072** 맞춤형화장품 준수사항 중 판매내역 보관에 관한 내용으로 옳은 것은?

① 식별번호는 반드시 수기로 작성한다.
② 내용물을 맞춤형화장품으로 재탄생시켰을 때는 유통기한이 길어진다.
③ 식별번호는 혼합·소분에 사용되는 내용물 및 원료의 제조번호와 혼합·소분 기록을 포함하여 맞춤형화장품 판매업자가 부여한 번호이다.
④ 판매일자와 판매량은 제조업자가 관리하므로 따로 기록하지 않는다.
⑤ 판매한 제품은 검체를 따로 보관해야 한다.

**073** 다음 중 맞춤형화장품 조제관리사에 대한 설명으로 옳지 않은 것은?

① 맞춤형화장품 조제관리사는 내용물이나 원료의 혼합 또는 소분을 담당한다.
② 자격시험에 합격해서 자격증을 보유해야 한다.
③ 지정된 교육기관에서 매년 1회 보수교육을 의무적으로 받아야 한다.
④ 지정된 교육기관은 대한화장품산업연구원, 대한화장품협회, 한국보건산업진흥원 등이다.
⑤ 지정된 보수교육을 받지 않으면 자격증이 박탈된다.

**074** 다음 중 맞춤형화장품의 위생관리에 대한 내용으로 옳지 않은 것은?

① 혼합·소분 시에는 위생복 및 마스크를 착용한다.
② 소분 전에는 손을 소독하거나 세정한다.
③ 피부 외상이나 질병이 있는 경우 회복 전까지 혼합·소분 행위가 금지된다.
④ 혼합·소분에 사용되는 시설·기구 등은 사용 전, 후 세척한다.
⑤ 세제나 세척제는 잔류해서 확실히 미생물을 사멸할 수 있는 것으로 사용한다.


**075** 다음 중 안전성에 대한 시험이 아닌 것은?

① 장기 보존 시험
② 안점막 자극성 시험
③ 피부 감작성 시험
④ 광독성 및 광감작성 시험
⑤ 1차 피부 자극성 시험


**076** 다음 중 안정성과 관련된 것이 아닌 것은?

① 변색　　　　　　　② 변취
③ 오염　　　　　　　④ 변질
⑤ 자극


**077** 다음은 피부의 생리구조에 대한 설명이다. 옳지 않은 것은?

① 피부는 크게 표피, 진피, 피하지방층 3개의 층으로 구성된다.
② 표피는 기저층, 유극층, 과립층, 투명층, 각질층으로 구성된다.
③ 표피는 가장 두꺼운 층으로 진피의 10~30배 정도이다.
④ 진피에는 콜라겐과 엘라스틴을 생성하는 섬유아세포 등이 존재한다.
⑤ 피하지방층은 진피와 근육, 골격 사이에 위치하며 체내의 열 손실을 조절하는 기능을 한다.

**078** 다음 중 표피에 대한 설명으로 옳지 않은 것은?

① 표피는 각질층을 포함하고 있다.
② 표피는 천연보습인자(NMF)를 포함하고 있다.
③ 각질형성세포는 표피의 기저층에서 유래한다.
④ 각질형성세포가 인체에서 완전히 탈락되는 과정은 약 18일이다.
⑤ 투명층은 손바닥, 발바닥 등 특정 부위에 존재한다.

**079** 다음 중 표피에 대한 설명으로 옳지 않은 것은?

① 기저층 – 진피로부터 영향을 공급받아 세포 분열을 함
② 유극층 – 교소체가 풍부하게 분포해서 세포끼리 서로 유착하게 도움을 줌
③ 과립층 – 세포 사이의 지질을 제공함. 세포 각화가 시작되는 층
④ 투명층 – 손바닥, 발바닥 등 특정 부위에 존재함
⑤ 각질층 – 랑게르한스세포가 존재함

**080** 다음 중 표피의 세포가 아닌 것은?

① 랑게르한스세포
② 섬유아세포
③ 각질형성세포
④ 메르켈세포
⑤ 멜라닌색소형성세포

**081** 다음 중 진피와 관련된 것이 아닌 것은?

① 콜라겐
② 엘라스틴
③ 림프관
④ 피지샘
⑤ 메르켈세포

**082** 다음 중 피부의 기능으로 옳지 않은 것은?

① 체온조절
② 분비 및 배설
③ 재생
④ 보호
⑤ 수분 흡수

**083** 다음 중 모발에 대한 설명으로 옳지 않은 것은?

① 모발은 주로 섬유성 단백질인 케라틴으로 구성되어 있다.
② 크게 모근, 모간으로 나뉜다.
③ 머리카락 내부는 10개 정도의 많은 층으로 구성되어 있고, 중심은 모수질이다.
④ 모주기는 성장기, 퇴화기, 휴지기, 초기발생기로 구분한다.
⑤ 모발은 모유두가 없으면 자라지 않는다.

**084** 관능평가에 대한 설명으로 옳지 않은 것은?

① 오감으로 평가하는 제품 평가이다.
② 안정성에 관련된 평가이다.
③ 사용감, 끈적임, 투명도 등을 평가하는 것을 말한다.
④ 향취에 대한 평가도 관능평가에 포함된다.
⑤ 인간의 오감에 의해 평가하는 과학의 한 분야이다.

**085** 맞춤형화장품에 대한 내용으로 옳지 않은 것은?

① 고객의 취향에 따라 혼합·소분이 가능하므로 고객 만족도가 높은 제품을 제공할 수 있다.
② 법에서 허용되는 범위 내로 고객의 개인별 취향에 대한 조제가 가능하다.
③ 혼합·소분 과정에서 제품의 오염이 발생할 수 있다는 우려도 있다.
④ 피부변화나 자극 등의 이상이 있을 때 맞춤형화장품 조제관리사의 도움을 받아야 한다.
⑤ 일반적인 제품에 비해서 효능적인 측면에서도 더 만족감을 줄 수 있다.

**086** 맞춤형화장품 배합 금지사항에 대한 내용으로 옳지 않은 것은?

① 인체에 사용되는 것이므로 안전성이 중요하다.
② 보존제, 색소, 자외선차단제 원료는 사용기준을 지정하여 고시하고 있다.
③ 해외에서 제조되어 들어오는 화장품은 생산국의 사용한도를 준수해야 한다.
④ 착향제 중 알레르기를 유발하는 성분 25가지는 구체적인 명칭을 표기해야 한다.
⑤ 알레르기를 유발하는 성분이라도 씻어내는 제품 0.01% 초과, 씻어내지 않는 제품 0.001%를 초과하지 않으면 기재하지 않아도 된다.

**087** 다음 중 맞춤형화장품 필수 기재사항이 아닌 것은?

① 맞춤형화장품의 명칭(다른 제품과의 구분을 위해서)
② 화장품책임판매업자 및 맞춤형화장품 판매업자의 상호
③ 맞춤형화장품 식별번호
④ 사용기한 또는 개봉 후 사용기간
⑤ 맞춤형화장품 판매업자의 주소

**088** 다음 용기 기재사항에 대한 내용 중 화장품의 1차 포장에 반드시 기재할 사항이 아닌 것은?

① 화장품의 명칭
② 영업자의 상호
③ 제조번호
④ 사용기한 또는 개봉 후 사용기간
⑤ 가격

### 단답형

**089** 모발의 가장 바깥 부분을 둘러싸고 있는 부분의 명칭을 쓰시오.

**090** 아래의 빈칸에 들어갈 알맞은 숫자를 쓰시오.

> 트리클로산은 사용 후 씻어내는 인체 세정용 제품류, 데오도런트(스프레이제품 제외), 페이스 파우더, 피부 결점을 감추기 위해 국소적으로 사용하는 파운데이션에 ( )%, 기타제품에는 사용 금지이다.

**091** 아래의 설명이 무엇에 관한 것인지 쓰시오.

> 화장품은 불특정 다수의 사람들에게 사용되기 때문에 피부 감작성, 경구독성, 자극성 등이 없어야 한다. 피부 등에 자극을 주거나 알레르기를 유발해서는 안 된다. 그렇기 때문에 이것이 중요하다.

**092** 아래의 설명이 무엇에 관한 것인지 쓰시오.

> - 피부의 제일 바깥층이다.
> - 편평상피세포가 중첩되어 각화되는 매우 얇은 조직이다.
> - 대략 0.007~0.12mm의 얇은 조직이다.

**093** 다음 괄호 안에 들어갈 알맞은 말을 쓰시오.

> 땀을 분비하는 곳을 크게 두 곳으로 나눌 수 있는데, 전신에 위치하여 무색, 무취의 액체를 분비하며 체온조절의 기능을 수행하는 ( ㉠ )과, 겨드랑이 외음부 등에 위치하며 특유의 냄새를 지닌 ( ㉡ )으로 나눌 수 있다. ( ㉠ )은 별도의 한공으로, ( ㉡ )은 모공을 통해 분비된다.

 ㉠                                    ㉡

**094** 아래의 설명이 무엇에 관한 것인지 쓰시오.

- 모낭 끝에 있는 작은 말발굽 모양의 돌기 조직이다.
- 모세혈관이 있어서 영양분과 산소를 받아들인다.
- 세포분열을 하며, 털 성장에 관여하는 중요한 부분이다.

**095** 아래의 설명이 무엇에 관한 것인지 쓰시오.

- 용해되지 않는 두 액체를 섞어 우윳빛으로 백탁화된 것
- 물과 오일을 섞은 현상
- O/W형, W/O형, W/O/W형, O/W/O형 등으로 나눌 수 있음

**096** 다음 괄호 안에 들어갈 알맞은 말을 쓰시오.

**맞춤형화장품**
1. 제조 또는 수입된 화장품의 ( ㉠ )에 다른 화장품의 ( ㉠ )이나 식품의약품안전처장이 정하는 ( ㉡ )을(를) 추가하여 혼합한 화장품이다.
2. 제조 또는 수입된 화장품의 ( ㉠ )을(를) 소분(小分)한 화장품이다.

㉠                                    ㉡

**097** 아래의 설명이 무엇에 관한 것인지 쓰시오.

- 피부 과립층에서 생성된다.
- 물에 잘 녹는 물질로 되어 있다.
- 자기보다 500배가 넘는 수분을 흡수하는 능력이 있다.

**098** 아래의 설명이 무엇에 관한 것인지 쓰시오.

> • 모유두를 둘러싸고 있으며 세포분열이 왕성하여 끊임없이 분열 증식한다.
> • 잘은 말발굽 모양의 특수하고 작은 세포층이다.
> • 모발의 주성분인 케라틴 단백질을 만들어서 모발의 형성을 갖추게 한다.

**099** 다음 빈칸에 들어갈 알맞은 말을 쓰시오.

> (   )란 유해사례와 화장품 간의 인과관계 가능성이 있다고 보고된 정보로서 그 인과관계가 알려지지 아니하거나 입증자료가 불충분한 것을 말한다.

**100** 다음 빈칸에 들어갈 알맞은 말을 쓰시오.

> 화장품 제조에 사용된 성분은 함량이 많은 것부터 기재·표시한다. 다만, (   )로 사용된 성분, 착향제 또는 착색제는 순서에 상관없이 기재·표시할 수 있다.

# PART 3

## 제2회 실전모의고사

100문항 / 120분

**1과목** 화장품법의 이해

**001** 다음 중 「화장품법」의 입법취지에 관한 내용으로 옳지 않은 것은?

① 「약사법」에서 화장품이 분리되어서 제정되었다.
② 1980년에 제정되었다.
③ 제조・수입・판매 및 수출에 관한 사항을 규정하고 있다.
④ 국민보건향상에 기여하기 위해 만들어졌다.
⑤ 화장품산업의 발전에 기여함을 목적으로 한다.

**002** 다음 중 화장품의 유형에 관한 내용으로 옳은 것은?

① 목욕용 제품류 – 바디 클렌저(body cleanser)
② 목욕용 제품류 – 액체비누(liquid soaps) 및 화장비누
③ 인체 세정용 제품류 – 폼 클렌저(Foam cleanser)
④ 인체 세정용 제품류 – 시체(屍體)를 닦는 용도로 사용되는 물휴지
⑤ 기초 화장용 제품류 – 아이 메이크업 리무버(eye make-up remover)

**003** 다음 중 화장품의 유형별 특성으로 옳지 않은 것은?

① 영유아용 – 만 3세 이하의 어린이가 사용하는 제품
② 눈 화장용 – 눈 주위에 매력을 더하기 위해 사용하는 메이크업 제품
③ 방향용 – 향(香)을 몸에 지니거나 뿌리는 제품
④ 두발 염색용 – 모발의 색을 변화시키거나(염모) 탈색시키는(탈염) 제품
⑤ 체모 제거용 – 몸에 난 털을 물리적으로만 제거하는 제모에 사용하는 제품

**004** 다음은 「화장품법」에 따른 안전용기·포장을 사용하여야 할 품목에 대한 설명이다. 괄호 안에 들어갈 말로 알맞게 짝지어진 것은?

- ( ㉠ )을 함유하는 네일 에나멜 리무버 및 네일 폴리쉬
- 어린이용 오일 등 개별포장당 ( ㉡ )류를 10퍼센트 이상 함유하고 운동 점도가 21센티스톡스(섭씨 40도 기준) 이하인 비에멀젼 타입의 액체상태의 제품
- 개별포장당 ( ㉢ )를 5% 이상 함유하는 액체상태의 제품

|   | ㉠ | ㉡ | ㉢ |
|---|---|---|---|
| ① | 에탄올 | 미네랄오일 | 메틸살리실레이트 |
| ② | 에탄올 | 탄화수소 | 에칠헥실메톡시신나메이트 |
| ③ | 아세톤 | 미네랄오일 | 에칠헥실메톡시신나메이트 |
| ④ | 아세톤 | 탄화수소 | 메틸살리실레이트 |
| ⑤ | 글리세린 | 미네랄오일 | 메틸살리실레이트 |

**005** 화장품의 품질요소 중 안정성에 대한 설명으로 옳은 것은?

① 피부에 대한 자극, 알레르기, 독성이 없어야 한다.
② 보관 시에 변질, 변색, 변취, 미생물 오염이 없어야 한다.
③ 피부에 잘 펴 발려야 하며 사용하기 쉽고 흡수가 잘 되어야 한다.
④ 유분과 수분을 공급하고 세정, 메이크업, 기능성 효과 등을 부여해야 한다.
⑤ 환경에 유해하지 않아야 한다.

**006** 다음 중 책임판매관리자의 자격기준이 아닌 것은?

① 의사 또는 약사
② 학사 이상의 학위를 취득한 사람으로서 이공계 학과, 향장학, 화장품과학, 한의학과 등을 전공한 사람
③ 학사 이상의 학위를 취득한 사람으로서 간호학과, 간호과학과, 건강간호학과를 전공하고 관련 과목을 10학점 이상 이수한 사람
④ 전문대학 졸업자로서 화장품 관련 분야를 전공한 후 화장품 제조 또는 품질관리 업무에 1년 이상 종사한 경력이 있는 사람
⑤ 화장품 제조 또는 품질관리 업무에 2년 이상 종사한 경력이 있는 사람

**007** 다음 중 「개인정보 보호법」에 근거한 고객정보 처리가 아닌 것은?

① 개인정보 처리자는 개인정보의 처리 목적을 명확히 한다.
② 목적에 필요한 범위에서 최대한의 개인정보를 적법하고 정당하게 수집한다.
③ 목적에 필요한 범위에서 적합하게 개인정보를 처리해야 하며, 그 목적 용도로만 사용한다.
④ 개인정보의 정확성, 완전성 및 최신성이 보장되도록 한다.
⑤ 해당 법과 관계 법령에서 규정하고 있는 책임과 의무를 준수하고 실천함으로써 정보 주체의 신뢰를 얻기 위하여 노력한다.

### 단답형

**008** 다음은 화장품의 1차 포장에 반드시 표시해야 할 사항이다. 괄호 안에 들어갈 알맞은 말을 쓰시오.

- 화장품의 명칭
- 영업자의 상호
- 제조번호
- (               )

**009** 다음의 내용은 화장품의 어떠한 품질요소에 관한 설명인지 쓰시오.

- 화장품 사용 시 오감으로 느끼는 모든 인상을 일컬음
- 사용감, 사용의 편리성 및 기호성
- 관능 평가법과 객관적으로 증명하는 물리화학적 측정법 등을 이용

010 주어진 항목들을 통틀어 일컫는 말을 쓰시오.

- 주민등록번호(「주민등록법」 제7조의2 제1항)
- 여권번호(「여권법」 제7조 제1항 제1호)
- 운전면허의 면허번호(「도로교통법」 제80조)
- 외국인 등록번호(「출국관리법」 제31조 제4항)

## 2과목  화장품 제조 및 품질관리

011 다음 중 화장품에 사용되는 원료의 특성에 대한 설명으로 틀린 것은?

① 수성 원료는 물에 녹는 성분을 뜻한다.
② 계면활성제는 계면의 성질을 변화시켜 수성 원료와 유성 원료를 적절히 섞을 수 있다.
③ 산화방지제는 산화되기 쉬운 성분을 함유한 물질에 첨가하여 산패를 막을 목적으로 사용되는 성분을 말한다.
④ 금속이온봉쇄제는 원료 중에 혼입되어 있는 이온을 제거할 목적으로 사용된다.
⑤ 점증제로 주로 사용되는 것은 유용성 고분자 물질이다.

012 다음 중 양이온성 계면활성제로 옳은 것을 모두 고르면?

㉠ 섬유유연제  ㉡ 헤어린스  ㉢ 헤어트리트먼트  ㉣ 바디워시

① ㉠
② ㉣
③ ㉡, ㉢
④ ㉠, ㉡, ㉢
⑤ ㉡, ㉢, ㉣

**013** 다음 중 계면활성제의 기능이 아닌 것은?

① 가용화제
② 유화제
③ 분산제
④ 거품형성제
⑤ 보습제

**014** 다음 중 원료에 대한 설명으로 옳은 것은?

① 유성 원료 - 피부에 수분을 공급해준다.
② 계면활성제 - 제형의 점도를 감소시켜 안전하게 하고 사용감을 조정한다.
③ 방부제 - 공기에 산화되는 것을 방지해준다.
④ 폴리머 - 제형의 점도를 증가시켜 안정하게 하고 사용감을 조정한다.
⑤ 향료 - 미생물의 증식을 억제한다.

**015** 다음 중 소비자의 안전을 위한 성분 정보 표시제도의 내용으로 옳은 것은?

① 글자크기는 6포인트 이상으로 해야 한다.
② 1% 이하로 사용된 성분, 착향료, 착색제는 함량순으로 기입하여야 한다.
③ 혼합 원료는 혼합된 원료로 기재해야 한다.
④ 제조 과정에서 제거되어 최종 제품에 남아있지 않은 성분은 표시에서 제외한다.
⑤ 화장품 제조에 사용된 일부 물질을 화장품 용기 및 포장에 한글로 표시한다.

**016** 다음 중 자외선차단제에 대한 설명으로 옳지 않은 것은?

① 화학적 차단제는 백탁 없이 사용이 가능하다.
② 화학적 차단제는 자외선을 흡수한다.
③ 물리적 차단제는 자외선을 산란시킨다.
④ 물리적 차단제의 주 성분은 징크옥사이드와 티타늄디옥사이드이다.
⑤ 변색방지를 위해 자외선차단제를 소량 함유하더라도 자외선차단 제품으로 인정된다.

**017** 다음 중 자극이 가장 적어 기초 화장품류에서 주로 사용되는 계면활성제는?

① 양이온성 계면활성제　　② 음이온성 계면활성제
③ 양쪽성 계면활성제　　　④ 비이온성 계면활성제
⑤ 실리콘계 계면활성제

**018** 다음 중 동물성 왁스로 옳은 것은?

① 라놀린　　　　　　② 호호바 오일
③ 마카다미아넛 오일　④ 페트롤라툼
⑤ 에스테르 오일

**019** 다음 중 비타민 A(레티놀)에 대한 설명으로 옳지 않은 것은?

① 영양학적으로 야맹증에 효과가 있다.
② 피부 세포의 신진대사를 촉진한다.
③ 안정적인 물질로 변질이 잘 되지 않는다.
④ 레티놀의 사용제한 함량은 2,500IU/g이다.
⑤ 지용성 비타민이다.

**020** 다음 중 자외선차단제의 사용제한 함량으로 옳지 않은 것은?

① 벤조페논-3 : 5%
② 벤조페논-8 : 3%
③ 옥토크릴렌 : 10%
④ 티타늄디옥사이드 : 25%
⑤ 에칠헥실메톡시신나메이트 : 7%

**021** 다음 중 유성원료에 대한 설명으로 옳지 않은 것은?

① 식물성 오일과 동물성 오일은 광물성 오일과 합성 오일에 비해서 부패가 쉽다.
② 식물성 오일과 동물성 오일은 향이 좋아서 향료를 쓰지 않아도 되는 장점이 있다.
③ 동물성 오일의 일종인 스쿠알렌은 인간의 몸에도 12% 정도 포함되어 있다.
④ 광물성 오일과 합성 오일은 탄화수소류의 일종이다.
⑤ 광물성 오일은 식물성 오일에 비해서 흡수가 잘 된다.

**022** 다음 중 화장품의 전성분 표시에 관한 내용으로 옳지 않은 것은?

① 모든 성분을 함량순으로 기재한다.
② 1% 이하로 사용된 성분은 순서에 관계없이 기재·표시한다.
③ 혼합된 원료는 혼합된 개별 성분의 명칭을 기재·표시한다.
④ 글자의 크기는 5포인트 미만으로 설정한다.
⑤ 산성도(pH) 조절 목적으로 사용되는 성분은 최종 생성물로 기재·표시 가능하다.

**023** 다음 향료 중 알레르기 유발 성분이 아닌 것은?

① 아밀신남알
② 벤질알코올
③ 벤조일퍼옥사이드
④ 리모넨
⑤ 참나무이끼추출물

**024** 화장품의 사용상 주의사항에 대한 내용으로 옳지 않은 것은?

① 스크럽 세안제나 모발용 샴푸, 두발용, 두발 염색용 및 눈화장용 제품류 등이 눈에 들어갔을 때에는 즉시 물로 씻어낸다.
② 팩은 눈 주위를 피하여 사용한다.
③ 외음부 세정제는 만 3세 이하 어린이에게는 사용하면 안 된다.
④ 에어로졸 제품은 인체에서 20cm 이상 떨어져서 사용한다.
⑤ 고압가스를 사용하지 않는 분무형 자외선차단제는 얼굴에 직접 분사가 가능하다.

**025** 다음 중 미백화장품의 식약처 고시 원료로 옳지 않은 것은?

① 닥나무추출물  ② 이끼추출물
③ 유용성감초추출물  ④ 알파-비사보롤
⑤ 알부틴

**026** 다음 중 비타민에 대한 설명으로 옳지 않은 것은?

① 레티놀은 비타민 A이다.
② 비타민 A는 피부세포의 신진대사 촉진과 피지분비의 억제효과, 콜라겐합성으로 주름제품에 사용된다.
③ 비타민 C는 강력한 항산화작용과 콜라겐 생합성 촉진을 일으키는데, 쉽게 산화되는 단점이 있다.
④ 비타민 E는 지질 물질의 과산화 생성 예방으로 미백제품에 사용된다.
⑤ 비타민 E는 세포의 성장을 촉진시키며 항산화효과가 있다.

**027** 다음 중 색재에 관한 설명으로 옳지 않은 것은?

① 메이크업 화장품에 주로 배합되어 색채를 부여한다.
② 커버력을 주기도 하고 자외선을 차단하기도 한다.
③ 유기합성 색소는 타르색소라고도 하며 염료, 레이크, 유기안료 등이 포함된다.
④ 염료는 물이나 오일 등에 잘 녹지 않는 불용성 색소이다.
⑤ 안료는 무기안료와 유기안료로 구분할 수 있다.

**028** 다음 중 보존제에 대한 설명으로 옳은 것은?

① 화장품 안의 산화반응을 억제하여 과산화 물질 발생을 억제한다.
② 미량의 금속이온이 유지류를 산화시키는 것, 냄새가 변하는 것 등을 방지해서 안정성을 위해 사용된다.
③ 디소듐이디티에이(EDTA), 테트라소듐이디티에이(EDTA)가 주로 사용된다.
④ 다량으로 함유되면 자외선 차단에 도움이 된다.
⑤ 유해한 미생물의 증식을 억제하는 등 화장품의 오염을 방지하기 위해 사용된다.

**029** 다음 중 알파하이드록시애씨드(α-Hydroxyacid)에 대한 설명으로 옳지 않은 것은?

① 고농도로 사용하면 효과가 우수하므로 함유량이 높은 것을 구매한다.
② 알파하이드록시애씨드 함유 제품은 햇빛에 대한 피부의 감수성을 증가시킨다.
③ 사용 후에 자외선차단제를 발라주는 것이 좋다.
④ 일부에 시험 사용해서 피부 이상을 확인해야 한다.
⑤ 비타민 A(레티놀) 성분과 함께 사용할 때는 주의해야 한다.

**030** 세안용 화장품(세안제)의 사용으로 씻어내려는 것으로 옳지 않은 것은?

① 얼굴의 피부 표면에 부착되어 있는 피지나 그 산화물
② 각질층의 파편
③ 공기 중의 먼지
④ 피부에 남은 화장품 잔여물
⑤ 피부의 땀과 피지로 만들어진 피부장벽

**031** 다음 중 미백화장품에 대한 설명으로 옳지 않은 것은?

① 멜라닌 생성을 억제하는 방법으로 미백에 도움을 줄 수 있다.
② 멜라닌을 환원시키는 방법으로 미백에 도움을 줄 수 있다.
③ 멜라닌 배출을 촉진하는 방법으로 미백에 도움을 줄 수 있다.
④ 멜라닌 생성을 억제시키는 것은 비타민 E와 그 유도체 성분이다.
⑤ 멜라닌을 환원시키는 것은 비타민 C와 그 유도체 성분이다.

**032** 다음 중 여드름 완화 화장품에 대한 설명으로 옳지 않은 것은?

① 여드름을 예방하거나 여드름이 악화되는 것을 방지하기 위한 화장품이나 의약외품이다.
② 기능성화장품에 포함되는 여드름 억제 화장품에는 세정제가 포함되지 않는다.
③ 여드름 방지 화장품은 모공을 막는 피지를 제거하는 피지분비 억제제가 포함된다.
④ 모공을 막고 있는 각주를 제거하는 각질층 박리 용해제도 여드름 방지 화장품이다.
⑤ 여드름의 염증을 막는 항염증제도 여드름 방지 화장품이다.

**033** 미백 성분 중 나이아신아마이드의 배합 한도로 옳은 것은?

① 0.2~0.5%  ② 0.5~2%
③ 0.5~5%  ④ 2~5%
⑤ 5~10%

**034** 다음 중 샴푸의 기능으로 옳지 않은 것은?

① 거품이 많이 나야 한다.
② 불필요한 피지는 씻어내고 필요한 피지는 남겨야 한다.
③ 물로 씻어내기 쉬워야 하며 비듬과 가려움을 방지해야 한다.
④ 눈이나 두피에 자극이 있어서는 안 된다.
⑤ 모발 손상 방지 효과가 높아야 한다.

**035** 다음 내용의 괄호 안에 공통으로 들어갈 말로 옳은 것은?

- ( )는 광물성 안료라고 한다.
- ( )는 불순물을 함유하거나 색상도 선명하지 못해서 주로 합성으로 사용된다.
- ( )는 빛이나 열에 강하고 화장품용 색소로 널리 사용된다.
- 징크옥사이드, 티타늄디옥사이드가 ( )에 속한다.

① 무기안료  ② 레이크
③ 유기합성색소  ④ 타르색소
⑤ 염료

### 단답형

**036** 다음 괄호 안에 들어갈 알맞은 말을 쓰시오.

( ㉠ )이란 ( ㉡ )을(를) 수용하는 1개 또는 그 이상의 포장과 보호재 및 표시를 목적으로 한 포장(첨부문서 등을 포함한다)을 말한다.

 ㉠  ㉡

**037** 다음 괄호 안에 들어갈 알맞은 말을 쓰시오.

> (     )란 유해 사례와 화장품 간의 인과관계 가능성이 있다고 보고된 정보로서 그 인과관계가 알려지지 아니하거나 입증 자료가 불충분한 것이다.

**038** 다음 괄호 안에 들어갈 알맞은 말을 쓰시오.

> - (          )은(는) 실록산 결합(-Si-O-Si-)을 가지는 유기규소 화합물을 뜻한다.
> - (          )은(는) 화학적으로 합성되며 투명하고 무색이며 무취에 가깝다.
> - (          )은(는) 발림성을 위해 사용되는 경우가 많으며 피부 유연성과 광택을 부여하기도 한다.

**039** 아래의 설명이 무엇에 관한 것인지 쓰시오.

> 이것은 화장품에서는 수렴, 청결, 살균, 가용화 등의 이유로 사용되고 있으며 스킨에서는 수렴, 청량효과, 네일 등에서는 가용화로 사용된다. 이것과 물의 비율이 7:3일 때 살균 소독 효과가 뛰어나다.

**040** 아래의 설명이 무엇에 관한 것인지 쓰시오.

> 화장품 안의 원료들의 산패 또는 산화 등의 반응을 억제하여 피부 자극 물질인 과산화 물질 발생을 방지하며 대표적인 성분으로는 BHA(부틸하이드록시아니솔), BHT(부틸하이드록시톨루엔), 비타민 E(토코페롤) 등이 있다.

## 3과목　유통화장품 안전관리

### 선다형

**041** 다음 중 작업장의 위생기준에 관한 내용으로 옳은 것은?

① 가격이 비싸더라도 효능이 좋은 소모품을 사용해야 한다.
② 작업에 방해가 되지 않게 최소한의 조명을 사용해야 한다.
③ 외부와 연결된 창문은 환기가 잘 되게 여닫음이 용이해야 한다.
④ 세척실과 화장실은 생산구역에 설치되어 접근성이 좋아야 한다.
⑤ 바닥, 벽, 천장은 가능하면 청소하기 쉽게 매끄러운 표면을 지니고 소독제 등의 부식성에 저항력이 있어야 한다.

**042** 다음은 작업장 구역별 위생 상태 중 원료 취급 구역에 대한 설명이다. 옳지 않은 것은?

① 원료보관소와 칭량실은 한곳에 있어야 한다.
② 즉각적으로 치우는 시스템과 절차들이 시행되어야 한다.
③ 모든 드럼의 윗부분은 필요한 경우 이송 전에 칭량구역에서 개봉 전에 검사하고 깨끗하게 하여야 한다.
④ 원료 용기들은 실제로 칭량하는 경우를 제외하고는 뚜껑을 덮어두어야 한다.
⑤ 원료의 포장이 훼손된 경우에는 봉인하거나 즉시 별도의 저장조에 보관한 후에 품질상의 처분 결정을 위해 격리해둔다.

**043** 다음 중 방충과 방서에 관한 내용으로 옳지 않은 것은?

① 담당자는 벌레나 쥐 등이 침입이 가능한 곳을 모두 파악한다.
② 건물이 외부와 통하는 구멍이 나 있는 곳에는 방충망을 설치한다.
③ 외부에서 날벌레 등을 방지하기 위해 유인등을 설치한다.
④ 방충망의 규격은 100메시 이상의 것으로 설치하여 작은 해충의 침입에도 대비하여야 한다.
⑤ 공장 출입구에 에어 샤워나 에어 커튼을 설치해서 외부의 해충을 막는 방법이 있다.

**044** 청정도 등급 관리 기준에서 청정도가 엄격 관리되는 작업실에서의 관리 기준은?

① 낙하균 10개/hr, 부유균 10개/m³
② 낙하균 20개/hr, 부유균 10개/m³
③ 낙하균 10개/hr, 부유균 20개/m³
④ 낙하균 30개/hr, 부유균 20개/m³
⑤ 낙하균 30개/hr, 부유균 200개/m³

**045** 다음 중 이상적인 소독제의 조건으로 옳지 않은 것은?

① 사용기간 동안 활성을 유지해야 한다.
② 제품이나 설비에 잘 반응해야 한다.
③ 광범위한 항균 스펙트럼을 가져야 한다.
④ 5분 이내의 짧은 처리에도 효과를 보여야 한다.
⑤ 소독 전에 존재하던 미생물을 최소 99.9% 이상 사멸시켜야 한다.

**046** 제조구역(생산, 관리, 보관 구역)에 방문객이 들어갔을 때에 반드시 기록해야 하는 것이 아닌 것은?

① 방문객의 성명
② 방문객의 입장시간
③ 방문객의 퇴장시간
④ 방문객의 가족관계
⑤ 자사 동행자의 기록

**047** 다음 중 작업자의 위생 관리에 대한 내용으로 옳지 않은 것은?

① 적절한 위생관리기준 및 절차를 마련해야 하고 준수해야 한다.
② 화장품의 오염을 방지하기 위해 규정된 작업복을 착용해야 한다.
③ 피부에 외상이 있거나 질병이 있으면 직접적으로 접촉하면 안 된다.
④ 제조 구역별 권한이 있는 작업원도 제조, 관리, 보관구역에 가급적 들어가지 않는다.
⑤ 방문객은 제조구역에 접근을 허락받을 수 없다.

**048** 다음 중 설비 및 기구의 위생기준 설정에 대한 내용으로 옳지 않은 것은?

① 결함 발생 및 정비 중인 설비는 적절한 방법으로 표시한다.
② 유지관리 작업이 제품의 품질에 영향을 주더라도 정기적으로 시행되어야 한다.
③ 고장 등 사용이 불가할 경우 표시하여야 한다.
④ 모든 제조 관련 설비는 승인된 자만이 접근·사용하여야 한다.
⑤ 세척한 설비는 다음 사용 시까지 오염되지 않도록 관리해야 한다.


**049** 다음 중 설비 및 기구의 세척에 대한 내용으로 옳지 않은 것은?

① 설비 및 기구의 세척은 세제를 사용하는 것이 가장 좋은 방법이다.
② 세제를 사용한 설비 세척 시에는 설비 내벽에 세제가 남기 쉬우므로 철저하게 닦아내야 한다.
③ 잔존한 세척제는 제품에 악영향을 미칠 수 있으므로 조심해야 한다.
④ 물로 제거하도록 설계된 세제라도 세제 사용 후에 문지르거나 세차게 흐르는 물로 헹군다.
⑤ 세제를 완전히 제거하고 제조 설비 및 도구에 남지 않도록 주의한다.


**050** 다음의 설명에 해당하는 설비, 기구는 무엇인가?

> 제품의 균일성을 얻기 위해서나 혹은 원하는 물리적 성상을 얻기 위해 사용되며 회전되는 날의 간단한 형태부터 정교한 제분기와 균질화기도 있다.

① 탱크　　　　　　　　　　② 혼합 교반장치
③ 펌프　　　　　　　　　　④ 칭량장치
⑤ 호스


**051** 다음 중 설비, 기구의 구성 재질에 대한 내용으로 옳지 않은 것은?

① 세제 및 소독제와 반응해서는 안 된다.
② 다른 설비 부품들과 전기화학 반응이 최소화되도록 하는 재질로 사용되어야 한다.
③ 304, 316 스테인리스 스틸이 많이 사용되고 있다.
④ 주형물질(cast material)이나 거친 표면을 가진 제품은 추천되지 않는다.
⑤ 외부 표면의 코팅은 제품에 대해 저항력을 가지면 안 된다.

**052** 다음 중 비의도적 검출 허용한도에 대해서 옳은 것은?

① 프탈레이트류 – 총 합으로 2,000㎍/g 이하
② 메탄올 – 0.2(v/v)% 이하, 물휴지 – 0.002%(v/v) 이하
③ 포름알데하이드 – 200㎍/g 이하, 물휴지 – 20㎍/g 이하
④ 디옥산 – 10㎍/g 이하
⑤ 수은 – 10㎍/g 이하

**053** 다음 중 원료 및 입고 내용물을 처리할 때 검체 채취 및 시험 단계에 붙여야 하는 라벨의 색상으로 옳은 것은?

① 백색라벨
② 황색라벨
③ 흑색라벨
④ 적색라벨
⑤ 청색라벨

**054** 다음 중 내용물 및 원료의 변질상태 확인에 관련된 내용으로 옳지 않은 것은?

① 천연원료는 합성 물질에 비해서 생균수가 적은 편이다.
② 원료별로 관리기준을 설정해서 실시한다.
③ 반제품은 품질이 변하지 않도록 적당한 용기에 넣어서 지정된 장소에 보관한다.
④ 용기에 명칭 또는 확인코드, 제조번호, 완료된 공정명, 필요한 경우 보관조건 등을 기재한다.
⑤ 최대 보관기간이 가까워진 반제품은 제조 전에 품질 이상 여부를 확인한다.

**055** 다음 중 포장재에 대한 내용으로 옳지 않은 것은?

① 제품과 직접적으로 접촉하는지 여부에 따라서 1차 포장과 2차 포장으로 나눌 수 있다.
② 라벨과 봉함 라벨은 포장재에 포함되지 않는다.
③ 라벨에는 제품 제조번호 및 기타 관리번호가 기입되므로 실수 방지가 중요하다.
④ 포장 작업을 시작하기 전에 포장 작업 관련 문서의 완비 여부, 포장 설비의 청결 및 작동 여부 등을 점검하여야 한다.
⑤ 일정 시점에서 포장재 재고량을 파악, 장부상의 재고는 물론 수시로 현물의 수량을 파악해야 한다.

**056** 다음 중 제품의 보관관리와 처리에 대한 설명으로 옳지 않은 것은?

① 원료, 포장재, 벌크제품, 완제품이 적합 판정 기준을 만족시키지 못한 경우를 "기준 일탈 제품"이라고 부른다.
② 제조된 벌크제품은 보관하고, 남은 원료도 관리절차에 따라서 재보관한다.
③ 기준 일탈이 된 완제품 또는 벌크제품도 재작업할 수 있다.
④ 사용하고 남은 벌크는 변질 및 오염 가능성이 존재하기에 재보관하지 않아야 한다.
⑤ 보관기한의 만료일이 가까운 원료부터 사용한다.

**057** 다음 중 모든 제조 공정이 완료된 화장품을 지칭하는 말로 옳은 것은?

① 반제품
② 완제품
③ 벌크제품
④ 소모품
⑤ 소분

**058** 다음 보기 중 작업장의 오염 요소를 모두 고르면?

> ㄱ. 전 작업의 잔류물  ㄴ. 공기  ㄷ. 분진  ㄹ. 작업장 발생 쓰레기

① ㄷ
② ㄱ, ㄴ
③ ㄷ, ㄹ
④ ㄱ, ㄴ, ㄹ
⑤ ㄱ, ㄴ, ㄷ, ㄹ

**059** 다음 중 작업장에 포함되지 않는 곳은?

① 제조장
② 반제품보관소
③ 충전·포장실
④ 사무실
⑤ 원료보관소

**060** 다음 중 세제의 조건과 작용기능에 대한 설명으로 옳지 않은 것은?

① 접촉면에서 바람직하지 않은 오염 물질을 제거하기 위해 사용된다.
② 화학물질, 혼합액, 용매, 산, 염기, 세제 등이 주로 사용된다.
③ 환경문제와 작업자의 건강 문제로 유용성 세제가 많이 사용된다.
④ 청소와 세제와 소독제는 확인되어야 하고 효과적이어야 한다.
⑤ 세척의 유효기간을 설정해야 한다.

**061** 다음은 작업자의 복장에 대한 설명이다. 아래 내용에 해당하는 복장은?

- 전면 지퍼, 긴 소매, 긴 바지, 주머니 없음
- 손목, 허리, 발목이 고무줄로 되어 있음
- 모자는 챙이 있고 머리를 완전히 감싸는 형태임
- 특수 화장품 제조실에서 사용되며 특수 화장품의 제조 충전자가 사용함

① 방진복
② 작업복
③ 실험복
④ 운동복
⑤ 위생복

**062** 혼합 소분 시의 작업자 위생관리 규정에 대한 내용으로 옳은 것은?

① 소분 전에는 손을 세정하거나 고무장갑을 착용한다.
② 혼합 소분 시에는 방진복을 착용한다.
③ 작업대나 설비 및 도구는 물을 이용해서 깨끗이 씻는다.
④ 피부에 외상이나 질병이 있는 경우는 혼합과 소분 행위를 금지한다.
⑤ 용기 안쪽 면을 터치해서 용기의 마감이 제대로 되었는지 확인한다.

**063** 다음은 무엇에 관한 설명인가?

> • 지방산과 수산화나트륨 또는 수산화칼륨을 함유한 세정제이다.
> • 이것을 이용해서 손을 씻으면 피부자극과 건조로 세균의 수가 증가되기도 한다.
> • 고체 형태와 티슈 형태, 액상 형태 등 다양한 제형이 있다.

① 비누  ② 섬유유연제
③ 아이오딘  ④ 락스
⑤ 알코올

**064** 다음 중 설비·기구 유지 관리 시의 주의사항으로 옳은 것은?

① 설비나 기구가 고장이 났을 때 즉시 시정한다.
② 일간 계획이 일반적이며, 주기적으로 유지·관리한다.
③ 유지하는 기준은 절차서에 포함되어 있다.
④ 외부자가 작동시킬 때에는 위생장갑을 착용한다.
⑤ 설비의 가동 조건을 변경시켰을 때는 구두로 작업자들에게 통보한다.

**065** 유통화장품 안전관리 시험방법 중 메탄올에 대한 시험방법으로 옳지 않은 것은?

① 푹신아황산법
② 원자흡광광도법
③ 기체 크로마토그래프법
④ 기체 크로마토그래프-질량분석기법
⑤ 메탄올 시험법에 사용하는 에탄올은 메탄올이 함유되지 않은 것을 확인하고 사용한다.

## 4과목  맞춤형화장품의 이해

### 선다형

**066** 다음 중 진피에 대한 설명으로 옳지 않은 것은?

① 진피는 표피 밑에 있는 가장 두꺼운 층이다.
② 표피 두께의 약 15~40배 정도이다.
③ 유두층과 망상층으로 구성된다.
④ 망상층에는 랑게르한스 세포가 존재한다.
⑤ 콜라겐과 엘라스틴을 생성하는 섬유아세포가 존재한다.

**067** 다음 중 모주기에 대한 순서로 옳은 것은?

① 성장기 – 휴지기 – 퇴화기 – 초기발생기
② 성장기– 초기발생기 – 휴지기 – 퇴화기
③ 초기발생기 – 성장기 – 퇴화기 – 휴지기
④ 초기발생기 – 퇴화기 – 성장기 – 휴지기
⑤ 성장기 – 퇴화기 – 휴지기 – 초기발생기

**068** 다음 중 맞춤형화장품의 주요 규정에 관한 내용으로 옳지 않은 것은?

① 소비자의 직·간접적인 요구에 따라 기존 화장품의 특정 성분의 혼합이 이루어져야 한다.
② 기본제형이 정해져 있어야 하고, 기본 제형의 변화가 없는 범위 내에서 특정 성분의 혼합이 이루어져야 한다.
③ 브랜드명이 있어야 하고, 브랜드명의 변화가 없이 혼합이 이루어져야 한다.
④ 책임판매업자가 특정 성분의 혼합 범위를 규정하고 있는 경우에는 그 범위 내에서 혼합이 이루어져야 한다.
⑤ 원료 등을 혼합하는 경우도 맞춤형화장품에 포함된다.

**069** 다음 중 모발의 기능이 아닌 것은?

① 보호
② 배출
③ 감각전달
④ 장식
⑤ 재생

**070** 맞춤형화장품의 안전성, 유효성, 안정성을 확보하기 위한 내용으로 옳지 않은 것은?

① 혼합행위를 하기 전에는 손을 소독하거나 세척한다.
② 전염성 질환 등이 있는 경우에는 혼합을 하지 않는다.
③ 혼합 시에 사용하는 장비 또는 기기는 사용 전후에 세척을 통하여 오염방지를 위한 위생관리를 한다.
④ 완제품 및 원료의 입고 시 사용기한을 확인하고, 사용기한이 지난 제품은 사용하지 않는다.
⑤ 원료 등은 직사광선을 닿게 해서 일광소독을 하도록 한다.

**071** 다음 중 맞춤형화장품에 사용할 수 있는 성분은 무엇인가?

① 페녹시에탄올
② 부틸파라벤
③ 메칠이소치아졸리논
④ 벤질알코올
⑤ 글리세린

**072** 다음 중 피부의 구조에 대한 설명으로 옳지 않은 것은?

① 표피 – 피부의 가장 외부에 존재하는 층
② 표피 – 유해물질을 차단하는 장벽 역할
③ 진피 – 피부의 가장 많은 부분을 차지
④ 진피 – 섬유아세포가 존재함
⑤ 피하지방 – 피부의 탄력을 유지

**073** 다음 중 피부의 부속기간에 대한 설명으로 옳지 않은 것은?

① 모발 – 체온을 유지하고 피부를 보호한다.
② 피지선 – 피지를 분비하고 피부 모발에 윤기를 부여한다.
③ 아포크린선 – 모공에 연결된 땀샘으로 악취를 형성하는 원인이다.
④ 에크린선 – 한공을 통해 분비되는 땀샘으로 체온을 유지한다.
⑤ 에크린선 – 단백질 성분이 분해되며 악취가 난다.

**074** 표피의 구조를 외부에서 내부로 나열한 것으로 옳은 것은?

① 각질층 – 유극층 – 과립층 – 기저층
② 각질층 – 과립층 – 유극층 – 기저층
③ 유극층 – 각질층 – 기저층 – 과립층
④ 유극층 – 기저층 – 각질층 – 과립층
⑤ 기저층 – 과립층 – 유극층 – 각질층

**075** 다음 중 진피의 특성으로 옳은 것은?

① 죽은 세포로 구성되어 있다.
② 상처 발생 시 재생을 담당한다.
③ 콜라겐과 엘라스틴 같은 단백질 섬유, 히알루론산과 같은 당성분이 대부분을 차지한다.
④ 기저층, 유두층, 망상층으로 구성되어 있다.
⑤ 피부장벽의 핵심 구조이다.

**076** 다음 중 표피의 특성으로 옳은 것은?

① 피부의 가장 많은 부분을 차지한다.
② 피부 탄력을 유지시켜준다.
③ 지방세포로 구성되어 단열, 충격흡수, 뼈, 근육 보호의 역할을 한다.
④ 유두층과 망상층으로 구성되어 있다.
⑤ 유해물질을 차단하는 장벽 역할을 한다.

**077** 다음 중 피부의 구조 연결이 어색한 것은?

① 표피 – 과립층
② 표피 – 각질형성 세포
③ 진피 – 망상층
④ 진피 – 유극층
⑤ 피하지방 – 지방세포로 구성


**078** 다음 중 표피 구성층들의 역할로 옳지 않은 것은?

① 각질층 – 피부의 최외각에 위치, 죽은 세포로 구성
② 과립층 – 피부장벽 형성이 필요 성분을 제작해서 분비
③ 유극층 – 상처 발생 시 재생을 담당
④ 기저층 – 진피층과의 경계, 표피형성에 필요한 새로운 세포를 형성
⑤ 기저층 – 표피에서 가장 두꺼운 층


**079** 다음 중 표피의 주요 특성으로 옳지 않은 것은?

① 각질세포와 세포 간 지질로 구성된다.
② 주요성분은 케라틴 단백질, 천연보습인자, 지질이다.
③ 천연보습인자의 구성 성분 중 함유량이 가장 많은 것은 아미노산이다.
④ 세포 간 지질의 구성 성분 중 함유량이 가장 많은 것은 세라마이드이다.
⑤ 계면활성제가 함유된 세안제로 자주 세안을 해줘야 세포 간 지질의 장벽이 강화된다.


**080** 다음 중 모발의 구조에 대한 설명으로 옳지 않은 것은?

① 대부분 케라틴 단백질로 이루어져 있다.
② 모간은 모표피, 모피질, 모수질로 구성되어 있다.
③ 모근은 피부 속에 있는 모발을 말한다.
④ 모모세포는 모발의 구조를 만드는 세포이다.
⑤ 모유두는 모모세포로부터 영양을 공급받는다.

**081** 다음 중 관능 평가에 대한 내용으로 보기에 어색한 것은?

① 알러지
② 색상
③ 점도
④ 수분감
⑤ 펌핑력

**082** 다음 중 원료의 제형에 대한 설명으로 옳지 않은 것은?

① 가용화 – 수상에 소량의 오일이 혼합되어 투명한 형상을 보인다.
② 가용화 – 로션, 에센스, 크림 등이 해당된다.
③ 유화 – 유상과 수상이 혼합되어 우윳빛 색을 나타낸다.
④ 유화 – 유화의 종류는 O/W, W/O 제형 등이 포함된다.
⑤ 분산 – 안료가 수상 또는 유상에 균일하게 혼합되어 있는 상태이다.

**083** 다음 중 피부 유형과 특징의 연결이 어색한 것은?

① 지성피부 – 모공이 넓다.
② 지성피부 – 유분이 많다.
③ 중성피부 – 유수분의 밸런스가 균형적이다.
④ 건성피부 – 주름이 쉽게 생기지 않는다.
⑤ 복합성피부 – T존은 과다피지, U존은 건조하다.

**084** 맞춤형화장품 조제관리사의 역할로 옳지 않은 것은?

① 고객 개개인의 특성과 기호에 맞게 화장품 원료 및 내용물을 혼합 판매한다.
② 맞춤형화장품 조제관리사 자격증을 가진 자가 혼합한 화장품이다.
③ 제조 또는 수입된 화장품의 내용물을 소분(小分)하는 업무를 한다.
④ 원료에 원료를 더해서 맞춤형화장품을 제조하는 업무를 한다.
⑤ 고객의 심미석인 부분까지도 상담을 통해서 만족시켜주는 업무를 한다.

**085** 다음 중 모공에 존재하는 것으로 옳지 않은 것은?

① 모낭　　　　　　　　② 모근
③ 아포크린선　　　　　④ 에크린선
⑤ 피지

**086** 다음 중 맞춤형화장품의 표시 및 광고 시 주의사항으로 옳지 않은 것은?

① 사용기한을 표시하는 경우
② 의약품으로 잘못 인식할 우려가 있는 경우
③ 기능성화장품이 아닌 화장품을 기능성화장품으로 잘못 인식할 우려가 있는 경우
④ 천연화장품이 아닌 화장품을 천연화장품으로 잘못 인식할 우려가 있는 경우
⑤ 사실과 다르게 소비자를 속이거나 잘못 인식할 우려가 있는 경우

**087** 다음은 화장품의 1차 포장에 반드시 기재해야 하는 사항에 대한 내용이다. 옳지 않은 것은?

① 화장품의 명칭　　　　② 영업자의 상호
③ 내용물의 용량 또는 중량　　④ 제조번호
⑤ 사용기한 또는 개봉 후 사용기간

**088** 다음은 맞춤형화장품의 표시, 기재 사항이다. 옳지 않은 것은?

① 화장품의 가격
② 화장품의 제조번호
③ 사용기한 또는 개봉 후 사용기간
④ 책임판매업자 및 맞춤형화장품 판매업자 상호
⑤ 맞춤형화장품 조제관리사의 자격증 번호

### 단답형

**089** 다음 중 유화기술로 제조되는 제품을 골라 기호를 쓰시오.

> ㉠ 크림   ㉡ 스킨   ㉢ 향수   ㉣ 파운데이션   ㉤ 팩트

**090** 피부 장벽을 이루는 각질세포 내의 섬유 구조 단백질로, 외부 이물질의 침입을 막는 장벽기능에 중요한 성분을 쓰시오.

**091** 아래의 설명이 무엇에 관한 것인지 쓰시오.

> - 모간의 구조에서 모발 가장 안쪽을 구성하고 있다.
> - 멜라닌 색소를 포함하고 있다.
> - 벌집모양의 세포로 구성되어 있다.

**092** 다음 괄호 안에 들어갈 알맞은 말을 쓰시오.

> - 모발의 주기는 (        )(3~6년)→퇴화기(30~45일)→휴지기(4~5개월, 탈모)→(        )을(를) 반복한다.
> - (        )은(는) 모발이 모모세포 등에 의해서 지속적으로 자라나는 시기이다.

**093** 아래의 설명이 무엇에 관한 것인지 쓰시오.

- 소량의 불용성 물질을 투명한 상태로 용해시키는 것
- 액체에 계면활성제를 이용하는 원리
- 대표적인 제품으로는 스킨, 토너, 헤어토닉, 향수 등이 있음

**094** 아래의 설명이 무엇에 관한 것인지 쓰시오.

인간의 오감을 측정수단으로 촉감 등을 통하여 화장품의 질을 검사하는 방법

**095** 다음 괄호 안에 들어갈 알맞은 말을 쓰시오.

진피층에는 엘라스틴과 (　　)이 서로 얽혀있고, 그 사이를 히알루론산 등의 뮤코다당이 대부분을 차지하고 있고 이를 제작하는 섬유아세포가 존재하는데, 이를 통해서 피부에 탄력이 생긴다.

**096** 아래에서 설명하는 두 땀샘의 명칭을 모두 쓰시오.

땀샘에는 두 가지가 있다. 하나는 겨드랑이와 외음부 등에, 하나는 전신에 분포하며 체온조절을 한다.

**097** 다음은 피부 유형 중 어떤 피부에 대한 설명인지 쓰시오.

- 유수분의 밸런스가 균형적이다.
- 피부결이 곱고 윤기가 나며 피부트러블이 없다.
- 이상적인 피부 타입으로 불리고 있다.

**098** 다음 괄호 안에 공통으로 들어갈 알맞은 말을 쓰시오.

- ( )는(은) 림프구로 항원 정보를 전달하는 역할을 한다.
- ( )는(은) 외부에서 이물질이 침입하는 것을 막아준다.
- ( )는(은) 너무 과해지면 아토피와 접촉성 피부염 등을 야기한다.

**099** 아래의 설명이 무엇에 관한 것인지 쓰시오.

- 이곳은 피부의 제일 바깥층으로 편평상피세포가 중첩되어 각화되는 매우 얇은 조직이다.
- 각질형성세포와 멜라닌세포 등의 유기적 결합으로 형성되어 있다.

**100** 아래의 설명이 무엇에 관한 것인지 쓰시오.

- 지용성 비타민이다.
- 피부 세포의 신진대사 촉진 효과가 있다.
- 피지 분비를 억제해주는 효과가 있다.
- 사용했을 때 광민감성이 올라간다.
- 유도체 형태로 활용되기도 한다.

# PART 3 제3회 실전모의고사

100문항 / 120분

## 1과목 화장품법의 이해

**001** 다음 중 판매 가능한 화장품은?

① 포장이 훼손된 화장품의 표시를 새로 고쳐서 맞춤형화장품으로 판매한 화장품
② 화장품에 사용할 수 없는 원료를 사용한 화장품
③ 맞춤형화장품 판매업을 신고하였으나 맞춤형화장품 조제관리사를 두지 않고 판매한 화장품
④ 심사 또는 화장품 보고서를 제출하지 않은 기능성화장품
⑤ 의약품으로 잘못 인식할 우려가 있도록 표시, 광고된 화장품

**002** 다음 중 화장품의 유형별 특성이 제대로 연결되어 있는 것은?

① 영유아 제품류 – 버블 배스(bubble baths)
② 목욕용 제품류 – 바디 클렌저(body cleanser)
③ 눈 화장용 제품류 – 아이 메이크업 리무버(eye make-up remover)
④ 두발용 제품류 – 남성용 탤컴(talcum)
⑤ 기초 화장용 제품류 – 데오도런트

**003** 다음 중 화장품제조업을 등록할 때 필요한 것이 아닌 것은?

① 등록 신청서
② 책임판매업자와 체결한 계약서 사본
③ 등기사항 증명서
④ 시설 명세서
⑤ 건강진단서

쭌이덕의 맞춤형화장품 조제관리사

**004** 다음 중 등록의 취소, 영업의 폐쇄, 제조 · 수입 · 판매의 금지 또는 정지 사항에 해당되지 않는 것은?

① 화장품제조업 또는 화장품책임판매업의 변경사항 등록을 안 한 경우
② 국민 보건에 위해를 끼쳤거나 끼칠 우려가 있는 화장품을 제조, 수입한 경우
③ 심사를 받지 않았거나 보고서를 제출한 기능성화장품을 판매한 경우
④ 제품별 안전성 자료를 작성 또는 보관하지 않은 경우
⑤ 영업자의 준수사항을 이행하지 않은 경우

**005** 다음은 화장품책임판매업 등록사항 변경에 관한 내용이다. 빈칸에 들어갈 말로 알맞게 짝지어진 것은?

> 화장품책임판매업자는 변경등록을 하는 경우에는 변경 사유가 발생한 날부터 ( ㉠ )일(행정구역 개편에 따른 소재지 변경의 경우에는 ( ㉡ )일 이내에 화장품책임판매업 변경등록 신청서(전자문서로 된 신청서를 포함한다)에 화장품책임판매업 등록필증과 해당 서류(전자문서를 포함한다)를 첨부하여 지방식품의약품안전청장에게 제출하여야 한다.

|  | ㉠ | ㉡ |
|---|---|---|
| ① | 15 | 30 |
| ② | 15 | 60 |
| ③ | 30 | 60 |
| ④ | 30 | 90 |
| ⑤ | 60 | 90 |

**006** 다음은 「개인정보 보호법」에 관한 내용이다. 옳은 것을 고르면?

① 개인정보란 살아있는 개인에 관한 정보로서 개인을 알아볼 수 있는 정보를 말하며, 3세 미만 어린이의 정보는 포함하지 않는다.
② 개인정보처리자는 업무를 목적으로 개인정보 파일을 운용하는 공공기관과 법인만 해당한다.
③ 민감정보란 사상, 신념, 정당의 가입 · 탈퇴, 정치적 견해 등의 정보를 말한다.
④ 유전자 검사 등의 결과로 얻어진 유전 정보는 고유식별정보이다.
⑤ 개인정보 처리자는 민감정보에 대해서 개인정보 처리에 대한 동의와 별도로 동의를 받더라도 민감정보를 처리하여서는 아니 된다.

**007** 다음 중 민감정보의 범위에서 제외되는 정보가 아닌 것은?

① 개인정보를 목적 외의 용도로 이용하거나 이를 제3자에게 제공하지 아니하면 다른 법률에서 정하는 소관 업무를 수행할 수 없는 경우로서 보호위원회의 심의·의결을 거친 경우
② 화장품전문가협회의 협정을 이행하기 위하여 제공이 필요한 경우
③ 범죄의 수사와 공소의 제기 및 유지를 위하여 필요한 경우
④ 법원의 재판 업무 수행을 위하여 필요한 경우
⑤ 형(形) 및 감호, 보호처분의 집행을 위하여 필요한 경우

### 단답형

**008** 다음 빈칸에 들어갈 알맞은 답을 작성하시오.

> **염류의 예** : 소듐, 포타슘, 칼슘, 마그네슘, 암모늄, 에탄올아민, 클로라이드, 브로마이드, 설페이트, 아세테이트, 베타인 등
> (        ) : 메칠, 에칠, 프로필, 이소프로필, 부틸, 이소부틸, 페닐

**009** 개인정보처리에 관한 다음 내용 중 괄호 안에 들어갈 알맞은 나이를 쓰시오.

> 개인정보처리자는 만 (        ) 미만 아동의 개인정보를 처리하기 위하여 이 법에 따른 동의를 받아야 할 때에는 그 법정대리인의 동의를 받아야 한다. 이 경우 법정대리인의 동의를 받는 데 필요한 최소한의 정보는 법정대리인의 동의 없이 해당 아동으로부터 직접 수집할 수 있다.

**010** 다음 괄호 안에 들어갈 알맞은 내용을 쓰시오.

> (     )란 살아 있는 개인에 관한 정보로서 다음 각 목의 어느 하나에 해당하는 정보를 말한다.
> 가. 성명, 주민등록번호 및 영상 등을 통하여 개인을 알아볼 수 있는 정보
> 나. 해당 정보만으로는 특정 개인을 알아볼 수 없더라도 다른 정보와 쉽게 결합하여 알아볼 수 있는 정보. 이 경우 쉽게 결합할 수 있는지 여부는 다른 정보의 입수 가능성 등 개인을 알아보는 데 소요되는 시간, 비용, 기술 등을 합리적으로 고려하여야 한다.
> 다. 가목 또는 나목을 제1호의2에 따라 가명처리함으로써 원래의 상태로 복원하기 위한 추가 정보의 사용·결합 없이는 특정 개인을 알아볼 수 없는 정보(이하 "가명정보"라 한다)

## 2과목 화장품 제조 및 품질관리

### 선다형

**011** 다음은 화장품에 사용되는 원료들이다. 제대로 묶이지 않은 것은?

① 수성원료 – 정제수, 에탄올, 폴리올(글리세린, 부틸렌글라이콜, 프로필렌글라이콜)
② 유성원료 – 스테아릴산, 라우릴산(고급지방산)
③ 계면활성제 – 폴리비닐알코올, 잔탄검, 카보머
④ 비타민 – 아스코빅애씨드, 레티놀, 토코페롤아세테이트
⑤ 향료 – 라벤더, 로즈마리, 재스민

**012** 다음 중 계면활성제에 대한 설명으로 잘못된 것은?

① 친수성과 친유성을 둘 다 가지고 있다.
② 계면을 활성화시키는 물질이다.
③ 표면장력을 높여준다.
④ 표면활성제라고도 부른다.
⑤ 용도에 따라 유화제, 가용화제, 거품형성제, 세정제 등으로 나눌 수 있다.

**013** 다음 중 자극이 큰 순서대로 올바르게 나열된 것은?

> ㉠ 양이온성   ㉡ 음이온성   ㉢ 양쪽성   ㉣ 비이온성

① ㉠ > ㉡ > ㉢ > ㉣
② ㉠ > ㉡ > ㉣ > ㉢
③ ㉡ > ㉠ > ㉢ > ㉣
④ ㉡ > ㉠ > ㉣ > ㉢
⑤ ㉢ > ㉠ > ㉡ > ㉣

**014** 다음 중 미백화장품에 사용되는 원료가 아닌 것은?

① 비타민 C 유도체
② 닥나무추출물
③ 레티놀
④ 알부틴
⑤ 나이아신아마이드

**015** 착향제의 구성 성분 중 해당 성분의 명칭을 기재·표기하여야 하는 알레르기 유발 성분에 해당하지 않는 것은?

① 아밀신남알
② 하이드록시시트로넬알
③ 아니스알코올
④ 참나무이끼추출물
⑤ 에칠헥실메톡시신나메이트

**016** 다음 중 주어진 설명이 무엇에 관한 것인지 고르면?

> • 피부를 하얗게 나타낼 목적으로 사용하는 원료
> • 커버력을 주는 목적으로도 사용
> • 특정한 파장의 빛을 흡수하는 것이 아니라 빛을 산란시켜 흰색을 잘 나타냄

① 백색안료
② 착색안료
③ 체질안료
④ 천연염료
⑤ 합성염료

**017** 다음 중 주름개선 성분으로 옳지 않은 것은?

① 레티놀
② 레티닐팔미테이트
③ 아데노신
④ 토코페릴아세테이트
⑤ 폴리에톡실레이티드레틴아마이드

**018** 다음 중 유성원료에 대한 설명으로 옳은 것은?

① 야자수유와 올리브유는 합성 오일에 포함된다.
② 동물성 오일은 피부 친화력이 높다.
③ 실리콘 오일과 이소프로필미리스테이트는 광물성 오일이다.
④ 광물성 오일은 식물성 오일에 비해서 흡수가 잘 안 된다.
⑤ 합성 오일은 끈적임이 심해서 사용감이 좋지 않다.

**019** 다음은 고압가스를 사용하는 에어로졸 제품의 보관 및 취급상의 주의사항에 관한 내용이다. 옳지 않은 것을 모두 고르면?

① 가연성 가스를 사용하지 않는 제품은 섭씨 40도 이상의 장소에 보관할 것
② 가연성 가스를 사용하는 제품은 불꽃을 향하여 사용하지 말 것
③ 밀폐된 실내에서 사용한 후에는 반드시 환기를 해야 하며 불 속에 버리지 말 것
④ 고압가스를 사용하지 않는 분무형 자외선차단제는 얼굴에 직접 분사하지 말 것
⑤ 가능한 인체에서 10cm 이내로 붙여서 사용할 것

**020** 유지, 왁스 등의 성분이 공기 중의 산소를 통해 변질되는 산패 현상을 억제하는 성분으로 안정성을 유지하기 위해 주로 사용되는 화장품 원료는 무엇인가?

① 산화방지제
② 보존제
③ 금속이온봉쇄제
④ 살균제
⑤ 향료

**021** 다음 중 화장품 사용상의 공통 주의사항이 아닌 것은?

① 직사광선을 피해서 보관할 것
② 눈 주위를 피해서 사용할 것
③ 어린이의 손이 닿지 않는 곳에 보관할 것
④ 화장품 사용 시 붉은 반점, 가려움증 등의 이상 증상이 있을 시 전문의 등과 상담할 것
⑤ 상처가 있는 부위 등에는 사용을 자제할 것

**022** 다음 중 티타늄디옥사이드를 사용할 경우 사용한도는 얼마인가?

① 5%  
② 10%  
③ 20%  
④ 25%  
⑤ 30%

**023** 다음 중 샴푸의 기능으로 옳은 것은?

① 불필요한 피지는 씻어내고 피부에 필요한 피지는 남긴다.
② 건조 후에 정전기를 방지할 수 있어야 한다.
③ 건조 후에 빗이나 브러시로 잘 빗어주어야 한다.
④ 모발의 표면을 매끄럽게 할 수 있어야 한다.
⑤ 두발을 유연하게 해주어야 한다.

**024** 다음 중 보존제의 사용한도로 옳은 것은?

① 글루타랄 : 1.0%
② 디아졸리디닐우레아 : 0.6%
③ 디엠디엠하이단토인 : 0.6%
④ 메칠이소치아졸리논 : 사용 후 씻어내는 제품에 0.015%
⑤ 벤질알코올 : 0.1%

**025** 다음 중 화장품 사용 시 주의사항으로 옳지 않은 것은?

① 미세한 알갱이가 함유되어 있는 스크럽 세안제 – 알갱이가 눈에 들어갔을 때에는 물로 씻어내고 이상이 있을 경우 전문의와 상담
② 모발용 샴푸 – 사용 후 물로 씻어내지 않으면 탈모 또는 탈색의 원인이 될 수 있으므로 주의할 것
③ 퍼머넌트 웨이브 제품 및 스트레이트 제품 – 2단계 파마액 중 그 주성분이 과산화수소인 제품은 머리카락이 끊어질 수 있으므로 유의하여 사용할 것
④ 외음부 세정제 – 만 3세 이하 어린이에게는 사용하지 말 것
⑤ 체취 방지용 제품 – 털을 제거한 직후에는 사용하지 말 것

**026** 다음 중 성격이 다른 하나는?

① 소듐
② 칼슘
③ 마그네슘
④ 클로라이드
⑤ 이소프로필

**027** 다음 중 탄화수소에 해당하지 않는 것은?

① 스쿠알렌
② 스쿠알란
③ 페트롤라툼
④ 미네랄오일
⑤ 에스테르오일

**028** 다음 중 화장품의 효과와 기능으로 옳지 않은 것은?

① 스킨(화장수) – 피부를 청결하게 하고 수분과 보습 성분을 보급하여 피부를 건강하게 유지시키는 기초화장품. 대부분 투명한 수용액이며 가용화법으로 만들어진다.
② 크림 – 피부에 수분과 유분을 공급하여 보습효과나 유연 효과를 부여한다. 방벽기능이 저하된 피부를 개선시켜준다.
③ 로션 – 스킨과 크림의 중간적인 성질을 가지고 있고 크림에 비해 고형 유분이나 왁스의 사용비율이 적고 유동성이 있는 에멀젼이다. 산뜻한 O/W형이 많다.
④ 에센스 – 스킨과 비슷한 제형으로 점성이 없다. 보습기능은 훌륭하나 유연기능이 부족해 피부가 거칠어지는 것을 방지하는 기능은 부족하다.
⑤ 미백화장품 – 자외선으로 인한 멜라닌 색소 생성 억제, 멜라닌 색소의 환원, 멜라닌 색소의 배출 촉진 등의 작용을 하며 기미, 주근깨 발생을 방지한다.

**029** 다음 중 자외선차단제 성분이 아닌 것은?

① 벤조일퍼옥사이드
② 징크옥사이드
③ 벤조페논-8
④ 부틸메톡시디벤조일메탄
⑤ 에칠헥실메톡시신나메이트

**030** 다음 중 제조지시서에 포함되어야 되는 내용으로 옳지 않은 것은?

① 제조를 하달받은 작업자의 이름
② 제조번호, 제조 연월일 또는 사용기한(또는 개봉 후 사용기간)
③ 제조단위
④ 제조 설비명
⑤ 제품명

**031** 다음은 화장품의 제조공정에 대한 내용이다. 순서대로 나열한 것으로 옳은 것은?

⊙ 제조지시서 발행   ⓒ 제조번호 지정   ⓒ 원료불출
② 제조 작업 개시   ⑩ 제조설비 및 기구의 청소 상태 확인

① ㉠ → ㉡ → ㉢ → ㉣ → ㉤
② ㉡ → ㉠ → ㉢ → ㉤ → ㉣
③ ㉡ → ㉠ → ㉤ → ㉢ → ㉣
④ ㉢ → ㉡ → ㉠ → ㉣ → ㉤
⑤ ㉢ → ㉡ → ㉠ → ㉤ → ㉣

**032** 다음 중 위해평가가 필요한 경우가 아닌 것은?

① 위해성에 근거하여 사용금지를 설정할 때
② 현 사용한도 성분의 기준 적절성을 판단할 때
③ 비의도적 오염물질의 기준을 설정할 때
④ 위해관리 우선순위를 설정할 때
⑤ 불법으로 유해물질을 화장품에 혼입한 경우

**033** 다음 중 위해평가 방법으로 옳지 않은 것은?

① 위해평가 단계별 책임자를 정하는 등 역할을 분담한다.
② 위해평가에 필요한 정보를 확인한다.
③ 위해평가의 대상을 결정한다.
④ 위해평가의 대상은 광범위하게 설정한다.
⑤ 위해평가 소요기간을 정하고 위해관리자에게 소요기간에 대해 통보한다.

**034** 식품의약품안전처에서는 알레르기가 있는 소비자들의 안전을 확보하기 위해 전성분에 표시된 성분 외에도 향료 성분에 대한 정보를 제공하기 위해서 몇 종의 성분을 표시하도록 하였는데, 몇 종의 성분을 표시하도록 하였는가?

① 10종
② 15종
③ 25종
④ 35종
⑤ 40종

**035** 다음 중 화장품 품질의 특성으로 옳지 않은 것은?

① 유용성 – 자외선차단효과, 세정효과, 색채효과
② 사용성 – 사용감, 기호성, 사용 편리성
③ 사용성 – 화장품 사용 시 오감으로 느끼는 모든 인상
④ 안전성 – 특수·가혹 보존시험은 안전성 시험에 해당
⑤ 안정성 – 변질, 변취, 미생물 오염 등이 없을 것

 단답형

**036** 다음의 빈칸에 들어갈 알맞은 말을 쓰시오.

> 이온이란 원자상태에서는 전기를 띄지 않고 물에서는 전기를 띄는 상태를 말한다.
> 양쪽성 계면활성제는 물이 산성일 때 ( ㉠ ), 물이 알칼리성일 때 ( ㉡ )이다.

㉠                                    ㉡

**037** 화장품의 위해평가 방법은 다음의 각 호와 같다. 빈칸에 들어갈 알맞은 내용을 쓰시오.

① 위험성 확인 : 위해요소에 노출됨에 따라 발생할 수 있는 독성의 정도와 영향의 종류 등을 파악한다.
② 위험성 결정 : 동물 실험결과, 동물대체 실험결과 등의 불확실성 등을 보정하여 인체노출 허용량을 결정한다.
③ ( ㉠ ) : 화장품의 사용을 통하여 노출되는 위해요소의 양 또는 수준을 정량적 또는 정성적으로 산출한다.
④ ( ㉡ ) : 위해요소 및 이를 함유한 화장품의 사용에 따른 건강상영향, 인체노출 허용량 또는 수준 및 화장품 이외의 환경 등에 의하여 노출되는 위해요소의 양을 고려하여 사람에게 미칠 수 있는 위해의 정도와 발생빈도 등을 정량적 또는 정성적으로 예측한다.

㉠                        ㉡

**038** 다음은 위해사례 보고에 대한 내용 중 보고의 종류와 방법에 대한 내용이다. 빈칸에 들어갈 알맞은 내용을 쓰시오.

- ( ㉠ )보고 : 화장품책임판매업자는 정보를 알게 된 날로부터 15일 이내에 ( ㉠ )보고
  – 중대한 위해 사례 또는 이와 관련하여 식약처장이 보고를 지시한 경우
  – 판매 중지나 회수에 준하는 외국 정부의 조치 또는 이와 관련하여 식약처장이 보고를 지시한 경우
- ( ㉡ )보고 : 화장품책임판매업자는 ( ㉠ )보고 이외의 안전성 정보를 매 반기 종료 후 1월 이내에 ( ㉡ )보고

㉠                        ㉡

**039** 다음 내용의 빈칸에 들어갈 알맞은 내용을 쓰시오.

손·발의 피부연화 제품(요소제제의 핸드크림 및 풋크림)은 (            )을 함유하고 있으므로 이 성분에 과민하거나 알레르기 병력이 있는 사람은 신중히 사용해야 한다.

**040** 다음 내용의 빈칸에 알맞은 내용을 쓰시오.

> 위해 화장품의 회수의무자는 회수계획서 작성 시 회수종료일을 다음의 구분에 따라 정하여야 한다. 다만, 해당 등급별 회수기한 이내에 회수종료가 곤란하다고 판단되는 경우에는 지방식품의약품안전처장에게 그 사유를 밝히고 그 회수기한을 초과하여 정할 수 있다.
> • 1등급 위해성 : 회수를 시작한 날을 기점으로 ( ㉠ ) 이내
> • 2등급, 3등급 위해성 : 회수를 시작한 날을 기점으로 ( ㉡ ) 이내

㉠                                            ㉡

## 3과목 유통화장품 안전관리

### 선다형

**041** 다음 중 작업장의 위생에 대한 설명으로 옳지 않은 것은?

① 작업장의 오염 요소로는 전 작업의 잔류물과 작업장 발생 쓰레기 등이 있다.
② 작업장은 환기가 잘되고 청결해야 한다.
③ 제품의 오염을 방지하고 적절한 온도 및 습도를 유지해야 한다.
④ 공기 조화 시설 등 적절한 환기 시설을 갖추어야 한다.
⑤ 제조시설이나 설비의 세척에 사용되는 세제 또는 소독제는 효능이 입증된 것을 사용하고 잔류하여 잔여 미생물이 없이 완벽한 무균상태를 추구하여야 한다.

**042** 다음은 작업장 구역별 위생 상태 중 제조구역에 관한 설명이다. 옳지 않은 것은?

① 청소 후에 호스는 완전히 비워져야 하고 건조되어야 한다.
② 호스는 정해진 지역의 바닥에 보관한다.
③ 탱크의 바깥 면들은 정기적으로 청소되어야 한다.
④ 표면은 청소하기 용이한 재료질로 설계되어야 한다.
⑤ 페인트의 벗겨진 칠은 보수한다.

**043** 다음은 방충 방서를 위한 관리에 대한 내용이다. 옳지 않은 것은?

① 실내압을 외부보다 높게 한다.
② 골판지, 나무 부스러기 등을 방치하지 않는다.
③ 배기구, 흡기구의 필터 폐수구에는 트랩을 달아준다.
④ 창문은 차광해서 빛이 새어나가지 않게 해야 한다.
⑤ 환기가 용이하도록 개방 가능한 창문을 최대한 많이 설치한다.

**044** 소독제의 효과에 영향을 미치는 요인으로 옳지 않은 것은?

① 사용 약제의 종류
② 사용 농도
③ 실내 온도, 습도
④ 작업자의 숙련도
⑤ 소독제의 가격

**045** 작업장 내 직원 위생관리 절차서의 포함사항이 아닌 것은?

① 작업 시의 복장
② 작업자의 건강상태
③ 작업자의 옷 입는 순서
④ 작업 중 주의사항
⑤ 방문객 및 교육훈련을 받지 않는 작업자의 위생관리

**046** 다음 중 설비 및 기구관리에 대한 설명으로 옳지 않은 것은?

① 설비의 유지관리란 설비의 기능을 유지하기 위하여 실시하는 정기 점검이다.
② 유지관리는 예방적활동, 유지보수, 정기검교정으로 구분할 수 있다.
③ 예방적활동은 주요 설비 및 시험장비에 대해서 실시한다.
④ 예방적활동은 부속품들이 고장이 났을 경우 바로 수리할 수 있게 항상 준비하는 것을 말한다.
⑤ 점검작업 그 자체가 제품 품질에 영향을 미쳐서는 안 된다.

**047** 다음 중 설비 및 기구 세척의 원칙으로 옳지 않은 것은?

① 위험성이 없는 용제로 세척한다.
② 가능하면 세제를 사용하지 않는다.
③ 증기 세척은 좋은 방법이다.
④ 브러시 등으로 문질러 지우는 것은 좋지 않다.
⑤ 세척의 유효기간을 만든다.

**048** 다음 보기 중 호스에서 주로 사용되는 구성재질로 옳지 않은 것은?

① 강화된 식품 등급의 고무
② 네오프렌
③ 타이곤
④ 316 스테인리스 스틸
⑤ 나일론

**049** 다음 중 미생물 한도에 대한 내용으로 옳지 않은 것은?

① 총 호기성 생균수는 영유아용 제품류 및 눈 화장용 제품류의 경우 500개/g(mL) 이하
② 물휴지의 경우 세균 및 진균수는 각각 100개/g(mL) 이하
③ 기타 화장품의 경우 1,000개/g(mL) 이하
④ 대장균은 검출되어서는 안 됨
⑤ 녹농균, 황색포도상구균은 10개/g(mL) 이하

**050** 다음 중 입고된 원료 및 내용물 관리에 대한 내용으로 옳지 않은 것은?

① 납품 시 거래명세서 및 발주 요청서와 일치하는 원료가 납품되었는지 확인한다.
② 화장품 원료의 용기 표면에 주의사항이 있는지 확인한다.
③ 화장품 원료의 포장이 훼손되어 있는지 확인한다.
④ 원료의 시험 의뢰를 위해 판정 대기소에 보관할 때는 청색라벨을 부착한다.
⑤ 시험판정결과에 따라서 보관 장소별로 보관한다.

**051** 보관 중인 화장품 원료의 출고, 보관 관리에 대한 내용으로 옳지 않은 것은?

① 시험 결과 적합 판정난 것과 부적합 판정난 것을 선입선출 방식으로 출고해야 한다.
② 원자재, 반제품 및 벌크제품은 품질에 나쁜 영향을 미치지 아니하는 조건에서 보관한다.
③ 원자재, 반제품 및 벌크제품은 바닥과 벽에 닿지 않도록 보관한다.
④ 원자재, 시험 중인 제품 및 부적합품은 각각 구획된 장소에서 보관하여야 한다.
⑤ 설정된 보관 기한이 지나면 사용의 적절성을 결정하기 위해 재평가 시스템을 확립하여야 한다.

**052** 벌크 제품의 사용기한과 보관에 관한 내용으로 옳은 것은?

① 벌크를 제조하고 남은 원료는 재보관할 수 없다.
② 벌크제품 및 원료를 보관할 때의 용기는 크게 중요하지 않다.
③ 벌크 및 원료는 불출할 때 최근에 보관한 최신의 것으로 불출한다.
④ 남은 벌크는 재보관하고 재사용할 수 있다.
⑤ 재보관과 재사용을 반복하는 것은 경제적 측면에서 권장된다.

**053** 다음 중 내용물 및 원료의 폐기에 관한 설명으로 옳지 않은 것은?

① 화장품 제조 시에 보관용 검체를 보관하는 것은 중요하다.
② 보관용 검체는 사용기한 경과 후 1년간 보관한다.
③ 원료와 내용물, 벌크 제품과 완제품이 적합 판정기준을 만족시키지 못할 경우에는 기준 일탈 제품으로 지칭한다.
④ 기준 일탈된 완제품 또는 벌크 제품은 재작업을 할 수 없다.
⑤ 기준 일탈 제품은 폐기하는 것이 가장 바람직하며, 「폐기물 관리법」에 의거하여 폐기한다.

**054** 포장재 입고를 위한 기본 지침에 대한 내용으로 옳은 것은?

① 일상 시점에서 포장재 재고량을 파악하며, 수시 재고조사는 시행하지 않는다.
② 생산 계획에 따라 필요한 포장재의 수량을 예측하여 포장재를 다 사용하고 발주를 넣는다.
③ 포장재 입고 시마다 무작위 추출한 검체는 장비를 이용해서 검사하고 기록을 남긴다.
④ 검사 내용은 재질확인, 용량, 치수 및 용기 외관, 인쇄내용 등을 검사한다.
⑤ 오타나 제품 정보의 누락 등 자세한 내용보다는 잉크의 번짐 등을 주로 검사한다.

**055** 다음 중 동일한 조건 아래에서 만들어진 균일한 특성 및 품질을 갖는 제품군을 말하는 용어는 무엇인가?

① 벌크 제품
② 배치
③ 완제품
④ 소모품
⑤ 반제품

**056** 다음 제조 설비 중 탱크에 대한 설명으로 옳지 않은 것은?

① 온도/압력 범위가 모든 공정단계의 제품에 적합해야 한다.
② 제품에 해로운 영향을 미쳐서는 안 된다.
③ 세척과정에서 세제 및 소독제와 반응하면 안 된다.
④ 스테인리스 스틸이 주로 탱크의 표면에 사용된다.
⑤ 유리섬유 폴리에스터의 플라스틱으로 안을 댄 탱크는 사용할 수 없다.

**057** 다음은 공기 조절의 4요소이다. 옳지 않은 내용은?

> **공기조절의 4요소** : 청정도, 실내온도, 습도, 기류

① 청정도는 공기정화기로 조절이 가능하다.
② 실내온도는 열 교환기를 이용할 수 있다.
③ 습도는 가습기로 조절이 가능하다.
④ 기류는 선풍기로 조절이 가능하다.
⑤ 공기조절의 4요소는 청정 등급 유지에 필수적이고 중요하다.

**058** 다음 중 소독제의 조건으로 옳은 것은?

① 가격이 비싸고 효과가 좋아야 한다.
② 독성이 강해서 미생물 분해력이 좋아야 한다.
③ 강한 소독제 냄새가 나야 한다.
④ 5분 이내의 짧은 처리에도 효과를 보여야 한다.
⑤ 소독 전에 존재하던 미생물을 최소 90% 이상 사멸시켜야 한다.

**059** 다음 중 설비 세척의 원칙으로 옳지 않은 것은?

① 위험성이 없는 용제로 세척한다.
② 물이 최적의 용제이다.
③ 가능한 세제를 사용하지 않는다.
④ 설비 내벽에 남은 잔존한 세척제로 미생물 사멸을 하는 방식이 주로 사용된다.
⑤ 분해할 수 있는 설비는 분해해서 세척한다.

**060** 다음 중 유통화장품 안전관리 시험방법 중 납 성분을 검사하는 시험방법으로 옳지 않은 것은?

① 디티존법
② 비색법
③ 원자 흡광 광도법
④ 유도 결합 플라즈마 분광기를 이용하는 방법
⑤ 유도 결합 플라즈마 질량분석기를 이용하는 방법

**061** 다음은 어떠한 용기에 대한 설명인가?

> 광선의 투과를 방지하는 용기 또는 투과를 방지하는 포장을 한 용기를 말한다.

① 차광용기   ② 밀봉용기
③ 밀폐용기   ④ 기밀용기
⑤ 보온용기

**062** 다음 중 원자재에 포함되지 않는 것은 무엇인가?

① 표시재료   ② 용기
③ 포장재     ④ 첨부문서
⑤ 작업장

**063** 원자재 입고 절차 중 육안 확인으로 결함을 확인했을 경우 해야 할 행동으로 옳은 것은?

① 격리 보관 및 폐기하거나 공급업자에게 반송
② 자재 보관실로 이동 후 선입선출방식으로 보관
③ 식품의약품안전처에 즉시 시정조치 연락
④ 관리번호를 부여해서 격리
⑤ 제조번호를 확인하고 검사 중 상태로 변경

**064** 유통화장품의 안전관리 기준 중 검출 허용 한도에 대한 설명으로 옳지 않은 것은?

① 비소 : 10㎍/g 이하
② 수은 : 10㎍/g 이하
③ 안티몬 : 10㎍/g 이하
④ 디옥산 : 100㎍/g 이하
⑤ 카드뮴 : 5㎍/g 이하

**065** 다음 중 검출허용한도에 대한 내용의 빈칸에 들어갈 알맞은 말은?

> 내용량의 기준은 다음 각 호와 같다.
> ① 제품 ( ㉠ )개를 가지고 시험할 때 그 평균 내용량에 대하여 ( ㉡ ) 이상(다만, 화장 비누의 경우 건조 중량을 내용량으로 한다)
> ② 제1호의 기준치를 벗어날 경우 : 6개를 더 취하여 시험할 때 ( ㉢ )개의 평균 내용량이 제1호의 기준치 이상

|   | ㉠ | ㉡ | ㉢ |
|---|---|---|---|
| ① | 1 | 90% | 7 |
| ② | 2 | 90% | 8 |
| ③ | 2 | 95% | 8 |
| ④ | 3 | 95% | 9 |
| ⑤ | 3 | 97% | 9 |

## 4과목 맞춤형화장품의 이해

**066** 다음 중 맞춤형화장품의 정의에 대한 설명으로 옳은 것은?

① 고객의 취향에 무관하게 맞춤형화장품 조제관리사가 고객의 피부타입에 맞게 혼합, 소분해주는 화장품
② 제조 또는 수입된 원료에 다른 화장품의 내용물을 추가하여 혼합한 화장품
③ 제조 또는 수입된 화장품의 내용물에 식품의약품안전처장이 정하는 원료를 추가하여 혼합한 화장품
④ 제조 또는 수입된 화장품에 보존제를 추가한 화장품
⑤ 맞춤형화장품 조제관리사가 제조실에서 직접 원료를 통해 제조한 화장품

**067** 다음 중 맞춤형화장품 판매업자의 준수사항으로 옳지 않은 것은?

① 맞춤형화장품 판매업소마다 맞춤형화장품 조제관리사가 있어야 한다.
② 둘 이상의 책임판매업자와 계약하는 경우 사전에 각각의 책임판매업자에게 고지하고 계약해야 한다.
③ 책임판매업자와 계약한 사항을 준수한다.
④ 맞춤형화장품 혼합, 소분에 필요한 장소, 시설 및 기구를 정기적으로 점검한다.
⑤ 맞춤형화장품 판매 시 관할 구청장에게 주의사항에 대해 설명해야 한다.

**068** 혼합, 소분 시의 오염방지에 대한 내용으로 옳지 않은 것은?

① 혼합, 소분 전에는 손을 소독한다.
② 혼합, 소분 전에는 손을 세정한다.
③ 혼합, 소분에 사용되는 장비는 사용 후에만 세척한다.
④ 혼합, 소분된 제품을 담을 용기의 오염 여부를 확인한다.
⑤ 손가락이 용기 안쪽 면에 닿지 않게 주의한다.

**069** 다음 중 피부의 기능으로 옳지 않은 것은?

① 보호기능
② 면역기능
③ 체온조절기능
④ 호흡기능
⑤ 각질제거기능

**070** 다음 중 표피의 구성요소와 연결된 설명이 옳지 않은 것은?

① 각질층 – NMF가 존재한다.
② 투명층 – 엘라이딘에 의해 투명하게 보이며 온몸에 존재한다.
③ 과립층 – 각화가 시작된다.
④ 유극층 – 랑게르한스세포가 존재한다.
⑤ 기저층 – 멜라닌형성세포가 존재한다.

**071** 다음 중 피부에 대한 설명으로 옳지 않은 것은?

① 진피의 유두층은 모세혈관이 분포하며 표피에 영양을 공급한다.
② 진피의 망상층은 피지선이 존재한다.
③ 피하지방은 영양 저장의 기능을 한다.
④ 에크린선은 땀냄새가 많이 난다.
⑤ 피부는 땀, 피지가 섞인 피지막에 의해 보호되고 있다.

**072** 다음 중 피지막의 구성 요소가 아닌 것은?

① 지방산
② 스쿠알렌
③ 콜레스테롤
④ 트리글리세라이드
⑤ 판테놀

**073** 모발의 구성 요소로 옳지 않은 것은?

① 모근
② 소한선
③ 모유두
④ 모모세포
⑤ 모수질

**074** 다음 중 피부타입과 설명이 옳지 않은 것은?

① 건성피부 – 피지와 땀의 분비가 적다.
② 건성피부 – 피부노화가 생기기 더 쉽고 잔주름이 많다.
③ 지성피부 – 모공이 넓으며 피부가 촉촉하다.
④ 복합성피부 – T존은 건조하며, U존은 피지분비량이 많아 번들거리는 경우가 많다.
⑤ 중성피부 – 피부에 탄력이 있으며 피지와 땀 분비활동이 정상적이다.

**075** 남성의 탈모와 관련된 화장품의 성분으로 옳지 않은 것은?

① 덱스판테놀
② 살리실릭애씨드
③ 엘-멘톨
④ 비오틴
⑤ 징크피리치온

**076** 다음 중 관능평가와 관련된 설명으로 옳지 않은 것은?

① 전문가에 의한 평가법이다.
② 사용성을 평가한다.
③ 향취도 관능평가에 포함된다.
④ 색상의 육안확인도 관능평가에 포함된다.
⑤ 촉촉함, 산뜻함 등을 촉각을 통해 확인하는 것도 관능평가이다.

**077** 다음 중 맞춤형화장품의 효과로 옳지 않은 것은?

① 고객의 피부에 적합한 화장품과 내용물 선택이 가능하다.
② 전문가와의 상담으로 피부상태를 알아볼 수 있다.
③ 고객에게 맞는 화장품을 사용함으로 인해서 심리적 만족감을 줄 수 있다.
④ 고객의 피부상태에 적합하게 조제할 수 있다.
⑤ 기능성 성분 함량을 고객이 직접 조절함으로써 화장품의 사용한도를 뛰어넘을 수 있다.

**078** 포장의 표시사항 중 1차 포장에 필수로 기재되어야 하는 항목은?

① 화장품 제조에 사용된 모든 성분
② 내용물의 용량
③ 영업자의 상호
④ 가격
⑤ 그 밖의 총리령이 정하는 사항

**079** 다음 중 화장품의 가격 표시에 관한 내용으로 옳지 않은 것은?

① 쉽게 훼손되거나 지워지지 않도록 스티커 또는 꼬리표를 표시하여야 한다.
② 판매 가격이 변경되었을 때는 기존의 가격이 보이도록 병행 표시하여야 한다.
③ 판매가격은 개별 제품에 스티커 등을 부착하여야 한다.
④ 내부 진열상태 등에 따라 개별 제품에 가격을 표시하는 것이 곤란한 경우에는 소비자가 쉽게 알아볼 수 있게 제품명, 가격이 포함된 정보를 제시하는 방법으로 판매가격을 별도로 표시할 수 있다.
⑤ 판매가격의 표시는 '판매가 ○○원' 등으로 소비자가 알아보기 쉽게 표시한다.

**080** 다음 중 맞춤형화장품에 사용할 수 있는 원료는?

① 화장품에 사용할 수 없는 원료
② 화장품에 사용상의 제한이 필요한 원료
③ 기능성화장품의 효능, 효과를 나타내는 원료
④ 라벤더 오일
⑤ 페녹시 에탄올

**081** 식약처 고시 알레르기를 유발하는 성분 25가지에 포함되는 성분으로 옳지 않은 것은?

① 아밀신남알
② 벤질알코올
③ 변성알코올
④ 아밀신나밀알코올
⑤ 헥실신남알

**082** 다음 보기의 맞춤형화장품 기재사항 중 필수가 아닌 선택인 것은?

① 화장품의 명칭
② 맞춤형화장품 조제관리사의 상호
③ 화장품의 가격
④ 맞춤형화장품의 식별번호
⑤ 맞춤형화장품 판매업자의 주소

**083** 다음 중 모발의 생리 구조에 대한 설명으로 옳지 않은 것은?

① 모발의 주 성분은 케라틴이다.
② 모간은 두피 내의 털을 말한다.
③ 머리카락은 모수질, 모피질, 모표피로 이루어져 있다.
④ 모유두는 모근의 끝에 위치하고 있으며 태어날 때 모유두의 수가 결정되어 있다.
⑤ 모발은 모유두가 없으면 자라지 않는다.

**084** 다음 중 맞춤형화장품의 준수사항을 지킨 화장품은 무엇인가?

① 영업 등록을 하지 않은 자가 제조한 화장품
② 화장품의 포장 및 기재, 표시사항을 훼손하거나 위조한 화장품
③ 화장품에 사용할 수 없는 원료를 사용한 화장품
④ 비위생적인 조건에서 제조된 화장품
⑤ 사용기한을 표기하지 않고 개봉 후 사용기간을 표기한 화장품

**085** 다음 중 맞춤형화장품의 특징으로 옳지 않은 것은?

① 2020년 3월부터 시행된 제도이다.
② 국가자격증을 취득하면 혼합, 소분이 가능하다.
③ 일반인도 내용물을 나누어 판매하는 것이 가능하다.
④ 고객의 니즈에 따라서 기존의 내용물에 다른 내용물을 혼합하기도 한다.
⑤ 허가를 받지 않은 원료는 사용해서는 안 된다.

쭌이덕의 맞춤형화장품 조제관리사

**086** 다음 중 맞춤형화장품을 올바르게 사용하는 방법이 아닌 것은?

① 직사광선이 심한 곳에 보관하지 말 것
② 사용 후에 용기를 청결히 하고 뚜껑을 잘 닫을 것
③ 덜어낸 화장품이 남았을 때는 다시 용기에 스패츌러를 통해 넣을 것
④ 유, 소아의 손이 닿지 않는 곳에 보관할 것
⑤ 눈에 들어가지 않도록 주의할 것

**087** 다음 중 주름 개선 기능성화장품의 원료로 옳지 않은 것은?

① 레티닐팔미테이트
② 아데노신
③ 레티놀
④ 폴리에톡실레이티드레틴아마이드
⑤ 나이아신아마이드

**088** 맞춤형화장품에서 나타날 수 있는 부작용에 관한 내용으로 옳지 않은 것은?

① 사용 부위에 붉은 반점이 생기거나 부어오를 수 있다.
② 가려움증이 생길 수 있다.
③ 알레르기 반응이 생길 수 있다.
④ 피부변화에 자극이 있을 경우 다른 부위에 인체 패치 테스트를 해봐야 한다.
⑤ 상처가 있는 부위에는 사용을 자제해야 한다.

### 단답형

**089** 모발의 성장주기 중 모발 성장이 일어나지 않고 작은 충격에도 빠지게 되는 시기이며, 모발의 10~15%가 해당하는 시기를 쓰시오.

**090** 피부 장벽을 이루는 세포 간 지질성분 중 가장 많은 비율로 존재하며, 피부 장벽기능에 중요한 성분을 쓰시오.

**091** 「화장품 안전기준 등에 관한 규정」에서는 아래의 원료를 제외한 원료를 맞춤형화장품에 사용할 수 있다고 규정하고 있다. 빈칸에 들어갈 말을 쓰시오.

> ① 화장품에 사용할 수 없는 원료
> ② (                              )
> ③ 식품의약품안전처장이 고시한 기능성화장품의 효능, 효과를 나타내는 원료(다만, 맞춤형화장품 판매업자에게 원료를 공급하는 화장품책임판매업자가 해당 원료를 포함하여 기능성화장품에 대한 심사를 받거나 보고서를 제출한 경우는 제외한다)

**092** 주어진 설명을 보고 무엇에 관한 설명인지 쓰시오.

> • 1제와 2제로 구성되어 있다.
> • 모발 내의 멜라닌을 산화시켜 색을 없게 만든다.
> • 1제는 알칼리제 암모니아수 등이 사용되며 2제는 산화제 과산화수소로 구성되어 있다.

**093** 주어진 설명을 보고 무엇에 관한 설명인지 쓰시오.

> • 빈 공간을 채우거나 빈곳에 집어넣어서 채운다는 뜻
> • 화장품의 용기에 내용물을 채우는 작업

**094** 아래의 빈칸에 들어갈 알맞은 말을 쓰시오.

「인체적용제품의 위해성평가 등에 관한 규정」에서 정의하는 (   )은(는) 제조 또는 품질관리 활동 등의 미리 정해진 기준을 벗어나 이루어진 행위를 말한다.

**095** 아래의 설명이 무엇에 관한 것인지 쓰시오.

(   )은 계면활성제가 수용액에 위치할 때, 친수성기는 바깥으로 노출되어 물과 닿는 표면을 형성하고 소수성기는 안쪽으로 핵을 형성하여 만들어지는 구형의 집합체를 말하며, 물에 콜로이드 형태로 분산된 상태를 이루게 된다.
(   )의 크기와 형태는 계면활성제의 분자구조와 계면활성제의 농도 그리고 수용액의 pH와 이온강도 등에 따라서 달라진다.

**096** 아래의 빈칸에 들어갈 알맞은 말을 쓰시오.

화장품 성분은 제조에 사용된 함량이 많은 것부터 기재·표시되는데, (   ) 이하로 사용된 성분, 착향제 또는 착색제는 순서에 상관없이 기재·표시할 수 있다.

**097** 다음 중 동물성 유성원료로 옳은 것을 모두 고르시오.

밍크오일, 카놀라유, 바세린, 미네랄오일, 난황오일

**098** 아래의 빈칸에 들어갈 알맞은 말을 쓰시오.

- 아세톤을 함유하는 네일 에나멜 리무버 및 네일 폴리시 리무버
- 개별포장당 메틸 살리실레이트를 5% 이상 함유하는 액체상태의 제품
- 어린이용 오일 등 개별포장당 탄화수소류를 10% 이상 함유하고 운동점도가 21센티스톡스(섭씨 40도 기준) 이하인 비에멀젼 타입의 액체상태 제품은 「화장품법 시행규칙」 제18조 제1항에 따라 ( )을(를) 사용하여야 할 품목이다.

**099** 다음 중 맞춤형화장품 조제관리사가 올바르게 업무를 진행한 경우를 모두 고르시오.

㉠ 고객으로부터 선택된 맞춤형화장품을 조제관리사가 매장 조제실에서 직접 조제하여 전달하였다.
㉡ 조제관리사는 선크림을 조제하기 위하여 에칠헥실메톡시신나메이트를 10%로 배합, 조제하여 판매하였다.
㉢ 책임판매업자가 기능성화장품으로 심사 또는 보고를 완료한 제품을 맞춤형화장품 조제관리사가 소분하여 판매하였다.
㉣ 맞춤형화장품 구매를 위하여 인터넷 주문을 진행한 고객이 있어 조제관리사는 전자상거래 담당자에게 제품을 직접 조제하여 배송하도록 지시하였다.

**100** 다음 빈칸에 들어갈 알맞은 말을 쓰시오.

맞춤형화장품은 제조 또는 수입된 화장품의 내용물에 다른 화장품의 내용물이나 식품의약품안전처장이 정하는 ( )을(를) 추가하여 혼합한 화장품이다. 그리고 제조 또는 수입된 화장품의 내용물을 소분한 화장품이다.

# PART 3

# 제4회 실전모의고사

100문항 / 120분

## 1과목 화장품법의 이해

**001** 맞춤형화장품 판매업자가 폐업신고를 하지 않은 경우의 처벌 규정은?

① 벌금 50만 원
② 벌금 100만 원
③ 과태료 50만 원
④ 과태료 100만 원
⑤ 과태료 150만 원

**002** 「화장품법」의 목적에 규정되어 있는 것으로 알맞게 묶인 것은?

> ㉠ 제조   ㉡ 수입   ㉢ 연구   ㉣ 관리   ㉤ 판매   ㉥ 포장   ㉦ 수출

① ㉠, ㉡, ㉤, ㉦
② ㉠, ㉢, ㉣, ㉥
③ ㉡, ㉣, ㉤, ㉦
④ ㉡, ㉢, ㉥, ㉦
⑤ ㉢, ㉣, ㉤, ㉥

**003** 다음은 화장품 영업의 종류에 관한 표이다. 내용이 틀린 것은?

| 제조업 | 화장품책임판매업 | 맞춤형화장품 판매업 |
|---|---|---|
| ① 화장품을 직접 제조하려는 경우<br>• 제조를 위탁받아 화장품을 제조하려는 경우<br>② 화장품의 포장(1차 포장, 2차 포장)을 하려는 경우 | ③ 직접 제조한 화장품을 유통 판매하려는 경우<br>• 위탁하여 제조한 화장품을 유통 판매하려는 경우<br>• 수입한 화장품을 유통 판매하려는 경우<br>④ 수입대행형 거래(전자상거래만 해당한다)를 목적으로 화장품을 알선 수여하려는 경우 | • 제조 또는 수입된 화장품의 내용물에 다른 화장품의 내용물이나 식품의약품안전처장이 정하는 원료를 추가하여 혼합한 화장품을 유통 판매하려는 경우<br>⑤ 제조 또는 수입된 화장품의 내용물을 소분(小分)한 화장품을 유통 판매하려는 경우 |

**004** 맞춤형화장품 조제관리사 자격증 재발급이 필요할 경우 서류들을 식품의약품안전처에 제출해야 하는데 그 내용으로 옳지 않은 것은?

① 자격증 재발급 신청서
② 훼손되어 못 쓰게 된 경우, 기존 발급받은 자격증
③ 분실했을 경우, 분실한 이유를 작성한 사유서
④ 업소에 자격 증명을 위해 게시한 경우, 중복 신청 사유서
⑤ 성명 등 자격증 기재사항이 변경된 경우, 자격증 및 기본 증명서(가족관계 등록부)

**005** 다음의 검출 허용 기준에 대한 설명으로 옳은 것은?

① 납 - 10㎍/g 이하, 점토를 원료로 사용한 분말제품은 50㎍/g 이하
② 니켈 - 10㎍/g 이하, 눈 화장용 제품은 25㎍/g 이하, 색조는 30㎍/g 이하
③ 비소, 안티몬, 디옥산 - 10㎍/g 이하
④ 포름알데히드 2,000㎍/g 이하, 물휴지는 0.2㎍/g 이하
⑤ 프탈레이트류(디부틸프탈레이트, 부틸벤질프탈레이트, 디에칠핵실프탈레이트) 100㎍/g 이하(총합으로)

**006** 다음 중 미생물 허용 한도에 대한 내용으로 옳지 않은 것은?

① 총호기성생균수 – 영 · 유아용 제품류 및 눈 화장용 제품류의 경우 500개/g(ml) 이하
② 물휴지의 경우 세균 및 진균수는 각각 100개/g(ml)
③ 기타 화장품의 경우 100개/g(ml)
④ 대장균, 녹농균 : 불검출
⑤ 황색포도상구균 : 불검출

**007** 다음 중 책임판매업자의 품질관리 업무에 대한 내용으로 옳지 않은 것은?

① 책임판매업자는 품질관리 업무를 총괄해야 한다.
② 품질관리 업무가 수행을 위하여 필요하다고 인정할 때에는 책임판매관리자에게 문서로 보고한다.
③ 품질관리 업무 시 필요에 따라 제조업자 등 그 밖의 관리자에게 문서로 연락하거나 지시한다.
④ 품질관리에 관한 기록 및 제조업자의 관리에 관한 기록을 작성한다.
⑤ 작성한 기록을 해당 제품의 제조일(수입의 경우 수입일)부터 3년간 보관한다.

### 단답형

**008** 다음은 제품 사용 후 문제 발생 시 판매자의 역할에 관한 내용이다. 괄호 안에 들어갈 알맞은 말을 쓰시오.

> 맞춤형화장품 판매업자는 국민 보건에 위해를 끼치거나 끼칠 우려가 있는 화장품이 유통 중인 사실을 알게 된 경우 지체 없이 맞춤형화장품의 내용물 등의 계약을 체결한 (　　　　　　　)에게 보고한다.

**009** 다음 괄호 안에 들어갈 알맞은 말을 쓰시오.

> 다음 해당되는 성분을 ( ㉠ ) 이상 함유하는 제품의 경우에는 해당 품목의 안정성시험 자료를 최종 제조된 제품의 사용기한이 만료되는 날부터 ( ㉡ )간 보존해야 한다.
> – 레티놀(비타민 A) 및 그 유도체
> – 아스코빅애씨드(비타민 C) 및 그 유도체
> – 과산화화합물
> – 효소

㉠                                  ㉡

**010** 다음 괄호 안에 들어갈 알맞은 말을 쓰시오.

> 유전자검사 등의 결과로 얻어진 유전정보, 범죄경력자료에 해당하는 정보는 (        )에서 제외된다.

## 2과목  화장품 제조 및 품질관리

### 선다형

**011** 다음 중 원료의 성질이 다른 것은?

① 난황 오일          ② 올리브 오일
③ 동백 오일          ④ 마카다미아 너트 오일
⑤ 로즈 힙 오일

**012** 다음 중 자외선차단 성분의 사용한도가 올바르게 연결된 것은?

① 징크옥사이드 – 15%
② 티타늄디옥사이드 – 20%
③ 호모살레이트 – 5%
④ 에칠헥실메톡시신나메이트 – 10%
⑤ 옥토크릴렌 – 10%

**013** 다음 중 피부의 미백에 도움을 주는 제품의 성분 및 함량으로 옳지 않은 것은?

① 닥나무추출물 – 2%
② 알부틴 – 1~5%
③ 나이아신아마이드 – 2~5%
④ 알파-비사보롤 – 0.5%
⑤ 아스코빌테트라이소팔미테이트 – 2%

**014** 착향제의 구성 성분 중 해당 성분의 명칭을 기재·표시하여야 하는 알레르기 유발 성분에 해당하는 것을 모두 고르면?

| ㉠ 벤질알코올 | ㉡ 시트랄 | ㉢ 페녹시에탄올 |
| ㉣ 부틸페닐메틸프로피오날 | ㉤ 유제놀 | ㉥ 나이아신아마이드 |

① ㉠, ㉡, ㉢, ㉣
② ㉠, ㉡, ㉣, ㉤
③ ㉠, ㉢, ㉤, ㉥
④ ㉡, ㉢, ㉤, ㉥
⑤ ㉡, ㉣, ㉤, ㉥

**015** 다음 중 화장품의 취급 방법으로 옳지 않은 것은?

① 사용 후에는 반드시 마개를 닫는다.
② 유아, 소아의 손이 닿지 않는 곳에 보관한다.
③ 저온의 장소에 보관한다.
④ 제품의 포장에 명시되어 있는 사용기간 내에 사용한다.
⑤ 색이 변하거나 이상이 생겼을 경우 사용하지 않는다.

**016** 다음 중 기능성화장품 성분·제품에 대한 설명으로 옳지 않은 것은?

① 미백성분은 피부의 미백에 도움을 주는 성분을 말한다.
② 자외선차단제는 피부를 곱게 태워주거나 자외선으로부터 피부를 보호하는 데 도움을 주는 제품을 말한다.
③ 주름 개선 성분은 주름 개선에 도움을 주는 성분을 말한다.
④ 여드름 피부 완화제는 여드름을 완화하는 데 도움을 주는 제품을 말하며 씻어내는 제품만 해당된다.
⑤ 탈모 증상 완화제는 탈모 증상 개선 제품을 말한다.

**017** 다음 중 산화방지제에 해당되는 것은?

① BHT(Butylated hydroxytoluene)
② 디소듐이디티에이(disodiumEDTA)
③ 1,2헥산디올(1,2-hexanediol)
④ 디엠디엠하이단토인(DMDM Hydantoin)
⑤ 이미다졸리디닐우레아(imidazolidinyl urea)

**018** 다음 중 위해평가의 정의에 대한 설명으로 옳지 않은 것은?

① 위험성확인은 위해요소에 노출되면서 발생 가능한 독성의 정도와 영향의 종류 등을 파악하는 과정이다.
② 위험성결정은 동물 실험결과 등으로 나타나는 독성 기준값을 결정하는 과정이다.
③ 노출평가는 화장품 사용으로부터 위해요소에 노출되는 양이나 노출수준을 정량적 또는 정성적으로 산출하는 과정이다.
④ 위해도결정은 위해요소와 이를 함유한 화장품 사용으로부터 발생하는 건강상 영향을 인체노출 허용량(독성기준값)과 노출 수준을 고려하여 인간에게 미치는 위해의 정도와 발생 빈도 등을 정량적으로 예측하는 과정이다.
⑤ 위험에 대한 충분한 정보가 부족하더라도 위해평가는 꼭 이루어져야 한다.

**019** 다음 중 무기안료에 포함되지 않는 것은?

① 백색안료 – 징크옥사이드, 티타늄디옥사이드
② 착색안료 – 황색산화철, 흑색산화철, 적색산화철, 군청
③ 진주광택안료 – 티타네이티드마이카, 옥시염화비스머스
④ 특수기능안료 – 질화붕소, 포토크로믹 안료
⑤ 유기합성색소 – 벤젠, 톨루엔, 나프탈렌, 안트라센


**020** 다음 중 보존제의 사용한도로 틀린 것은?

① 페녹시에탄올 – 1.0%
② 벤질알코올 – 1.0%
③ 클로페네신 – 0.3%
④ 이미다졸리디닐우레아 – 0.5%
⑤ 벤제토늄클로라이드 – 0.1%


**021** 다음 중 화장품의 종류와 기능의 연결로 옳지 않은 것은?

① 미백화장품 – 멜라닌 색소 생성을 활성화해준다.
② 자외선 차단 화장품 – UVA, UVB 등의 태양광선으로부터 피부를 지키는 화장품이다.
③ 여드름 완화 화장품 – 기능성화장품에 포함되는 여드름 억제 화장품으로는 세정제만 가능하다.
④ 세안용 화장품 – 얼굴의 피부표면에 부착되어 있는 피지 등과 화장품 잔여물의 제거를 목적으로 사용된다.
⑤ 스킨(화장수) – 대부분 투명한 수용액이며 가용화법으로 만들어진다.


**022** 다음 중 퍼머넌트 웨이브용제에 대한 설명으로 옳지 않은 것은?

① 모발 케라틴 속의 이황화결합(–S–S–)을 환원제로 부분적으로 절단하고 산화제로 재결합시켜서 모발이 휘어지는 것을 퍼머넌트 웨이브라고 한다.
② 시술 시에 1액(환원제) 사용 후 일부시간을 방치하고 2액(산화제)을 사용해야 한다.
③ 1액(환원제)은 치오글리콜산 또는 그 염류가 사용된다.
④ 1액(환원제)에는 알칼리제, 계면활성제, 안정제 등이 배합되는데 알칼리제가 가장 모발에 손상이 적으므로 자주 사용된다.
⑤ 2액(산화제)에는 브롬산나트륨, 과산화수소수 등이 사용된다.

**023** 다음 중 화장품 제조지시서에 관한 내용으로 옳지 않은 것은?

① 제조지시서의 내용을 변경할 때는 변경 내용을 두 줄로 긋고 수정된 내용에 책임자의 서명을 해야 한다.
② 부득이하게 재발행할 때에는 이전에 발행된 제조지시서는 폐기한다.
③ 제조지시서는 작업이 끝날 때까지 내용에 어긋나는 제조를 하면 안 된다.
④ 제조지시서는 제조기록서와 함께 배치기록서 내에 보관하는 것이 권장된다.
⑤ 제조지시서에 따라 제조기록서를 발행해야 하며 제조에 관한 기록은 모두 제조기록서에 기재해야 한다.

**024** 화장품에 존재하는 위해요소에 인체가 노출되었을 때 발생 가능한 유해영향과 발생확률을 과학적으로 예측하는 과정에 속하는 것은 무엇인가?

① 안전성 평가
② 안정성 평가
③ 유효성 확인
④ 사용성 결정
⑤ 위해도 결정

**025** 다음 중 염모제를 사용하면 안 되는 경우가 아닌 것은?

① 패치 테스트로 이상이 발생한 경우
② 혈액질환이나 신장질환을 가지고 있는 경우
③ 두피에 피부병이나 상처가 있는 경우
④ 임신 중이거나 혹은 임신가능성이 있는 경우
⑤ 두피에 피지를 제거하지 않은 경우

**026** 다음 중 모발의 성장을 촉진하고 탈모를 방지하는 제품인 육모제의 기능이 아닌 것은?

① 모모세포 성장 촉진
② 모유두 세포의 활성
③ 보습제 작용
④ 혈액순환의 촉진
⑤ 모발 케라틴의 이황화결합 절단

**027** 다음 중 보습제의 성분에 해당하지 않는 것은?

① 알란토인
② 아미노산
③ 요소
④ 히알루론산
⑤ 글리세린

**028** 다음 중 데오도런트에 대한 설명으로 옳지 않은 것은?

① 체취를 억제하기 위한 목적으로 사용된다.
② 액상, 분상, 에어로졸, 고형분말, 스틱, 롤온 등의 각종 타입으로 사용된다.
③ 피부상재균의 증식을 분해하는 방식으로 냄새를 마스킹한다.
④ 땀을 억제하는 기능을 한다.
⑤ 향기를 통한 마스킹 기능을 한다.

**029** 다음 중 탈모증상을 완화해주는 식약처 고시 원료가 아닌 것은?

① 덱스판테놀
② 비오틴
③ 엘-멘톨
④ 징크피리치온
⑤ 폴리에톡실레이티드레틴아마이드

**030** 다음 중 닥나무 추출물의 사용제한 함량으로 옳은 것은?

① 0.5%
② 0.6%
③ 1.0%
④ 2.0%
⑤ 5.0%

**031** 다음 괄호 안에 들어갈 말로 알맞은 것은?

> 계면활성제는 여러 가지 종류가 있는데 살균제로 이용되며 섬유에 흡착성이 커서 헤어 린스 등의 유연제로 많이 사용되는 ( ㉠ ), 세정력이 좋고 거품이 많이 형성되어 클렌징 제품으로 주로 사용되는 ( ㉡ )가 대표적이다.

| | ㉠ | ㉡ |
|---|---|---|
| ① | 양이온성계면활성제 | 음이온성계면활성제 |
| ② | 음이온성계면활성제 | 양이온성계면활성제 |
| ③ | 양쪽성계면활성제 | 양이온성계면활성제 |
| ④ | 양이온성계면활성제 | 양쪽성계면활성제 |
| ⑤ | 음이온성계면활성제 | 양쪽성계면활성제 |

**032** 다음 중 제모제에 대한 설명으로 옳지 않은 것은?

① 보이고 싶지 않은 털을 제거하는 것이 목적이다.
② 물리적으로 제거하는 방법과 화학적으로 제거하는 방법이 있다.
③ 물리적으로 제거하는 방법으로는 제모왁스, 젤, 테이프가 있다.
④ 화학적으로 제거하는 방법은 식물성 산이 함유되어 있는 크림이 있다.
⑤ 물리적제모제는 상품분류상으로는 잡화에 해당된다.

**033** 다음 중 화장품의 사용상 주의사항에 대한 내용으로 옳지 않은 것은?

① 화장품 사용 후 붉은 반점, 부어오름 또는 가려움증 등의 이상 증상이나 부작용이 있는 경우 알로에나 녹차 베이스의 진정팩을 이용한다.
② 상처가 있는 부위 등에는 사용을 자제한다.
③ 어린이의 손이 닿지 않는 곳에 보관한다.
④ 직사광선을 피해서 보관한다.
⑤ 눈에 들어갔을 때에는 물로 씻어내고 이상이 있는 경우에는 전문의와 상담한다.

**034** 화장품책임판매업자는 영유아 또는 어린이가 사용할 수 있는 화장품임을 표시·광고하려는 경우에는 제품별로 안전과 품질을 입증할 수 있는 다음 각 호의 자료(이하 "제품별 안전성 자료"라 한다)를 작성 및 보관하여야한다. 괄호 안에 들어갈 말로 알맞은 것은?

> ① 제품 및 제조방법에 대한 증명 자료
> ② 화장품의 (          ) 자료
> ③ 제품의 효능·효과에 대한 증명 자료

① 안전성 평가  ② 안정성 평가
③ 유효성 평가  ④ 환경성 평가
⑤ 사용성 평가

**035** 다음 중 화학적 제모제를 사용할 때 주의해야 할 사항으로 틀린 것은?

① 생리 전후, 산전, 산후, 병후의 환자는 사용하지 않는다.
② 얼굴, 상처, 부스럼, 습진, 기타의 염증 자극이 있는 피부는 사용하지 않는다.
③ 약한 피부나 수염부위에는 사용하지 않는다.
④ 유사 제품으로 부작용이 있는 경우에는 사용하지 않는다.
⑤ 땀 발생 억제제를 사용한 후 일주일간 사용하지 않는다.

### 단답형

**036** 다음 괄호 안에 들어갈 알맞은 말을 쓰시오.

> 화장품이란 인체를 ( ㉠ ), ( ㉡ )하여 매력을 더하고 용모를 ( ㉢ ) 변화시키는 제품을 말한다.

㉠                    ㉡                    ㉢

**037** 다음은 기능성화장품인 자외선차단제에 대한 설명이다. 다음 괄호 안에 들어갈 알맞은 말을 쓰시오.

> 자외선차단제는 강한 햇볕을 막아주어 피부를 곱게 태워주거나 자외선을 ( ㉠ ) 혹은 ( ㉡ )시켜 자외선으로부터 피부를 보호한다.

 ㉠                    ㉡

**038** 다음은 맞춤형화장품 조제관리사 X차 시험 응시생의 오답 내용이다. 내용을 수정하여 정답으로 고치시오.

> 문제 : 주름개선 성분은 어떠한 효과가 있는가?
> 오답 : 주름개선 성분은 피부에 탄력을 주고 주름을 완화하거나 개선하여 주름을 없애준다.

**039** 다음 괄호 안에 들어갈 알맞은 말을 쓰시오.

> 착향제는 "향료"로 표시할 수 있다. 다만, 착향제의 구성 성분 중 식품의약품안전처장이 정하여 고시한 (      ) 유발 성분이 있는 경우에는 향료로 표시할 수 없고, 해당 성분의 명칭을 기재·표시하여야 한다.

**040** 위해평가의 순서를 바르게 나열하시오.

> ㉠ 위험성 결정   ㉡ 위험성 확인   ㉢ 위해도 결정   ㉣ 노출평가

## 3과목  유통화장품 안전관리

### 선다형

**041** 다음 중 우수 화장품 CGMP 제9조 작업소의 위생에 대한 내용으로 옳지 않은 것은?

① 곤충, 해충이나 쥐를 막을 수 있는 대책을 마련하고 정기적으로 점검·확인하여야 한다.
② 제조, 관리 및 보관 구역 내의 바닥, 벽, 천장 및 창문은 항상 청결하게 유지되어야 한다.
③ 제조시설이나 설비의 세척에 사용되는 세제 또는 소독제는 효능이 입증된 것을 사용하고 잔류하거나 적용하는 표면에 이상을 초래하지 아니하여야 한다.
④ 제조시설이나 설비는 적절한 방법으로 청소하여야 하며, 필요한 경우 위생관리 프로그램을 운영하여야 한다.
⑤ 구분이란 벽, 칸막이, 에어커튼 등에 의해 나누어져 교차 오염이나 혼입이 방지될 수 있는 상태를 말하며, 구획이란 선이나 간격을 두어서 혼동이 되지 않도록 구별하여 관리할 수 있는 상태를 말한다.

**042** 작업장 구역별 위생 상태 중 포장구역에 관한 설명으로 옳지 않은 것은?

① 포장구역은 교차오염을 고려하지 않아도 괜찮은 곳들 중 하나이다.
② 포장구역은 질서를 무너뜨리는 다른 재료가 있어서는 안 된다.
③ 구역 설계는 사용하지 않는 부품, 제품 또는 폐기물의 제거를 쉽게 할 수 있어야 한다.
④ 폐기물 저장통은 필요하다면 청소 및 위생 처리되어야 한다.
⑤ 사용하지 않는 기구는 깨끗하게 보관되어야 한다.

**043** 다음 중 소독제의 종류가 다른 것은?

① 크레졸수(3%)
② 70% 에탄올
③ 벤잘코늄클로라이드
④ 스팀
⑤ 페놀수(3%)

**044** 다음 중 작업자의 위생관리를 위한 복장에 대한 내용으로 옳지 않은 것은?

① 규정된 작업복을 착용하고, 일상복이 작업복 밖으로 노출되지 않아야 한다.
② 각 청정도별에 맞는 작업복, 작업화, 보안경 등을 착용해야 하며 외부 출입 시에도 착용 상태를 꼭 유지해야 한다.
③ 반지, 목걸이, 귀걸이 등 제품 품질에 영향을 줄 수 있는 것은 착용하지 않아야 한다.
④ 개인 사물은 지정된 장소에 보관하고, 작업실 내로 반입해서는 안 된다.
⑤ 손톱 및 수염을 정리하고 파운데이션 등 분진을 떨어트릴 염려가 있는 화장은 금지한다.

**045** 설비·기구의 유지관리 시 주의사항에 대한 내용으로 옳지 않은 것은?

① 예방적 실시가 원칙이다.
② 점검 체크 시트를 사용해서 책임내용을 명확하게 해야 한다.
③ 설비는 생산 책임자가 허가한 사람 이외의 사람이 가동시켜서는 안 된다.
④ 컴퓨터를 이용한 자동 시스템 설비로 설비 제어를 해서는 안 된다.
⑤ 제조 조건이나 제조 기록이 마음대로 변경되는 일이 없도록 해야 한다.

**046** 다음 중 파이프의 구성 재질로 쓰이는 것으로 옳지 않은 것은?

① #304스테인리스 스틸　　② 구리
③ 알루미늄　　　　　　　　④ 유리
⑤ 고무

**047** 다음 중 내용물 및 원료의 입고 기준에 대한 내용으로 옳지 않은 것은?

① 원자재 입고 시 구매요구서, 원자재 공급업체 성적서, 현품이 일치해야 한다.
② 원자재 용기에 제조번호가 없는 경우에는 관리번호를 부여하여 보관하여야 한다.
③ 원자재 입고 절차 중 육안확인으로 결함을 발견했을 경우 입고하고 공급업자에게 연락해야 한다.
④ 입고된 원자재는 적합, 부적합, 검사 중 등으로 상태를 표시한다.
⑤ 제조업자는 원자재 공급자에 대한 관리 감독을 적절히 수행하여야 한다.

**048** 다음 중 원자재 용기 및 시험 기록서의 필수적인 기재사항이 아닌 것은?

① 원자재 공급자가 정한 제품명
② 원자재 공급자명
③ 원자재 원산지
④ 수령일자
⑤ 공급자가 부여한 제조번호 또는 관리번호

**049** 다음 중 설비 및 기구의 불용처분에 대한 판단과 절차 내용으로 옳지 않은 것은?

① 고장이 발생하면 설비의 부품 수급이 가능한지 확인한다.
② 경제적인 판단으로 설비 수리, 교체에 따른 비용이 신규 설비 도입비용을 초과하는지 확인한다.
③ 내용연수가 경과한 설비에 대하여 정기 점검 결과, 작동 및 오작동에 대한 설비의 신뢰성이 지속적인지 확인한다.
④ 내용연수가 도래하지 않은 설비의 경우라도 부품 수급이 불가능하거나 잦은 고장으로 인해 경제적으로 신규 설비 도입이 효율적인지 확인한다.
⑤ 불용 처분 대상 설비 기구는 사용자가 판단한다.

**050** 다음 중 유통화장품의 안전관리기준 중 내용량의 기준으로 옳은 것은?

① 제품 3개를 가지고 시험할 때 그 평균 내용량이 표기량에 대하여 93% 이상
② 기준치를 벗어날 경우 5개를 더 취하여 8개의 평균 내용량이 93% 이상
③ 기준치를 벗어날 경우 6개를 더 취하여 시험할 때 9개의 평균 내용량이 93% 이상
④ 기준치를 벗어날 경우 6개를 더 취하여 시험할 때 9개의 평균 내용량이 97% 이상
⑤ 기준치를 벗어날 경우 7개를 더 취하여 시험할 때 10개의 평균 내용량이 97% 이상

**051** 다음 중 내용물 및 원료의 개봉 후 관리 지침으로 옳지 않은 것은?

① 원료는 오염되지 않도록 수시로 청결을 유지하도록 관리되어야 한다.
② 한 번 사용된 원료는 오염 우려가 있기 때문에 다시 원료용기에 넣지 않는다.
③ 칭량 시 교차오염을 피하기 위한 조치를 취해야 한다.
④ 원료는 산화되면 안 되므로 개봉 시에 조금의 공기라도 들어가면 안 된다.
⑤ 취급 시 혼동이 되는 원료는 명확히 구분해야 한다.

**052** 다음 중 내용물 및 원료의 폐기절차에 관련한 내용으로 옳지 않은 것은?

① 보관용 검체에 개봉 후 사용기간을 기재하는 경우에는 사용기한 경과 후 1년간 보관한다.
② 기준 일탈 제품이 발생했을 때는 절차에 따라서 처리하고 문서로 기록한다.
③ 기준 일탈이 된 완제품 또는 벌크제품은 재작업을 할 수도 있다.
④ 재작업의 요건은 그 대상이 변질, 변패 또는 병원 미생물에 오염되지 아니하고 제조일로부터 1년이 경과하지 않았거나 사용기한이 1년 이상 남아 있는 경우에만 가능하다.
⑤ 기준일탈 제품은 폐기하는 것이 가장 바람직하다.

**053** 다음 중 입고된 포장재 처리에 대한 내용으로 옳지 않은 것은?

① 포장재 규격서에 따라 용기 종류 및 재질을 파악한다.
② 입고된 포장재를 무작위로 검체를 채취하여 육안으로 외관을 검사한다.
③ 표준품과 비교해서 색상과 색의 상태가 같은지 비교한다.
④ 위생과 관련된 청결에 대한 검사는 아니므로 흐림, 기포, 얼룩, 스크래치, 균열 등에 집중한다.
⑤ 내용물 충전 전에 용기의 세척 및 건조 과정이 충분한지 검사한다.

**054** 다음 중 작업자의 위생관리로 올바른 것은?

㉠ 작업자는 연 1회 이상 정기진단 외에 필요 시 수시 건강진단을 받는다.
㉡ 1차 포장이 완료된 제품을 다시 포장하기 위해서는 마스크와 장갑을 필수로 착용한다.
㉢ 의약품을 포함한 개인적인 물품은 별도의 지역에 보관한다.
㉣ 작업 전에 복장점검을 진행하고 적절하지 않을 경우에 시정한다.
㉤ 작업자는 청정도에 상관없이 마스크를 필수로 착용한다.

① ㉠, ㉡, ㉢
② ㉠, ㉢, ㉣
③ ㉡, ㉣, ㉤
④ ㉡, ㉢, ㉤
⑤ ㉢, ㉣, ㉤

**055** 다음 중 기준일탈 제품의 결정과 처리를 하는 사람은?

① 품질관리 업무자
② 화장품책임판매업자
③ 맞춤형화장품 조제관리사
④ 화장품제조업자
⑤ 설비관리 담당자

**056** 다음 중 설비 및 기구 관리 기준에 대한 설명으로 옳지 않은 것은?

① 기기 수리가 불가능할 때에는 기기관리 책임자의 주도하에 전문업체에 정비 요청한다.
② 수리가 가능할 경우 수리하고 불가능할 경우 신규 기기로 대체한다.
③ 허용오차를 초과하는 온도계의 경우 폐기 후 재구매하여 사용한다.
④ 허용오차를 초과하는 저울의 경우 폐기 후 재구매하여 사용한다.
⑤ 허용오차를 초과하는 습도계의 경우 폐기 후 재구매하여 사용한다.

**057** 다음 중 입고된 원료의 내용물 처리 순서가 알맞게 짝지어지지 않은 것은?

① 납품 – 거래명세서 및 발주요청서와 실물 비교 확인
② 판정 대기 보관 – 백색라벨 부착
③ 검체 채취 및 시험 – 황색라벨 부착
④ 적합 – 청색라벨 부착
⑤ 부적합 – 흑색라벨 부착

**058** 다음 중 세척의 원칙으로 올바르지 않은 것은?

① 세척의 유효기간을 설정한다.
② 브러시 등으로 문질러서 지우는 것을 고려한다.
③ 분해할 수 있는 장비는 분해해서 세척한다.
④ 세제를 사용하여 세척하는 것이 권장된다.
⑤ 세척 후는 반드시 판정한다.

**059** 아래에서 설명하는 것으로 옳은 것은?

> - 이것은 소독 효과를 가지고 있다.
> - 세균에 대한 효과는 좋지만, 세균의 포자, 원충의 난모세포, 비피막 바이러스에 대해서는 효과가 떨어진다.
> - 피부에 적용 시 신속한 살균효과를 가져오지만 잔류효과가 없다.
> - 적절한 양을 사용했을 시에 보통 10초 이내로 건조된다.

① 일반 비누  ② 클로르헥시딘
③ 아이오딘  ④ 알코올
⑤ 페놀수

**060** 다음 중 물리적 소독 방법으로 옳은 것은?

① 스팀  ② 에탄올
③ 크레졸수  ④ 치아염소산나트륨액
⑤ 벤잘코늄클로라이드

**061** 다음 중 설비 세척의 원칙에 대한 설명으로 옳지 않은 것은?

① 세제는 설비 내벽에 남기 쉽다.
② 세제가 잔존하지 않는 것을 설명하는 것은 간편하다.
③ 세척 후는 반드시 판정한다.
④ 판정 후의 설비는 건조·밀폐해서 보관한다.
⑤ 세척 후에는 세척 완료 여부를 확인할 수 있는 표시를 한다.

**062** 다음 중 괄호 안에 들어갈 말이 적절하게 짝지어진 것은?

> 영·유아용 제품류(영·유아용 샴푸, 영·유아용 린스, 영·유아 인체 세정용 제품, 영·유아 목욕용 제품 제외), 눈 화장용 제품류, 색조 화장용 제품류, 두발용 제품류(샴푸, 린스 제외), 면도용 제품류(셰이빙 크림, 셰이빙 폼 제외), 기초화장용 제품류(클렌징 워터, 클렌징 오일, 클렌징 로션, 클렌징 크림 등 메이크업 리무버 제품 제외) 중 액, 로션, 크림 및 이와 유사한 제형의 액상 제품은 pH기준이 3.0~9.0이어야 한다. 다만 ( ㉠ ), ( ㉡ )은 제외한다.

| | ㉠ | ㉡ |
|---|---|---|
| ① | 물을 포함하지 않는 제품 | 곧바로 물로 씻어 내는 제품 |
| ② | 물을 포함하는 제품 | 곧바로 물로 씻어 내는 제품 |
| ③ | 오일을 포함하는 제품 | 세안제로 씻어 내는 제품 |
| ④ | 오일을 포함하지 않는 제품 | 세안제로 씻어 내는 제품 |
| ⑤ | 계면활성제를 포함하지 않는 제품 | 물로 씻어 내는 제품 |

**063** 다음 중 출고 및 보관관리에서 주의해야 할 점이 아닌 것은?

① 제품마다 적절한 온도, 습도, 차광 등의 적용 기준을 설정한다.
② 오염 방지 및 방충, 방서에 대한 대책을 마련한다.
③ 교차오염을 방지하기 위해 동선 관리를 해야 한다.
④ 원활한 제품의 출고를 위해 보관소의 출입을 자유롭게 한다.
⑤ 불출은 승인된 자만이 절차를 수행할 수 있도록 규정한다.

**064** 다음 중 방충과 방서를 위한 관리 방법으로 옳지 않은 것은?

① 창문에 빛이 들어오지 않도록 차광한다.
② 날벌레를 방지하기 위해 유인등을 설치한다.
③ 문 하부에 스커트를 설치한다.
④ 실내압을 외부보다 낮게 유지한다.
⑤ 내부의 적절한 장소에 포충 등을 설치한다.

**065** 다음은 세제를 사용한 설비 세척이 권장되지 않는 이유이다. 옳지 않은 것은?

① 세제가 잔존했는지 여부를 알기 어렵다.
② 잔존한 세척제가 제품에 악영향을 미친다.
③ 세제는 설비 내벽에 남기 쉽다.
④ 수용성 세제의 경우에도 완전히 제거하기 어렵다.
⑤ 세척의 유효기간을 설정해야 한다.

## 4과목 맞춤형화장품의 이해

**066** 다음 중 맞춤형화장품에 대한 설명으로 옳은 것은?

① 매장에서의 혼합, 소분이 허용되어 있어 별도의 규제가 필요해 만들어졌다.
② 개인의 니즈를 맞추기 위해 맞춤형으로 소비 욕구를 충족하기 위해 만들어졌다.
③ 맞춤형화장품은 동식물 및 그 유래원료 등을 함유한 화장품이다.
④ 맞춤형화장품은 유기농 원료, 동식물 및 그 유래원료 등을 함유한 화장품이다.
⑤ 화장품에 사용할 수 없는 원료는 책임판매업자에게 심사를 받고 사용 가능하다.

**067** 다음 중 각 내용의 설명으로 옳지 않은 것은?

① 벌크제품 - 충전 이전의 제조 단계까지 끝낸 화장품
② 반제품 - 벌크제품이 되기 위하여 추가 제조 공정이 필요한 화장품
③ 1차 포장 - 제조 시 내용물과 직접 접촉하는 포장 용기
④ 2차 포장 - 1차 포장을 수용하는 1개 또는 그 이상의 포장과 보호재 및 표시의 목적으로 한 포장
⑤ 안전 용기 - 만 13세 미만의 어린이가 개봉하기 어렵게 설계, 고안된 용기나 포장

**068** 다음 화장품의 유형별 특성에서 유형과 제품의 연결이 옳지 않은 것은?

① 영유아용제품류 – 영유아용 목욕용 제품
② 목욕용 제품류 – 목욕용 소금류
③ 색조화장용 제품류 – 마스카라
④ 두발용 제품류 – 흑채
⑤ 면도용 제품류 – 남성용 탤컴

**069** 다음 중 화장품의 유형과 제품의 연결이 옳지 않은 것은?

① 인체세정용 제품류 – 액체비누 및 화장비누
② 방향용 제품류 – 콜롱
③ 두발염색용 제품류 – 헤어컨디셔너
④ 색조화장용 제품류 – 볼 연지
⑤ 기초화장용 제품류 – 마사지 크림

**070** 다음 중 맞춤형화장품과 관련된 내용으로 옳지 않은 것은?

① 맞춤형화장품은 등록이 아닌 신고를 해야 한다.
② 소재지를 변경할 경우 새로운 소재지를 관할하는 지방청장에게 서류를 제출한다.
③ 맞춤형화장품 조제관리사는 제조 작업을 위한 시설을 갖춘 작업소가 필요하다.
④ 맞춤형화장품 판매업소에는 맞춤형화장품 조제관리사가 반드시 있어야 한다.
⑤ 맞춤형화장품 조제관리사는 매년 교육을 필수로 이수하여야 한다.

**071** 다음 중 맞춤형화장품에 사용할 수 있는 것으로 옳은 것은?

① 에칠헥실메톡시신나메이트
② 메칠이소치아졸리논
③ 글루타랄
④ 나이아신아마이드
⑤ 글리세린

**072** 다음 중 진피에 대한 설명으로 옳지 않은 것은?

① 진피는 표피 밑에 있는 가장 두꺼운 층이다.
② 표피 두께의 약 15~40배 정도이다.
③ 유두층과 망상층으로 구성된다.
④ 망상층에는 랑게르한스 세포가 존재한다.
⑤ 콜라겐과 엘라스틴을 생성하는 섬유아세포가 존재한다.


**073** 다음 중 주름개선 식약처 고시원료로 옳은 것은?

① 폴리에톡실레이티드레틴아마이드
② 마그네슘아스코빌포스페이트
③ 아스코빌테트라이소팔미테이트
④ 벤잘코늄클로라이드
⑤ 디아졸리디닐우레아


**074** 다음 중 피부의 구조에 대한 설명이 옳지 않은 것은?

① 피부 – 인체의 외부를 덮고 있으며 내부를 보호한다.
② 모공 – 피지, 모발, 땀 등이 분비되는 구멍이다.
③ 표피 – 피부의 가장 많은 부분을 차지하는 곳이다.
④ 진피 – 피부의 탄력을 유지시켜준다.
⑤ 피하지방 – 충격을 흡수하고 뼈와 근육을 보호한다.


**075** 다음 중 피부의 부속기관에 대한 설명으로 옳은 것은?

① 대한선(아포크린샘)은 독립적인 한공을 통해 땀이 분비된다.
② 소한선(에크린샘)에서 분비되는 땀은 악취의 원인이 된다.
③ 피지선은 모공과 분리되어 있으며 피지분비를 담당한다.
④ 피하지방은 지방세포로 구성되어 있다.
⑤ 모발은 체온유지를 어렵게 한다.

**076** 다음 중 멜라노사이트에 대한 설명으로 옳지 않은 것은?

① 자외선에 반응하면 합성량이 증가된다.
② 멜라닌 세포를 합성한다.
③ 나뭇가지 모양으로 표피 속에 뻗어있다.
④ 진피에 위치하고 있다.
⑤ 멜라노좀의 형태로 각질형성세포에 전달된다.

**077** 피부타입의 특징별 특성이 옳게 연결된 것은?

① 민감성 피부 – 피지 분비가 많아 번들거리는 특성을 가지고 있다.
② 복합성 피부 – 3가지 이상의 타입이 공존할 때 복합성 피부라고 부른다.
③ 건성피부 – 여드름이 쉽게 일어나고 모공이 자주 막힌다.
④ 정상피부 – 피부의 밸런스가 알칼리성으로 형성되어 있다.
⑤ 지성피부 – 화장이 잘 먹지 않는 경우가 많으며 잘 지워진다.

**078** 다음 중 피부장벽에 대한 설명으로 옳지 않은 것은?

① 외부의 오염물질 침입을 막아준다.
② 피부 수분의 증발을 막아준다.
③ 장벽기능이 손상되면 피부에 트러블이 생길 수 있다.
④ 천연보습인자는 피부장벽의 주 성분이다.
⑤ 각질세포를 잘 제거해줘야 피부장벽 관리가 가능하다.

**079** 다음 중 식약처장이 고시한 미백 기능성화장품의 원료로 옳은 것을 모두 고르면?

① 알부틴
② 하이드로퀴논
③ 징크옥사이드
④ 유용성 감초 추출물
⑤ 폴리에톡실레이티드레틴아마이드

**080** 다음 중 피부의 모공에 존재하지 않는 것은?

① 아포크린샘  ② 에크린샘
③ 피지선  ④ 모낭
⑤ 모근

**081** 다음 중 땀샘에 대한 설명으로 틀린 것은?

① 아포크린샘에서 분비되는 땀은 분비될 때부터 냄새가 난다.
② 아포크린샘에서 분비되는 땀은 악취의 요인이다.
③ 에크린샘은 전신 피부에 분비되어 있다.
④ 에크린샘에서 분비되는 땀은 냄새가 거의 없다.
⑤ 땀의 구성성분은 물, 소금, 요소, 암모니아, 젖산 등이다.

**082** 다음 중 가용화 제형으로 옳지 않은 것은?

① 헤어토닉  ② 스킨 로션
③ 미스트  ④ 영양 크림
⑤ 클렌징 워터

**083** 다음 중 피지가 가장 적게 분비되는 부위로 옳은 것은?

① 발바닥  ② 등
③ 얼굴  ④ 가슴
⑤ 어깨

**084** 다음 중 진피에 대한 설명으로 옳지 않은 것은?

① 각질층과 기저층이 존재한다.
② 표피 바로 밑층에 존재한다.
③ 표피보다 20~40배 정도의 두께를 가지고 있다.
④ 촉각, 통각 등 감각기관이 존재한다.
⑤ 망상층과 유두층으로 이루어져 있다.

**085** 다음 중 맞춤형화장품에 사용할 수 없는 성분은 무엇인가?

① 페트롤라툼  ② 세테아릴알코올
③ 라벤더오일  ④ 닥나무추출물
⑤ 글리세린

**086** 다음은 맞춤형화장품 조제관리사인 종성과 매장을 방문한 고객과의 대화이다. 종성이 고객에게 혼합하여 추천할 제품으로 옳은 것을 모두 고르면?

> 고객 : 요즘 피부가 너무 건조해서 주름이 많이 생기는 것 같아요.
> 종성 : 제가 고객님의 피부상태를 측정해보겠습니다.
> (측정 후)
> 종성 : 이전에 방문하셨을 때보다 피부 수분함량이 10% 감소하셨고 눈가나 입가의 주름도 10% 증가한 모습을 보이네요.
> 고객 : 제 상태에 맞는 제품을 추천해주세요!
> 종성 : 알겠습니다. 고객님은 다음과 같은 성분이 들어간 제품이 좋겠네요.

① 나이아신아마이드 함유 제품  ② 레티놀 함유 제품
③ 티타늄디옥사이드 함유 제품  ④ 닥나무추출물 함유 제품
⑤ 히알루론산 함유 제품

**087** 다음 중 맞춤형화장품 판매 내역에 포함되는 것으로 옳지 않은 것은?

① 식별번호  ② 판매일자
③ 판매량  ④ 판매가격
⑤ 사용기한 또는 개봉 후 사용기간

**088** 다음 중 맞춤형화장품 조제관리사의 혼합·소분 시 준수사항으로 옳은 것은?

① 혼합하는 장비들은 정기적인 세척을 통해 오염을 방지한다.
② 오염방지를 위해 깨끗하고 단정한 복장을 하고 혼합 전·후에는 손을 소독하거나 세정한다.
③ 혼합 전 내용물이나 원료의 사용기한을 확인하고 사용기한이 지난 제품은 별도로 재작업한다.
④ 내용물이나 원료가 입고될 때는 오염되기 전 바로 원료끼리 혼합할 수 있게 준비한다.
⑤ 피부 질환이 있는 경우에는 별도의 조치를 취한 다음에 혼합행위를 할 수 있다.

## 단답형

**089** 다음 중 피부암을 일으킬 가능성이 가장 높은 것을 골라 기호를 쓰시오.

> ㉠ UVA  ㉡ UVB  ㉢ UVC  ㉣ 적외선  ㉤ 가시광선

**090** 손, 발바닥의 피부가 하얀 이유는 표피의 어떤 층 때문인지 쓰시오.

**091** 다음 괄호 안에 들어갈 알맞은 말을 쓰시오.

> 자외선차단 성분은 제품의 변색방지를 목적으로 사용되기도 하는데 그 사용농도가 (    ) 미만인 것은 자외선차단 제품으로 인정하지 않는다.

**092** 아래의 설명이 무엇에 관한 것인지 쓰시오.

> • 진피의 가장 많은 부분이 이것으로 이루어져 있다.
> • 물리적 압력에 저항하여 진피의 구조를 유지한다.(탄성)

**093** 다음 괄호 안에 들어갈 알맞은 제형을 쓰시오.

- 가용화 – 적은 양의 오일이 다수의 물에 혼합되어 있는 투명한 제형
  물에 녹지 않는 적은 성분을 투명한 상태로 용해시키는 것
- 유화 – 많은 양의 오일과 물이 혼합되어 있는 우윳빛 제형
- (　　) – 많은 양의 안료가 물이나 오일 등에 균일하게 혼합된 제형

**094** 다음 괄호 안에 들어갈 알맞은 말을 쓰시오.

맞춤형화장품의 표시 규정
- (　　)(제품명 포함)이 있어야 한다.
- (　　)의 변화 없이 혼합이 이루어져야 한다.
- 타사 브랜드에 특정 성분을 혼합하여 새로운 브랜드로 판매하는 것을 금지한다.

**095** 다음 괄호 안에 들어갈 알맞은 말을 쓰시오.

(　　) 피부
- 피지와 땀의 분비가 적어 피부 표면이 건조하다.
- 피부 노화에 따라서 피지와 땀의 분비량이 감소하여 더 건조해진다.
- 피부에 주름이 생기기 쉽다.

**096** 다음 괄호 안에 들어갈 알맞은 말을 쓰시오.

살리실릭애씨드 및 그 염류는 사용한도가 있는데, 인체세정용 제품류에는 살리실릭애씨드로써 ( ㉠ ), 사용 후 씻어내는 두발용 제품류는 ( ㉡ )이다.

㉠　　　　　　　　　　　㉡

**097** 다음은 실제 시중에 판매되는 향수의 전 성분이다. 알레르기 유발 성분(착향제)에 해당되는 성분을 5개 이상 골라서 쓰시오.

> 변성알코올, 정제수, 향료, 리모넨, 알파-이소메칠이오논, 리날룰, 벤질알코올, 제라니올, 시트로넬올, 시트랄, 쿠마린, 비에이치티

**098** 다음 보기에서 진피 구성 성분을 모두 고르시오.

> ㉠ 랑게르한스 세포  ㉡ 엘라스틴  ㉢ 콜라겐
> ㉣ 섬유아세포  ㉤ 히알루론산  ㉥ 교원섬유

**099** 다음 괄호 안에 들어갈 알맞은 말을 쓰시오.

> 진피 속에 들어있는 (    )은(는) 피부에 장력을 제공하고 결합조직 섬유로 피부에 탄력을 부여한다.

**100** 다음 괄호 안에 들어갈 알맞은 말을 쓰시오.

> 자외선차단제는 ( ㉠ )와 ( ㉡ )로 구성되는데, ( ㉠ )는 징크옥사이드, 티타늄디옥사이드 성분이 주되게 이용되며 자외선을 산란시키고, ( ㉡ )는 화학적 성분이 주로 사용되며 자외선을 흡수한다.

㉠                                    ㉡

# 제5회 실전모의고사

100문항 / 120분

## 1과목 화장품법의 이해

**선다형**

**001** 다음 중 회수 대상 화장품이 아닌 것은?

① 안전용기·포장 기준에 위반되는 화장품
② 전부 또는 일부가 변패(變敗)된 화장품이거나 병원미생물에 오염된 화장품
③ 이물이 혼입되었거나 부착된 화장품 중 보건위생상 위해를 발생할 우려가 있는 화장품
④ 2차 포장이 되어있지 않은 화장품
⑤ 제조업자 또는 책임판매업자 스스로 국민 보건에 위해를 끼칠 우려가 있다고 판단하여 회수가 필요하다고 판단한 화장품

**002** 다음은 화장품의 정의 중 일부이다. 틀린 내용은?

① 화장품 – 인체에 대한 작용이 경미한 것
② 기능성화장품 – 피부를 곱게 태워주는 제품
③ 천연 화장품 – 동식물 및 그 유래 원료 등을 함유한 화장품
④ 유기농 화장품 – 유기농 원료만을 함유한 화장품
⑤ 맞춤형화장품 – 제조 또는 수입된 화장품의 내용물을 소분(小分)한 화장품

**003** 다음 중 용어의 정의에 대한 내용으로 옳은 것은?

① 표시 – 포장에 기재하는 문자·숫자·도형 또는 그림
② 1차 포장 – 내용물을 1개 또는 그 이상의 포장과 보호재 및 표시의 목적으로 한 포장
③ 2차 포장 – 내용물과 직접 접촉하는 포장 용기
④ 안전용기·포장 – 만 5세 미만의 어린이가 개봉하기 쉽게 설계·고안된 용기나 포장
⑤ 광고 – 화장품에 대한 정보를 나타내거나 알리는 행위. 간판과 인쇄물은 광고에 포함되지 않음

**004** 어떤 기관 등에 품질검사를 위탁하여 제조번호별 품질검사결과가 있는 경우에는 품질검사를 하지 않을 수 있다. 그 기관에 해당하지 않는 것은?

① 보건환경연구원
② 식품의약품안전처
③ 원료·자재 및 제품의 품질검사를 위하여 필요한 시험실을 갖춘 제조업자
④ 화장품 시험·검사기관
⑤ 조직된 사단법인인 한국의약품수출입협회

**005** 다음 중 특별히 사용상의 제한이 필요한 원료로 묶인 것은?

> ㉠ 보존제  ㉡ 유성원료  ㉢ 수성원료  ㉣ 색소  ㉤ 자외선차단제  ㉥ 고분자화합물

① ㉠, ㉡, ㉢
② ㉠, ㉣, ㉤
③ ㉠, ㉣, ㉥
④ ㉡, ㉢, ㉥
⑤ ㉡, ㉣, ㉤

**006** 다음은 제품의 1차 포장 기재사항이다. 틀린 것은?

① 영업자의 상호
② 화장품의 명칭
③ 제조번호 또는 식별번호
④ 제품의 원산지
⑤ 사용기한 또는 개봉 후 사용기간

**007 다음 중 개인정보를 수집·이용할 수 없는 경우는?**

① 정보주체와 계약 체결 및 이행을 위해 불가피한 경우
② 정보주체의 동의를 받은 경우
③ 만 14세 미만 아동의 개인정보처리를 위해서 법정대리인의 동의를 받은 경우
④ 민감정보에 해당하는 개인정보를 처리하지 않는 경우
⑤ 정보주체의 개인정보처리 동의를 받고 고유식별정보를 처리하려는 경우

**008 다음 괄호 안에 들어갈 알맞은 내용을 쓰시오.**

> "맞춤형화장품"이란 다음 각 목의 화장품을 말한다.
> • 제조 또는 수입된 화장품의 ( ㉠ )에 다른 화장품의 ( ㉠ )이나 식품의약품안전처장이 정하는 ( ㉡ )를 추가하여 혼합한 화장품
> • 제조 또는 수입된 화장품의 ( ㉠ )을 소분(小分)한 화장품

㉠                                                                  ㉡

**009 다음은 무엇에 대한 설명인지 쓰시오.**

> 화장품이 제조된 날부터 적절한 보관상태에서 제품이 고유의 특성을 간직한 채 소비자가 안정적으로 사용할 수 있는 최소한의 기한을 말한다.

**010 다음 괄호 안에 들어갈 말을 쓰시오.**

> ( ) 평가 시험법으로 시험과 검사
> 내용물의 화학적, 물리적 변화가 일어나지 않도록 하는 것이 중요하다.
> • 화학적 변화 : 변색, 변취, 오염, 결정, 석출 등
> • 물리적 변화 : 분리, 침전, 응집, 발한, 휘발, 고화, 연화, 균열 등

## 2과목  화장품 제조 및 품질관리

### 선다형

**011** 화장품에 사용되는 원료의 특성을 설명한 것으로 틀린 것은?

① 색소 – 색조 화장품의 기능과 색채를 부여한다.
② 수성원료 – 물에 녹는 성분이다.
③ 계면활성제 – 계면의 성질을 변화시켜서 수성원료와 유성원료가 섞이게 한다.
④ 보습제 – 피부의 수분 함량을 증가시켜준다.
⑤ 비타민 E – 수용성 비타민으로 결핍되면 신체 면역력이 떨어지고 괴혈병이 생기는 것으로 알려져 있다.

**012** 맞춤형화장품의 내용물 및 원료에 대한 품질검사결과를 확인해 볼 수 있는 서류로 옳은 것은?

① 품질규격서  ② 품질성적서
③ 제조공정도  ④ 포장지시서
⑤ 칭량지시서

**013** 다음 중 원료에 대한 사용한도로 틀린 것은?

① 메칠이소치아졸리논 – 사용 후 씻어내는 제품에 0.0015%(단, 메칠클로로이소치아졸리논(CMIT)과 메칠이소치아졸리논(MIT) 혼합물과 병행 사용 금지)
② 벤질알코올 – 1.0%(다만, 염모용제품류에 용제로 사용할 경우에는 10%)
③ 살리실릭애씨드 및 그 염류 – 살리실릭애씨드로 함량 측정 시 0.5%
④ 페녹시에탄올 – 1.0%
⑤ 헥세티딘 – 사용 후 씻어내는 제품에 1.0%

**014** 다음 중 목욕용 제품에 해당하는 것은?

① 바디클렌저(body cleanser)  ② 버블배스(bubble baths)
③ 액체비누(liquid soaps)  ④ 폼클렌저(foam cleanser)
⑤ 물휴지

**015** 다음은 화장품의 효과에 대한 내용이다. 옳지 않은 것은?

① 인체를 청결 미화한다.
② 용모를 밝게 변화시킨다.
③ 피부 모발의 건강을 유지 또는 증진시킨다.
④ 인체에 대한 작용이 우수하다.
⑤ 의약품에 해당하는 물품은 제외한다.

**016** 다음 중 판매 가능한 맞춤형화장품에 대한 설명으로 옳지 않은 것은?

① 제조 또는 수입된 화장품의 내용물에 해당되는 것은 완제품, 벌크제품, 반제품이다.
② 제조 또는 수입된 화장품에 다른 화장품의 내용물을 혼합한 화장품이다.
③ 제조 또는 수입된 화장품에 식품의약품안전처장이 정하는 원료를 추가하여 혼합한 화장품이다.
④ 소비자들이 매장을 방문했을 때 소분, 혼합이 가능하다.
⑤ 조제관리사 자격증을 갖추면 방문판매 형태로 맞춤형화장품을 판매할 수 있다.

**017** 다음 중 보존제 성분이 아닌 것은?

① 옥토크릴렌
② 페녹시에탄올
③ 벤질알코올
④ 글루타랄
⑤ 메칠클로로이소치아졸리논

**018** 다음 중 식약처 고시 알레르기를 유발하는 성분 25가지에 해당하지 않는 것은?

① 아밀신남알
② 벤질알코올
③ 신나밀알코올
④ 하이드록시시트로넬알
⑤ 메칠파라벤

**019** 다음 안전용기·포장 등의 사용에 대한 내용 중 옳지 않은 것은?

① 안전용기 요건은 만 5세 미만의 어린이가 개봉하기 어렵게 된 것이어야 한다.
② 아세톤을 함유하는 네일 에나멜 리무버 및 네일 폴리시 리무버도 적용대상이다.
③ 성인용 오일 등 개별 포장당 탄화수소 화합물을 10% 이상 함유하고 운동 점도가 21센티스톡스(40℃ 기준) 이하인 비에멀젼 타입의 액상 제품도 적용대상이다.
④ 개별 포장당 메틸살리실레이트를 5% 이상 함유하는 액상 제품도 적용대상이다.
⑤ 1회용 제품은 제외된다.

**020** 화장품의 사용상 주의사항에 대한 설명으로 옳지 않은 것은?

① 스크럽 세안제나 모발용 샴푸, 두발 염색용 및 눈화장용 제품류 등이 눈에 들어갔을 경우에는 즉시 물로 씻어내야 한다.
② 팩은 눈가의 주름을 방지하기 위해 눈 주변을 중심으로 도포해야 하며 눈에 들어갔을 경우에는 즉시 물로 씻어내야 한다.
③ 외음부 세정제는 만 3세 이하 어린이에게는 사용하지 말아야 한다.
④ 손, 발의 피부 연화제품(요소제의 핸드크림 및 풋크림)은 눈, 코 또는 입 등에 닿지 않도록 주의하여 사용하여야 한다.
⑤ 고압가스를 사용하는 에어로졸 제품의 경우는 같은 부위에 3초 이상 분사하여서는 안 된다.

**021** 알파-하이드록시애씨드(Alpha-hydroxyacid)에 대한 설명으로 옳지 않은 것은?

① 햇빛에 대한 피부의 감수성을 높일 수 있다.
② 고농도의 성분은 부작용의 발생 우려가 있으므로 전문의의 상담이 필요하다.
③ 주로 의약외품으로 사용되며 화장품에는 사용할 수 없다.
④ 일부에 시험 사용하여 피부의 이상을 확인해야 한다.
⑤ 자외선차단제를 함께 사용하는 것이 권장된다.

**022 다음 중 위해 사례에 대한 설명으로 옳은 것은?**

① 위해 사례란 화장품의 사용 중 발생한 바람직하지 않고 의도되지 아니한 징후, 증상 또는 질병으로 당해 화장품과 반드시 인과관계를 가져야 한다.
② 입원해야 할 정도의 유해 사례는 중대한 유해 사례가 아니며 사망을 초래하거나 생명을 위협하는 경우가 중대한 유해 사례에 해당된다.
③ 판매자·소비자 등 관련 단체의 장은 화장품의 사용 중 발생하였거나 알게 된 위해 사례 등 안전성 정보에 대하여 화장품책임판매업자가 아닌 식품의약품안전처장에게 보고해야 한다.
④ 신속보고는 위해 사실이 발생한 날로부터 15일 이내에 신속하게 보고하는 것을 말한다.
⑤ 화장품책임판매업자는 신속보고 이외의 안전성 정보를 매 반기 종료 후 1월 이내에 정기 보고한다.

**023 다음 중 화장품에 사용된 성분의 특성으로 옳지 않은 것은?**

① 수성원료 – 물에 녹지 않는 원료를 말한다.
② 계면활성제 – 친수성과 친유성을 동시에 갖는 물질로 계면에 흡착하여 계면의 성질을 변화시킨다.
③ 보습제 – 각질층의 수분량 유지를 목적으로 사용된다.
④ 비타민 – 비타민 C는 항산화작용으로 사용된다.
⑤ 향료 – 원료의 냄새를 마스킹하기 위하여 사용되며 생리적, 심리적 효과를 준다.

**024 다음 중 화장품 성분을 표시할 때 올바른 것은?**

① 1% 이하로 사용된 성분, 착향제 또는 착색제는 순서에 관계없이 기재·표시한다.
② 혼합된 원료는 혼합된 상태의 명칭을 기재·표시한다.
③ 착향제의 모든 성분은 '향료'로 표시할 수 있다.
④ 산성도(pH) 조절 목적으로 사용되는 성분은 최종생성물이 아닌 그 성분을 표시해야 한다.
⑤ 제조업자 또는 책임판매업자의 정당한 이익을 현저히 침해할 우려가 있을 경우라도 소비자의 알 권리를 위해서 전 성분 표기를 하여야 한다.

**025** 기능성화장품의 범위와 효과에 대한 설명으로 옳지 않은 것은?

① 튼 살로 인한 붉은 선을 엷게 하는 데 도움을 주는 화장품
② 손상된 피부 장벽을 회복함으로써 가려움 개선에 도움을 주는 화장품
③ 여드름성 피부를 완화하는 데 도움을 주는 화장품
④ 탈모 증상의 완화에 도움을 주는 화장품, 다만 코팅 등 물리적으로 모발을 굵게 보이게 하는 제품은 제외
⑤ 체모를 제거하는 기능을 가진 화장품, 물리적으로 체모를 제거하는 제품은 제외

**026** 다음 중 각 성분에 대한 설명으로 옳지 않은 것은?

① 닥나무추출물 – 티로시나아제 활성을 억제하는 효과로 미백에 도움을 주며 사용 함량 제한은 2%이다.
② 유용성 감초추출물 – 티로시나아제 활성을 억제하는 효과이며 사용 함량 제한은 0.05%이다.
③ 레티놀 – 비타민 D로 피부세포의 신진대사 촉진, 콜라겐 합성, 각질화 조절로 사용 함량은 2,500IU/g이다.
④ 아데노신 – 섬유아세포의 증식 촉진 등으로 콜라겐합성을 증대시켜 탄력과 주름개선 효과를 준다. 사용 함량은 0.04%이다.
⑤ 폴리에톡실레이티드레틴아마이드 – 레티놀과 유사한 효능 효과를 가지고 있으며 안전성이 더욱 뛰어나다. 사용 함량은 0.05~0.2%이다.

**027** 다음 중 퍼머넌트 웨이브에 대한 설명으로 옳지 않은 것은?

① 알칼리제를 사용한 치오글리콜산계 파마제는 강한 웨이브를 만들 수 있으나 모발 손상이 우려된다.
② 시스테인을 이용한 파마제는 모발의 손상은 적으나 강한 웨이브가 되지 않는다.
③ 티오젖산을 이용한 파마제는 강한 웨이브를 만들 수 있고 모발 손상이 적다.
④ 알칼리제를 쓰지 않는 파마를 중성 파마라고 부른다.
⑤ 알칼리제를 쓰지 않는 파마는 웨이브는 만들기 어려우나 손상 모발에 사용할 수 있으므로 시술 시 고려한다.

**028** 다음 중 향수에 대한 설명으로 옳은 것은?

① 향수는 향료를 알코올에 녹인 것으로 95%의 정제수가 사용된다.
② 합성 향료와 천연 향료 등을 사용해서 만들어지며 알레르기를 일으킬 수 있는 향료는 첨가할 수 없다.
③ 좋은 향수의 요건은 확산성이 낮고 본인에게 지속성이 좋아야 한다.
④ 톱 노트는 피부에 뿌리고 나는 첫 향으로 향의 첫인상이 날아간 후의 냄새이다.
⑤ 미들 노트는 체취가 섞여서 나는 마지막 향기로 어떤 향수를 쓰든 그 사람의 독자적인 향이 되는 향기이다.

**029** 다음 중 맞춤형화장품 혼합에 사용되는 원료에 관한 설명으로 옳지 않은 것은?

① 화장품에 사용할 수 없는 원료 리스트에 포함되어 있으면 사용할 수 없다.
② 화장품에 사용상의 제한이 필요한 원료 리스트에 포함된 경우 사용할 수 없다.
③ 식약처장이 고시한 기능성화장품의 효능·효과를 나타내는 원료 리스트에 포함되는 경우 사용할 수 없다.
④ 맞춤형화장품에 추가 혼합하여 조제되는 원료는 화장품책임판매업자로부터 제공받은 원료를 사용해야 한다.
⑤ 맞춤형화장품은 기능성화장품으로 인정받아 판매가 불가능하다.

**030** 다음 중 눈화장용 화장품 제품에 포함되지 않는 것은?

① 아이메이크업 리무버　② 마스카라
③ 아이섀도　④ 눈 주위 제품
⑤ 아이브로우 펜슬

**031** 다음 중 두발 염색용 제품류에 포함되지 않는 것은?

① 헤어 컬러 스프레이　② 탈염, 탈색용 제품
③ 헤어틴트　④ 염모제
⑤ 헤어토닉

**032** 다음 중 중대한 유해 사례에 해당되는 것으로 옳지 않은 것은?

① 사망을 초래하거나 생명을 위협하는 경우
② 피부 타입이 바뀌어버리는 경우
③ 입원 또는 입원기간 연장이 필요한 경우
④ 지속적 또는 중대한 불구나 기능 저하를 초래하는 경우
⑤ 기타 의학적으로 중요한 사항


**033** 다음 중 화장품 성분에 대한 내용으로 옳지 않은 것은?

① 화장품은 화학물질이거나 천연물일 수 있다. 단독으로 쓰여야 하며 혼합물로 사용되어서는 안 된다.
② 사용하고자 하는 성분은 사용한도에 적합하여야 하며 화장품 제조에 사용 불가한 원료로 식약처장이 고시한 것이 아니어야 한다.
③ 제조공정 중 중금속이나 불순물 등의 비의도적 오염물질을 줄이기 위한 충분한 조치를 취하여야 한다.
④ 화장품 성분이 피부를 투과하면 국소 및 전신 작용에도 영향을 미칠 수 있다.
⑤ 노출 조건에 따라 화장품 성분의 안전성이 달라질 수 있다.


**034** 여드름성 피부를 완화하는 데 도움을 주는 기능성화장품의 사용 시 주의사항으로 옳지 않은 것은?

① 만 3세 이하 어린이에게는 사용하지 말 것
② 대량을 광범위한 부위에 적용하거나 장기간 사용하는 경우 부작용이 나타나기 쉬우므로 주의할 것
③ 살리실릭애씨드에 과민증이 있는 사람은 사용을 피할 것
④ 직사광선을 피해서 보관할 것
⑤ 살리실릭애씨드는 1.0% 이상의 농도로 사용할 것

**035** 화장품의 원료를 선택할 때 고려해야 할 조건으로 옳지 않은 것은?

① 냄새가 적어야 한다.
② 사용 목적에 따른 기능이 우수해야 한다.
③ 안정성이 우수해야 한다.
④ 안전성이 좋아야 한다.
⑤ 원료의 가격이 높게 형성되어 신뢰할 수 있어야 한다.

### 단답형

**036** 다음의 빈칸에 들어갈 알맞은 내용을 쓰시오.

> 화장품 성분은 사용된 함량이 많은 것부터 기재·표시하는데, (　　)로 사용했을 때는 성분, 착향제 또는 착색제 순서에 상관없이 기재·표시가 가능하다.

**037** 다음 빈칸에 들어갈 알맞은 내용을 쓰시오.

> (　　)은(는) 위해요소와 이를 함유한 화장품으로부터 발생하는 건강상 영향을 인체 노출 허용량(독성기준값)과 노출 수준을 고려하여 인간에게 미치는 위해의 정도와 발생 빈도 등을 정량적으로 예측하는 과정이다.

**038** 주어진 내용이 무엇에 관한 설명인지 쓰시오.

> 알코올 수용액에 혈액순환 촉진제와 같은 약용 성분, 보습제 등을 첨가한 외용제로 두피에 사용하여 머리의 혈액순환을 도와주고 헤어 사이클 기능을 정상화시킨다. 또한 모공의 기능을 향상시킴으로써 모발이 자라나게 도와주고 탈모를 방지한다. 이 외용제의 대표적인 성분으로는 미녹시딜이 유명하다.

**039** 주어진 내용이 무엇에 관한 설명인지 쓰시오.

> 사람의 몸속에 존재하는 다당류의 일종으로 피부, 관절액, 연골, 눈물 등에 많이 분포되어 있다. 자신의 무게에 300~1,000배에 해당하는 수분을 함유할 수 있는 고분자 물질로 보습제로 널리 이용된다. 최근 미생물로부터 생산하여 비교적 싼 가격에 널리 이용되고 있다.

**040** 다음 빈칸에 들어갈 알맞은 내용을 쓰시오.

> • 유해한 미생물의 증식을 억제하는 등 화장품의 오염을 방지하기 위해 사용되는 성분으로 페녹시에탄올, 파라벤류 등이 사용된다.
> • 최근에는 (    )(으)로 1,2헥산디올이 많이 사용되고 있다.

### 3과목  유통화장품 안전관리

**041** 다음은 작업장의 용어에 대한 설명이다. 올바르게 연결되지 않은 것은?

① 제조장 – 칭량된 원료를 가지고 제조 설비로 포장 전 내용물을 만드는 장소
② 반제품 보관소 – 제조하기 위한 원료를 보관하는 장소
③ 충전, 포장실 – 제조된 내용물로 완제품을 생산하는 장소
④ 제품 보관소 – 충전, 포장이 완료된 제품을 보관하는 장소
⑤ 포장재 보관소 – 제품 충전 및 포장을 위한 포장재를 보관하는 장소

**042 작업장 환경 미생물 평가 시험 방법으로 옳은 것은?**

① 공기 중 미생물 샘플링과 인체 흡착 미생물 샘플링법으로 나뉜다.
② 낙하균 측정법은 공기 중 미생물 샘플링법이 아니다.
③ 사료채취 장치는 측정하고자 하는 대상 실내 공간 및 측정 방법에 따라 여러 가지 방법을 고려하여 선택해야 한다.
④ 낙하균 측정법은 공기 포집기의 튜브를 통해 빨아들인 공기를 액체 배지에 통과시켜 배지 균의 수를 측정하는 방법이다.
⑤ 미생물 측정 샘플링 위치는 제품의 품질에 영향을 미칠 수 없는 장소를 선정한다.

**043 작업자의 위생관리 기준 및 절차에 해당하지 않는 것은?**

① 작업자의 작업 시 복장
② 작업자의 건강 상태 확인
③ 작업자의 준비운동
④ 작업자에 의한 제품 오염 방지 사항
⑤ 작업자의 손 씻는 방법

**044 설비 및 기구 세척의 원칙으로 옳지 않은 것은?**

① 가능하면 세제를 사용하지 않는다.
② 브러시 등으로 문질러 지우는 것을 고려한다.
③ 설비를 세척할 때는 분해되지 않도록 한다.
④ 세척 후에는 반드시 '판정'한다.
⑤ 판정 후의 설비는 건조, 밀폐해서 보존한다.

**045 설비, 기구의 폐기 기준으로 옳지 않은 것은?**

① 설비의 불량으로 사용할 수 없을 때는 그 설비를 제거하거나 확실하게 사용 불능 표시를 해야 한다.
② 설비 점검은 체크 시트를 작성하여 실시하는 것이 바람직하다.
③ 수리나 교체를 하는 비용이 신규 장비 도입 비용을 초과하면 고려한다.
④ 내용연수가 경과한 장비는 점검 결과 신뢰성이 지속적이라도 폐기한다.
⑤ 내용연수가 도래하지 않은 장비의 경우라도 부품의 수급이 불가능하거나 잦은 고장으로 인해 신규 장비를 도입하는 것이 효율적이라고 판단되면 고려한다.

**046** 온도와 압력 흐름, pH, 점도, 속도, 부피 그리고 다른 화장품의 특성을 측정 및 기록하기 위해 사용되는 기구는?

① 탱크
② 혼합과 교반 장치
③ 필터, 여과기
④ 칭량장치
⑤ 게이지와 미터

**047** 영유아용 제품류 중 액, 로션, 크림 및 이와 유사한 제형의 액상 제품의 pH 기준은? (단, 물을 포함하지 않는 제품과 사용한 후 곧바로 물로 씻어내는 제품은 제외한다.)

① 1.0~3.0
② 3.0~6.0
③ 3.0~9.0
④ 6.0~9.0
⑤ 9.0~12.0

**048** 입고된 원료 및 내용물 관리 기준으로 옳지 않은 것은?

① 원료와 내용물은 화장품 제조업자가 정한 기준에 따라서 품질을 입증할 수 있는 검증자료를 공급자로부터 공급받아야 함
② 입고된 원료와 내용물은 검사완료, 적합, 부적합에 따라 각각의 구분된 공간에 별도로 보관해야 함
③ 외부로부터 반입되는 모든 원료와 내용물은 관리를 위해 표시를 해야 하며 포장 외부를 깨끗이 청소해야 함
④ 구매 요구서, 인도 문서, 인도물이 서로 일치해야 함
⑤ 원료 및 내용물 선적 용기에 대하여 확실한 표기 오류, 용기 손상, 봉인 파손, 오염 등에 대해 육안 검사를 시행해야 함

**049** 다음 중 적합으로 판정된 원료에서 볼 수 있는 내용이 아닌 것은?

① 원료명칭
② 보관조건
③ 시험성적서
④ 유효기간
⑤ 제조자의 성명 혹은 서명

**050** 원료와 내용물의 보관에 관련한 내용으로 옳지 않은 것은?

① 원료와 내용물이 재포장되더라도 새로운 용기에는 동일한 라벨링을 해야 한다.
② 보관조건은 습기, 온도, 햇빛에 노출되어 변질되는 것을 방지해야 한다.
③ 재고가 불출될 때는 오래된 재고보다는 최신의 재고를 불출해야 한다.
④ 원료의 사용기한은 사용 시 확인이 가능하도록 라벨에 표시되어야 한다.
⑤ 사용기한 내에서 자체적인 재시험 기간과 최대 보관 기한을 설정하고 준수하여야 한다.


**051** 다음은 원료 및 내용물의 출고 및 보관관리 기준에 대한 내용이다. 빈칸에 공통으로 들어갈 말로 알맞은 것은?

> • 원자재는 시험 결과 적합 판정된 것만을 (　　) 방식으로 출고해야 하고 이를 확인할 수 있는 체계가 확립되어 있어야 한다.
> • 원자재, 반제품 및 벌크제품은 바닥과 벽에 닿지 아니하도록 보관하고, (　　)에 의하여 출고할 수 있도록 보관하여야 한다.

① 무작위　　　　　　　　　② 선입선출
③ 후입선출　　　　　　　　④ 선입후출
⑤ 후입후출


**052** 다음 중 포장재의 관리에 대한 내용으로 옳지 않은 것은?

① 포장은 취급상의 위험과 외부 환경으로부터 제품을 보호한다.
② 포장은 구매자들에게 통일된 이미지를 심어주기 위한 과정이다.
③ 포장은 제조업자, 유통업자, 소비자가 제품을 쉽게 다루게 해준다.
④ 포장재는 포장 계획에 따라 적절한 시기에 제조되고 공급되어야 한다.
⑤ 포장재는 화장품과는 다르게 CGMP(우수화장품 제조 및 품질관리기준)에 포함되지는 않는다.

**053** 다음 중 내용물 및 원료의 개봉 후 관리 내용과 관련된 설명으로 옳지 않은 것은?

① 경제적인 보관관리를 위하여 사용하고 남은 원료는 다시 용기에 넣어 재사용한다.
② 산화되지 않도록 최소한의 공기만 들어갈 수 있도록 한다.
③ 오염되지 않도록 수시로 청결을 유지하도록 한다.
④ 칭량되는 동안에 교차 오염을 피하기 위해서 적절한 조치가 마련되어야 한다.
⑤ 원료가 남은 경우에는 포장용기를 집게로 막거나 비닐봉지에 넣어 밀봉한다.

**054** 우수화장품 제품 및 품질관리 시 재검사를 위한 검체보관에 대해 옳은 것을 모두 고르면?

> ㄱ. 모든 검체는 냉장 보관되어야 한다.
> ㄴ. 검체는 가장 안정한 조건에서 보관되어야 한다.
> ㄷ. 2개의 배치인 경우 한 개의 배치 검체를 대표로 사용할 수 있다.
> ㄹ. 검체를 두 번 시험할 만큼을 떠서 보관한다.
> ㅁ. 제조일로부터 1년 혹은 사용기한이 기재되어 있는 경우 검체를 1년간 보관한다.

① ㄱ, ㄴ  ② ㄱ, ㅁ
③ ㄴ, ㄹ  ④ ㄴ, ㄷ
⑤ ㄷ, ㄹ

**055** 원자재 입고 관리 시 기록해야 할 사항이 아닌 것은?

① 원자재 공급자가 정한 제품명
② 원자재 공급자명
③ 수령 일자
④ 공급자가 부여한 제조번호 또는 관리번호
⑤ 원자재 제조일자

**056** 다음 중 품질 관리 시 라벨을 부착할 때 색상의 의미로 틀린 것은?

① 백색 – 검체 채취 전  ② 황색 – 시험 중
③ 흑색 – 시험 불가  ④ 청색 – 적합
⑤ 적색 – 부적합

**057** 「화장품 안전기준 등에 관한 규정」에서 pH 규정이 3.0~9.0이어야 한다고 정해진 제품으로 옳지 않은 것은?

① 영·유아용 제품류(영·유아용 샴푸, 린스, 영·유아 인체 세정용 제품, 영·유아 목욕용 제품 제외)
② 눈 화장용 제품류 및 색조화장용 제품류
③ 면도용 제품류(셰이빙 크림, 셰이빙 폼 제외)
④ 두발용 제품류(샴푸, 린스 제외)
⑤ 물을 포함하지 않는 제품과 사용 후 곧바로 물로 씻어내는 제품류

**058** 화장품 제조 시 비의도적 유래 물질로 인정되는 물질의 검출 허용 한도로 옳지 않은 것은?

① 납 : 점토를 원료로 사용한 분말제품은 50㎍/g 이하, 그 밖의 제품은 20㎍/g 이하
② 니켈 : 눈 화장용 제품은 35㎍/g 이하, 색조 화장용 제품은 30㎍/g 이하, 그 밖의 제품은 10㎍/g 이하
③ 비소 : 10㎍/g 이하
④ 안티몬 : 10㎍/g 이하
⑤ 디옥산 : 10㎍/g 이하

**059** 다음 중 실온과 상온의 정의로 옳은 것은?

① 실온 : 1~30℃, 상온 : 15~25℃  ② 실온 : 0~30℃, 상온 : 15~25℃
③ 실온 : 1~30℃, 상온 : 18~25℃  ④ 실온 : 0~30℃, 상온 : 18~25℃
⑤ 실온 : 10~30℃, 상온 : 10~25℃

**060** 다음 중 벌크 제품의 사용기한과 보관·관리에 대한 내용으로 옳은 것은?

① 벌크제품 및 원료를 보관할 때는 반드시 플라스틱 용기를 사용한다.
② 벌크제품의 재보관은 불가능하다.
③ 개봉할 때 변질 및 오염 가능성이 있으므로 개봉품은 한 번에 전부 사용해야 한다.
④ 보관기한의 만료일이 가까운 원료부터 사용하도록 선입선출한다.
⑤ 보관 시에는 따로 문서화된 절차는 필요하지 않다.

**061** 내용물 및 원료의 변질에 대한 내용으로 옳지 않은 것은?

① 천연원료는 생균수가 적은 편이다.
② 원료의 오염은 최종 제품의 오염으로 이어질 수 있기 때문에 중요하다.
③ 원료별로 관리 기준을 정해서 위생관리를 한다.
④ 제조하기 전에 품질 이상, 변질 여부를 확인해야 한다.
⑤ 용기에 필요한 경우 보관조건을 기재한다.

**062** 기준일탈제품에 대한 설명으로 옳지 않은 것은?

① 원료, 내용물, 벌크제품, 완제품이 판정기준을 만족하지 못했을 때 기준일탈제품이라고 지칭한다.
② 기준일탈제품은 판정기준을 만족시켜서 재사용하는 것이 필수적이다.
③ 폐기원료는 「폐기물관리법」에 의거하여 폐기한다.
④ 기준일탈제품은 처리 후에 내용을 문서화시켜야 한다.
⑤ 폐기를 실시할 때에는 폐기물 전문처리 회사에 위탁 처리한다.

**063** 포장작업 포장지시서에 포함된 각 호의 사항으로 옳지 않은 것은?

① 제품명
② 포장설비명
③ 포장재리스트
④ 상세한 포장공정
⑤ 작업자의 성명

**064** 포장재의 출고기준에 대한 내용으로 옳지 않은 것은?

① 불출하기 전에 설정된 시험 방법에 따라 관리하고 합격 판정 기준에 부합하는 포장재만 불출한다.
② 적절한 보관, 취급 및 유통을 보장하는 절차를 수립한다.
③ 절차서에는 적당한 조명, 온도, 습도 등 보관조건을 기재한다.
④ 추적이 용이하도록 한다.
⑤ 포장재는 적합판정과 부적합판정된 것을 선입선출 방식으로 출고한다.

**065** 오염 물질 제거 및 소독방법에 대한 설명으로 옳지 않은 것은?

① 설비 및 기구의 세척은 제조하는 화장품의 종류, 양, 품질에 상관없이 동일하다.
② 계속해서 제조하고 있는 와중에도 적절한 주기로 제조 설비를 세척해야 한다.
③ 물 또는 증기만으로 세척하는 것이 가장 좋다.
④ 브러시 등의 세척기구를 사용하는 것도 권장된다.
⑤ 세제를 사용했을 경우 잔존한 세척제가 제품에 악영향을 끼칠 수 있기 때문에 잘 확인해야 한다.

## 4과목 맞춤형화장품의 이해

**066** 다음 중 피부를 구성하고 있는 층으로 옳은 것은?

① 기저층, 진피, 피하지방
② 표피, 진피, 피하지방
③ 유극층, 표피, 진피
④ 진피, 피하지방, 유두층
⑤ 유극층, 망상층, 피하지방

**067** 다음 중 기저층에서 만들어내는 각질세포의 이름으로 옳은 것은?

① 랑게르한스 세포
② 멜라노사이트
③ 케라티노사이트
④ 멜라닌
⑤ 면역 세포

**068** 다음 중 멜라닌 색소를 생성하는 피부층으로 옳은 것은?

① 각질층  
② 투명층  
③ 과립층  
④ 유극층  
⑤ 기저층

**069** 다음 중 랑게르한스 세포에 대한 설명으로 옳은 것은?

① 털의 생성과 관련된 세포이다.  
② 진피에만 분포된 세포이다.  
③ 접촉성 피부염과는 관련이 없는 세포이다.  
④ 면역기능에 관여된 세포이다.  
⑤ 피하지방에 분포된 세포이다.

**070** 다음 중 피지선에 대한 설명으로 옳지 않은 것은?

① 피지의 분비로 모공이 채워진 상태가 되면 수분 증발이 촉진된다.  
② 피지 분비량은 사춘기에 비해 나이가 들면 줄어든다.  
③ 피지가 과하게 분비되면 여드름이 유발될 수 있다.  
④ 피지선은 두피와 안면에 많이 분포되어 있다.  
⑤ 대부분 모낭에 부속하여 모공 내에 피지를 분비한다.

**071** 다음 중 피부가 하는 역할로 옳지 않은 것은?

① 증발을 조절한다.  
② 체온을 조절한다.  
③ 자외선으로부터 보호한다.  
④ 외부의 미생물로부터 보호한다.  
⑤ 내부 기관의 세균번식을 억제한다.

**072** 햇빛에 노출되었을 때 우리 몸이 생성하는 비타민으로 옳은 것은?

① 비타민 A  
② 비타민 B  
③ 비타민 C  
④ 비타민 D  
⑤ 비타민 E

**073** 다음 중 맞춤형화장품의 기능성화장품 기능이 아닌 것은?

① 피부의 주름개선에 도움을 준다.
② 피부의 미백에 도움을 준다.
③ 피부를 곱게 태워주거나 자외선으로부터 피부를 보호하는 데 도움을 준다.
④ 모발의 성장 촉진에 도움을 준다.
⑤ 모발의 색상 변화, 제거에 도움을 준다.

**074** 다음 중 주어진 내용과 관련 있는 것은?

> 콜라겐과 엘라스틴을 만들어내는 세포로 진피를 구성하고 있다.

① 섬유아세포　　　　　② 대식세포
③ 머켈세포　　　　　　④ 비만세포
⑤ 랑게르한스세포

**075** 내용량이 10밀리리터 초과 50밀리리터 이하 또는 중량이 10그램 초과 50그램 이하 화장품의 포장인 경우 몇몇 성분을 제외하고 기재·표시를 생략할 수 있다. 이때 기재·표시를 생략할 수 없는 성분으로 틀린 것은?

① 타르색소
② 금박
③ 샴푸와 린스에 들어있는 인산염의 종류
④ 살리실산(BHA)
⑤ 기능성화장품의 경우 그 효능, 효과가 나타나게 하는 원료

**076** 다음 중 맞춤형화장품 조제관리사가 의무교육을 이수하지 않았을 때의 처벌로 옳은 것은?

① 과태료 50만 원　　　　② 과태료 100만 원
③ 과징금 50만 원　　　　④ 업무정지 15일
⑤ 판매정지 15일

**077** 다음 중 벌크제품을 재보관할 때의 조치로 옳지 않은 것은?

① 이물 방지를 위해 밀폐하여 보관한다.
② 벌크제품의 보관조건에 맞게 보관한다.
③ 변질되기 쉬울 경우 재사용하지 않는다.
④ 재보관임을 표시하는 라벨을 부착한다.
⑤ 다음 충진 시에는 남은 벌크제품을 마지막에 사용한다.

**078** 다음 중 방향제를 포함한 화장품류의 포장공간 비율로 옳은 것은?

① 5% 이하
② 5% 이상
③ 10% 이하
④ 10% 이상
⑤ 15% 이하

**079** 다음 상황에서의 적절한 조치로 옳은 것은?

> 피부 색소침착이 심해진 고객이 맞춤형화장품을 맞추기 위해 매장을 방문했다.

① 징크옥사이드 성분을 추천
② 아데노신 성분을 추천
③ 나이아신아마이드 성분을 추천
④ 페녹시에탄올 성분을 추천
⑤ 히알루론산 성분을 추천

**080** 자외선 파장이 짧은 순서에서 긴 순서대로 옳게 나열된 것은?

① UVA < UVC < UVB
② UVA < UVB < UVC
③ UVB < UVC < UVA
④ UVC < UVB < UVA
⑤ UVC < UVA < UVB

**081** 다음 중 땀샘에 대한 설명으로 옳지 않은 것은?

① 에크린샘은 전신 피부에 분포되어 있다.
② 에크린샘에서 분비되는 땀은 냄새가 잘 나지 않는다.
③ 아포크린샘에서 분비되는 땀은 과하게 분비되면 액취증을 유발한다.
④ 아포크린샘은 겨드랑이에 집중적으로 분포되어 있다.
⑤ 에크린샘은 모공을 통하여 분비된다.

**082** 다음 중 표피를 구성하는 물질로만 구성되어 있는 것은?

① 콜라겐, 멜라노사이트
② 엘라스틴, 랑게르한스세포
③ 각질형성세포, 엘라이딘
④ 비만세포, 콜라겐
⑤ 머켈세포, 섬유아세포

**083** 다음 중 모발의 성장이 멈춘 상태이며, 전체 모발의 15% 정도가 해당되는 단계를 지칭하는 말로 옳은 것은?

① 퇴화기
② 휴지기
③ 감퇴기
④ 휴식기
⑤ 감소기

**084** 다음 중 화장품의 1차 포장에 반드시 표기해야 하는 사항으로 옳지 않은 것은?

① 화장품의 명칭
② 영업자의 상호
③ 제조번호
④ 화장품의 가격
⑤ 사용기한 또는 개봉 후 사용기간

**085** 다음 중 맞춤형화장품 조제관리사가 보관해야 하는 판매내역으로 옳지 않은 것은?

① 식별번호
② 판매일자
③ 판매량
④ 사용기한 또는 개봉 후 사용기간
⑤ 고객의 피부타입

**086** 다음 중 피부의 주름개선에 도움을 주는 제품의 성분과 함량이 옳은 것은?

① 나이아신아마이드 2~5%
② 아데노신 0.04%
③ 유용성 감초 추출물 0.05%
④ 알파-비사보롤 0.5%
⑤ 아스코빌테트라이소팔미테이트 2%

**087** 다음 중 자외선차단제의 식약처 고시 원료 성분과 함량이 옳은 것은?

① 벤조페논-3, 3%   ② 벤조페논-4, 3%
③ 벤조페논-8, 3%   ④ 징크옥사이드, 15%
⑤ 옥토크릴렌, 15%

**088** 제조공정 단계에 있는 것으로서, 필요한 제조공정을 더 거쳐야 벌크제품이 되는 것은?

① 반제품         ② 완제품
③ 미완성제품      ④ 원료
⑤ 내용물

### 단답형

**089** 다음 중 빈칸에 들어갈 말을 쓰시오.

> 맞춤형화장품 판매업을 신고한 자는 총리령으로 정하는 바에 따라 (        )을(를) 두어야 한다.

**090** 아래의 빈칸에 들어갈 숫자를 각각 쓰시오.

> 포장공간의 비율
> 인체 및 두발 세정용 제품류는 ( ㉠ )%, 그 밖의 화장품류는 ( ㉡ )% 이하(단, 향수 제외)

㉠                                    ㉡

**091** 다음 중 기능성화장품의 성분에 해당되는 것을 골라서 쓰시오.

> 정제수, 글리세린, 프로판디올, 1,2헥산디올, 히알루론산, 닥나무추출물, 향료

**092** 다음을 보고 함유된 성분이 어떠한 기능을 하는지 쓰시오.

> • 치오글리콜산 80%가 함유되어 있다.
> • 치오글리콜산 80% 크림타입으로도 사용 가능하다.

**093** 피부세포가 기저층에서 각질층까지 분열되어 올라가는 과정을 무엇이라고 부르는지 쓰시오.

**094** 투명층에 존재하고 손바닥, 발바닥 같은 피부층이 두꺼운 부위에 주로 분포되어 있으며, 수분침투를 막아주고 피부를 윤기 있게 해주는 반유동성 단백질의 이름을 쓰시오.

**095** 다음 빈칸에 들어갈 알맞은 말을 쓰시오.

- ( ㉠ ) : 일상의 취급 또는 보통의 보존상태에서 기체 또는 미생물이 침입할 염려가 없는 용기
- ( ㉡ ) : 일상의 취급 또는 보통 보존상태에서 액상 또는 고형의 이물 또는 수분이 침입하지 않고, 내용물을 손실, 풍화, 조해 또는 증발로부터 보호할 수 있는 용기
- ( ㉡ )로 되어있는 경우에는 ( ㉠ )도 쓸 수 있다.

㉠                    ㉡

**096** 다음 빈칸에 들어갈 알맞은 말을 쓰시오.

화장비누는 내용량 ( ㉠ )% 이상, 유리알칼리 ( ㉡ )% 이하의 안전관리 기준에 적합하여야 한다.

㉠                    ㉡

**097** 다음 빈칸에 들어갈 알맞은 말을 쓰시오.

( ) : 모낭 끝에 존재하는 작은 말발굽 모양의 돌기 조직으로 모구와 맞물려지는 부분이다. 모세혈관으로부터 영양분과 산소를 공급받아 세포분열을 한다. ( )의 윗부분을 모구라고 한다.

쮼이덕의 맞춤형화장품 조제관리사

**098** 각질형성세포, 멜라닌세포로 구성되어 있는 표피층은 무엇인지 쓰시오.

**099** 주어진 내용에 해당되는 것을 쓰시오.

> 이 피부는 눈 주위에 잔주름이 발생하기 쉬우며, 다른 피부 타입보다 노화현상이 빨리 오는 대신 여드름이 잘 나지 않는 장점이 있다.

**100** 수성원료와 유성원료를 섞을 때 한 액체가 다른 액체 속에 미세한 입자 형태로 분산되는 것을 무엇이라고 하는지 쓰시오.

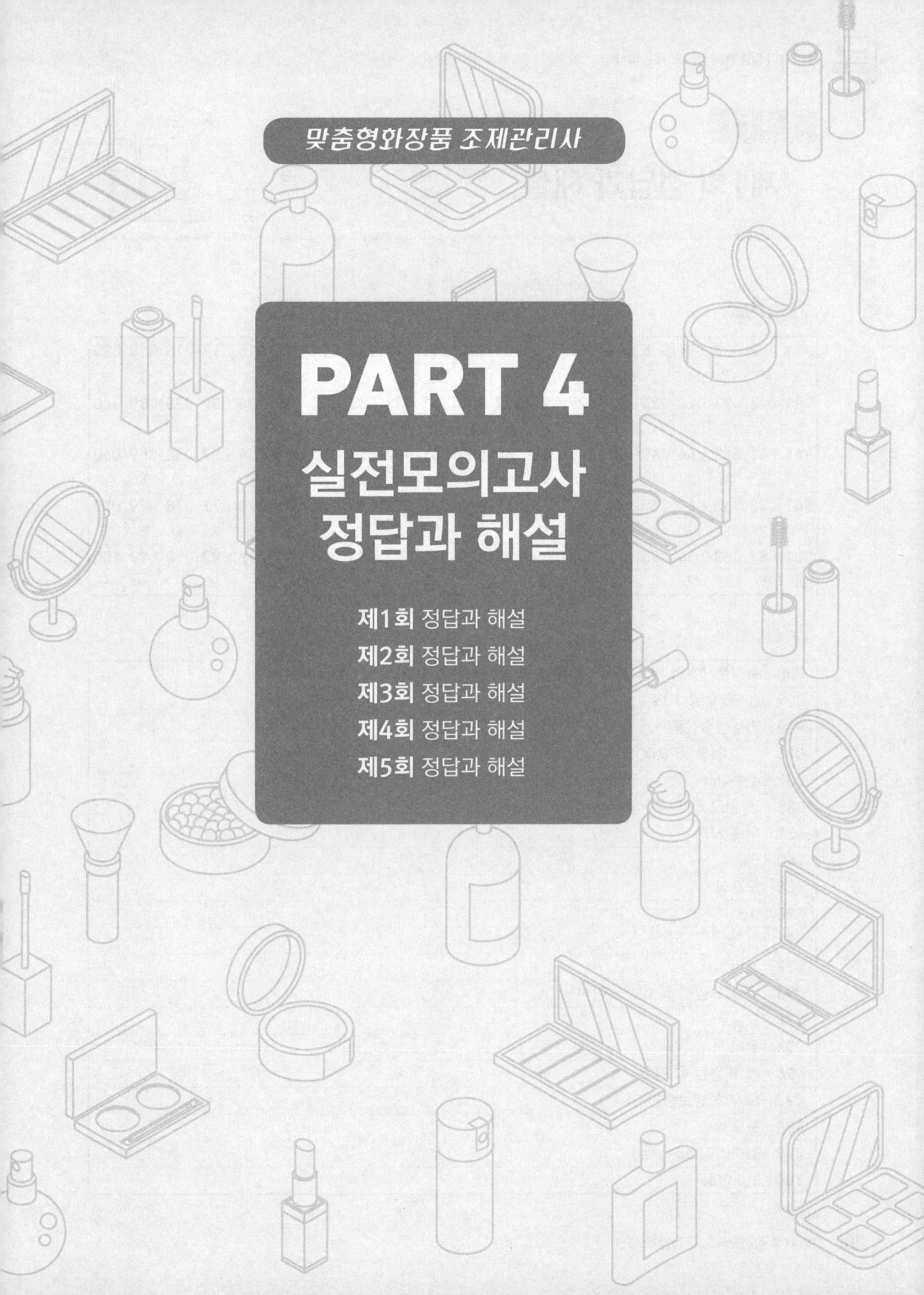

# PART 4

## 제1회 정답과 해설

### 선다형

| 001 | 002 | 003 | 004 | 005 | 006 | 007 | 008 | 009 | 010 | 011 | 012 | 013 | 014 | 015 | 016 | 017 | 018 | 019 | 020 |
|---|---|---|---|---|---|---|---|---|---|---|---|---|---|---|---|---|---|---|---|
| ③ | ④ | ② | ④ | ① | ② | ④ | – | – | – | ② | ③ | ⑤ | ③ | ④ | ② | ② | ② | ③ | ⑤ |
| 021 | 022 | 023 | 024 | 025 | 026 | 027 | 028 | 029 | 030 | 031 | 032 | 033 | 034 | 035 | 036 | 037 | 038 | 039 | 040 |
| ⑤ | ⑤ | ⑤ | ⑤ | ③ | ① | ④ | ⑤ | ④ | ① | ④ | ⑤ | ② | ① | – | – | – | – | – | – |
| 041 | 042 | 043 | 044 | 045 | 046 | 047 | 048 | 049 | 050 | 051 | 052 | 053 | 054 | 055 | 056 | 057 | 058 | 059 | 060 |
| ② | ⑤ | ④ | ② | ④ | ④ | ② | ③ | ④ | ⑤ | ④ | ② | ④ | ③ | ① | ③ | ⑤ | ⑤ | ⑤ | ① |
| 061 | 062 | 063 | 064 | 065 | 066 | 067 | 068 | 069 | 070 | 071 | 072 | 073 | 074 | 075 | 076 | 077 | 078 | 079 | 080 |
| ⑤ | ② | ⑤ | ③ | ④ | ③ | ③ | ④ | ④ | ⑤ | ③ | ⑤ | ⑤ | ① | ⑤ | ③ | ④ | ⑤ | ⑤ | ② |
| 081 | 082 | 083 | 084 | 085 | 086 | 087 | 088 | 089 | 090 | 091 | 092 | 093 | 094 | 095 | 096 | 097 | 098 | 099 | 100 |
| ⑤ | ⑤ | ③ | ② | ④ | ③ | ⑤ | ⑤ | – | – | – | – | – | – | – | – | – | – | – | – |

### 단답형

| 008 | 화장품제조업, 화장품책임판매업, 맞춤형화장품 판매업 |
|---|---|
| 009 | ㉠ 95% ㉡ 10% |
| 010 | 기능성화장품 |
| 036 | ㉠ 0.01% ㉡ 0.001% |
| 037 | 주름 개선 |
| 038 | ㉠ 염료 ㉡ 안료 |
| 039 | 위해 사례 |
| 040 | 5% |
| 089 | 모표피 |
| 090 | 0.3 |
| 091 | 안전성 |
| 092 | 표피 |
| 093 | ㉠ 에크린선 ㉡ 아포크린선 |
| 094 | 모유두 |
| 095 | 유화 |
| 096 | ㉠ 내용물 ㉡ 원료 |
| 097 | NMF(천연보습인자) |
| 098 | 모모세포 |
| 099 | 실마리정보(Signal) |
| 100 | 1% 이하 |

# 1과목 화장품법의 이해

## 001      정답 ③

**해설**
「화장품법」의 입법취지는 가장 기본적인 내용이며, 제조·수입·판매 및 수출에 관한 내용을 규정하고 있다.

**TIP**
국민보건(개인)과 화장품 산업(산업)으로 연상하여 기억해두는 것이 좋다.

**법령 check**

「화장품법」 제1조(목적) 이 법은 화장품의 제조·수입·판매 및 수출 등에 관한 사항을 규정함으로써 국민보건향상과 화장품 산업의 발전에 기여함을 목적으로 한다. 〈개정 2018. 3. 13.〉

## 002      정답 ④

**해설**
화장품의 정의(「화장품법」 제2조 제1항)
화장품이란 인체를 청결·미화하여 매력을 더하고 용모를 밝게 변화시키거나 피부 모발의 건강을 유지 또는 증진하기 위하여 인체에 바르고 문지르거나 뿌리는 등 이와 유사한 방법으로 사용되는 물품으로써 인체에 대한 작용이 경미한 것을 말한다. 다만 「약사법」 제2조 제4호의 의약품에 해당하는 물품은 제외한다.

**TIP**
화장품이 인체에 안전함과 더불어 작용이 경미하다는 것은 매우 중요한 사항이므로 출제 가능성이 높다.

**법령 check**

「화장품법」 제2조(정의) 이 법에서 사용하는 용어의 뜻은 다음과 같다. 〈개정 2020. 4. 7.〉
1. "화장품"이란 인체를 청결·미화하여 매력을 더하고 용모를 밝게 변화시키거나 피부·모발의 건강을 유지 또는 증진하기 위하여 인체에 바르고 문지르거나 뿌리는 등 이와 유사한 방법으로 사용되는 물품으로서 인체에 대한 작용이 경미한 것을 말한다. 다만, 「약사법」 제2조 제4호의 의약품에 해당하는 물품은 제외한다.
2. "기능성화장품"이란 화장품 중에서 다음 각 목의 어느 하나에 해당되는 것으로서 총리령으로 정하는 화장품을 말한다.
   가. 피부의 미백에 도움을 주는 제품
   나. 피부의 주름개선에 도움을 주는 제품
   다. 피부를 곱게 태워주거나 자외선으로부터 피부를 보호하는 데에 도움을 주는 제품
   라. 모발의 색상 변화·제거 또는 영양공급에 도움을 주는 제품
   마. 피부나 모발의 기능 약화로 인한 건조함, 갈라짐, 빠짐, 각질화 등을 방지하거나 개선하는 데에 도움을 주는 제품
2의2. "천연화장품"이란 동식물 및 그 유래 원료 등을 함유한 화장품으로서 식품의약품안전처장이 정하는 기준에 맞는 화장품을 말한다.
3. "유기농화장품"이란 유기농 원료, 동식물 및 그 유래 원료 등을 함유한 화장품으로서 식품의약품안전처장이 정하는 기준에 맞는 화장품을 말한다.
3의2. "맞춤형화장품"이란 다음 각 목의 화장품을 말한다.
   가. 제조 또는 수입된 화장품의 내용물에 다른 화장품의 내용물이나 식품의약품안전처장이 정하는 원료를 추가하여 혼합한 화장품
   나. 제조 또는 수입된 화장품의 내용물을 소분(小分)한 화장품. 다만, 고형(固形) 비누 등 총리령으로 정하는 화장품의 내용물을 단순 소분한 화장품은 제외한다.
4. "안전용기·포장"이란 만 5세 미만의 어린이가 개봉하기 어렵게 설계·고안된 용기나 포장을 말한다.
5. "사용기한"이란 화장품이 제조된 날부터 적절한 보관 상태에서 제품이 고유의 특성을 간직한 채 소비자가 안정적으로 사용할 수 있는 최소한의 기한을 말한다.
6. "1차 포장"이란 화장품 제조 시 내용물과 직접 접촉하는 포장용기를 말한다.
7. "2차 포장"이란 1차 포장을 수용하는 1개 또는 그 이상의 포장과 보호재 및 표시의 목적으로 한 포장(첨부문서 등을 포함한다)을 말한다.
8. "표시"란 화장품의 용기·포장에 기재하는 문자·숫자·도형 또는 그림 등을 말한다.
9. "광고"란 라디오·텔레비전·신문·잡지·음성·음향·영상·인터넷·인쇄물·간판, 그 밖의 방법에 의하여 화장품에 대한 정보를 나타내거나 알리는 행위를 말한다.
10. "화장품제조업"이란 화장품의 전부 또는 일부를 제조(2차 포장 또는 표시만의 공정은 제외한다)하는 영업을 말한다.
11. "화장품책임판매업"이란 취급하는 화장품의 품질 및 안전 등을 관리하면서 이를 유통·판매하거나 수입대행형 거래를 목적으로 알선·수여(授與)하는 영업을 말한다.
12. "맞춤형화장품 판매업"이란 맞춤형화장품을 판매하는 영업을 말한다.
[시행일 : 2020. 3. 14.] 제2조의 개정규정 중 맞춤형화장품, 맞춤형화장품 판매업자 및 맞춤형화장품

조제관리사와 관련된 부분

## 003     정답 ②

**[해설]**
피부의 보습에 도움을 주는 제품은 기능성화장품이 아니고 일반 화장품이다.

**[TIP]**
기능성화장품의 종류는 모두 숙지해 두는 것이 좋다.

📖 **법령 check**

> 002 법령 참조

## 004     정답 ④

**[해설]**
안전용기 · 포장은 만 5세 미만의 어린이가 개봉하기 어렵게 설계 · 고안된 용기나 포장을 말한다. 네일 리무버통과 같은 눌러서 돌려야 열리는 캡 타입의 용기를 안전용기라고 부른다.

📖 **법령 check**

> 002 법령 참조

## 005     정답 ①

**[해설]**
②, ③은 화장품 제조업 등록만 불가하며 맞춤형화장품 판매업 신고는 가능하다. ④는 금고 이상의 형을 선고받고 그 집행이 끝나지 아니하거나 그 집행을 받지 아니하기로 확정되지 아니한 자가 판매업을 등록할 수 없으며, ⑤는 명시되지 않은 내용이다.

📖 **법령 check**

> 「화장품법」 제3조의3(결격사유) 다음 각 호의 어느 하나에 해당하는 자는 화장품제조업 또는 화장품책임판매업의 등록이나 맞춤형화장품 판매업의 신고를 할 수 없다. 다만, 제1호 및 제3호는 화장품제조업만 해당한다.
> 1. 「정신건강증진 및 정신질환자 복지서비스 지원에 관한 법률」 제3조 제1호에 따른 정신질환자. 다만, 전문의가 화장품제조업자(제3조 제1항에 따라 화장품제조업을 등록한 자를 말한다. 이하 같다)로서 적합하다고 인정하는 사람은 제외한다.
> 2. 피성년후견인 또는 파산선고를 받고 복권되지 아니한 자
> 3. 「마약류 관리에 관한 법률」 제2조 제1호에 따른 마약류의 중독자
> 4. 이 법 또는 「보건범죄 단속에 관한 특별조치법」을 위반하여 금고 이상의 형을 선고받고 그 집행이 끝나지 아니하거나 그 집행을 받지 아니하기로 확정되지 아니한 자
> 5. 제24조에 따라 등록이 취소되거나 영업소가 폐쇄(이 조 제1호부터 제3호까지의 어느 하나에 해당하여 등록이 취소되거나 영업소가 폐쇄된 경우는 제외한다)된 날부터 1년이 지나지 아니한 자
>
> [본조신설 2018. 3. 13.]
> [시행일 : 2020. 3. 14.] 제3조의3의 개정규정 중 맞춤형화장품, 맞춤형화장품 판매업자 및 맞춤형화장품 조제관리사와 관련된 부분

## 006     정답 ②

**[해설]**
화장품이 갖추어야 할 품질요소는 안전성, 안정성, 사용성, 유효성이다.

## 007     정답 ④

**[해설]**
①, ②, ③, ⑤의 내용은 화장품제조업에 관한 내용이다. 화장품제조업의 포장은 1차 포장만 해당한다고 명시되어 있다.

📖 **법령 check**

> 「화장품법」 제2조의2(영업의 종류)
> ① 이 법에 따른 영업의 종류는 다음 각 호와 같다.
>   1. 화장품제조업
>   2. 화장품책임판매업
>   3. 맞춤형화장품 판매업
> ② 제1항에 따른 영업의 세부 종류와 그 범위는 대통령령으로 정한다.
> [본조신설 2018. 3. 13.]
> [시행일 : 2020. 3. 14.] 제2조의2의 개정규정 중 맞춤형화장품, 맞춤형화장품 판매업자 및 맞춤형화장품 조제관리사와 관련된 부분
>
> 「화장품법 시행령」 제2조(영업의 세부 종류와 범위)
> 「화장품법」(이하 "법"이라 한다) 제2조의2 제1항에 따른 화장품 영업의 세부 종류와 그 범위는 다음 각 호와 같다.
> 1. 화장품제조업 : 다음 각 목의 구분에 따른 영업
>   가. 화장품을 직접 제조하는 영업
>   나. 화장품 제조를 위탁받아 제조하는 영업
>   다. 화장품의 포장(1차 포장만 해당한다)을 하는 영업

2. 화장품책임판매업 : 다음 각 목의 구분에 따른 영업
  가. 화장품제조업자(법 제3조 제1항에 따라 화장품제조업을 등록한 자를 말한다. 이하 같다)가 화장품을 직접 제조하여 유통·판매하는 영업
  나. 화장품제조업자에게 위탁하여 제조된 화장품을 유통·판매하는 영업
  다. 수입된 화장품을 유통·판매하는 영업
  라. 수입대행형 거래(「전자상거래 등에서의 소비자보호에 관한 법률」 제2조 제1호에 따른 전자상거래만 해당한다)를 목적으로 화장품을 알선·수여(授與)하는 영업
3. 맞춤형화장품 판매업 : 다음 각 목의 구분에 따른 영업
  가. 제조 또는 수입된 화장품의 내용물에 다른 화장품의 내용물이나 식품의약품안전처장이 정하여 고시하는 원료를 추가하여 혼합한 화장품을 판매하는 영업
  나. 제조 또는 수입된 화장품의 내용물을 소분(小分)한 화장품을 판매하는 영업
[본조신설 2019. 3. 12.]

## 008

정답 화장품제조업, 화장품책임판매업, 맞춤형화장품 판매업

**해설**

「화장품법」에 따른 영업의 종류는 다음과 같다.
1. 화장품제조업
2. 화장품책임판매업
3. 맞춤형화장품판매업

**법령 check**

007 법령 참조

## 009

정답 ㉠ 95% ㉡ 10%

**해설**

식품의약품안전처에 고시되어 있는 천연화장품 및 유기농화장품의 기준은 천연화장품=천연함량 95% 이상, 유기농화장품=유기농 10%+천연 85%로 전체 95% 이상이다.

**법령 check**

「천연화장품 및 유기농화장품의 기준에 관한 규정」
제8조(원료조성)
① 천연화장품은 별표 7에 따라 계산했을 때 중량 기준으로 천연 함량이 전체 제품에서 95% 이상으로 구성되어야 한다.
② 유기농화장품은 별표 7에 따라 계산하였을 때 중량 기준으로 유기농 함량이 전체 제품에서 10% 이상이어야 하며, 유기농 함량을 포함한 천연 함량이 전체 제품에서 95% 이상으로 구성되어야 한다.
③ 천연 및 유기농 함량의 계산 방법은 별표 7과 같다.

「천연화장품 및 유기농화장품의 기준에 관한 규정」
[별표 7] 천연 및 유기농 함량 계산 방법
1. 천연 함량 계산 방법
   천연 함량 비율(%) = 물 비율 + 천연 원료 비율 + 천연유래 원료 비율
2. 유기농 함량 계산 방법
   유기농 함량 비율은 유기농 원료 및 유기농유래 원료에서 유기농 부분에 해당되는 함량 비율로 계산한다.
   가. 유기농 인증 원료의 경우 해당 원료의 유기농 함량으로 계산한다.
   나. 유기농 함량 확인이 불가능한 경우 유기농 함량 비율 계산 방법은 다음과 같다.
     1) 물, 미네랄 또는 미네랄유래 원료는 유기농 함량 비율 계산에 포함하지 않는다. 물은 제품에 직접 함유되거나 혼합 원료의 구성 요소일 수 있다.
     2) 유기농 원물만 사용하거나, 유기농 용매를 사용하여 유기농 원물을 추출한 경우 해당 원료의 유기농 함량 비율은 100%로 계산한다.
     3) 수용성 및 비수용성 추출물 원료의 유기농 함량 비율 계산 방법은 다음과 같다. 단, 용매는 최종 추출물에 존재하는 양으로 계산하며 물은 용매로 계산하지 않고, 동일한 식물의 유기농과 비유기농이 혼합되어 있는 경우 이 혼합물은 유기농으로 간주하지 않는다.
     - 수용성 추출물 원료의 경우
       • 1단계 : 비율(ratio) = [신선한 유기농 원물 / (추출물 − 용매)]
         비율(ratio)이 1 이상인 경우 1로 계산
       • 2단계 : 유기농 함량 비율(%) = {[비율(ratio) × (추출물 − 용매) /추출물] + [유기농 용매 / 추출물]} × 100
     - 물로만 추출한 원료의 경우
       • 유기농 함량 비율(%) = (신선한 유기농 원물 / 추출물) × 100
     - 비수용성 원료인 경우
       • 유기농 함량 비율(%) = (신선 또는 건조 유기농 원물 + 사용하는 유기농 용매) / (신선 또는 건

조 원물+사용하는 총 용매) × 100
- 신선한 원물로 복원하기 위해서는 실제 건조 비율을 사용하거나(이 경우 증빙자료 필요) 중량에 아래 일정 비율을 곱해야 한다.
 나무, 껍질, 씨앗, 견과류, 뿌리 1 : 2.5
 잎, 꽃, 지상부 1 : 4.5
 과일(예 : 살구, 포도) 1 : 5
 물이 많은 과일(예 : 오렌지, 파인애플) 1 : 8
4) 화학적으로 가공한 원료의 경우 (예 : 유기농 글리세린이나 유기농 알코올의 유기농 함량 비율 계산)
 유기농 함량 비율(%) = {(투입되는 유기농 원물−회수 또는 제거되는 유기농 원물) / (투입되는 총 원료 − 회수 또는 제거되는 원료)} × 100
 최종 물질이 1개 이상인 경우 분자량으로 계산한다.

## 010

정답 기능성화장품

[해설]
주어진 내용은 '기능성화장품'에 대한 설명이다.

📖 **법령 check**

00**2** 법령 참조

**2과목** 화장품 제조 및 품질관리

## 011    정답 ②

[해설]
①은 고분자 화합물에 관한 설명이다.
③은 금속이온봉쇄제에 관한 설명이다.
④는 유성원료에 관한 설명이다.
⑤는 산화방지제에 대한 설명이다.

## 012    정답 ③

[해설]
알코올 화장수는 피부 수렴효과가 있다.

## 013    정답 ⑤

[해설]
카놀라유는 식물성 오일이다.

## 014    정답 ③

[해설]
린스와 헤어트리트먼트는 양이온성 계면활성제이다.

## 015    정답 ④

[해설]
백탁현상은 자외선산란제, 무기적자외선차단제에서 분말상태의 안료를 사용하기 때문에 일어나는 것이다.

## 016    정답 ②

[해설]
②를 제외한 나머지는 안전성에 대한 설명이다.

## 017    정답 ②

[해설]
메틸살리실레이트에는 O(산소)가 함유되어 있다.

## 018    정답 ②

[해설]
①은 유성원료, ③은 합성점증제, ④는 안료, ⑤는 계면활성제에 대한 설명이다.

**TIP**
맞춤형화장품 조제관리사 1회 기출문제이다.

## 019    정답 ③

[해설]
화장품 안전기준 등에 관한 규정에서 클로페네신은 0.3%, 살리실릭애씨드는 0.5%, 디엠디엠하이단토인은 0.6%, 징크피리치온은 사용 후 씻어내는 제품에 0.5%로 규정하고 있다.

## 020    정답 ⑤

[해설]
제조 과정에서 제거되어 최종 제품에 남아 있지 않은 성분은 표시에서 제외된다.

## 021    정답 ⑤

[해설]
야생 동·식물의 가공품이 함유된 화장품은 표현 또는 암시하는 표시, 광고를 하면 안 된다.

## 022  정답 ⑤

**해설**

씻어내는 제품의 경우 기타 제품에 비해 잔류도가 낮아서 위해도가 달라질 수 있다.

## 023  정답 ⑤

**해설**

① 파장의 길이는 UVA〉UVB〉UVC 순이다.
② 피부를 흑화시키는것은 UVA이다.
③ PA＋수치는 UVA, SPF 수치는 UVB이다.
④ 일광화상을 유발하는 것은 UVB이다.

## 024  정답 ⑤

**해설**

옥토크릴렌은 자외선차단제 성분이다.

## 025  정답 ④

**해설**

치오글리콜산 80%는 체모제거제 식약처 고시 원료이다.

## 026  정답 ③

**해설**

퍼퓸(5~7시간), 오드퍼퓸(4~6시간), 오드트왈렛(3~4시간), 오드코롱(2~3시간), 샤워코롱(1~2시간) 순서이며, 샤워코롱은 다른 말로 바디미스트라고 부른다.

## 027  정답 ①

**해설**

제조지시서는 제조 공정 작업이 올바르게 진행되게 하기 위한 지시서이다.

## 028  정답 ④

**해설**

추가로 화장품 책임 판매업자가 해당 원료를 포함하여 기능성화장품에 대한 심사를 받거나 보고서를 제출하는 경우에도 판매가 가능하다.
아래의 원료를 제외한 원료는 맞춤형 화장품에 사용가능(사용가능한 원료)
- 화장품 사용 금지 원료
- 화장품 사용상의 제한이 필요한 원료(보존제, 자외선 차단 성분, 기타)
- 사전 심사를 받지 않았거나 보고서를 제출하지 않은 기능성 화장품 고시원료

## 029  정답 ⑤

**해설**

기능성화장품은 미백, 주름개선, 피부를 곱게 태워주거나 자외선으로부터 피부를 보호하는 데에 도움을 주는 제품이다.

## 030  정답 ④

**해설**

합성 오일은 이소프로필미리스테이트, 실리콘 오일 등인데 안정성이 높고 끈적임이 적다. 온도변화에 안정적이라는 장점이 있으나 분해가 잘 되지 않아 환경에 좋지 않은 단점이 있다.

## 031  정답 ①

**해설**

① 산화방지제는 천연(토코페롤, 토코페롤아세테이트), 합성(BHT, BHA) 등이 있고, 산화방지제로 쓰인 BHA는 Beta hydroxy acid가 아닌 butylated hydroxy anisole이다.
③ 유성원료는 라우릭애씨드, 스테아릭애씨드(고급 지방산), 세틸알코올, 스테아릴알코올(고급 알코올)이 있다. 세틸알코올, 스테아릴알코올이 유성원료가 아니라고 헷갈리기 쉬운데 고형 유성원료임을 숙지해야 한다.

## 032  정답 ④

**해설**

AHA는 전문의의 처방이 필요하지 않다.

## 033  정답 ⑤

**해설**

전성분 중 참나무이끼추출물, 유제놀, 리모넨이 향료 알레르기 유발 성분이므로 고객에게 안내를 해야 한다.

**TIP**

식약처 예시 문제이다.

## 034
정답 ②

[해설]
올바른 사용제한 함량은 다음과 같다.
① 아스코빌테트라이소팔미테이트 : 2%
③ 나이아신아마이드 : 2~5%
④ 아스코빌글루코사이드 : 2%
⑤ 알부틴 : 2~5%

## 035
정답 ①

[해설]
업무절차서의 포함 사항은 다음과 같다.
1) 적정한 제조관리 및 품질관리 확보에 관한 절차
2) 품질 등에 관한 정보 및 품질 불량 등의 처리 절차
3) 회수처리절차
4) 교육·훈련에 관한 절차 문서 및 기록에 관한 절차
5) 시장출하에 관한 기록 절차
6) 그 밖의 품질관리 업무에 필요한 절차

## 036
정답 ㉠ 0.01% ㉡ 0.001%

[해설]
착향제의 구성 성분 중 알레르기 유발 성분은 사용 후 씻어내는 제품에는 0.01% 초과, 사용 후 씻어내지 않는 제품에는 0.001% 초과 함유하는 경우에만 알레르기 유발 성분을 표시한다.

## 037
정답 주름 개선

[해설]
레티놀, 레티닐팔미테이트, 아데노신, 폴리에톡실레이티드레틴아마이드는 피부의 주름 개선에 도움을 준다.

## 038
정답 ㉠ 염료 ㉡ 안료

[해설]
색소는 좋지 못한 색을 숨길 때(차폐) 주로 사용되는데, 물과 오일에 녹는 염료는 주로 화장수, 로션, 샴푸 등에 사용되고 물과 오일에 녹지 않고 용매에 분산되는 안료는 메이크업 화장품에 배합되어 피부를 피복하거나 색채 부여, 커버력 등을 주기도 한다.

## 039
정답 유해 사례

[해설]
화장품 유해 사례 등 안전성 정보 보고 중 유해 사례에 대한 내용이다.

## 040
정답 5%

[해설]
개별 포장당 메틸살리실레이트를 5% 이상 함유하는 액체 상태의 제품은 안전용기 적용대상이다.

### 3과목 유통화장품 안전관리

## 041
정답 ②

[해설]
바닥, 벽, 천장은 가능하면 청소하기 쉽게 매끄러운 표면을 지니고 소독제 등의 부식성에 저항력이 있어야 한다.

## 042
정답 ⑤

[해설]
⑤는 작업장 미생물 측정 방법이다.

## 043
정답 ④

[해설]
용기들은 닫아서 보관해야 한다.

## 044
정답 ②

[해설]
고임이 최소화되도록 하여야 한다.

## 045
정답 ④

[해설]
제조실, 충전실, 내용물 보관소, 원료 칭량실, 미생물 실험실 등의 미생물 관리 기준은 낙하균 30개/hr, 부유균 200개/$m^3$이다.

## 046
정답 ④

[해설]
청소는 위에서 아래로, 안에서 바깥으로, 깨끗한 곳에서 더러운 지역으로 이동하며 진행한다.

## 047 정답 ⑤

**해설**
실내압은 높게 유지하여야 한다.

## 048 정답 ④

**해설**
① 쉽게 이용할 수 있고 경제적일 것
② 독성이 없어야 할 것
③ 제품이나 설비와 반응하지 않을 것
⑤ 99.9% 이상 사멸시킬 것

## 049 정답 ③

**해설**
고분자화합물은 세정제의 혼합액으로 주로 사용하지 않는다.

## 050 정답 ④

**해설**
대걸레 등은 건조한 상태로 보관하여야 한다. 만약 건조한 상태로 보관이 어려운 경우 소독제로 세척 후 보관한다.

## 051 정답 ⑤

**해설**
훼손된 작업복은 선별하여 폐기하여야 한다.

## 052 정답 ④

**해설**
청소 및 소독법은 해당하지 않는다.

## 053 정답 ②

**해설**
업무 종료 전이라도 즉시 진료소에서 진료를 받아야 한다.

## 054 정답 ④

**해설**
① 화장품은 미생물이 생육하기 쉬운 환경이다.
② 혼합·소분 전에는 소독·세정한다.
③ 혼합·소분 시에는 위생복을 입는다.
⑤ 용기 안쪽 면에 손이나 작업대가 닿지 않도록 한다.

## 055 정답 ③

**해설**
전기 가열 테이프는 일반적으로 잘 쓰이지 않는다.

## 056 정답 ①

**해설**
음식, 음료수, 흡연물질은 물론 개인 약품도 따로 보관이 불가능하다.

## 057 정답 ③

**해설**
고장 등 사용이 불가할 경우 표시하여야 한다.

## 058 정답 ⑤

**해설**
세척 후에는 '판정'을 반드시 해야 한다.

## 059 정답 ⑤

**해설**
카드뮴의 검출 허용한도는 5㎍/g 이하이다.

## 060 정답 ①

**해설**
각 라벨의 의미는 다음과 같다.
- 황색라벨 – 시험 중
- 청색라벨 – 적합
- 적색라벨 – 부적합

## 061 정답 ⑤

**해설**
포장지시서에 포함된 각 호의 사항은 다음과 같다.
1. 제품명
2. 포장 설비명
3. 포장재 리스트
4. 상세한 포장 공정
5. 포장 생산 수량

## 062 정답 ②

**해설**
일반적으로 제품 시험을 2번 실시할 수 있는 양을 보관하며, 사용기한 경과 후 1년, 사용기한을 기재하는 경우는 제조일로부터 3년간 보관한다.

## 063 정답 ⑤
**[해설]**
오직 승인된 자만이 포장재의 불출 절차를 수행 가능하다.

## 064 정답 ③
**[해설]**
포장 도중에 불량품이 발견되었을 경우에는 품질관리 부서에서 적합 판정된 포장재라도 포장 공정이 끝난 후 정상품 환입 시에 담당자에게 정상품과 구분하여 불량품 포장재를 인수·인계 처리한다.

## 065 정답 ④
**[해설]**
분리수거 확인, 중량 측정을 한 다음 폐기물 대장에 기록 후 인계한다.

### 4과목 맞춤형화장품의 이해

## 066 정답 ③
**[해설]**
맞춤형화장품의 범위에 원료는 해당하지 않는다.

## 067 정답 ⑤
**[해설]**
기본 내용물 없이 원료만을 가지고 혼합하는 행위는 금지된다.

## 068 정답 ③
**[해설]**
임의로 브랜드 명을 변경하여 판매하여서는 안 된다.

## 069 정답 ④
**[해설]**
나머지는 사용할 수 없는 원료이다.

## 070 정답 ④
**[해설]**
소재지 변경의 경우에는 90일 이내에 변경 서류를 제출해야 한다.

## 071 정답 ⑤
**[해설]**
기성 화장품에 특정 성분을 혼합하여 새로운 맞춤형화장품으로 판매하는 것은 허용되지 않는다.

## 072 정답 ③
**[해설]**
① 전자문서로 작성 가능하다.
② 내용물보다 유통기한이 길어져서는 안 된다.
④ 판매일자와 판매량을 기록해야 한다.
⑤ 맞춤형화장품은 검체를 따로 만들지 않는다.

## 073 정답 ⑤
**[해설]**
지정된 보수교육을 받지 않아도 자격증이 박탈되지는 않는다. 다만 50만 원의 과태료가 부과된다.

## 074 정답 ⑤
**[해설]**
세제나 세척제는 잔류하거나 표면에 이상을 초래하지 않는 것을 사용해야 한다.

## 075 정답 ①
**[해설]**
장기 보존 시험은 안정성에 대한 시험이다.

## 076 정답 ⑤
**[해설]**
자극은 안전성과 관련되어 있다.

## 077 정답 ③
**[해설]**
가장 넓은 층은 진피이며 표피 두께의 15~40배 정도이다.

## 078 정답 ④
**[해설]**
각질형성세포가 인체에서 완전히 탈락되는 것을 각화과정(Keratinization)이라고 부르며 약 28일 정도의 시간이 걸린다.

## 079 정답 ⑤
**해설**
랑게르한스세포가 위치하는 곳은 유극층이다.

## 080 정답 ②
**해설**
섬유아세포는 진피에 존재한다.

## 081 정답 ⑤
**해설**
메르켈세포는 표피의 기저층에 존재한다.

## 082 정답 ⑤
**해설**
피부는 수분을 흡수하기보다는 배설(땀)하는 기능이 주된 기능이다.

## 083 정답 ③
**해설**
머리카락 내부는 모피질, 모수질, 모표피 3개의 층으로 구성되어 있다.

## 084 정답 ②
**해설**
안정성보다는 사용성에 관련된 평가이다.

## 085 정답 ④
**해설**
이상이 있을 경우에는 의사 등의 전문가에게 상담을 받아야 한다.

## 086 정답 ③
**해설**
국내에서 제조, 수입, 유통되는 모든 화장품은 해당 사용목적의 원료를 포함할 경우 그 사용한도를 준수해야 한다.

## 087 정답 ⑤
**해설**
판매업자의 주소는 필수 기재사항이 아닌 선택 기재사항이다.

## 088 정답 ⑤
**해설**
가격은 화장품의 1차 포장에 반드시 기재할 사항이 아니다.

## 089
정답 모표피
**해설**
모발의 가장 바깥 부분을 둘러싸고 있는 부분은 모표피이다.

## 090
정답 0.3
**해설**
트리클로산은 사용 후 씻어내는 인체 세정용 제품류, 데오드런트(스프레이제품 제외), 페이스 파우더, 피부 결점을 감추기 위해 국소적으로 사용하는 파운데이션에 0.3%, 기타제품에는 사용 금지이다.

## 091
정답 안전성
**해설**
화장품은 불특정 다수의 사람들에게 사용되기 때문에 피부 감작성, 경구독성, 자극성 등이 없어야 한다. 피부 등에 자극을 주거나 알레르기를 유발해서는 안 된다. 그렇기 때문에 안전성이 중요하다.

## 092
정답 표피
**해설**
주어진 세 가지의 설명은 표피에 관한 것이다.

## 093
정답 ㉠ 에크린선 ㉡ 아포크린선
**해설**
땀을 분비하는 곳을 크게 두 곳으로 나눌 수 있는데, 전신에 위치하여 무색, 무취의 액체를 분비하며 체온조절의 기능을 수행하는 에크린선과, 겨드랑이 외음부 등에 위치하며 특유의 냄새를 지닌 아포크린선으로 나눌 수 있다. 에크린선은 별도의 한공으로, 아포크린선은 모공을 통해 분비된다.

## 094
정답 **모유두**

해설
주어진 세 가지의 설명은 모유두에 관한 것이다.

## 095
정답 **유화**

해설
주어진 세 가지의 설명은 유화에 관한 것이다.

## 096
정답 ⊙ **내용물** ⓒ **원료**

해설
맞춤형화장품은 제조 또는 수입된 화장품의 내용물에 다른 화장품의 내용물이나 식품의약품안전처장이 정하는 원료를 추가하여 혼합한 화장품, 제조 또는 수입된 화장품의 내용물을 소분(小分)한 화장품이다.

## 097
정답 **NMF(천연보습인자)**

해설
주어진 세 가지의 설명은 NMF(천연보습인자)에 관한 것이다.

## 098
정답 **모모세포**

해설
주어진 세 가지의 설명은 모모세포에 관한 것이다.

## 099
정답 **실마리정보(Signal)**

해설
실마리정보(Signal)란 유해사례와 화장품 간의 인과관계 가능성이 있다고 보고된 정보로서 그 인과관계가 알려지지 아니하거나 입증자료가 불충분한 것을 말한다.

TIP
맞춤형화장품 조제관리사 1회 기출문제이다.

## 100
정답 **1% 이하**

해설
화장품 제조에 사용된 성분은 함량이 많은 것부터 기재·표시한다. 다만, 1% 이하로 사용된 성분, 착향제 또는 착색제는 순서에 상관없이 기재·표시할 수 있다.

TIP
맞춤형화장품 조제관리사 1회 기출문제이다.

# PART 4
# 제2회 정답과 해설

## 선다형

| 001 | 002 | 003 | 004 | 005 | 006 | 007 | 008 | 009 | 010 | 011 | 012 | 013 | 014 | 015 | 016 | 017 | 018 | 019 | 020 |
|---|---|---|---|---|---|---|---|---|---|---|---|---|---|---|---|---|---|---|---|
| ② | ③ | ⑤ | ④ | ② | ③ | ② | – | – | – | ⑤ | ④ | ⑤ | ④ | ④ | ⑤ | ④ | ① | ③ | ⑤ |
| 021 | 022 | 023 | 024 | 025 | 026 | 027 | 028 | 029 | 030 | 031 | 032 | 033 | 034 | 035 | 036 | 037 | 038 | 039 | 040 |
| ② | ④ | ③ | ⑤ | ④ | ④ | ⑤ | ① | ⑤ | ④ | ② | ④ | ① | ① | – | – | – | – | – | – |
| 041 | 042 | 043 | 044 | 045 | 046 | 047 | 048 | 049 | 050 | 051 | 052 | 053 | 054 | 055 | 056 | 057 | 058 | 059 | 060 |
| ⑤ | ① | ④ | ③ | ② | ④ | ⑤ | ② | ① | ② | ⑤ | ② | ② | ① | ② | ④ | ② | ④ | ⑤ | ③ |
| 061 | 062 | 063 | 064 | 065 | 066 | 067 | 068 | 069 | 070 | 071 | 072 | 073 | 074 | 075 | 076 | 077 | 078 | 079 | 080 |
| ① | ④ | ① | ③ | ② | ④ | ⑤ | ⑤ | ⑤ | ⑤ | ⑤ | ⑤ | ⑤ | ⑤ | ② | ③ | ⑤ | ⑤ | ⑤ | ⑤ |
| 081 | 082 | 083 | 084 | 085 | 086 | 087 | 088 | 089 | 090 | 091 | 092 | 093 | 094 | 095 | 096 | 097 | 098 | 099 | 100 |
| ① | ② | ④ | ④ | ④ | ① | ③ | ⑤ | – | – | – | – | – | – | – | – | – | – | – | – |

## 단답형

| 008 | 사용기한 또는 개봉 후 사용기한 |
|---|---|
| 009 | 사용성 |
| 010 | 고유식별정보 |
| 036 | ㉠ 2차 포장 ㉡ 1차 포장 |
| 037 | 실마리정보(Signal) |
| 038 | 디메치콘(실리콘) |
| 039 | 에탄올(Ethanol) |
| 040 | 산화방지제 |
| 089 | ㉠ |
| 090 | 케라틴 |
| 091 | 모수질 |
| 092 | 성장기 |
| 093 | 가용화 |
| 094 | 관능 평가 |
| 095 | 콜라겐 |
| 096 | 아포크린선(대한선), 에크린선(소한선) |
| 097 | 중성피부(Normal skin) |
| 098 | 랑게르한스세포 |
| 099 | 표피 |
| 100 | 비타민 A(레티놀) |

## 1과목　화장품법의 이해

### 001　정답 ②

**해설**
1999년 9월 7일에 「약사법」에서 화장품이 분리되어 제정되었다.

📋 **법령 check**

「화장품법」 제1조(목적) 이 법은 화장품의 제조·수입·판매 및 수출 등에 관한 사항을 규정함으로써 국민보건향상과 화장품 산업의 발전에 기여함을 목적으로 한다.

### 002　정답 ③

**해설**
①·② 바디 클렌저, 액체비누 및 화장비누는 인체 세정용 제품류이다.
④ 물휴지는 인체 세정용 제품류이나 시체를 닦는 용도로 사용되는 물휴지와 식품접객업의 영업소에서 손을 닦는 용도 등으로 사용할 수 있도록 포장된 물휴지는 제외된다.
⑤ 아이 메이크업 리무버는 눈 화장용 제품류이다.

### 003　정답 ⑤

**해설**
몸에 난 털을 제거하기 위해 사용하는 제품으로 물리적 제모제뿐만 아니라 화학적 제모제도 포함되며 제모왁스와 왁스스트립 등도 포함된다.

### 004　정답 ④

**해설**
안전용기·포장을 사용하여야 할 품목은 아세톤, 탄화수소류, 메틸살리실레이트이다.

**TIP**
식약처 예시 문제이다.

📋 **법령 check**

「화장품법 시행규칙」 제18조(안전용기·포장 대상 품목 및 기준)
① 법 제9조 제1항에 따른 안전용기·포장을 사용하여야 하는 품목은 다음 각 호와 같다. 다만, 일회용 제품, 용기 입구 부분이 펌프 또는 방아쇠로 작동되는 분무용기 제품, 압축 분무용기 제품(에어로졸 제품 등)은 제외한다.
1. 아세톤을 함유하는 네일 에나멜 리무버 및 네일 폴리시 리무버
2. 어린이용 오일 등 개별포장당 탄화수소류를 10퍼센트 이상 함유하고 운동점도가 21센티스톡스(섭씨 40도 기준) 이하인 비에멀전 타입의 액체상태의 제품
3. 개별포장당 메틸살리실레이트를 5퍼센트 이상 함유하는 액체상태의 제품
② 제1항에 따른 안전용기·포장은 성인이 개봉하기는 어렵지 아니하나 만 5세 미만의 어린이가 개봉하기는 어렵게 된 것이어야 한다. 이 경우 개봉하기 어려운 정도의 구체적인 기준 및 시험방법은 산업통상자원부장관이 정하여 고시하는 바에 따른다.

### 005　정답 ②

**해설**
① 안전성, ③ 사용성, ④ 기능성에 해당하는 내용이다.

### 006　정답 ③

**해설**
간호학과, 간호과학과, 건강간호학과 등을 전공하고 화학, 생물학, 생물과학, 유전학, 유전공학, 향장학, 화장품과학, 의학, 약학 등의 관련 과목을 '20학점' 이상 이수한 자

📋 **법령 check**

「화장품법 시행규칙」 제8조(책임판매관리자의 자격기준 등)
① 법 제3조 제3항에 따라 화장품책임판매업자(영 제2조 제2호 라목의 화장품책임판매업을 등록한 자는 제외한다)가 두어야 하는 책임판매관리자는 다음 각 호의 어느 하나에 해당하는 사람이어야 한다.
1. 「의료법」에 따른 의사 또는 「약사법」에 따른 약사
2. 「고등교육법」 제2조 각 호에 따른 학교(같은 조 제4호의 전문대학은 제외한다. 이하 이 조에서 "대학 등"이라 한다)에서 학사 이상의 학위를 취득한 사람(법령에서 이와 같은 수준 이상의 학력이 있다고 인정한 사람을 포함한다. 이하 이 조에서 같다)으로서 이공계(「국가과학기술 경쟁력 강화를 위한 이공계지원 특별법」 제2조 제1호에 따른 이공계를 말한다) 학과 또는 향장학·화장품과학·한의학·한약학과 등을 전공한 사람

2의2. 대학 등에서 학사 이상의 학위를 취득한 사람으로서 간호학과, 간호과학과, 건강간호학과를 전공하고 화학·생물학·생명과학·유전학·유전공학·향장학·화장품과학·의학·약학 등 관련 과목을 20학점 이상 이수한 사람
3. 「고등교육법」 제2조 제4호에 따른 전문대학(이하 이 조에서 "전문대학"이라 한다) 졸업자(법령에서 이와 같은 수준 이상의 학력이 있다고 인정한 사람을 포함한다. 이하 이 조에서 같다)로서 화학·생물학·화학공학·생물공학·미생물학·생화학·생명과학·생명공학·유전공학·향장학·화장품과학·한의학과·한약학과 등 화장품 관련 분야(이하 "화장품 관련 분야"라 한다)를 전공한 후 화장품 제조 또는 품질관리 업무에 1년 이상 종사한 경력이 있는 사람
3의2. 전문대학을 졸업한 사람으로서 간호학과, 간호과학과, 건강간호학과를 전공하고 화학·생물학·생명과학·유전학·유전공학·향장학·화장품과학·의학·약학 등 관련 과목을 20학점 이상 이수한 후 화장품 제조나 품질관리 업무에 1년 이상 종사한 경력이 있는 사람
3의3. 식품의약품안전처장이 정하여 고시하는 전문 교육과정을 이수한 사람(식품의약품안전처장이 정하여 고시하는 품목만 해당한다)
4. 그 밖에 화장품 제조 또는 품질관리 업무에 2년 이상 종사한 경력이 있는 사람
5. 삭제 〈2014. 9. 24.〉
6. 삭제 〈2014. 9. 24.〉

## 007

정답 ②

### 해설
목적에 필요한 범위에서 최대한의 개인정보가 아닌 '최소한'의 개인정보만을 수집한다. 개인정보는 필요한 만큼 최소화해서 수집할 수 있다.

### 법령 check
「개인정보 보호법」 제3조(개인정보 보호 원칙)
① 개인정보처리자는 개인정보의 처리 목적을 명확하게 하여야 하고 그 목적에 필요한 범위에서 최소한의 개인정보만을 적법하고 정당하게 수집하여야 한다.
② 개인정보처리자는 개인정보의 처리 목적에 필요한 범위에서 적합하게 개인정보를 처리하여야 하며, 그 목적 외의 용도로 활용하여서는 아니 된다.
③ 개인정보처리자는 개인정보의 처리 목적에 필요한 범위에서 개인정보의 정확성, 완전성 및 최신성이 보장되도록 하여야 한다.
④ 개인정보처리자는 개인정보의 처리 방법 및 종류 등에 따라 정보주체의 권리가 침해받을 가능성과 그 위험 정도를 고려하여 개인정보를 안전하게 관리하여야 한다.
⑤ 개인정보처리자는 개인정보 처리방침 등 개인정보의 처리에 관한 사항을 공개하여야 하며, 열람청구권 등 정보주체의 권리를 보장하여야 한다.
⑥ 개인정보처리자는 정보주체의 사생활 침해를 최소화하는 방법으로 개인정보를 처리하여야 한다.
⑦ 개인정보처리자는 개인정보를 익명 또는 가명으로 처리하여도 개인정보 수집목적을 달성할 수 있는 경우 익명처리가 가능한 경우에는 익명에 의하여, 익명처리로 목적을 달성할 수 없는 경우에는 가명에 의하여 처리될 수 있도록 하여야 한다. 〈개정 2020. 2. 4.〉
⑧ 개인정보처리자는 이 법 및 관계 법령에서 규정하고 있는 책임과 의무를 준수하고 실천함으로써 정보주체의 신뢰를 얻기 위하여 노력하여야 한다.
[시행일 : 2020. 8. 5.]

## 008

정답 사용기한 또는 개봉 후 사용기간

### 해설
화장품의 표기사항은 기출문제로도 나왔기 때문에 확실하게 알고 있는 것이 중요하다. 명칭, 상호, 제조, 사용 또는 명, 상, 제, 사 등의 키워드로 암기해두는 것이 좋다.

### 법령 check
「화장품법 시행규칙」 제19조(화장품 포장의 기재·표시 등)
① 법 제10조 제1항 단서에 따라 다음 각 호에 해당하는 1차 포장 또는 2차 포장에는 화장품의 명칭, 화장품책임판매업자 또는 맞춤형화장품 판매업자의 상호, 가격, 제조번호와 사용기한 또는 개봉 후 사용기간(개봉 후 사용기간을 기재할 경우에는 제조연월일을 병행 표기하여야 한다)만을 기재·표시할 수 있다. 다만, 제2호의 포장의 경우 가격이란 견본품이나 비매품 등의 표시를 말한다.

## 009

정답 사용성

### 해설

관능 평가라는 단어와 오감이라는 단어를 봤을 때 사용성과 연결되게 숙지하는 것이 중요하다.

## 010

정답 고유식별정보

[해설]

주어진 항목은 고유식별정보의 범위로 「개인정보 보호법 시행령」 제19조의 내용이다.

### 법령 check

「개인정보 보호법 시행령」 제19조(고유식별정보의 범위) 법 제24조 제1항 각 호 외의 부분에서 "대통령령으로 정하는 정보"란 다음 각 호의 어느 하나에 해당하는 정보를 말한다. 다만, 공공기관이 법 제18조 제2항 제5호부터 제9호까지의 규정에 따라 다음 각 호의 어느 하나에 해당하는 정보를 처리하는 경우의 해당 정보는 제외한다.
1. 「주민등록법」 제7조의2 제1항에 따른 주민등록번호
2. 「여권법」 제7조 제1항 제1호에 따른 여권번호
3. 「도로교통법」 제80조에 따른 운전면허의 면허번호
4. 「출입국관리법」 제31조 제4항에 따른 외국인등록번호

## 2과목 화장품 제조 및 품질관리

## 011
정답 ⑤

[해설]
주로 사용되는 것은 대개 수용성 고분자 물질이다.

## 012
정답 ④

[해설]
바디워시는 음이온성 계면활성제이다.

## 013
정답 ⑤

[해설]
계면활성제의 기능은 가용화제, 분산제, 습윤제, 세제, 거품형성제, 대전방지제, 세정제 등이 있다.

## 014
정답 ④

[해설]
① 수성 원료에 대한 설명이다.

③ 산화방지제에 대한 설명이다.
⑤ 방부제에 대한 설명이다.

## 015
정답 ④

[해설]
① 5포인트 이상
② 1% 미만은 함량순으로 기입하지 않아도 됨
③ 혼합 원료는 원료의 개별 성분 기재
⑤ 일부 물질이 아닌 모든 물질을 화장품 용기 및 포장에 한글로 표시

## 016
정답 ⑤

[해설]
자외선차단제가 0.5% 미만으로 사용된 경우는 자외선차단 제품으로 인정하지 않는다.

## 017
정답 ④

[해설]
비이온성 계면활성제가 보기 중 자극이 가장 적다.

## 018
정답 ①

[해설]
동물성 오일은 대표적으로 밍크 오일, 난황 오일, 스쿠알렌, 라놀린, 밀납 등이 있다.

## 019
정답 ③

[해설]
비타민 A는 불안정해서 변질되기 쉽다.

## 020
정답 ⑤

[해설]
에칠헥실메톡시신나메이트의 사용제한 함량은 7.5%이다.

## 021
정답 ②

[해설]
식물성 오일은 식물 본연의 향을 이용하여 향료를 쓰지 않는 경우가 있으나 동물성 오일은 향이 좋지 않아 향료를 포함하는 경우가 많다.

## 022
정답 ④

[해설]
글자의 크기는 5포인트 이상으로 설정한다.

## 023 정답 ③

**해설**
벤조일퍼옥사이드는 과산화벤조일로 주로 피부염 치료제로 쓰인다.

## 024 정답 ⑤

**해설**
고압가스를 사용하지 않는 분무형 자외선차단제는 얼굴에 직접 분사하지 말고 손에 덜어서 얼굴에 발라야 한다.

## 025 정답 ②

**해설**
이끼추출물은 알레르기 유발 향료 물질이다.

## 026 정답 ④

**해설**
비타민 E(토코페롤)는 미백제품이 아닌 항산화제품에 주로 사용된다.

## 027 정답 ④

**해설**
염료(Dyes)는 물이나 기름, 알코올 등에 용해된다. 물이나 오일 등에 잘 녹지 않는 불용성색소는 안료(Pigment)이다.

## 028 정답 ⑤

**해설**
①의 설명은 산화방지제이고, ③·④의 설명은 금속이온봉쇄제이다.

## 029 정답 ①

**해설**
고농도 AHA 성분은 부작용이 발생할 우려가 있으므로 전문의와 상담한다.

## 030 정답 ⑤

**해설**
피부의 적당한 유수분밸런스(피부장벽)를 유지하는 것은 권장되는 것으로 세안제를 사용해서 씻어지기는 하나 씻어내려는 목적이 있는 것은 아니다. 적당한 피부장벽을 남기고 세안하는 것이 바람직하며 기초 화장품의 사용 목적 또한 세안 후에 없어진 피부장벽을 보충하려는 것에도 존재한다.

## 031 정답 ④

**해설**
멜라닌 생성을 억제시키는 것은 비타민 C와 그 유도체, 알부틴 등이다.

## 032 정답 ②

**해설**
기능성화장품에 포함되는 여드름 억제 화장품으로는 세정제만 가능하다.

## 033 정답 ④

**해설**
나이아신아마이드의 배합 한도는 2~5%이다.

## 034 정답 ①

**해설**
샴푸는 꼭 거품이 많이 나야 하는 것은 아니다.

## 035 정답 ①

**해설**
주어진 내용은 무기안료에 대한 설명이다. 무기안료 안에 백색안료, 착색안료, 체질안료, 진주광택안료, 특수기능안료 등이 속한다.

## 036

정답 ⊙ 2차 포장 ⓒ 1차 포장

**해설**
「화장품법」 제2조(정의)
7. "2차 포장"이란 1차 포장을 수용하는 1개 또는 그 이상의 포장과 보호재 및 표시의 목적으로 한 포장(첨부문서 등을 포함한다)을 말한다.

**TIP**
맞춤형화장품 조제관리사 1회 기출문제이다.

## 037

정답 실마리정보(Signal)

**해설**
「화장품 안전성 정보관리 규정」에서 알 수 있는 내용이다.

### TIP
맞춤형화장품 조제관리사 1회 기출문제이다.

## 038
**정답** 디메치콘(실리콘)

**해설**
주어진 세 가지의 설명은 디메치콘에 관한 것이다.

**TIP**
모발 케라틴의 이황화결합(-S-S-)과 혼동되지 않도록 한다.

## 039
**정답** 에탄올(Ethanol)

**해설**
화장품에 사용되고 있는 에탄올은 변성에탄올로 에탄올에 변성제를 첨가하여 만들어진다.

## 040
**정답** 산화방지제

**해설**
화장품 안 원료들의 산패 또는 산화 등의 반응을 억제하여 피부 자극 물질인 과산화 물질 발생을 방지하는 것은 산화방지제이다.

## 3과목 유통화장품 안전관리

## 041 정답 ⑤
**해설**
① 제품의 품질에 영향을 주지 않는 소모품을 사용해야 한다.
② 작업장 전체에 적절한 조명의 설치가 필요하다.
③ 창문은 가능하면 열리지 않도록 해야 한다.
④ 화장실과 세척실은 분리되어 있어야 한다.

## 042 정답 ①
**해설**
원료보관실과 칭량실은 구획되어 있어야 한다.

## 043 정답 ④
**해설**
30메시 이상의 것이어야 한다.

## 044 정답 ③
**해설**
- 1등급 – 청정도가 엄격 관리되는 작업실 : 낙하균 10개/h, 부유균 20개/m$^2$
- 2등급 – 화장품 내용물이 노출되는 작업실 : 낙하균 30개/h, 부유균 200개/m$^2$

**TIP**
1회 기출로도 나온 문제이기 때문에 2개의 차이점을 기억해두는 것이 좋다.

## 045 정답 ②
**해설**
제품이나 설비와 반응하지 않아야 한다.

## 046 정답 ④
**해설**
제조구역에 방문객이 들어왔을 때는 성명, 입장시간, 퇴장시간, 동행자의 기록에 대한 내용을 적는다.

## 047 정답 ⑤
**해설**
사전에 직원에게 위생에 대한 교육을 받고 복장규정에 따르고 기록하면 가능하다.

## 048 정답 ②
**해설**
유지관리 작업은 제품의 품질에 영향을 주어서는 안 된다.

## 049 정답 ①
**해설**
물 또는 증기만으로 세척하는 것이 가장 좋은 방법이다.

## 050 정답 ②
**해설**
- 탱크 – 공정 중인 원료 또는 보관용 원료를 저장하기 위해 사용됨
- 펌프 – 다양한 점도의 액체를 한 지점에서 다른 지점으로 이동하기 위해 사용됨
- 호스 – 한 위치에서 또 다른 위치로 제품의 전달을 위해 광범위하게 사용됨
- 칭량장치 – 원료, 제조과정 재료, 완제품이 요구되는 성분표 양과 기준을 만족하는지 보증하기

위해 중량적으로 측정하기 위해 사용됨

## 051  정답 ⑤

**[해설]**
외부 표면의 코팅은 제품에 대해 저항력을 가지고 있어야 한다.

## 052  정답 ②

**[해설]**
① 프탈레이트류(디부틸프탈레이트, 부틸벤질프탈레이트, 다에칠헥실프탈레이트) 총 합으로 100㎍/g 이하
③ 포름알데하이드 – 2,000㎍/g 이하, 물휴지 – 20㎍/g 이하
④ 디옥산 – 100㎍/g 이하
⑤ 수은 – 1㎍/g 이하

## 053  정답 ②

**[해설]**
백색라벨 – 검체 채취 전
청색라벨 – 적합
적색라벨 – 부적합

## 054  정답 ①

**[해설]**
동물, 식물, 광물의 원료는 생균수가 높게 검출되므로 위생관리가 철저히 되어야 한다.
합성물질은 생균수가 적은편이다.

## 055  정답 ②

**[해설]**
각종 라벨과 봉함 라벨까지 포장재에 포함된다.

## 056  정답 ④

**[해설]**
남은 벌크는 절차에 따라 재보관과 재사용이 가능하며 재보관 시에는 재보관임을 표시한 라벨을 부착하여야 한다.

## 057  정답 ②

**[해설]**
• 반제품 : 제조공정 단계에 있는 것으로서 필요한 제조 공정을 더 거쳐야 벌크제품이 되는 것
• 벌크제품 : 충전(1차 포장) 이전의 제조 단계까지 끝낸 제품
• 완제품 : 포장 및 표시 공정 등을 포함한 모든 생산 공정이 완료된 제품

## 058  정답 ⑤

**[해설]**
작업장의 오염 요소는 잔류물, 공기, 분진, 쓰레기, 생물체, 미생물 등이 있다.

## 059  정답 ④

**[해설]**
작업장은 제조장, 반제품보관소, 충전·포장실, 제품보관소, 포장재보관소, 원료보관소 등이 있다.

## 060  정답 ③

**[해설]**
유용성 세제가 아닌 수용성 세제이다.

## 061  정답 ①

**[해설]**
주어진 네 가지의 설명은 방진복에 관한 것이다.

## 062  정답 ④

**[해설]**
① 소독, 세정하거나 일회용장갑을 착용한다.
② 위생복과 마스크를 착용한다.
③ 작업대나 설비 및 도구는 소독제를 이용하여 소독한다.
⑤ 용기 안쪽 면이 닿지 않도록 해서 교차오염을 예방한다.

## 063  정답 ①

**[해설]**
주어진 세 가지의 설명은 비누에 관한 것이다.

## 064  정답 ③

**[해설]**
① 예방적 실시가 원칙이다.
② 연간 계획이 일반적이다.
④ 생산 책임자가 허가한 사람 이외의 사람이 가동시켜서는 안 된다.

⑤ 설비의 가동 조건을 변경했을 때는 변경 기록을 남긴다.

### 065  정답 ②

**해설**
메탄올은 푹신아황산법, 기체 크로마토그래프법, 기체 크로마토그래프-질량분석기법이 시험방법이다.

## 4과목 맞춤형화장품의 이해

### 066  정답 ④

**해설**
랑게르한스 세포는 표피의 유극층에 존재한다.

### 067  정답 ⑤

**해설**
모주기란 헤어사이클(Hair cycle)을 말한다. 순서는 성장기→퇴행기→휴지기→초기발생기이다.

### 068  정답 ⑤

**해설**
기본 제형 없이 원료만으로 제형을 만드는 경우는 맞춤형화장품이 아니다.

### 069  정답 ⑤

**해설**
모발은 재생 기능을 가지지 않는다.

### 070  정답 ⑤

**해설**
원료 등은 직사광선을 피해서 품질에 영향을 미치지 않는 장소에 보관한다.

### 071  정답 ⑤

**해설**
⑤를 제외한 나머지 성분은 사용상의 제한이 필요한 원료이다.

### 072  정답 ⑤

**해설**
피부의 탄력을 유지하는 곳은 진피이다.

### 073  정답 ⑤

**해설**
아포크린선에 대한 설명이다.

### 074  정답 ②

**해설**
가장 외부에는 각질층이 위치하고 있으며, 순서대로 나열하면 각질층-과립층-유극층-기저층이다. 손과 발에는 각질층과 과립층 사이에 투명층이 들어간다.

### 075  정답 ③

**해설**
진피는 대표적으로 콜라겐, 엘라스틴으로 구성되어 있다.

### 076  정답 ⑤

**해설**
①·②·④는 진피에 대한 설명, ③은 피하지방에 대한 설명이다.

### 077  정답 ④

**해설**
유극층과 유두층이 헷갈릴 수 있으니 주의해야 한다.

### 078  정답 ⑤

**해설**
가장 두꺼운 층은 유극층이다.

### 079  정답 ⑤

**해설**
계면활성제가 있는 세안제를 사용하면 세포 간 지질이 씻겨나가기 때문에 장벽이 약화된다.

### 080  정답 ⑤

**해설**
모유두가 모낭 속에 있는 모모세포에게 영양을 공급해준다.

### 081  정답 ①

**해설**

알려지는 안전성에 대한 내용이다.

## 082 정답 ②
**해설**
②는 유화 제형에 해당된다.

## 083 정답 ④
**해설**
건성피부는 유분과 수분이 부족한 상태로 주름이 쉽게 생기는 상태이다.

## 084 정답 ④
**해설**
원료를 이용하지 않는다.

## 085 정답 ④
**해설**
에크린선(소한선)은 독립적인 한공을 통해 분비되는 땀샘이다.

## 086 정답 ①
**해설**
사용기간은 표시해야 하는 사항이다.

## 087 정답 ③
**해설**
화장품의 1차 포장에는 명칭, 상호, 제조번호, 사용기간 4가지가 반드시 들어간다.

## 088 정답 ⑤
**해설**
맞춤형화장품 표시, 기재 사항은 명칭, 가격, 식별번호, 사용기한, 상호가 있다.

## 089
정답 ⑦
**해설**
유화를 이용하는 대표적인 화장품은 로션과 크림 등이 있다.

## 090
정답 케라틴
**해설**
케라틴은 각질을 이루는 단백질의 대부분을 구성한다.

## 091
정답 모수질
**해설**
주어진 세 가지의 설명은 모수질에 관한 것이다.

## 092
정답 성장기
**해설**
모발의 주기는 성장기→퇴화기→휴지기→성장기를 반복한다.

## 093
정답 가용화
**해설**
주어진 세 가지의 설명은 가용화에 관한 것이다.

## 094
정답 관능 평가
**해설**
인간의 오감을 측정수단으로 촉감 등을 통하여 화장품의 질을 검사하는 방법은 관능 평가이다.

## 095
정답 콜라겐
**해설**
진피층에는 엘라스틴과 콜라겐이 서로 얽혀 있다.

## 096
정답 아포크린선(대한선), 에크린선(소한선)
**해설**
땀샘에는 아포크린선(대한선), 에크린선(소한선) 두 가지가 있다.

## 097
정답 중성피부(Normal skin)

**해설**
주어진 세 가지의 설명은 중성피부에 관한 것이다.

## 098

정답 랑게르한스세포

**해설**
괄호 안에 공통으로 들어갈 말은 랑게르한스세포이다.

## 099

정답 표피

**해설**
주어진 두 가지의 설명은 표피에 관한 것이다.

## 100

정답 비타민 A(레티놀)

**해설**
주어진 다섯 가지의 설명은 비타민 A에 관한 것이다.

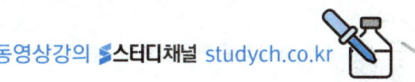

# PART 4 제3회 정답과 해설

## 선다형

| 001 | 002 | 003 | 004 | 005 | 006 | 007 | 008 | 009 | 010 | 011 | 012 | 013 | 014 | 015 | 016 | 017 | 018 | 019 | 020 |
|---|---|---|---|---|---|---|---|---|---|---|---|---|---|---|---|---|---|---|---|
| ① | ③ | ② | ③ | ④ | ③ | ② | – | – | – | ③ | ③ | ① | ③ | ⑤ | ① | ④ | ② | ①⑤ | ① |
| 021 | 022 | 023 | 024 | 025 | 026 | 027 | 028 | 029 | 030 | 031 | 032 | 033 | 034 | 035 | 036 | 037 | 038 | 039 | 040 |
| ② | ④ | ① | ③ | ③ | ⑤ | ⑤ | ④ | ① | ① | ② | ⑤ | ④ | ③ | ④ | – | – | – | – | – |
| 041 | 042 | 043 | 044 | 045 | 046 | 047 | 048 | 049 | 050 | 051 | 052 | 053 | 054 | 055 | 056 | 057 | 058 | 059 | 060 |
| ⑤ | ② | ⑤ | ⑤ | ③ | ④ | ④ | ⑤ | ④ | ① | ④ | ④ | ④ | ④ | ② | ⑤ | ④ | ④ | ④ | ② |
| 061 | 062 | 063 | 064 | 065 | 066 | 067 | 068 | 069 | 070 | 071 | 072 | 073 | 074 | 075 | 076 | 077 | 078 | 079 | 080 |
| ① | ⑤ | ① | ② | ⑤ | ③ | ⑤ | ② | ④ | ⑤ | ② | ④ | ② | ① | ⑤ | ③ | ⑤ | ③ | ⑤ | ④ |
| 081 | 082 | 083 | 084 | 085 | 086 | 087 | 088 | 089 | 090 | 091 | 092 | 093 | 094 | 095 | 096 | 097 | 098 | 099 | 100 |
| ③ | ⑤ | ② | ⑤ | ③ | ③ | ⑤ | ④ | – | – | – | – | – | – | – | – | – | – | – | – |

## 단답형

| 008 | 에스텔류 |
|---|---|
| 009 | 14세 |
| 010 | 개인정보 |
| 036 | ㉠ 양이온 ㉡ 음이온 |
| 037 | ㉠ 노출 평가 ㉡ 위해도 결정 |
| 038 | ㉠ 신속 ㉡ 정기 |
| 039 | 프로필렌 글리콜(Propylene glycol) |
| 040 | ㉠ 15일 ㉡ 30일 |
| 089 | 휴지기 |
| 090 | 세라마이드 |
| 091 | 사용상의 제한이 필요한 원료 |
| 092 | 탈색제(bleach) |
| 093 | 충전(충진) |
| 094 | 일탈 |
| 095 | 미셀(micelle) |
| 096 | 1.0% |
| 097 | 밍크오일, 난황오일 |
| 098 | 안전용기 |
| 099 | ㉠, ㉢ |
| 100 | 원료 |

# 1과목　화장품법의 이해

## 001　　정답 ①

**해설**

화장품의 포장 및 기재 표시 사항을 훼손, 위조, 변조한 화장품은 판매가 불가하나 맞춤형화장품 판매를 위하여 필요한 경우는 제외할 수 있다.

**법령 check**

「화장품법」 제16조(판매 등의 금지)
① 누구든지 다음 각 호의 어느 하나에 해당하는 화장품을 판매하거나 판매할 목적으로 보관 또는 진열하여서는 아니 된다. 다만, 제3호의 경우에는 소비자에게 판매하는 화장품에 한한다.
  1. 제3조 제1항에 따른 등록을 하지 아니한 자가 제조한 화장품 또는 제조·수입하여 유통·판매한 화장품
  1의2. 제3조의2 제1항에 따른 신고를 하지 아니한 자가 판매한 맞춤형화장품
  1의3. 제3조의2 제2항에 따른 맞춤형화장품 조제관리사를 두지 아니하고 판매한 맞춤형화장품
  2. 제10조부터 제12조까지에 위반되는 화장품 또는 의약품으로 잘못 인식할 우려가 있게 기재·표시된 화장품
  3. 판매의 목적이 아닌 제품의 홍보·판매촉진 등을 위하여 미리 소비자가 시험·사용하도록 제조 또는 수입된 화장품
  4. 화장품의 포장 및 기재·표시 사항을 훼손(맞춤형화장품 판매를 위하여 필요한 경우는 제외한다) 또는 위조·변조한 것
② 누구든지(맞춤형화장품 조제관리사를 통하여 판매하는 맞춤형화장품 판매업자 및 제2조 제3호의2 나목 단서에 해당하는 화장품 중 소분 판매를 목적으로 제조된 화장품의 판매자는 제외한다) 화장품의 용기에 담은 내용물을 나누어 판매하여서는 아니 된다.

## 002　　정답 ③

**해설**

① 버블배스(bubble baths)는 목욕용 제품류이다.
② 바디 클렌저(body cleanser)는 인체 세정용 제품류이다.
④ 남성용 탤컴(talcum)은 면도용 제품류이다.
⑤ 데오도런트는 체취 방지용 제품류이다.

## 003　　정답 ②

**해설**

책임판매업자와 체결한 계약서 사본은 맞춤형화장품 판매업의 신고 시 필요한 사항이다.

**법령 check**

「화장품법 시행규칙」 제3조(제조업의 등록 등)
① 삭제 〈2019. 3. 14.〉
② 법 제3조 제1항 전단에 따라 화장품제조업 등록을 하려는 자는 별지 제1호 서식의 화장품제조업 등록신청서(전자문서로 된 신청서를 포함한다)에 다음 각 호의 서류(전자문서를 포함한다)를 첨부하여 제조소의 소재지를 관할하는 지방식품의약품안전청장에게 제출하여야 한다. 〈개정 2019. 3. 14.〉
  1. 화장품제조업을 등록하려는 자(법인인 경우에는 대표자를 말한다. 이하 이 항에서 같다)가 법 제3조의3 제1호 본문에 해당되지 않음을 증명하는 의사의 진단서 또는 법 제3조의3 제1호 단서에 해당하는 사람임을 증명하는 전문의의 진단서
  2. 화장품제조업을 등록하려는 자가 법 제3조의3 제3호에 해당되지 않음을 증명하는 의사의 진단서
  3. 시설의 명세서
③ 제2항에 따라 신청서를 받은 지방식품의약품안전청장은 「전자정부법」 제36조 제1항에 따른 행정정보의 공동이용을 통하여 법인 등기사항증명서(법인인 경우만 해당한다)를 확인하여야 한다.
④ 지방식품의약품안전청장은 제2항에 따른 등록신청이 등록요건을 갖춘 경우에는 화장품 제조업 등록대장에 다음 각 호의 사항을 적고, 별지 제2호 서식의 화장품제조업 등록필증을 발급하여야 한다. 〈개정 2019. 3. 14.〉
  1. 등록번호 및 등록연월일
  2. 화장품제조업자(화장품제조업을 등록한 자를 말한다. 이하 같다)의 성명 및 생년월일(법인인 경우에는 대표자의 성명 및 생년월일)
  3. 화장품제조업자의 상호(법인인 경우에는 법인의 명칭)
  4. 제조소의 소재지
  5. 제조 유형

## 004　　정답 ③

**해설**

심사를 받지 않았거나 보고서를 제출하지 '않은' 기능성 화장품을 판매한 경우 해당된다.

### 📋 법령 check

**「화장품법」 제24조(등록의 취소 등)**
① 영업자가 다음 각 호의 어느 하나에 해당하는 경우에는 식품의약품안전처장은 등록을 취소하거나 영업소 폐쇄(제3조의2 제1항에 따라 신고한 영업만 해당한다. 이하 이 조에서 같다)를 명하거나, 품목의 제조·수입 및 판매(수입대행형 거래를 목적으로 하는 알선·수여를 포함한다)의 금지를 명하거나 1년의 범위에서 기간을 정하여 그 업무의 전부 또는 일부에 대한 정지를 명할 수 있다. 다만, 제3호 또는 제14호(광고 업무에 한정하여 정지를 명한 경우는 제외한다)에 해당하는 경우에는 등록을 취소하거나 영업소를 폐쇄하여야 한다.

1. 제3조 제1항 후단에 따른 화장품제조업 또는 화장품책임판매업의 변경 사항 등록을 하지 아니한 경우
2. 제3조 제2항에 따른 시설을 갖추지 아니한 경우
2의2. 제3조의2 제1항 후단에 따른 맞춤형화장품판매업의 변경신고를 하지 아니한 경우
3. 제3조의3 각 호의 어느 하나에 해당하는 경우
4. 국민보건에 위해를 끼쳤거나 끼칠 우려가 있는 화장품을 제조·수입한 경우
5. 제4조 제1항을 위반하여 심사를 받지 아니하거나 보고서를 제출하지 아니한 기능성화장품을 판매한 경우
5의2. 제4조의2 제1항에 따른 제품별 안전성 자료를 작성 또는 보관하지 아니한 경우
6. 제5조를 위반하여 영업자의 준수사항을 이행하지 아니한 경우
6의2. 제5조의2 제1항을 위반하여 회수 대상 화장품을 회수하지 아니하거나 회수하는 데에 필요한 조치를 하지 아니한 경우
6의3. 제5조의2 제2항을 위반하여 회수계획을 보고하지 아니하거나 거짓으로 보고한 경우
7. 삭제 〈2018. 3. 13.〉
8. 제9조에 따른 화장품의 안전용기·포장에 관한 기준을 위반한 경우
9. 제10조부터 제12조까지의 규정을 위반하여 화장품의 용기 또는 포장 및 첨부문서에 기재·표시한 경우
10. 제13조를 위반하여 화장품을 표시·광고하거나 제14조 제4항에 따른 중지명령을 위반하여 화장품을 표시·광고 행위를 한 경우
11. 제15조를 위반하여 판매하거나 판매의 목적으로 제조·수입·보관 또는 진열한 경우
12. 제18조 제1항·제2항에 따른 검사·질문·수거 등을 거부하거나 방해한 경우
13. 제19조, 제20조, 제22조, 제23조 제1항·제2항 또는 제23조의2에 따른 시정명령·검사명령·개수명령·회수명령·폐기명령 또는 공표명령 등을 이행하지 아니한 경우
13의2. 제23조 제3항에 따른 회수계획을 보고하지 아니하거나 거짓으로 보고한 경우
14. 업무정지기간 중에 업무를 한 경우

## 005    정답 ④

**해설**
화장품책임판매업의 경우 유형변경은 30일 이내 신청, 행정구역 개편에 따른 소재지 변경은 90일 이내 신청이다. 맞춤형화장품 판매업도 유형변경 30일 이내, 소재지 변경 90일 이내이므로 묶어서 기억하면 좋다.

### 📋 법령 check

**「화장품법 시행규칙」 제5조(화장품제조업 등의 변경등록)**
② 화장품제조업자 또는 화장품책임판매업자는 제1항에 따른 변경등록을 하는 경우에는 변경 사유가 발생한 날부터 30일(행정구역 개편에 따른 소재지 변경의 경우에는 90일) 이내에 별지 제5호 서식의 화장품제조업 변경등록 신청서(전자문서로 된 신청서를 포함한다) 또는 별지 제6호 서식의 화장품책임판매업 변경등록 신청서(전자문서로 된 신청서를 포함한다)에 화장품제조업 등록필증 또는 화장품책임판매업 등록필증과 다음 각 호의 구분에 따라 해당 서류(전자문서를 포함한다)를 첨부하여 지방식품의약품안전청장에게 제출하여야 한다. 이 경우 등록 관청을 달리하는 화장품제조소 또는 화장품책임판매업소의 소재지 변경의 경우에는 새로운 소재지를 관할하는 지방식품의약품안전청장에게 제출하여야 한다.

1. 화장품제조업자 또는 화장품책임판매업자의 변경(법인의 경우에는 대표자의 변경)의 경우에는 다음 각 목의 서류
  가. 제3조 제2항 제1호에 해당하는 서류(제조업자만 제출한다)
  나. 제3조 제2항 제2호에 해당하는 서류(제조업자만 제출한다)
  다. 양도·양수의 경우에는 이를 증명하는 서류
  라. 상속의 경우에는 「가족관계의 등록 등에 관한 법률」 제15조 제1항 제1호의 가족관계 증명서
2. 제조소의 소재지 변경(행정구역개편에 따른 사항은 제외한다)의 경우 : 제3조 제2항 제3호에 해당하는 서류

3. 책임판매관리자 변경의 경우 : 제4조 제2항 제2호에 해당하는 서류(영 제2조 제2호 라목의 화장품책임판매업을 등록한 자가 두는 책임판매관리자는 제외한다)
4. 다음 각 목에 해당하는 제조 유형 또는 책임판매 유형 변경의 경우
    가. 영 제2조 제1호 다목의 화장품제조 유형으로 등록한 자가 같은 호 가목 또는 나목의 화장품제조 유형으로 변경하거나 같은 호 가목 또는 나목의 제조 유형을 추가하는 경우 : 제3조 제2항 제3호에 해당하는 서류
    나. 영 제2조 제2호 라목의 화장품책임판매 유형으로 등록한 자가 같은 호 가목부터 다목까지의 책임판매 유형으로 변경하거나 같은 호 가목부터 다목까지의 책임판매 유형을 추가하는 경우 : 제4조 제2항 제1호 및 제2호에 해당하는 서류

## 006   정답 ③

[해설]

① 개인정보란 살아있는 개인에 관한 정보로서 성명, 주민등록번호 등을 통하여 개인을 알아볼 수 있는 정보를 말한다. 해당정보로 특정 개인을 알아볼 수 없더라도 다른 정보와 쉽게 결합해서 알아볼 수 있는 것도 포함이 되며 어린이가 포함되지 않는다는 내용은 없다.
② 개인정보처리자는 공공기관, 법인, 단체 및 개인도 포함 대상이다.
④ 유전자 검사 등의 결과로 얻어진 유전 정보는 민감정보에 해당한다.
⑤ 개인정보처리자는 민감정보를 처리해서는 안 되지만 법률에 특별한 규정이 있을 때, 법령상 의무를 준수하기 위해 불가피한 경우, 개인정보 처리에 대한 동의와 별도로 동의를 받은 경우에는 처리 가능하다.

**법령 check**

「개인정보 보호법」 제2조(정의) 이 법에서 사용하는 용어의 뜻은 다음과 같다. 〈개정 2020. 2. 4.〉
1. "개인정보"란 살아 있는 개인에 관한 정보로서 다음 각 목의 어느 하나에 해당하는 정보를 말한다.
    가. 성명, 주민등록번호 및 영상 등을 통하여 개인을 알아볼 수 있는 정보
    나. 해당 정보만으로는 특정 개인을 알아볼 수 없더라도 다른 정보와 쉽게 결합하여 알아볼 수 있는 정보. 이 경우 쉽게 결합할 수 있는지 여부는 다른 정보의 입수 가능성 등 개인을 알아보는 데 소요되는 시간, 비용, 기술 등을 합리적으로 고려하여야 한다.
    다. 가목 또는 나목을 제1의2에 따라 가명처리함으로써 원래의 상태로 복원하기 위한 추가 정보의 사용·결합 없이는 특정 개인을 알아볼 수 없는 정보(이하 "가명정보"라 한다)
1의2. "가명처리"란 개인정보의 일부를 삭제하거나 일부 또는 전부를 대체하는 등의 방법으로 추가 정보가 없이는 특정 개인을 알아볼 수 없도록 처리하는 것을 말한다.
2. "처리"란 개인정보의 수집, 생성, 연계, 연동, 기록, 저장, 보유, 가공, 편집, 검색, 출력, 정정(訂正), 복구, 이용, 제공, 공개, 파기(破棄), 그 밖에 이와 유사한 행위를 말한다.
3. "정보주체"란 처리되는 정보에 의하여 알아볼 수 있는 사람으로서 그 정보의 주체가 되는 사람을 말한다.
4. "개인정보파일"이란 개인정보를 쉽게 검색할 수 있도록 일정한 규칙에 따라 체계적으로 배열하거나 구성한 개인정보의 집합물(集合物)을 말한다.
5. "개인정보처리자"란 업무를 목적으로 개인정보파일을 운용하기 위하여 스스로 또는 다른 사람을 통하여 개인정보를 처리하는 공공기관, 법인, 단체 및 개인 등을 말한다.
6. "공공기관"이란 다음 각 목의 기관을 말한다.
    가. 국회, 법원, 헌법재판소, 중앙선거관리위원회의 행정사무를 처리하는 기관, 중앙행정기관(대통령 소속 기관과 국무총리 소속 기관을 포함한다) 및 그 소속 기관, 지방자치단체
    나. 그 밖의 국가기관 및 공공단체 중 대통령령으로 정하는 기관
7. "영상정보처리기기"란 일정한 공간에 지속적으로 설치되어 사람 또는 사물의 영상 등을 촬영하거나 이를 유·무선망을 통하여 전송하는 장치로서 대통령령으로 정하는 장치를 말한다.
8. "과학적 연구"란 기술의 개발과 실증, 기초연구, 응용연구 및 민간 투자 연구 등 과학적 방법을 적용하는 연구를 말한다.
[시행일 : 2020. 8. 5.]

「개인정보 보호법 시행령」 제18조(민감정보의 범위) 법 제23조 제1항 각 호 외의 부분 본문에서 "대통령령으로 정하는 정보"란 다음 각 호의 어느 하나에 해당하는 정보를 말한다. 다만, 공공기관이 법 제18조 제2항 제5호부터 제9호까지의 규정에 따라 다음 각 호의 어느 하나에 해당하는 정보를 처리하는 경우의 해당 정보는 제외한다.
1. 유전자검사 등의 결과로 얻어진 유전정보
2. 「형의 실효 등에 관한 법률」 제2조 제5호에 따른 범죄경력자료에 해당하는 정보

## 007

정답 ②

**해설**

화장품전문가협회에 관한 내용은 명시되어 있지 않다.

### 📖 법령 check

「개인정보 보호법」 제18조(개인정보의 목적 외 이용·제공 제한)

① 개인정보처리자는 개인정보를 제15조 제1항 및 제39조의3 제1항 및 제2항에 따른 범위를 초과하여 이용하거나 제17조 제1항 및 제3항에 따른 범위를 초과하여 제3자에게 제공하여서는 아니 된다.

② 제1항에도 불구하고 개인정보처리자는 다음 각 호의 어느 하나에 해당하는 경우에는 정보주체 또는 제3자의 이익을 부당하게 침해할 우려가 있을 때를 제외하고는 개인정보를 목적 외의 용도로 이용하거나 이를 제3자에게 제공할 수 있다. 다만, 이용자(「정보통신망 이용촉진 및 정보보호 등에 관한 법률」 제2조 제1항 제4호에 해당하는 자를 말한다. 이하 같다)의 개인정보를 처리하는 정보통신서비스 제공자(「정보통신망 이용촉진 및 정보보호 등에 관한 법률」 제2조 제1항 제3호에 해당하는 자를 말한다. 이하 같다)의 경우 제1호·제2호의 경우로 한정하고, 제5호부터 제9호까지의 경우는 공공기관의 경우로 한정한다. 〈개정 2020. 2. 4.〉

1. 정보주체로부터 별도의 동의를 받은 경우
2. 다른 법률에 특별한 규정이 있는 경우
3. 정보주체 또는 그 법정대리인이 의사표시를 할 수 없는 상태에 있거나 주소불명 등으로 사전 동의를 받을 수 없는 경우로서 명백히 정보주체 또는 제3자의 급박한 생명, 신체, 재산의 이익을 위하여 필요하다고 인정되는 경우
4. 삭제 〈2020. 2. 4.〉
5. 개인정보를 목적 외의 용도로 이용하거나 이를 제3자에게 제공하지 아니하면 다른 법률에서 정하는 소관 업무를 수행할 수 없는 경우로서 보호위원회의 심의·의결을 거친 경우
6. 조약, 그 밖의 국제협정의 이행을 위하여 외국 정부 또는 국제기구에 제공하기 위하여 필요한 경우
7. 범죄의 수사와 공소의 제기 및 유지를 위하여 필요한 경우
8. 법원의 재판업무 수행을 위하여 필요한 경우
9. 형(刑) 및 감호, 보호처분의 집행을 위하여 필요한 경우

[시행일 : 2020. 8. 5.]

## 008

정답 에스텔류

**해설**

해설 「화장품 안전기준 등에 관한 규정」에서 사용상의 제한이 필요한 원료의 보존제 성분 표 하단에서 확인할 수 있는 내용이다.

### 📖 법령 check

「화장품 안전기준 등에 관한 규정」 [별표 2] 사용상의 제한이 필요한 원료
- 보존제 성분
  * 염류의 예 : 소듐, 포타슘, 칼슘, 마그네슘, 암모늄, 에탄올아민, 클로라이드, 브로마이드, 설페이트, 아세테이트, 베타인 등
  * 에스텔류 : 메틸, 에틸, 프로필, 이소프로필, 부틸, 이소부틸, 페닐

## 009

정답 14세

**해설**

개인정보처리자는 만 14세 미만 아동의 개인정보를 처리하기 위하여 이 법에 따른 동의를 받아야 할 때에는 그 법정대리인의 동의를 받아야 한다.

### 📖 법령 check

「개인정보 보호법」 제22조(동의를 받는 방법)

① 개인정보처리자는 이 법에 따른 개인정보의 처리에 대하여 정보주체(제6항에 따른 법정대리인을 포함한다. 이하 이 조에서 같다)의 동의를 받을 때에는 각각의 동의 사항을 구분하여 정보주체가 이를 명확하게 인지할 수 있도록 알리고 각각 동의를 받아야 한다.

② 개인정보처리자는 제1항의 동의를 서면(「전자문서 및 전자거래 기본법」 제2조 제1호에 따른 전자문서를 포함한다)으로 받을 때에는 개인정보의 수집·이용 목적, 수집·이용하려는 개인정보의 항목 등 대통령령으로 정하는 중요한 내용을 보호위원회가 고시로 정하는 방법에 따라 명확히 표시하여 알아보기 쉽게 하여야 한다.

③ 개인정보처리자는 제15조 제1항 제1호, 제17조 제1항 제1호, 제23조 제1항 제1호 및 제24조 제1항 제1호에 따라 개인정보의 처리에 대하여 정보주체의 동의를 받을 때에는 정보주체와의 계약 체결 등을 위하여 정보주체의 동의 없이 처리할 수 있는 개인정보와 정보주체의 동의가 필요한

개인정보를 구분하여야 한다. 이 경우 동의 없이 처리할 수 있는 개인정보라는 입증책임은 개인정보처리자가 부담한다.
④ 개인정보처리자는 정보주체에게 재화나 서비스를 홍보하거나 판매를 권유하기 위하여 개인정보의 처리에 대한 동의를 받으려는 때에는 정보주체가 이를 명확하게 인지할 수 있도록 알리고 동의를 받아야 한다.
⑤ 개인정보처리자는 정보주체가 제3항에 따라 선택적으로 동의할 수 있는 사항을 동의하지 아니하거나 제4항 및 제18조 제2항 제1호에 따른 동의를 하지 아니한다는 이유로 정보주체에게 재화 또는 서비스의 제공을 거부하여서는 아니 된다.
⑥ 개인정보처리자는 만 14세 미만 아동의 개인정보를 처리하기 위하여 이 법에 따른 동의를 받아야 할 때에는 그 법정대리인의 동의를 받아야 한다. 이 경우 법정대리인의 동의를 받기 위하여 필요한 최소한의 정보는 법정대리인의 동의 없이 해당 아동으로부터 직접 수집할 수 있다.
⑦ 제1항부터 제6항까지에서 규정한 사항 외에 정보주체의 동의를 받는 세부적인 방법 및 제6항에 따른 최소한의 정보의 내용에 관하여 필요한 사항은 개인정보의 수집매체 등을 고려하여 대통령령으로 정한다.
[시행일 : 2020. 8. 5.]

## 010
정답 개인정보

**해설**
해설 주어진 내용은 「개인정보 보호법」의 용어 정의 중 "개인정보"에 관한 설명이다.

**법령 check**
006 법령 참조

### 2과목  화장품 제조 및 품질관리

## 011
정답 ③

**해설**
폴리비닐알코올과 잔탄검, 카보머는 고분자화합물이다.

## 012
정답 ③

**해설**
계면활성제는 표면장력을 감소시킨다.

## 013
정답 ①

**해설**
자극이 큰 순서대로 나열하면 양이온 > 음이온 > 양쪽 > 비이온이다.

## 014
정답 ③

**해설**
레티놀은 주름개선 성분이다.

## 015
정답 ⑤

**해설**
에칠헥실메톡시신나메이트는 자외선차단 성분이다.

## 016
정답 ①

**해설**
② 착색안료는 광물 내 구성된 금속의 상태에 따라서 색상이 결정된다.
③ 발색단이 없어서 색상은 흰색을 띠지만 백색안료 정도의 흰색을 띠지는 않는다.
④ 자연계의 동물이나 식물 등에서 추출해서 사용한다.
⑤ 색을 나타내는 유기 분자 구조를 합성하여 제작된다.

## 017
정답 ④

**해설**
토코페릴아세테이트는 비타민 E가 불안정하므로 유도체 형태로 사용되는 성분이다.

## 018
정답 ②

**해설**
① 야자수유와 올리브유는 식물성 오일이다.
③ 실리콘 오일과 이소프로필미리스테이트는 합성 오일이다.
④ 광물성 오일은 식물성 오일에 비해 흡수가 잘 된다.
⑤ 합성 오일은 안정성이 높고 끈적임이 적다.

## 019
정답 ①, ⑤

**해설**
① 가연성 가스를 사용하지 않는 제품을 섭씨 40도 이상의 장소 또는 밀폐된 장소에 보관하지 말 것
⑤ 가능한 인체에서 20cm 이상 떨어져서 사용할 것

## 020  정답 ①

**해설**
공기 중의 산소를 통해 변질되는 산패 현상을 억제하는 성분은 산화방지제이다. BHT(부틸하이드록시톨루엔), BHA(부틸하이드록시아니솔)가 대표적인 성분이다.

## 021  정답 ②

**해설**
눈 주위를 피해서 사용해야 한다는 내용은 공통 주의사항에 없다.

## 022  정답 ④

**해설**
징크옥사이드와 티타늄디옥사이드는 사용한도가 25%이다.

## 023  정답 ①

**해설**
②~⑤는 린스의 기능에 관한 설명이다.

## 024  정답 ③

**해설**
① 글루타랄의 사용한도는 0.1%다.
② 디아졸리디닐우레아의 사용한도는 0.5%다.
④ 메칠이소치아졸리논의 사용한도는 사용 후 씻어내는 제품에 0.0015%다.
⑤ 벤질알코올의 사용한도는 1%다.

## 025  정답 ③

**해설**
주성분이 과산화수소인 제품은 검은 머리카락이 갈색으로 변할 수 있으므로 유의하여 사용할 것

## 026  정답 ⑤

**해설**
①, ②, ③, ④는 염류의 예이고, ⑤는 에스텔류의 예이다.
- 염류 : 소듐, 포타슘, 칼슘, 마그네슘, 암모늄, 에탄올아민, 클로라이드, 브로마이드, 설페이트, 아세테이트, 베타인
- 에스텔류 : 메칠, 에칠, 프로필, 이소프로필, 부틸, 이소부틸, 페닐

## 027  정답 ⑤

**해설**
탄소(C)와 수소(H)로만 이루어진 물질을 탄화수소라고 하며, 에스테르오일은 지방산과 고급알코올의 중화반응인 에스테르 반응에 의해서 만들어진 물질로 에스테르 결합(-COO-)을 가진 액상의 화장품 원료이다.

## 028  정답 ④

**해설**
에센스는 스킨과 달리 점성을 지니고 있고 유연기능도 있어서 피부가 거칠어지는 것을 방지해준다.

## 029  정답 ①

**해설**
벤조일퍼옥사이드는 과산화벤조일로 산화작용이 강하여 표백제로도 쓰이는 성분이다. 여드름 치료제로도 사용되는데, 여드름균 p.acnes균이 혐기성임을 이용하여 여드름을 없애는 전문 의약품으로 주로 사용된다.

## 030  정답 ①

**해설**
제조지시서에 포함되어야 하는 내용은 다음과 같다.
- 제품표준서의 번호
- 제품명
- 제조번호, 제조 연월일 또는 사용기한(또는 개봉 후 사용기간)
- 제조단위
- 사용된 원료명, 분량, 시험번호 및 제조단위당 실 사용량
- 제조 설비명
- 공정별 상세 작업내용 및 주의사항
- 제조 지시자 및 지시 연월일

## 031  정답 ②

**해설**
제조 작업 개시 전에 체크해야 하는 내용의 순서라고 생각하면 접근이 쉽다.

## 032  정답 ⑤

**해설**
위해평가가 불필요한 경우는 다음과 같다.
- 불법으로 유해물질을 화장품에 혼입한 경우
- 안전성, 유효성이 입증되어 기허가된 기능성화장품

• 위험에 대한 충분한 정보가 부족한 경우

## 033  정답 ④

**해설**
위해평가 대상은 주요노출집단을 검토하고 대상범위를 결정한다.

## 034  정답 ③

**해설**
알레르기 유발 성분은 총 25가지이다.

## 035  정답 ④

**해설**
특수·가혹 보존시험은 안정성 시험에 해당한다.

## 036

정답 ㉠ 양이온 ㉡ 음이온

**해설**
양쪽성 계면활성제는 물이 산성일 때 양이온, 물이 알칼리성일 때 음이온이다.

## 037

정답 ㉠ 노출 평가 ㉡ 위해도 결정

**해설**
「위해평가 방법 및 절차 등에 관한 규정」이다.

**TIP**
맞춤형화장품 조제관리사 1회 기출문제이다.

## 038

정답 ㉠ 신속 ㉡ 정기

**해설**
• 신속보고 : 화장품책임판매업자는 정보를 알게 된 날로부터 15일 이내에 신속보고
• 정기보고 : 화장품책임판매업자는 신속보고 이외의 안전성 정보를 매 반기 종료 후 1월 이내에 정기보고

## 039

정답 프로필렌 글리콜(Propylene glycol)

**해설**
프로필렌 글리콜 함유제품만 표시한다.

## 040

정답 ㉠ 15일 ㉡ 30일

**해설**
• 1등급 위해성 : 회수를 시작한 날을 기점으로 15일 이내
• 2등급, 3등급 위해성 : 회수를 시작한 날을 기점으로 30일 이내

### 3과목 유통화장품 안전관리

## 041  정답 ⑤

**해설**
잔류하거나 적용하는 표면에 이상을 초래하지 아니하여야 한다.

## 042  정답 ②

**해설**
호스는 정해진 지역에 바닥에 닿지 않도록 정리한다.

## 043  정답 ⑤

**해설**
개방할 수 있는 창문을 만들지 않는다.

## 044  정답 ⑤

**해설**
소독제의 가격보다는 종류나 농도 pH가 영향을 미치는 요인으로 중요하다.

## 045  정답 ③

**해설**
작업자의 옷 입는 순서는 포함되지 않는다.

## 046  정답 ④

**해설**
예방적활동은 연간 계획을 세워서 시정실시를 하지 않는 것이 원칙이다.

## 047  정답 ④

**해설**

브러시 등으로 문질러 지우는 것을 고려한다.

## 048 정답 ④
**해설**
호스에서 주로 사용되는 구성 재질은 강화된 식품 등급의 고무, 네오프렌, 폴리에칠렌, 폴리프로필렌, 나일론, 타이곤 등이 있다.

## 049 정답 ⑤
**해설**
대장균, 녹농균, 황색포도상구균은 불검출되어야 한다.

## 050 정답 ④
**해설**
아직 검체 채취 전 상태이므로 백색라벨을 부착한다.

## 051 정답 ①
**해설**
부적합 판정난 것이 아닌 적합 판정된 것만을 선입선출 방식으로 출고한다.

## 052 정답 ④
**해설**
① 벌크를 제조하고 남은 원료는 올바른 관리절차에 따라서 재보관이 가능하다.
② 벌크제품 및 원료를 보관할 때는 적합한 용기를 사용해야 하며 용기 안의 내용물을 확인할 수 있도록 표시해야 한다.
③ 오래된 것으로 한다(선입선출).
⑤ 재보관과 재사용은 변질 및 오염의 우려가 있으므로 지양한다.

## 053 정답 ④
**해설**
기준 일탈된 완제품 또는 벌크 제품은 재작업을 할 수도 있다.

## 054 정답 ④
**해설**
① 장부상의 재고는 물론, 수시로 현물의 수량을 파악해야 한다.
② 수량을 예측하여 포장재를 적시에 발주한다.
③ 무작위 추출한 검체에 대하여 육안검사를 실시한다.
⑤ 치명적인 오타나 제품 정보의 누락이 일어나면 법의 규정을 위반할 수 있으므로 검사를 해야 한다.

## 055 정답 ②
**해설**
로트(lot) = 배치(batch) = 제조번호
동일한 조건 아래에서 만들어진 균일한 특성 및 품질

## 056 정답 ⑤
**해설**
민감하지 않은 물질에 유리로 안을 댄 강화유리섬유 폴리에스터의 플라스틱을 사용한 탱크를 사용할 수 있다.

## 057 정답 ④
**해설**
기류는 송풍기를 통해서 조절한다.

## 058 정답 ④
**해설**
① 경제적이어야 한다.
② 사용농도에서 독성이 없어야 한다.
③ 불쾌한 냄새가 남지 않아야 한다.
⑤ 최소 99.9% 사멸시켜야 한다.

## 059 정답 ④
**해설**
설비 내벽에 잔존한 세척제는 제품에 악영향을 미친다.

## 060 정답 ②
**해설**
비색법은 비소 시험방법으로 사용된다.

## 061 정답 ①
**해설**
- 밀폐용기 : 취급 또는 저장 시 이물질이 들어가거나 내용물이 손실되는 것을 막는 용기
- 밀봉용기 : 취급 또는 저장 시 기체미생물이 침입하지 못하도록 내용물을 보호하는 용기
- 기밀용기 : 취급 또는 저장 시 밖으로부터 공기, 다른 가스가 침입하지 않도록 내용물을 보호하는 용기

**TIP**

맞춤형화장품 조제관리사 1회 기출문제(단답형)이다.

### 062　　정답 ⑤
**해설**
원료, 용기, 표시재료, 포장재, 첨부문서 등을 원자재라고 부른다.

### 063　　정답 ①
**해설**
결함이 없는 원자재와 섞이지 않는 것이 핵심이다.

### 064　　정답 ②
**해설**
수은의 검출 허용 한도는 1㎍/g 이하이다.

### 065　　정답 ⑤
**해설**
제품 3개를 가지고 시험할 때 그 평균 내용량은 표기량에 대하여 97% 이상이어야 한다. 위의 기준치를 벗어날 경우 6개를 더 취하여 총 9개의 평균 내용량이 제1호의 기준치 이상이어야 한다.

## 4과목　맞춤형화장품의 이해

### 066　　정답 ③
**해설**
① 고객의 피부특성 및 취향을 고려한다.
② 수입된 원료에 내용물을 추가하는 것이 아니라 수입된 화장품의 내용물에 식품의약품안전처장이 정하는 원료를 추가할 수 있다.
④ 보존제를 추가할 수 없다.
⑤ 혼합, 소분만 가능하다.

### 067　　정답 ⑤
**해설**
맞춤형화장품 판매 시 사용 주의사항을 소비자에게 설명해야 한다.

### 068　　정답 ③
**해설**
사용 후에만 세척하는 것이 아니라 전, 후로 세척한다.

### 069　　정답 ⑤
**해설**
각화기능은 28일 주기로 각질이 떨어져 나가지만 각질을 제거하는 기능은 아니다.

### 070　　정답 ②
**해설**
투명층은 손바닥 발바닥과 같은 특정부위에 존재한다.

### 071　　정답 ④
**해설**
에크린선(소한선)은 냄새가 거의 없다.

### 072　　정답 ⑤
**해설**
판테놀은 비타민 B5이다.

### 073　　정답 ②
**해설**
소한선(에크린선)은 무색무취의 수분 땀샘이다.

### 074　　정답 ④
**해설**
T존이 번들거리고 U존이 건조한 경우가 많다.

### 075　　정답 ②
**해설**
탈모 증상 완화제 식약처 고시 원료로는 1. 덱스판테놀, 2. 비오틴, 3. 엘-멘톨, 4. 징크피리치온, 5. 징크피리치온액(50%)이 해당된다.

### 076　　정답 ①
**해설**
일반 소비자도 사용시험에 참가할 수 있다.

### 077　　정답 ⑤
**해설**
화장품의 사용한도를 넘을 수 없다.

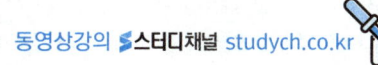

## 078 정답 ③
**해설**
명칭, 상호, 제조번호, 사용기한 4가지가 필수 기재항목이다.

## 079 정답 ②
**해설**
변경되었을 경우 기존의 가격 표시가 보이지 않도록 변경 표시하여야 한다. 다만, 판매자가 기간을 특정하여 판매가격을 변경하기 위해 그 기간을 소비자에게 알리고 소비자가 판매가격을 오인, 혼동할 우려가 없도록 명확히 구분하여 표시하는 경우는 제외한다.

## 080 정답 ④
**해설**
라벤더 오일은 맞춤형화장품에 사용 가능하다.

## 081 정답 ③
**해설**
변성알코올은 알레르기를 유발하는 성분 25가지에 포함된다.

## 082 정답 ⑤
**해설**
필수 기재사항은 ①~④ 보기와 사용기한 또는 개봉 후 사용기간이다.

## 083 정답 ②
**해설**
모간은 두피 바깥부분의 털이고, 모근은 두피 안쪽부분의 털이다.

## 084 정답 ⑤
**해설**
사용기한 또는 개봉 후 사용기간을 작성하면 된다.

## 085 정답 ③
**해설**
맞춤형화장품 조제관리사 이외에는 내용물을 나누어 판매해서는 안 된다.

## 086 정답 ③
**해설**
한번 덜어낸 화장품은 용기에 다시 넣지 않도록 할 것

## 087 정답 ⑤
**해설**
나이아신아마이드는 미백 기능성화장품의 원료이다.

## 088 정답 ④
**해설**
이상이 있는 경우 사용을 중지하고 전문가의 상담을 받아야 한다.

## 089
정답 휴지기
**해설**
- 성장기(5~6년, 전체 모발의 86~88%)
- 퇴행기(2주~3주, 1%)
- 휴지기(2~3개월, 10~15%)

## 090
정답 세라마이드
**해설**
벽돌과 시멘트 모델에서 시멘트에 해당하는 것이 세라마이드로, 가장 많은 부분을 차지한다.

## 091
정답 사용상의 제한이 필요한 원료
**해설**
화장품은 불특정 다수의 사람들에게 사용되기 때문에 피부 감작성, 경구독성, 자극성 등이 없어야 한다. 피부 등에 자극을 주거나 알레르기를 유발해서는 안 된다. 그렇기 때문에 안전성이 중요하다.

## 092
정답 탈색제(bleach)
**해설**
주어진 세 가지의 설명은 탈색제(bleach)에 관한 것이다.

## 093
정답 충전(충진)

[해설]
주어진 두 가지의 설명은 충전(충진)에 관한 것이다.

## 094

정답 일탈

[해설]
「인체적용제품의 위해성평가 등에 관한 규정」에서 정의하는 일탈은 제조 또는 품질관리 활동 등의 미리 정해진 기준을 벗어나 이루어진 행위를 말한다.

## 095

정답 미셀(micelle)

[해설]
주어진 설명은 미셀(micelle)에 관한 것이다.

## 096

정답 1.0%

[해설]
화장품 성분은 제조에 사용된 함량이 많은 것부터 기재·표시되는데, 1.0% 이하로 사용된 성분, 착향제 또는 착색제는 순서에 상관없이 기재·표시할 수 있다.

## 097

정답 밍크오일, 난황오일

[해설]
동물성 유성원료는 밍크오일, 난황오일이다.

## 098

정답 안전용기

[해설]
주어진 품목들은 「화장품법 시행규칙」 제18조 제1항에 따라 안전용기를 사용하여야 할 품목이다.

법령 check

「화장품법 시행규칙」 제18조(안전용기·포장 대상 품목 및 기준)
① 법 제9조 제1항에 따른 안전용기·포장을 사용하여야 하는 품목은 다음 각 호와 같다. 다만, 일회용 제품, 용기 입구 부분이 펌프 또는 방아쇠로 작동되는 분무용기 제품, 압축 분무용기 제품(에어로졸 제품 등)은 제외한다.
1. 아세톤을 함유하는 네일 에나멜 리무버 및 네일 폴리시 리무버
2. 어린이용 오일 등 개별포장당 탄화수소류를 10퍼센트 이상 함유하고 운동점도가 21센티스톡스(섭씨 40도 기준) 이하인 비에멀젼 타입의 액체상태의 제품
3. 개별포장당 메틸 살리실레이트를 5퍼센트 이상 함유하는 액체상태의 제품
② 제1항에 따른 안전용기·포장은 성인이 개봉하기는 어렵지 아니하나 만 5세 미만의 어린이가 개봉하기는 어렵게 된 것이어야 한다. 이 경우 개봉하기 어려운 정도의 구체적인 기준 및 시험방법은 산업통상자원부장관이 정하여 고시하는 바에 따른다.

## 099

정답 ㉠, ㉢

[해설]
㉡ 에칠헥실메톡시신나메이트의 배합한도는 7.5%이다.
㉣ 전자상거래 담당자가 아닌 맞춤형화장품 조제관리사가 직접 조제해야 한다.

TIP
식약처 예시 문제이다.

## 100

정답 원료

[해설]
맞춤형화장품은 제조 또는 수입된 화장품의 내용물에 다른 화장품의 내용물이나 식품의약품안전처장이 정하는 원료를 추가하여 혼합한 화장품이며, 제조 또는 수입된 화장품의 내용물을 소분한 화장품이다.

# PART 4 제4회 정답과 해설

## 선다형

| 001 | 002 | 003 | 004 | 005 | 006 | 007 | 008 | 009 | 010 | 011 | 012 | 013 | 014 | 015 | 016 | 017 | 018 | 019 | 020 |
|---|---|---|---|---|---|---|---|---|---|---|---|---|---|---|---|---|---|---|---|
| ③ | ① | ② | ④ | ⑤ | ③ | ② | – | – | – | ① | ⑤ | ② | ② | ③ | ⑤ | ① | ⑤ | ⑤ | ④ |
| 021 | 022 | 023 | 024 | 025 | 026 | 027 | 028 | 029 | 030 | 031 | 032 | 033 | 034 | 035 | 036 | 037 | 038 | 039 | 040 |
| ① | ④ | ① | ⑤ | ⑤ | ① | ③ | ⑤ | ④ | ① | ④ | ① | ③ | ⑤ | ④ | – | – | – | – | – |
| 041 | 042 | 043 | 044 | 045 | 046 | 047 | 048 | 049 | 050 | 051 | 052 | 053 | 054 | 055 | 056 | 057 | 058 | 059 | 060 |
| ⑤ | ① | ④ | ② | ④ | ④ | ③ | ⑤ | ④ | ④ | ① | ④ | ② | ① | ④ | ⑤ | ④ | ④ | ④ | ① |
| 061 | 062 | 063 | 064 | 065 | 066 | 067 | 068 | 069 | 070 | 071 | 072 | 073 | 074 | 075 | 076 | 077 | 078 | 079 | 080 |
| ② | ① | ④ | ④ | ⑤ | ② | ⑤ | ③ | ③ | ③ | ⑤ | ④ | ① | ③ | ④ | ④ | ③ | ⑤ | ①,④ | ② |
| 081 | 082 | 083 | 084 | 085 | 086 | 087 | 088 | 089 | 090 | 091 | 092 | 093 | 094 | 095 | 096 | 097 | 098 | 099 | 100 |
| ① | ④ | ① | ① | ④ | ②⑤ | ④ | ② | – | – | – | – | – | – | – | – | – | – | – | – |

## 단답형

| 008 | 책임판매업자 |
|---|---|
| 009 | ㉠ 0.5% ㉡ 1년 |
| 010 | 민감정보 |
| 036 | ㉠ 청결 ㉡ 미화 ㉢ 밝게 |
| 037 | ㉠ 차단 ㉡ 산란 |
| 038 | 주름을 없애준다. → 주름개선에 도움을 준다. |
| 039 | 알레르기 |
| 040 | ㉡ → ㉠ → ㉣ → ㉢ |
| 089 | ㉢ |
| 090 | 투명층 |
| 091 | 0.5% |
| 092 | 콜라겐 |
| 093 | 분산제형 |
| 094 | 브랜드명 |
| 095 | 건성 |
| 096 | ㉠ 2% ㉡ 3% |
| 097 | 리모넨, 알파-이소메칠이오논, 리날룰, 벤질알코올, 제라니올, 시트로넬올, 시트랄, 쿠마린 |
| 098 | ㉡, ㉢, ㉣, ㉤, ㉥ |
| 099 | 교원섬유 |
| 100 | ㉠ 무기(물리)적자외선차단제 ㉡ 유기(화학)적자외선차단제 |

## 1과목   화장품법의 이해

### 001    정답 ③

**해설**

50만 원의 과태료에 해당하는 내용은 다음과 같다.
- 화장품의 생산실적 또는 수입실적 또는 화장품 원료의 목록 등을 보고하지 아니한 화장품책임판매업자
- 화장품의 안전성 확보 및 품질관리에 관한 교육을 매년 받지 아니한 책임판매관리자 및 맞춤형화장품 조제관리사
- 화장품의 기재사항 중 가격을 표시하지 않았거나 화장품을 직접 판매하는 자(판매자)가 판매하려는 가격을 표시하지 아니한 경우
- 폐업 등의 신고를 하지 아니한 자
  - 폐업 또는 휴업하려는 경우
  - 휴업 후 그 업을 재개하려는 경우(휴업기간이 1개월 미만이거나 그 기간 동안 휴업하였다가 그 업을 재개하는 경우는 예외)

### 002    정답 ①

**해설**

「화장품법」의 목적은 화장품의 제조·수입·판매 및 수출 등에 관한 사항을 규정함으로써 국민보건향상과 화장품 산업의 발전에 기여하는 것이다.

**법령 check**

「화장품법」 제1조(목적) 이 법은 화장품의 제조·수입·판매 및 수출 등에 관한 사항을 규정함으로써 국민보건향상과 화장품 산업의 발전에 기여함을 목적으로 한다.

### 003    정답 ②

**해설**

제조업의 경우 화장품의 포장은 1차 포장만 해당되는 내용이다.

### 004    정답 ④

**해설**

업소에 자격 증명을 위해 중복으로 발급받는 것은 허용하지 않는다.

### 005    정답 ⑤

**해설**

① 납 – 20㎍/g 이하, 점토를 원료로 사용한 분말 제품은 50㎍/g 이하
② 니켈 – 10㎍/g 이하, 눈 화장용 제품은 35㎍/g 이하, 색조는 30㎍/g 이하
③ 비소, 안티몬 – 10㎍/g 이하, 디옥산 – 100㎍/g 이하
④ 포름알데히드 – 2,000㎍/g 이하, 물휴지는 20㎍/g 이하

### 006    정답 ③

**해설**

기타 화장품의 경우 미생물 한도는 1,000개/g(ml)이다.

### 007    정답 ②

**해설**

품질관리 업무가 수행을 위하여 필요하다고 인정할 때에는 책임판매관리자가 아닌 제조판매업자에게 문서로 보고한다.

### 008

정답 책임판매업자

**해설**

맞춤형화장품 판매업자는 국민 보건에 위해를 끼치거나 끼칠 우려가 있는 화장품이 유통 중인 사실을 알게 된 경우 지체 없이 맞춤형화장품의 내용물 등의 계약을 체결한 책임판매업자에게 보고해야 한다.

### 009

정답 ㉠ 0.5%  ㉡ 1년

**해설**

주어진 성분 중 어느 하나에 해당하는 성분을 0.5% 이상 함유하는 제품의 경우에는 해당 품목의 안정성시험 자료를 최종 제조된 제품의 사용기한이 만료되는 날부터 1년간 보존해야 한다.

**법령 check**

「화장품법 시행규칙」 제12조(화장품책임판매업자의 준수사항) 법 제5조 제2항에 따라 화장품책임판매업자가 준수해야 할 사항은 다음 각 호(영 제2조 제2호라목의 화장품책임판매업을 등록한 자는 제1호, 제2호, 제4호 가목·다목·사목·차목 및 제10호만 해당한다)와 같다.
11. 다음 각 목의 어느 하나에 해당하는 성분을 0.5 퍼센트 이상 함유하는 제품의 경우에는 해당 품목의 안정성시험 자료를 최종 제조된 제품의 사

용기한이 만료되는 날부터 1년간 보존할 것
가. 레티놀(비타민 A) 및 그 유도체
나. 아스코빅애씨드(비타민 C) 및 그 유도체
다. 토코페롤(비타민 E)
라. 과산화화합물
마. 효소

## 010

정답 민감정보

[해설]
유전정보, 범죄경력자료는 민감정보에서 제외된다.

📋 **법령 check**

「개인정보 보호법 시행령」 제18조(민감정보의 범위)
법 제23조 제1항 각 호 외의 부분 본문에서 "대통령령으로 정하는 정보"란 다음 각 호의 어느 하나에 해당하는 정보를 말한다. 다만, 공공기관이 법 제18조 제2항 제5호부터 제9호까지의 규정에 따라 다음 각 호의 어느 하나에 해당하는 정보를 처리하는 경우의 해당 정보는 제외한다.
1. 유전자검사 등의 결과로 얻어진 유전정보
2. 「형의 실효 등에 관한 법률」 제2조 제5호에 따른 범죄경력자료에 해당하는 정보

## 2과목 화장품 제조 및 품질관리

## 011
정답 ①

[해설]
난황 오일은 동물성 오일이며 ②·③·④·⑤는 전부 식물성 오일이다.

## 012
정답 ⑤

[해설]
① 징크옥사이드 − 25%
② 티타늄디옥사이드 − 25%
③ 호모살레이트 − 10%
④ 에칠헥실메톡시신나메이트 − 7.5%

## 013
정답 ②

[해설]
알부틴은 2~5%까지 사용 가능하다.

## 014
정답 ②

[해설]
ⓒ 페녹시에탄올은 보존제, ⓗ 나이아신아마이드는 미백성분이다.

## 015
정답 ③

[해설]
고온 또는 저온의 장소 및 직사광선이 닿는 곳에는 보관하지 않는다.

## 016
정답 ⑤

[해설]
탈모증상 완화제는 덱스판테놀, 비오틴, 엘-멘톨, 징크피리치온, 징크피리치온액(50%)인데 개선제품이 아니라 완화에 도움을 주는 제품을 말한다.

## 017
정답 ①

[해설]
②는 금속이온봉쇄제 ③·④·⑤는 보존제이다.

## 018
정답 ⑤

[해설]
위해평가가 불필요한 경우
• 불법으로 유해물질을 화장품에 혼입한 경우
• 안전성, 유효성이 입증되어 이미 허가가 되어있는 기능성화장품
• 위험에 대한 충분한 정보가 부족한 경우

## 019
정답 ⑤

[해설]
무기안료의 종류에는 백색안료, 착색안료, 체질안료, 진주광택안료, 특수기능안료 등이 있다. 유기합성색소는 유기안료에 속한다.

## 020
정답 ④

[해설]
이미다졸리디닐우레아의 사용한도는 0.6%이다.

## 021
정답 ①

[해설]
미백화장품은 멜라닌 색소 생성 억제, 멜라닌 색소의 환

원, 멜라닌 색소의 배출을 촉진시키는 작용을 하는 화장품으로서 기미, 주근깨의 발생을 방지하는 효과가 있는 화장품이다.

### 022  정답 ④

**[해설]**
알칼리제를 사용한 치오글리콜산계 파마제는 강한 파마가 가능하지만 모발의 손상이 우려된다.

### 023  정답 ①

**[해설]**
제조지시서는 일단 발행하면 내용을 변경해서는 안 된다.

### 024  정답 ⑤

**[해설]**
문제는 위해도 평가에 대한 설명이며 위험성 확인, 노출평가, 위험성 결정, 위해도 결정이 해당된다.

### 025  정답 ⑤

**[해설]**
두피의 피지를 제거하지 않은 것은 염모제를 사용하면 안 되는 이유가 아니다. 오히려 두피를 보호하는 작용을 하기도 한다.

### 026  정답 ⑤

**[해설]**
모발 케라틴 속의 이황화결합을 환원제로 부분적으로 절단한 다음 산화제로 재결합시켜서 모발에 웨이브를 만들어 변형시키는 것을 퍼머넌트 웨이브라고 한다. 육모제와는 상관없는 내용이다.

### 027  정답 ①

**[해설]**
알란토인은 보습제보다는 항염증제에 더 가깝다.

### 028  정답 ③

**[해설]**
피부상재균이 리파아제 등에 의해 분해되면서 냄새가 발생하며, 증식을 억제하는 항균기능으로 냄새를 억제한다.

### 029  정답 ⑤

**[해설]**

폴리에톡실레이티드레틴아마이드는 주름개선제이다.

### 030  정답 ④

**[해설]**
닥나무 추출물의 사용제한 함량은 2.0%이다.

### 031  정답 ①

**[해설]**
살균제로 이용되며 섬유에 흡착성이 커서 헤어 린스 등의 유연제로 많이 사용되는 것은 양이온성계면활성제, 세정력이 좋고 거품이 많이 형성되어 클렌징 제품으로 주로 사용되는 것은 음이온성계면활성제이다.

**TIP**
양이온성계면활성제와 음이온성계면활성제는 많이 헷갈려 하는 내용이므로 확실하게 암기하는 것이 좋다.

### 032  정답 ④

**[해설]**
화학적으로 제거하는 방법은 환원제인 치오글리콜산을 함유한 크림이 있다.

### 033  정답 ①

**[해설]**
부작용이 있는 경우 전문의 등과 상담한다.

### 034  정답 ①

**[해설]**
「화장품법」제4조의2 1항에 관한 내용이다.

**TIP**
맞춤형화장품 조제관리사 1회 기출문제이다.

📋 **법령 check**

「화장품법」제4조의2(영유아 또는 어린이 사용 화장품의 관리)
① 화장품책임판매업자는 영유아 또는 어린이가 사용할 수 있는 화장품임을 표시·광고하려는 경우에는 제품별로 안전과 품질을 입증할 수 있는 다음 각 호의 자료(이하 "제품별 안전성 자료"라 한다)를 작성 및 보관하여야 한다.
1. 제품 및 제조방법에 대한 설명 자료
2. 화장품의 안전성 평가 자료
3. 제품의 효능·효과에 대한 증명 자료

## 035
정답 ⑤

**해설**
땀 발생 억제제, 향수, 아스트린젠트 로션 등을 사용하고 나서는 24시간 뒤에 사용할 것이 권장된다.

## 036
정답 ㉠ 청결 ㉡ 미화 ㉢ 밝게

**해설**
화장품이란 인체를 청결, 미화하여 매력을 더하고 용모를 밝게 변화시키는 제품을 말한다.

## 037
정답 ㉠ 차단 ㉡ 산란

**해설**

**법령 check**

「화장품법 시행규칙」제2조(기능성화장품의 범위)
자외선을 차단 또는 산란시켜 자외선으로부터 피부를 보호하는 기능을 가진 화장품

## 038
정답 주름을 없애준다. → 주름개선에 도움을 준다.

**해설**
화장품은 피부를 치료, 개선하는 것이 아니라 유지, 보수한다.

## 039
정답 알레르기

**해설**
「화장품법 시행규칙」에서 확인할 수 있다.

**법령 check**

「화장품법 시행규칙」 별표 4 화장품 포장의 표시기준 및 표시방법
3. 화장품 제조에 사용된 성분
  가. 글자의 크기는 5포인트 이상으로 한다.
  나. 화장품 제조에 사용된 함량이 많은 것부터 기재·표시한다. 다만, 1퍼센트 이하로 사용된 성분, 착향제 또는 착색제는 순서에 상관없이 기재·표시할 수 있다.
  다. 혼합원료는 혼합된 개별 성분의 명칭을 기재·표시한다.
  라. 색조 화장용 제품류, 눈 화장용 제품류, 두발염색용 제품류 또는 손발톱용 제품류에서 호수별로 착색제가 다르게 사용된 경우 '± 또는 +/−'의 표시 다음에 사용된 모든 착색제 성분을 함께 기재·표시할 수 있다.
  마. 착향제는 "향료"로 표시할 수 있다. 다만, 착향제의 구성 성분 중 식품의약품안전처장이 정하여 고시한 알레르기 유발성분이 있는 경우에는 향료로 표시할 수 없고, 해당 성분의 명칭을 기재·표시해야 한다.
  바. 산성도(pH) 조절 목적으로 사용되는 성분은 그 성분을 표시하는 대신 중화반응에 따른 생성물로 기재·표시할 수 있고, 비누화반응을 거치는 성분은 비누화반응에 따른 생성물로 기재·표시할 수 있다.
  사. 법 제10조 제1항 제3호에 따른 성분을 기재·표시할 경우 영업자의 정당한 이익을 현저히 침해할 우려가 있을 때에는 영업자는 식품의약품안전처장에게 그 근거자료를 제출해야 하고, 식품의약품안전처장이 정당한 이익을 침해할 우려가 있다고 인정하는 경우에는 "기타 성분"으로 기재·표시할 수 있다.

## 040
정답 ㉡ → ㉠ → ㉣ → ㉢

**해설**
위험성 확인, 위험성 결정, 노출평가, 위해도 결정 순으로 수행된다.

### 3과목 유통화장품 안전관리

## 041
정답 ⑤

**해설**
구획, 구분의 설명이 바뀌었다.

## 042
정답 ①

**해설**
포장구역은 제품의 교차오염을 방지할 수 있도록 설계되어야 한다.

## 043
정답 ④

**해설**
①·②·③·⑤ 화학적 소독제, ④ 물리적 소독제

## 044  정답 ②
**해설**
착용 상태로 외부 출입을 하는 것은 금지이다.

## 045  정답 ④
**해설**
설비가 가능하다. 다만 설비 제어를 하는 경우 액세스 제한 및 고쳐쓰기 방지에 대한 대책을 마련해야 한다.

## 046  정답 ⑤
**해설**
파이프에서 주로 사용되는 구성재질은 유리, #304 · 316스테인리스 스틸, 알루미늄, 구리 등이다.

## 047  정답 ③
**해설**
결함을 발견하면 입고를 보류하고 격리보관 및 폐기하거나 공급업자에게 반송한다.

## 048  정답 ③
**해설**
원산지는 필수적인 기재사항이 아니다.

## 049  정답 ⑤
**해설**
불용 처분 대상 설비 및 기구를 선정할 심의위원회에서 결정한다.

## 050  정답 ④
**해설**
① 제품 3개를 가지고 시험할 때 그 평균 내용량이 표기량에 대하여 97% 이상

## 051  정답 ④
**해설**
산화되지 않게 하기 위해서 최소한의 공기만 들어가도록 관리하지만 조금의 공기라도 들어가지 않는 것은 아니다.

## 052  정답 ①
**해설**
개봉 후 사용기한을 기재하는 경우에는 제조일로부터 3년간 보관한다.

## 053  정답 ④
**해설**
위생과 관련된 청결상태를 점검하는 항목으로, 용기 내부 및 표면에 티, 먼지 또는 이물질이 있는지 검사해야 한다.

## 054  정답 ②
**해설**
ⓒ 해당 장소는 완제품보관소인데 마스크와 장갑은 필수 의무 사항이 아니다.
ⓜ 필수 사항은 아니다.

## 055  정답 ①
**해설**
품질관리자는 절차서에 따라 검체를 채취, 분석하고 합격여부를 판정하고 기준일탈 결과를 조사한다.

## 056  정답 ④
**해설**
검정결과 허용오차를 초과하는 저울은 외부 검교정을 실시한다.

## 057  정답 ⑤
**해설**
부적합 시에는 적색라벨을 부착하고 부적합품 보관소로 이동시킨다.

## 058  정답 ④
**해설**
세제는 설비 내벽에 남아서 잔존할 가능성이 있으므로 가능한 세제를 사용하지 않는다.

## 059  정답 ④
**해설**
주어진 설명은 알코올에 대한 내용이다. 알코올의 종류 중 하나가 에탄올이며, '70% 에탄올'이 많이 사용된다.

## 060  정답 ①
**해설**

스팀은 100도의 물이다.

## 061 정답 ②

**해설**
세제가 잔존하지 않는 것을 설명하기에는 고도의 화학분석이 필요하다.

## 062 정답 ①

**해설**
물을 포함하지 않는 제품과 사용 후 곧바로 씻어내는 제품은 특이사항에 자주 나오기 때문에 암기해 두는 것이 좋다.

**TIP**
식약처 예시 문제 중 19번(단답형)에 해당하는 문항이다.

## 063 정답 ④

**해설**
작업자 외에 보관소의 출입을 제한한다.

## 064 정답 ④

**해설**
실내압을 외부보다 높게 유지한다.

## 065 정답 ⑤

**해설**
⑤는 설비 세척의 기본 원칙이다.

---

### 4과목 맞춤형화장품의 이해

## 066 정답 ②

**해설**
① 소분, 혼합이 금지되어 있었다.
③ 천연화장품에 대한 설명이다.
④ 유기농화장품에 대한 설명이다.
⑤ 기능성화장품의 효능, 효과를 나타내는 원료 리스트에 포함된 경우 책임판매업자가 심사나 보고서를 제출하고 사용 가능하다.

## 067 정답 ⑤

**해설**
만 5세 미만의 어린이에 해당된다.

## 068 정답 ③

**해설**
마스카라는 눈화장용 제품류이다.

## 069 정답 ③

**해설**
헤어컨디셔너는 두발용 제품류이다.

## 070 정답 ③

**해설**
화장품제조업에 대한 설명이다.

## 071 정답 ⑤

**해설**
① 자외선차단제 성분으로 사용상의 제한이 필요한 원료
②·③ 사용상의 제한이 필요한 원료
④ 식품의약품안전처장이 고시한 기능성화장품의 효능, 효과를 나타내는 원료(심사나 보고서를 제출해야 함)

## 072 정답 ④

**해설**
랑게르한스 세포는 표피의 유극층에 존재한다.

## 073 정답 ①

**해설**
레틴을 보고 레티놀을 연상시켜 주름개선 성분임을 알아야 한다.
②·③ 아스코빌을 보고 미백성분임을 알아야한다.
④·⑤ 사용상의 제한이 필요한 원료이다.

## 074 정답 ③

**해설**
피부의 가장 많은 곳을 차지하는 부분은 진피이다.

## 075 정답 ④

**해설**
① 대한선은 모공에 연결되어 있다.
② 소한선의 땀은 무색, 무취이다.
③ 피지선은 모공에 연결되어 있다.

⑤ 모발은 체온유지와 피부보호에 도움을 준다.

## 076 정답 ④

[해설]
표피의 기저층에 존재한다.

## 077 정답 ⑤

[해설]
① 지성 피부의 특징이다.
② 2가지 이상의 타입이 공존할 때 복합성 피부라고 부른다.
③ 지성 피부의 특징이다.
④ 약산성 밸런스가 맞는 피부가 건강한 정상 피부이다.

## 078 정답 ⑤

[해설]
피부장벽 자체가 각질세포와 세포 간 지질로 구성되어 있다.

## 079 정답 ①, ④

[해설]
유용성 감초 추출물은 미백 기능성 화장품의 원료이다.

[TIP]
추출물 계열은 헷갈릴 우려가 있기 때문에 주의 깊게 보는 것이 좋다.

## 080 정답 ②

[해설]
에크린샘(소한선)은 독립적인 한공을 통해서 수분을 배출한다.

## 081 정답 ①

[해설]
땀 자체는 무취이나 배출된 이후 세균의 작용을 받아 냄새가 난다.

## 082 정답 ④

[해설]
가용화 제형은 미셀의 입자가 작기 때문에 반투명, 투명하다.

## 083 정답 ①

[해설]
피지선은 손바닥 발바닥이 가장 적게 분비된다.

## 084 정답 ①

[해설]
각질층과 기저층이 존재하는 것은 표피이다.

## 085 정답 ④

[해설]
닥나무추출물은 식약처 고시 기능성 미백 원료이다.

## 086 정답 ②, ⑤

[해설]
고객에게 추천할 제품은 보습과 주름개선 기능이 있는 제품인데 ①·④는 미백기능성, ③은 자외선차단 성분이다.

## 087 정답 ④

[해설]
맞춤형화장품 판매 내역에 포함되는 것은 식별번호, 판매일자, 판매량, 사용기한 또는 개봉 후 사용기간이다.

## 088 정답 ②

[해설]
① 혼합 전후 세척한다.
③ 사용기한이 지난 제품은 조제에 사용하지 않는다.
④ 원료 간의 혼합은 금지되어 있다.
⑤ 피부 질환이 있는 경우에는 혼합이 금지되어 있다.

## 089

정답 ⓒ

[해설]
UVC는 오존층에서 많이 걸러지지만 세포손상에 영향을 주며 피부암을 일으킬 가능성이 가장 높다.

## 090

정답 투명층

[해설]
투명층은 자외선을 반사하기 때문에 멜라닌 색소가 올라오지 않는다.

## 091
정답 0.5%

해설
자외선차단 성분은 제품의 변색방지를 목적으로 사용되기도 하는데, 그 사용농도가 0.5% 미만인 것은 자외선차단 제품으로 인정하지 않는다.

## 092
정답 콜라겐

해설
주어진 두 가지의 설명은 콜라겐에 관한 것이다.

## 093
정답 분산제형

해설
많은 양의 안료가 물이나 오일 등에 균등하게 혼합된 제형은 분산제형이다.

## 094
정답 브랜드명

해설
맞춤형화장품의 표시 규정
- 브랜드명(제품명 포함)이 있어야 한다.
- 브랜드명의 변화 없이 혼합이 이루어져야 한다.
- 타사 브랜드에 특정 성분을 혼합하여 새로운 브랜드로 판매하는 것을 금지한다.

## 095
정답 건성

해설
주어진 세 가지의 설명은 건성피부에 관한 것이다.

## 096
정답 ㉠ 2% ㉡ 3%

해설
살리실릭애씨드 및 그 염류는 사용한도가 있는데, 인체 세정용 제품류에는 살리실릭애씨드로써 2%, 사용 후 씻어내는 두발용 제품류는 3%이다.

## 097
정답 리모넨, 알파-이소메칠이오논, 리날룰, 벤질알코올, 제라니올, 시트로넬올, 시트랄, 쿠마린

해설
주어진 성분 중 리모넨, 알파-이소메칠이오논, 리날룰, 벤질알코올, 제라니올, 시트로넬올, 시트랄, 쿠마린은 알레르기 유발 성분에 해당된다.

## 098
정답 ㉡, ㉢, ㉣, ㉤, ㉥

해설
진피 구성 성분에는 엘라스틴, 콜라겐, 섬유아세포, 히알루론산, 교원섬유 등이 있다.

## 099
정답 교원섬유

해설
진피 속에 들어있는 교원섬유는 피부에 장력을 제공하고 결합조직 섬유로 피부에 탄력을 부여한다.

## 100
정답 ㉠ 무기(물리)적자외선차단제 ㉡ 유기(화학)적자외선차단제

해설
자외선차단제는 무기적자외선차단제와 유기적자외선차단제로 구성되는데, 무기적자외선차단제는 징크옥사이드, 티타늄디옥사이드 성분이 주되게 이용되며 자외선을 산란시키고, 유기적자외선차단제는 화학적 성분이 주로 사용되며 자외선을 흡수한다.

쥰이덕의 맞춤형화장품 조제관리사

# PART 4
## 제5회 정답과 해설

### 선다형

| 001 | 002 | 003 | 004 | 005 | 006 | 007 | 008 | 009 | 010 | 011 | 012 | 013 | 014 | 015 | 016 | 017 | 018 | 019 | 020 |
|---|---|---|---|---|---|---|---|---|---|---|---|---|---|---|---|---|---|---|---|
| ④ | ④ | ① | ② | ② | ④ | ⑤ | – | – | – | ⑤ | ② | ⑤ | ② | ④ | ⑤ | ① | ⑤ | ③ | ② |
| 021 | 022 | 023 | 024 | 025 | 026 | 027 | 028 | 029 | 030 | 031 | 032 | 033 | 034 | 035 | 036 | 037 | 038 | 039 | 040 |
| ③ | ⑤ | ① | ① | ③ | ③ | ④ | ④ | ⑤ | ④ | ⑤ | ② | ① | ⑤ | – | – | – | – | – | – |
| 041 | 042 | 043 | 044 | 045 | 046 | 047 | 048 | 049 | 050 | 051 | 052 | 053 | 054 | 055 | 056 | 057 | 058 | 059 | 060 |
| ② | ③ | ③ | ③ | ④ | ⑤ | ③ | ② | ③ | ③ | ② | ⑤ | ① | ③ | ⑤ | ③ | ⑤ | ⑤ | ① | ④ |
| 061 | 062 | 063 | 064 | 065 | 066 | 067 | 068 | 069 | 070 | 071 | 072 | 073 | 074 | 075 | 076 | 077 | 078 | 079 | 080 |
| ① | ② | ⑤ | ⑤ | ① | ② | ③ | ⑤ | ④ | ① | ⑤ | ④ | ④ | ① | ④ | ① | ⑤ | ③ | ③ | ④ |
| 081 | 082 | 083 | 084 | 085 | 086 | 087 | 088 | 089 | 090 | 091 | 092 | 093 | 094 | 095 | 096 | 097 | 098 | 099 | 100 |
| ⑤ | ③ | ② | ④ | ⑤ | ② | ③ | ① | – | – | – | – | – | – | – | – | – | – | – | – |

### 단답형

| 008 | ㉠ 내용물 ㉡ 원료 |
|---|---|
| 009 | 사용기한 |
| 010 | 안정성 |
| 036 | 1% 이하 |
| 037 | 위해도 결정(Risk Characterization) |
| 038 | 육모제 |
| 039 | 히알루론산(Hyaluronic acid) |
| 040 | 보존제 |
| 089 | 맞춤형화장품 조제관리사 |
| 090 | ㉠ 15 ㉡ 10 |
| 091 | 닥나무추출물 |
| 092 | 체모 제거 |
| 093 | 각화과정(케라티노사이트) |
| 094 | 엘라이딘 |
| 095 | ㉠ 밀봉용기 ㉡ 기밀용기 |
| 096 | ㉠ 97 ㉡ 0.1 |
| 097 | 모모세포 |
| 098 | 기저층 |
| 099 | 건성피부 |
| 100 | 유화 |

## 1과목 화장품법의 이해

### 001     정답 ④

**해설**

추가로 회수가 필요한 화장품의 내용은 다음과 같다.
- 화장품에 사용할 수 없는 원료를 사용한 화장품
- 유통 화장품 안전관리 기준에 적합하지 않은 화장품
- 사용기한 또는 개봉 후 사용기간(병행 표기된 제조 연월일을 포함)을 위조·변조한 화장품
- 영업의 등록을 하지 않은 자가 제조한 화장품 또는 제조·수입하여 유통 판매한 화장품

**📋 법령 check**

「화장품법」 제9조(안전용기·포장 등)
① 화장품책임판매업자 및 맞춤형화장품 판매업자는 화장품을 판매할 때에는 어린이가 화장품을 잘못 사용하여 인체에 위해를 끼치는 사고가 발생하지 아니하도록 안전용기·포장을 사용하여야 한다.

「화장품법」 제15조(영업의 금지) 누구든지 다음 각 호의 어느 하나에 해당하는 화장품을 판매(수입대행형 거래를 목적으로 하는 알선·수여를 포함한다)하거나 판매할 목적으로 제조·수입·보관 또는 진열하여서는 아니 된다.
1. 제4조에 따른 심사를 받지 아니하거나 보고서를 제출하지 아니한 기능성화장품
2. 전부 또는 일부가 변패(變敗)된 화장품
3. 병원미생물에 오염된 화장품
4. 이물이 혼입되었거나 부착된 것
5. 제8조 제1항 또는 제2항에 따른 화장품에 사용할 수 없는 원료를 사용하였거나 같은 조 제8항에 따른 유통화장품 안전관리 기준에 적합하지 아니한 화장품
6. 코뿔소 뿔 또는 호랑이 뼈와 그 추출물을 사용한 화장품
7. 보건위생상 위해가 발생할 우려가 있는 비위생적인 조건에서 제조되었거나 제3조 제2항에 따른 시설기준에 적합하지 아니한 시설에서 제조된 것
8. 용기나 포장이 불량하여 해당 화장품이 보건위생상 위해를 발생할 우려가 있는 것
9. 제10조 제1항 제6호에 따른 사용기한 또는 개봉 후 사용기간(병행 표기된 제조연월일을 포함한다)을 위조·변조한 화장품

「화장품법」 제16조(판매 등의 금지)
① 누구든지 다음 각 호의 어느 하나에 해당하는 화장품을 판매하거나 판매할 목적으로 보관 또는 진열하여서는 아니 된다. 다만, 제3호의 경우에는 소비자에게 판매하는 화장품에 한한다.

1. 제3조 제1항에 따른 등록을 하지 아니한 자가 제조한 화장품 또는 제조·수입하여 유통·판매한 화장품
1의2. 제3조의2 제1항에 따른 신고를 하지 아니한 자가 판매한 맞춤형화장품
1의3. 제3조의2 제2항에 따른 맞춤형화장품 조제관리사를 두지 아니하고 판매한 맞춤형화장품
2. 제10조부터 제12조까지에 위반되는 화장품 또는 의약품으로 잘못 인식할 우려가 있게 기재·표시된 화장품
3. 판매의 목적이 아닌 제품의 홍보·판매촉진 등을 위하여 미리 소비자가 시험·사용하도록 제조 또는 수입된 화장품
4. 화장품의 포장 및 기재·표시 사항을 훼손(맞춤형화장품 판매를 위하여 필요한 경우는 제외한다) 또는 위조·변조한 것

### 002     정답 ④

**해설**

유기농화장품이란 유기농 원료, 동식물 및 그 유래 원료 등을 함유한 화장품으로서 식품의약품안전처장이 정하는 기준에 맞는 화장품을 말한다.

**📋 법령 check**

「화장품법」 제2조(정의) 이 법에서 사용하는 용어의 뜻은 다음과 같다.
1. "화장품"이란 인체를 청결·미화하여 매력을 더하고 용모를 밝게 변화시키거나 피부·모발의 건강을 유지 또는 증진하기 위하여 인체에 바르고 문지르거나 뿌리는 등 이와 유사한 방법으로 사용되는 물품으로서 인체에 대한 작용이 경미한 것을 말한다. 다만, 「약사법」 제2조 제4호의 의약품에 해당하는 물품은 제외한다.
2. "기능성화장품"이란 화장품 중에서 다음 각 목의 어느 하나에 해당되는 것으로서 총리령으로 정하는 화장품을 말한다.
  가. 피부의 미백에 도움을 주는 제품
  나. 피부의 주름개선에 도움을 주는 제품
  다. 피부를 곱게 태워주거나 자외선으로부터 피부를 보호하는 데에 도움을 주는 제품
  라. 모발의 색상 변화·제거 또는 영양공급에 도움을 주는 제품
  마. 피부나 모발의 기능 약화로 인한 건조함, 갈라짐, 빠짐, 각질화 등을 방지하거나 개선하는 데에 도움을 주는 제품
2의2. "천연화장품"이란 동식물 및 그 유래 원료 등

을 함유한 화장품으로서 식품의약품안전처장이 정하는 기준에 맞는 화장품을 말한다.
3. "유기농화장품"이란 유기농 원료, 동식물 및 그 유래 원료 등을 함유한 화장품으로서 식품의약품안전처장이 정하는 기준에 맞는 화장품을 말한다.
3의2. "맞춤형화장품"이란 다음 각 목의 화장품을 말한다.
   가. 제조 또는 수입된 화장품의 내용물에 다른 화장품의 내용물이나 식품의약품안전처장이 정하는 원료를 추가하여 혼합한 화장품
   나. 제조 또는 수입된 화장품의 내용물을 소분(小分)한 화장품. 다만, 고형(固形) 비누 등 총리령으로 정하는 화장품의 내용물을 단순 소분한 화장품은 제외한다.
4. "안전용기·포장"이란 만 5세 미만의 어린이가 개봉하기 어렵게 설계·고안된 용기나 포장을 말한다.
5. "사용기한"이란 화장품이 제조된 날부터 적절한 보관 상태에서 제품이 고유의 특성을 간직한 채 소비자가 안정적으로 사용할 수 있는 최소한의 기한을 말한다.
6. "1차 포장"이란 화장품 제조 시 내용물과 직접 접촉하는 포장용기를 말한다.
7. "2차 포장"이란 1차 포장을 수용하는 1개 또는 그 이상의 포장과 보호재 및 표시의 목적으로 한 포장(첨부문서 등을 포함한다)을 말한다.
8. "표시"란 화장품의 용기·포장에 기재하는 문자·숫자·도형 또는 그림 등을 말한다.
9. "광고"란 라디오·텔레비전·신문·잡지·음성·음향·영상·인터넷·인쇄물·간판, 그 밖의 방법에 의하여 화장품에 대한 정보를 나타내거나 알리는 행위를 말한다.
10. "화장품제조업"이란 화장품의 전부 또는 일부를 제조(2차 포장 또는 표시만의 공정은 제외한다)하는 영업을 말한다.
11. "화장품책임판매업"이란 취급하는 화장품의 품질 및 안전 등을 관리하면서 이를 유통·판매하거나 수입대행형 거래를 목적으로 알선·수여(授與)하는 영업을 말한다.
12. "맞춤형화장품 판매업"이란 맞춤형화장품을 판매하는 영업을 말한다.

## 003 　　　　　　　　　　　　　　　　정답 ①

**해설**

② 1차 포장이란 화장품 제조 시 내용물과 직접 접촉하는 포장 용기를 말한다.
③ 2차 포장이란 1차 포장을 수용하는 1개 또는 그 이상의 포장과 보호재 및 표시의 목적으로 한 포장을

말한다.
④ 안전용기·포장이란 만 5세 미만의 어린이가 개봉하기 어렵게 설계·고안된 용기나 포장을 말한다.
⑤ 광고란 텔레비전·신문·잡지·음성·음향·영상·인터넷·인쇄물·간판, 그 밖의 방법에 의하여 화장품에 대한 정보를 나타내거나 알리는 행위를 말한다.

**법령 check**

002 법령 참조

## 004 　　　　　　　　　　　　　　　　정답 ②

**해설**

책임판매업자는 품질검사를 철저히 해야하는데, ①, ③, ④, ⑤의 보기에 해당하는 기관에 품질검사를 위탁하여 제조번호별 품질검사가 있는 경우에는 품질검사를 하지 않을 수 있다.

**법령 check**

「화장품법 시행규칙」 제12조(화장품책임판매업자의 준수사항) 법 제5조 제2항에 따라 화장품책임판매업자가 준수해야 할 사항은 다음 각 호(영 제2조 제2호 라목의 화장품책임판매업을 등록한 자는 제1호, 제2호, 제4호 가목·다목·사목·차목 및 제10호만 해당한다)와 같다.
5. 제조번호별로 품질검사를 철저히 한 후 유통시킬 것. 다만, 화장품제조업자와 화장품책임판매업자가 같은 경우 또는 제6조 제2항 제2호 각 목의 어느 하나에 해당하는 기관 등에 품질검사를 위탁하여 제조번호별 품질검사결과가 있는 경우에는 품질검사를 하지 아니할 수 있다.

「화장품법 시행규칙」 제6조(시설기준 등)
② 제1항에도 불구하고 법 제3조 제2항 단서에 따라 다음 각 호의 경우에는 그 구분에 따라 시설의 일부를 갖추지 아니할 수 있다.
   2. 다음 각 목의 어느 하나에 해당하는 기관 등에 원료·자재 및 제품에 대한 품질검사를 위탁하는 경우에는 제1항 제3호 및 제4호의 시설 및 기구
      가. 「보건환경연구원법」 제2조에 따른 보건환경연구원
      나. 제1항 제3호에 따른 시험실을 갖춘 제조업자
      다. 「식품·의약품분야 시험·검사 등에 관한 법률」 제6조에 따른 화장품 시험·검사기관(이하 "화장품 시험·검사기관"이라 한다)
      라. 「약사법」 제67조에 따라 조직된 사단법인인 한국의약품수출입협회

## 005 　　　정답 ②

**해설**
보존제, 색소, 자외선차단제는 사용상의 제한이 필요한 원료이다.

## 006 　　　정답 ④

**해설**
1차 포장의 기재사항은 명칭, 상호, 제조번호, 사용기한으로 간단하게 줄여서 외워두면 좋다.

## 007 　　　정답 ⑤

**해설**
고유식별정보는 개인정보처리 동의 이외의 추가적인 동의가 필요하다.

### 법령 check

**「개인정보 보호법」 제15조(개인정보의 수집 · 이용)**
① 개인정보처리자는 다음 각 호의 어느 하나에 해당하는 경우에는 개인정보를 수집할 수 있으며 그 수집 목적의 범위에서 이용할 수 있다.
1. 정보주체의 동의를 받은 경우
2. 법률에 특별한 규정이 있거나 법령상 의무를 준수하기 위하여 불가피한 경우
3. 공공기관이 법령 등에서 정하는 소관 업무의 수행을 위하여 불가피한 경우
4. 정보주체와의 계약의 체결 및 이행을 위하여 불가피하게 필요한 경우
5. 정보주체 또는 그 법정대리인이 의사표시를 할 수 없는 상태에 있거나 주소불명 등으로 사전 동의를 받을 수 없는 경우로서 명백히 정보주체 또는 제3자의 급박한 생명, 신체, 재산의 이익을 위하여 필요하다고 인정되는 경우
6. 개인정보처리자의 정당한 이익을 달성하기 위하여 필요한 경우로서 명백하게 정보주체의 권리보다 우선하는 경우. 이 경우 개인정보처리자의 정당한 이익과 상당한 관련이 있고 합리적인 범위를 초과하지 아니하는 경우에 한한다.

## 008

정답 ⊙ 내용물 ⓒ 원료

**해설**
맞춤형화장품의 기본 정의에 관한 내용이다.

### 법령 check

002 법령 참조

## 009

정답 사용기한

**해설**
맞춤형화장품의 기본 정의에 관한 내용이다.

### 법령 check

002 법령 참조

## 010

정답 안정성

**해설**
주어진 내용은 품질 안정성에 관한 설명이다.

## 2과목　화장품 제조 및 품질관리

## 011 　　　정답 ⑤

**해설**
비타민 E(토코페롤)는 수용성 비타민은 맞으나, 결핍되면 신체 면역력이 떨어지고 괴혈병이 생기는 것으로 알려진 비타민은 비타민 C(아스코빌산)이다.

## 012 　　　정답 ②

**해설**
화장품책임판매업자는 제조 및 품질관리의 적합성을 보장하는 기준서 중 품질관리기준서에 포함되어 있는 시험지시서에 따라 원료 및 내용물(벌크제품 포함)의 시험성적서를 기준으로 품질성적서를 구비하여 품질관리를 하여야 한다.

**TIP**
식약처 예시 문제이다.

## 013 　　　정답 ⑤

**해설**
핵세티딘은 사용 후 씻어내는 제품에 0.1% 사용 가능하다.

## 014 　　　정답 ②

**해설**
나머지는 전부 인체 세정용 제품류에 해당한다.

### 015  정답 ④
**해설**
인체에 대한 작용이 경미하다.

### 016  정답 ⑤
**해설**
맞춤형화장품 조제관리사 자격증을 가지고 있더라도 방문판매의 경우 이에 해당하지 않는다.

### 017  정답 ①
**해설**
옥토크릴렌은 자외선차단 성분이다.

### 018  정답 ⑤
**해설**
메칠파라벤은 보존제에 해당하는 성분이다.

### 019  정답 ③
**해설**
성인용 오일이 아닌 어린이용 오일이 적용대상이다.

### 020  정답 ②
**해설**
팩은 눈 주위를 피해서 사용해야 한다.

### 021  정답 ③
**해설**
화장품의 사용이 가능하다. AHA 성분이 10%를 초과하여 함유되어 있거나 산도가 3.5 미만인 제품은 표시한다.

### 022  정답 ⑤
**해설**
① 당해 화장품과 반드시 인과관계를 가져야 하는 것은 아니다.
② 입원 또는 입원기간의 연장이 필요한 경우, 사망을 초래하거나 생명을 위협하는 경우 둘 다 중대한 유해사례에 포함된다.
③ 화장품책임판매업자 또는 식품의약품안전처장에게 보고 가능하다.
④ 신속보고는 정보를 알게 된 날로부터 15일 이내이다.

### 023  정답 ①
**해설**
수성원료는 물에 녹는 원료를 말하며, 정제수, 에탄올, 폴리올 등이 해당한다.

### 024  정답 ①
**해설**
② 혼합 원료는 혼합된 개별 성분의 명칭을 기재·표시한다.
③ 알레르기 유발 성분이 있는 경우 향료로 표시할 수 없고 해당 성분의 명칭을 기재·표시하여야 한다.
④ 산도 조절 목적으로 사용되는 성분은 최종 생성물로 기재·표시가 가능하다.
⑤ 제조업자 또는 책임판매업자의 정당한 이익을 현저히 침해할 우려가 있을 경우에는 식약처장에게 근거자료를 제출하고 식약처장이 인정하는 경우 기타 성분으로 기재·표시가 가능하다.

### 025  정답 ③
**해설**
여드름성 피부를 완화하는 데 도움을 주는 화장품은 인체 세정용 제품류로 한정한다.

### 026  정답 ③
**해설**
레티놀은 비타민 A이다.

### 027  정답 ④
**해설**
알칼리제를 쓰지 않는 파마를 산성 파마라고 부른다(콜드웨이브).

### 028  정답 ④
**해설**
① 95% 정도의 알코올이 사용된다.
② 알레르기 유발 향료 25가지가 있지만 표기하면 첨가 가능하다.
③ 좋은 향수는 향의 확산성이 좋아야 한다.
⑤ 보기의 설명은 라스팅 노트에 관한 설명이다.

### 029  정답 ⑤
**해설**

맞춤형화장품을 기능성장품으로 인정받아 판매가 가능하다.

## 030  정답 ④

**해설**
눈 주위 제품은 기초화장품 제품류에 포함된다.

## 031  정답 ⑤

**해설**
헤어토닉은 두발염색용 제품류가 아닌 두발용 제품류에 포함된다.

## 032  정답 ②

**해설**
중대한 유해 사례에 해당하는 경우는 사망을 초래하거나 생명을 위협하는 경우, 입원 또는 입원기간 연장이 필요한 경우, 지속적 또는 중대한 불구나 기능 저하를 초래하는 경우, 선천적 기형 또는 이상을 초래하는 경우, 기타 의학적으로 중요한 사항이 해당된다.

## 033  정답 ①

**해설**
단독으로 쓰이거나 혼합물로 사용될 수 있다.

## 034  정답 ⑤

**해설**
화장품의 사용한도는 0.5%이다.

## 035  정답 ⑤

**해설**
원료의 가격이 높게 형성되어 비싼 것은 고려해야 할 조건은 아니다.

## 036

정답 1퍼센트(%) 이하

**해설**
이하와 미만의 차이를 정확히 숙지하는 것이 중요하다.

**TIP**
맞춤형화장품 조제관리사 1회 기출문제이다.

## 037

정답 위해도 결정(Risk Characterization)

**해설**
위해도 결정은 위해요소와 이를 함유한 화장품으로부터 발생하는 건강상 영향을 인체 노출 허용량(독성기준값)과 노출 수준을 고려하여 인간에게 미치는 위해의 정도와 발생 빈도 등을 정량적으로 예측하는 과정이다.

## 038

정답 육모제

**해설**
육모제는 가려움과 비듬을 방지해주는 효과도 있다.

## 039

정답 히알루론산(Hyaluronic acid)

**해설**
주어진 내용은 히알루론산에 관한 설명이다.

## 040

정답 보존제

**해설**
최근에는 보존제로 1,2헥산디올이 많이 사용되고 있다.

---

**3과목  유통화장품 안전관리**

## 041  정답 ②

**해설**
제조하기 위한 원료를 보관하는 장소는 원료 보관소이며, 반제품 보관소는 제조 작업실에서 제조된 내용물을 보관하는 장소이다.

## 042  정답 ③

**해설**
① 공기 중 미생물 샘플링 방법과 표면 부착 미생물 샘플링법으로 나뉜다.
② 공기 중 미생물 샘플링 방법은 낙하균 측정법, 충돌법, 여과형 샘플러법 등이 있다.
④ 유리 공기 포집기법에 대한 설명이다.
⑤ 완제품의 품질에 악영향을 미칠 수 있는 장소를 선정한다.

## 043  정답 ③

**해설**

작업자의 위생관리 기준에 준비운동은 포함되지 않는다.

## 044 정답 ③

**[해설]**
분해할 수 있는 설비는 분해해서 세척한다.

## 045 정답 ④

**[해설]**
내용연수가 경과한 장비에 대하여 정기 점검 결과 작동 및 오작동에 대한 장비의 신뢰성이 지속적인지 확인하고, 신뢰성이 있을 경우 사용 가능하다.

## 046 정답 ⑤

**[해설]**
'측정 및 기록'을 위해서 사용되는 기구는 게이지와 미터이다.

## 047 정답 ③

**[해설]**
설명에 해당하는 pH 기준은 3.0~9.0이다.

## 048 정답 ②

**[해설]**
검사 중, 적합, 부적합에 따라 각각의 구분된 공간에 별도로 보관한다.

## 049 정답 ③

**[해설]**
시험성적서는 원자재 입고 시 구매요구서, 현품과 일치하는지 확인한다.

## 050 정답 ③

**[해설]**
가장 오래된 재고가 제일 먼저 불출되어야 한다(선입선출).

## 051 정답 ②

**[해설]**
원자재는 선입선출 방식으로 출고해야 한다.

## 052 정답 ⑤

**[해설]**
포장재의 관리에 필요한 사항은 CGMP(우수화장품 제조 및 품질관리기준) 제18조 포장작업에서 규정하고 있다.

## 053 정답 ①

**[해설]**
한번 사용된 원료는 오염 우려가 있으므로 다시 원료 용기에 넣지 않도록 관리한다.

## 054 정답 ③

**[해설]**
완제품 보관 검체의 주요 사항은 다음과 같다.
- 제품을 그대로 보관한다.
- 각 배치를 대표하는 검체를 보관한다.
- 각 배치별로 제품 시험을 2번 실시할 수 있는 양을 보관한다.
- 제품이 가장 안정한 조건에서 보관한다.
- 사용기한 경과 후 1년간 또는 개봉 후 사용기간을 기재하는 경우에는 제조일로부터 3년간 보관한다.

**[TIP]**
맞춤형화장품 조제관리사 1회 기출문제이다.

## 055 정답 ⑤

**[해설]**
원료 및 포장재의 확인은 다음 정보를 포함해야 한다.
- 인도문서와 포장에 표시된 품목, 제품명
- 만약 공급자가 명명한 제품명과 다르다면 제조 절차에 따른 품목, 제품명 또는 해당 코드번호
- CAS번호(적용 가능한 경우)
- 적절한 경우, 수령 일자와 수령확인번호
- 공급자명
- 공급자가 부여한 배치 정보, 만약 다르다면 수령 시 주어진 배치 정보
- 기록된 양

**[TIP]**
맞춤형화장품 조제관리사 1회 기출문제이다.

## 056 정답 ③

**[해설]**
흑색라벨은 존재하지 않는다.

## 057  정답 ⑤
**해설**
물을 포함하지 않는 제품과 사용 후 곧바로 물로 씻어내는 제품류는 제외한다.

## 058  정답 ⑤
**해설**
디옥산은 100μg/g 이하이다.

## 059  정답 ①
**해설**
실온 : 1~30℃, 상온 : 15~25℃

## 060  정답 ④
**해설**
선입선출은 가장 기본적인 내용으로 만료일이 가까운 원료부터 불출한다.

## 061  정답 ①
**해설**
천연원료는 생균수가 많은 편이며, 합성원료가 생균수가 적은 편이다.

## 062  정답 ②
**해설**
기준일탈제품은 폐기하는 것이 가장 바람직하다.

## 063  정답 ⑤
**해설**
포장생산수량이 포함되어야 한다.

## 064  정답 ⑤
**해설**
적합판정된 것만을 선입선출 방식으로 출고한다.

## 065  정답 ①
**해설**
화장품의 종류, 양, 품질에 따라 다르다.

### 4과목　맞춤형화장품의 이해

## 066  정답 ②
**해설**
피부를 구성하고 있는 층은 표피, 진피, 피하지방이다.

## 067  정답 ③
**해설**
각질세포는 케라티노사이트이다. 랑게르한스와 면역 세포는 같은 말이다.

## 068  정답 ⑤
**해설**
기저층은 표피 가장 내면에 위치하며, 진피로부터 영양을 공급받아 세포를 만들어낸다.

## 069  정답 ④
**해설**
랑게르한스 세포는 표피의 기저층과 진피 유두층에 분포하며 면역기능에 관여한다.

## 070  정답 ①
**해설**
피지가 막을 형성하면 피부의 수분 증발을 막고 이물질의 침투를 막는다.

## 071  정답 ⑤
**해설**
피부는 외부로부터 물리적, 화학적 자극을 받아내며 내부 기관을 보호해준다.

## 072  정답 ④
**해설**
태양 속의 자외선이 프로비타민을 비타민 D로 전환시킨다.

## 073  정답 ④
**해설**
건조함, 갈라짐, 빠짐 등을 방지하거나 도움을 준다.

## 074    정답 ①

**해설**
콜라겐과 엘라스틴을 만들어내는 모세포는 섬유아세포이다.

## 075    정답 ④

**해설**
BHA가 아니라 과일산(AHA)이며, 보기에 포함되어 있지 않은 성분 중 식품의약품안전처장이 배합 한도를 고시한 화장품의 원료도 생략할 수 없다.

**📋 법령 check**

> 「화장품법 시행규칙」 제19조(화장품 포장의 기재·표시 등)
> ② 법 제10조 제1항 제3호에 따라 기재·표시를 생략할 수 있는 성분이란 다음 각 호의 성분을 말한다.
> 3. 내용량이 10밀리리터 초과 50밀리리터 이하 또는 중량이 10그램 초과 50그램 이하 화장품의 포장인 경우에는 다음 각 목의 성분을 제외한 성분
>   가. 타르색소
>   나. 금박
>   다. 샴푸와 린스에 들어 있는 인산염의 종류
>   라. 과일산(AHA)
>   마. 기능성화장품의 경우 그 효능·효과가 나타나게 하는 원료
>   바. 식품의약품안전처장이 사용 한도를 고시한 화장품의 원료

## 076    정답 ①

**해설**
과징금과 과태료의 구분을 할 줄 알아야 한다.

## 077    정답 ⑤

**해설**
남은 벌크제품을 우선적으로 사용한다.

## 078    정답 ③

**해설**
화장품류(인체 및 두발 세정용 제품류 제외, 향수 제외)의 포장공간 비율은 10% 이하이다.

## 079    정답 ③

**해설**
① 징크옥사이드는 자외선차단 성분이다.
② 아데노신은 주름개선 성분이다.
④ 페녹시에탄올은 보존제 성분이다.
⑤ 히알루론산은 수분보습 관련 성분이다.

## 080    정답 ④

**해설**
UVA 320~400nm
UVB 290~320nm
UVC 200~290nm

## 081    정답 ⑤

**해설**
에크린샘은 독립적인 한선을 통하여 분비된다.

## 082    정답 ③

**해설**
섬유아세포, 비만세포, 대식세포, 콜라겐, 엘라스틴은 진피를 구성하고 있는 물질들이다.

## 083    정답 ②

**해설**
설명에 해당되는 단계는 휴지기이다.

## 084    정답 ④

**해설**
화장품의 가격은 1차 포장에 반드시 표시해야 하는 사항은 아니다.

## 085    정답 ⑤

**해설**
고객의 피부타입은 판매내역에 포함되지 않는다.

## 086    정답 ②

**해설**
①, ③, ④, ⑤은 미백성분에 해당된다.

## 087    정답 ③

**해설**
벤조페논-3, 벤조페논-4의 함량은 5%, 징크옥사이드는 25%, 옥토크릴렌은 10%이다.

## 088
정답 ①

**해설**
반제품은 제조공정을 더 거치면 벌크제품이 되며, 벌크제품은 1차 포장(충전) 이전의 제조단계까지 끝낸 제품을 말한다.

## 089
정답 맞춤형화장품 조제관리사

**해설**
매장당 맞춤형화장품 조제관리사가 1명씩 있어야 한다.

## 090
정답 ㉠ 15 ㉡ 10

**해설**
포장재질, 포장방법에 관한 기준이다.

## 091
정답 닥나무추출물

**해설**
닥나무추출물은 미백 기능성 원료이다.

## 092
정답 체모 제거

**해설**
체모 제거 기능을 한다.

## 093
정답 각화과정(케라티노사이트)

**해설**
피부세포가 기저층에서 각질층까지 분열되어 올라가는 과정은 각화과정이다.

## 094
정답 엘라이딘

**해설**
수분저지막 역할을 하기 때문에 손바닥 발바닥이 쭈글쭈글해진다.

## 095
정답 ㉠ 밀봉용기 ㉡ 기밀용기

**해설**
밀폐용기는 일상의 취급 또는 보통의 보존상태에서 외부로부터 고형의 이물이 들어가는 것을 방지하고 고형의 내용물이 손실되지 않도록 보호할 수 있는 용기를 말하며, 밀폐용기로 규정되어 있는 경우에는 기밀용기가 사용 가능하다.
밀봉용기 > 기밀용기 > 밀폐용기 순이다.

## 096
정답 ㉠ 97 ㉡ 0.1

**해설**
화장비누는 내용량 97% 이상, 유리알칼리 0.1% 이하의 안전관리 기준에 적합하여야 한다.

## 097
정답 모모세포

**해설**
모낭 끝에 존재하는 작은 말발굽 모양의 돌기 조직으로 모구와 맞물려지는 부분은 모모세포이다.

## 098
정답 기저층

**해설**
각질형성세포, 멜라닌세포로 구성되어 있는 표피층은 기저층이다.

## 099
정답 건성피부

**해설**
주어진 내용은 건성피부에 대한 특성이다.

## 100
정답 유화

**해설**
수성원료와 유성원료를 섞을 때 한 액체가 다른 액체 속에 미세한 입자 형태로 분산되는 것을 유화라고 한다.

# PART 5
# 부록

1 화장품에 사용할 수 없는 원료
2 화장품에 사용상의 제한이 필요한 원료
3 유통화장품의 안전관리 기준

# PART 5
# 부록

## 1 화장품에 사용할 수 없는 원료

「화장품 안전기준 등에 관한 규정」 [별표 1] 사용할 수 없는 원료

- 갈라민트리에치오다이드
- 갈란타민
- 중추신경계에 작용하는 교감신경흥분성아민
- 구아네티딘 및 그 염류
- 구아이페네신
- 글루코코르티코이드
- 글루테티미드 및 그 염류
- 글리사이클아미드
- 금염
- 무기 나이트라이트(소듐나이트라이트 제외)
- 나파졸린 및 그 염류
- 나프탈렌
- 1,7-나프탈렌디올
- 2,3-나프탈렌디올
- 2,7-나프탈렌디올 및 그 염류(다만, 2,7-나프탈렌디올은 염모제에서 용법·용량에 따른 혼합물의 염모성분으로서 1.0% 이하 제외)
- 2-나프톨
- 1-나프톨 및 그 염류(다만, 1-나프톨은 산화염모제에서 용법·용량에 따른 혼합물의 염모성분으로서 2.0% 이하는 제외)
- 3-(1-나프틸)-4-히드록시쿠마린
- 1-(1-나프틸메칠)퀴놀리늄클로라이드
- N-2-나프틸아닐린
- 1,2-나프틸아민 및 그 염류

- 날로르핀, 그 염류 및 에텔
- 납 및 그 화합물
- 네오디뮴 및 그 염류
- 네오스티그민 및 그 염류(예 : 네오스티그민브로마이드)
- 노닐페놀[1] ; 4-노닐페놀, 가지형[2]
- 노르아드레날린 및 그 염류
- 노스카핀 및 그 염류
- 니그로신 스피릿 솔루블(솔벤트 블랙 5) 및 그 염류
- 니켈
- 니켈 디하이드록사이드
- 니켈 디옥사이드
- 니켈 모노옥사이드
- 니켈 설파이드
- 니켈 설페이트
- 니켈 카보네이트
- 니코틴 및 그 염류
- 2-니트로나프탈렌
- 니트로메탄
- 니트로벤젠
- 4-니트로비페닐
- 4-니트로소페놀
- 3-니트로-4-아미노페녹시에탄올 및 그 염류
- 니트로스아민류(예 : 2,2'-(니트로소이미노)비스에탄올, 니트로소디프로필아민, 디메칠니트로소아민)
- 니트로스틸벤, 그 동족체 및 유도체
- 2-니트로아니솔
- 5-니트로아세나프텐
- 니트로크레졸 및 그 알칼리 금속염
- 2-니트로톨루엔
- 5-니트로-o-톨루이딘 및 5-니트로-o-톨루이딘 하이드로클로라이드
- 6-니트로-o-톨루이딘
- 3-[(2-니트로-4-(트리플루오로메칠)페닐)아미노]프로판-1,2-디올(에이치시 황색 No. 6) 및 그 염류

- 4-[(4-니트로페닐)아조]아닐린(디스퍼스오렌지 3) 및 그 염류
- 2-니트로-p-페닐렌디아민 및 그 염류(예 : 니트로-p-페닐렌디아민 설페이트)(다만, 니트로-p-페닐렌디아민은 산화염모제에서 용법·용량에 따른 혼합물의 염모성분으로서 3.0% 이하는 제외)
- 4-니트로-m-페닐렌디아민 및 그 염류(예 : p-니트로-m-페닐렌디아민 설페이트)
- 니트로펜
- 니트로퓨란계 화합물(예 : 니트로푸란토인, 푸라졸리돈)
- 2-니트로프로판
- 6-니트로-2,5-피리딘디아민 및 그 염류
- 2-니트로-N-하이드록시에칠-p-아니시딘 및 그 염류
- 니트록솔린 및 그 염류
- 다미노지드
- 다이노캡(ISO)
- 다이우론
- 다투라(Datura)속 및 그 생약제제
- 데카메칠렌비스(트리메칠암모늄)염(예 : 데카메토늄브로마이드)
- 데쿠알리늄 클로라이드
- 덱스트로메토르판 및 그 염류
- 덱스트로프로폭시펜
- 도데카클로로펜타사이클로[5.2.1.02,6.03,9.05,8]데칸
- 도딘
- 돼지폐추출물
- 두타스테리드, 그 염류 및 유도체
- 1,5-디-(베타-하이드록시에칠)아미노-2-니트로-4-클로로벤젠 및 그 염류(예 : 에이치시 황색 No. 10)(다만, 비산화염모제에서 용법·용량에 따른 혼합물의 염모성분으로서 0.1% 이하는 제외)
- 5,5'-디-이소프로필-2,2'-디메칠비페닐-4,4'디일 디히포아이오다이트
- 디기탈리스(Digitalis)속 및 그 생약제제
- 디노셉, 그 염류 및 에스텔류
- 디노터브, 그 염류 및 에스텔류
- 디니켈트리옥사이드
- 디니트로톨루엔, 테크니컬등급
- 2,3-디니트로톨루엔

- 2,5-디니트로톨루엔
- 2,6-디니트로톨루엔
- 3,4-디니트로톨루엔
- 3,5-디니트로톨루엔
- 디니트로페놀이성체
- 5-[(2,4-디니트로페닐)아미노]-2-(페닐아미노)-벤젠설포닉애씨드 및 그 염류
- 디메바미드 및 그 염류
- 7,11-디메틸-4,6,10-도데카트리엔-3-온
- 2,6-디메틸-1,3-디옥산-4-일아세테이트(디메톡산, o-아세톡시-2,4-디메틸-m-디옥산)
- 4,6-디메틸-8-tert-부틸쿠마린
- [3,3'-디메틸[1,1'-비페닐]-4,4'-디일]디암모늄비스(하이드로젠설페이트)
- 디메칠설파모일클로라이드
- 디메칠설페이트
- 디메칠설폭사이드
- 디메칠시트라코네이트
- N,N-디메칠아닐리늄테트라키스(펜타플루오로페닐)보레이트
- N,N-디메칠아닐린
- 1-디메칠아미노메칠-1-메칠프로필벤조에이트(아밀로카인) 및 그 염류
- 9-(디메칠아미노)-벤조[a]페녹사진-7-이움 및 그 염류
- 5-((4-(디메칠아미노)페닐)아조)-1,4-디메칠-1H-1,2,4-트리아졸리움 및 그 염류
- 디메칠아민
- N,N-디메칠아세타마이드
- 3,7-디메칠-2-옥텐-1-올(6,7-디하이드로제라니올)
- 6,10-디메칠-3,5,9-운데카트리엔-2-온(슈도이오논)
- 디메칠카바모일클로라이드
- N,N-디메칠-p-페닐렌디아민 및 그 염류
- 1,3-디메칠펜틸아민 및 그 염류
- 디메칠포름아미드
- N,N-디메칠-2,6-피리딘디아민 및 그 염산염
- N,N'-디메칠-N-하이드록시에칠-3-니트로-p-페닐렌디아민 및 그 염류
- 2-(2-((2,4-디메톡시페닐)아미노)에테닐)-1,3,3-트리메칠-3H-인돌리움 및 그 염류
- 디바나듐펜타옥사이드

- 디벤즈[a,h]안트라센
- 2,2-디브로모-2-니트로에탄올
- 1,2-디브로모-2,4-디시아노부탄(메칠디브로모글루타로나이트릴)
- 디브로모살리실아닐리드
- 2,6-디브로모-4-시아노페닐 옥타노에이트
- 1,2-디브로모에탄
- 1,2-디브로모-3-클로로프로판
- 5-(α,β-디브로모펜에칠)-5-메칠히단토인
- 2,3-디브로모프로판-1-올
- 3,5-디브로모-4-하이드록시벤조니트닐 및 그 염류(브로목시닐 및 그 염류)
- 디브롬화프로파미딘 및 그 염류(이소치아네이트포함)
- 디설피람
- 디소듐[5-[[4'-[[2,6-디하이드록시-3-[(2-하이드록시-5-설포페닐)아조]페닐]아조] [1,1'비페닐]-4-일]아조]살리실레이토(4-)]쿠프레이트(2-)(다이렉트브라운 95)
- 디소듐 3,3'-[[1,1'-비페닐]-4,4'-디일비스(아조)]-비스(4-아미노나프탈렌-1-설포네이트)(콩고레드)
- 디소듐 4-아미노-3-[[4'-[(2,4-디아미노페닐)아조] [1,1'-비페닐]-4-일]아조]-5-하이드록시-6-(페닐아조)나프탈렌-2,7-디설포네이트(다이렉트블랙 38)
- 디소듐 4-(3-에톡시카르보닐-4-(5-(3-에톡시카르보닐-5-하이드록시-1-(4-설포네이토페닐)피라졸-4-일)펜타-2,4-디에닐리덴)-4,5-디하이드로-5-옥소피라졸-1-일)벤젠설포네이트 및 트리소듐 4-(3-에톡시카르보닐-4-(5-(3-에톡시카르보닐-5-옥시도-1-(4-설포네이토페닐)피라졸-4-일) 펜타-2,4-디에닐리덴)-4,5-디하이드로-5-옥소피라졸-1-일)벤젠설포네이트
- 디스퍼스레드 15
- 디스퍼스옐로우 3
- 디아놀아세글루메이트
- o-디아니시딘계 아조 염료류
- o-디아니시딘의 염(3,3'-디메톡시벤지딘의 염)
- 3,7-디아미노-2,8-디메칠-5-페닐-페나지니움 및 그 염류
- 3,5-디아미노-2,6-디메톡시피리딘 및 그 염류(예 : 2,6-디메톡시-3,5-피리딘디아민 하이드로클로라이드)(다만, 2,6-디메톡시-3,5-피리딘디아민 하이드로클로라이드는 산화염모제에서 용법·용량에 따른 혼합물의 염모성분으로서 0.25% 이하는 제외)
- 2,4-디아미노디페닐아민

- 4,4'-디아미노디페닐아민 및 그 염류(예 : 4,4'-디아미노디페닐아민 설페이트)
- 2,4-디아미노-5-메칠페네톨 및 그 염산염
- 2,4-디아미노-5-메칠페녹시에탄올 및 그 염류
- 4,5-디아미노-1-메칠피라졸 및 그 염산염
- 1,4-디아미노-2-메톡시-9,10-안트라센디온(디스퍼스레드 11) 및 그 염류
- 3,4-디아미노벤조익애씨드
- 디아미노톨루엔, [4-메칠-m-페닐렌 디아민] 및 [2-메칠-m-페닐렌 디아민]의 혼합물
- 2,4-디아미노페녹시에탄올 및 그 염류(다만, 2,4-디아미노페녹시에탄올 하이드로클로라이드는 산화염모제에서 용법·용량에 따른 혼합물의 염모성분으로서 0.5% 이하는 제외)
- 3-[[(4-[[디아미노(페닐아조)페닐]아조]-1-나프탈레닐]아조]-N,N,N-트리메칠-벤젠아미니움 및 그 염류
- 3-[[(4-[[디아미노(페닐아조)페닐]아조]-2-메칠페닐]아조]-N,N,N-트리메칠-벤젠아미니움 및 그 염류
- 2,4-디아미노페닐에탄올 및 그 염류
- O,O'-디아세틸-N-알릴-N-노르몰핀
- 디아조메탄
- 디알레이트
- 디에칠-4-니트로페닐포스페이트
- O,O'-디에칠-O-4-니트로페닐포스포로치오에이트(파라치온-ISO)
- 디에칠렌글라이콜(다만, 비의도적 잔류물로서 0.1% 이하인 경우는 제외)
- 디에칠말리에이트
- 디에칠설페이트
- 2-디에칠아미노에칠-3-히드록시-4-페닐벤조에이트 및 그 염류
- 4-디에칠아미노-o-톨루이딘 및 그 염류
- N-[4-[[4-(디에칠아미노)페닐][4-(에칠아미노)-1-나프탈렌일]메칠렌]-2,5-사이클로헥사디엔-1-일리딘]-N-에칠-에탄아미늄 및 그 염류
- N-(4-[(4-(디에칠아미노)페닐)페닐메칠렌]-2,5-사이클로헥사디엔-1-일리덴)-N-에칠에탄아미니움 및 그 염류
- N,N-디에칠-m-아미노페놀
- 3-디에칠아미노프로필신나메이트
- 디에칠카르바모일 클로라이드
- N,N-디에칠-p-페닐렌디아민 및 그 염류
- 디엔오시(DNOC, 4,6-디니트로-o-크레졸)

- 디엘드린
- 디옥산
- 디옥세테드린 및 그 염류
- 5-(2,4-디옥소-1,2,3,4-테트라하이드로피리미딘)-3-플루오로-2-하이드록시메칠테트라하이드로퓨란
- 디치오-2,2'-비스피리딘-디옥사이드 1,1'(트리하이드레이티드마그네슘설페이트 부가)(피리치온디설파이드+마그네슘설페이트)
- 디코우마롤
- 2,3-디클로로-2-메칠부탄
- 1,4-디클로로벤젠(p-디클로로벤젠)
- 3,3'-디클로로벤지딘
- 3,3'-디클로로벤지딘디하이드로젠비스(설페이트)
- 3,3'-디클로로벤지딘디하이드로클로라이드
- 3,3'-디클로로벤지딘설페이트
- 1,4-디클로로부트-2-엔
- 2,2'-[(3,3'-디클로로[1,1'-비페닐]-4,4'-디일)비스(아조)]비스[3-옥소-N-페닐부탄아마이드](피그먼트옐로우 12) 및 그 염류
- 디클로로살리실아닐리드
- 디클로로에칠렌(아세틸렌클로라이드)(예 : 비닐리덴클로라이드)
- 디클로로에탄(에칠렌클로라이드)
- 디클로로-m-크시레놀
- α,α-디클로로톨루엔
- 디클로로펜
- 1,3-디클로로프로판-2-올
- 2,3-디클로로프로펜
- 디페녹시레이트 히드로클로라이드
- 1,3-디페닐구아니딘
- 디페닐아민
- 디페닐에텔 ; 옥타브로모 유도체
- 5,5-디페닐-4-이미다졸리돈
- 디펜클록사진
- 2,3-디하이드로-2,2-디메칠-6-[(4-(페닐아조)-1-나프텔레닐)아조]-1H-피리미딘(솔벤트블랙 3) 및 그 염류

- 3,4-디히드로-2-메톡시-2-메칠-4-페닐-2H,5H,피라노(3,2-c)-(1)벤조피란-5-온(시클로코우마롤)
- 2,3-디하이드로-2H-1,4-벤족사진-6-올 및 그 염류(예 : 히드록시벤조모르포린)(다만, 히드록시벤조모르포린은 산화염모제에서 용법·용량에 따른 혼합물의 염모성분으로서 1.0% 이하는 제외)
- 2,3-디하이드로-1H-인돌-5,6-디올(디하이드록시인돌린) 및 그 하이드로브로마이드염(디하이드록시인돌린 하이드로브롬마이드)(다만, 비산화염모제에서 용법·용량에 따른 혼합물의 염모성분으로서 2.0% 이하는 제외)
- (S)-2,3-디하이드로-1H-인돌-카르복실릭 애씨드
- 디히드로타키스테롤
- 2,6-디하이드록시-3,4-디메칠피리딘 및 그 염류
- 2,4-디하이드록시-3-메칠벤즈알데하이드
- 4,4'-디히드록시-3,3'-(3-메칠치오프로필아이덴)디코우마린
- 2,6-디하이드록시-4-메칠피리딘 및 그 염류
- 1,4-디하이드록시-5,8-비스[(2-하이드록시에칠)아미노]안트라퀴논(디스퍼스블루 7) 및 그 염류
- 4-[4-(1,3-디하이드록시프로프-2-일)페닐아미노-1,8-디하이드록시-5-니트로안트라퀴논
- 2,2'-디히드록시-3,3'5,5',6,6'-헥사클로로디페닐메탄(헥사클로로펜)
- 디하이드로쿠마린
- N,N'-디헥사데실-N,N'-비스(2-하이드록시에칠)프로판디아마이드 ; 비스하이드록시에칠비스세틸말론아마이드
- Laurus nobilis L.의 씨로부터 나온 오일
- Rauwolfia serpentina 알칼로이드 및 그 염류
- 라카익애씨드(CI 내츄럴레드 25) 및 그 염류
- 레졸시놀 디글리시딜 에텔
- 로다민 B 및 그 염류
- 로벨리아(Lobelia)속 및 그 생약제제
- 로벨린 및 그 염류
- 리누론
- 리도카인
- 과산화물가가 20mmol/L을 초과하는 d-리모넨
- 과산화물가가 20mmol/L을 초과하는 dl-리모넨

- 과산화물가가 20mmol/L을 초과하는 ℓ-리모넨
- 라이서자이드(Lysergide) 및 그 염류
- 마약류관리에 관한 법률 제2조에 따른 마약류
- 마이클로부타닐(2-(4-클로로페닐)-2-(1H-1,2,4-트리아졸-1-일메칠)헥사네니트릴)
- 마취제(천연 및 합성)
- 만노무스틴 및 그 염류
- 말라카이트그린 및 그 염류
- 말로노니트릴
- 1-메칠-3-니트로-1-니트로소구아니딘
- 1-메칠-3-니트로-4-(베타-하이드록시에칠)아미노벤젠 및 그 염류(예 : 하이드록시에칠-2-니트로-p-톨루이딘)(다만, 하이드록시에칠-2-니트로-p-톨루이딘은 염모제에서 용법·용량에 따른 혼합물의 염모성분으로서 1.0% 이하는 제외)
- N-메칠-3-니트로-p-페닐렌디아민 및 그 염류
- N-메칠-1,4-디아미노안트라퀴논, 에피클로히드린 및 모노에탄올아민의 반응생성물(에이치시 청색 No. 4) 및 그 염류
- 3,4-메칠렌디옥시페놀 및 그 염류
- 메칠레소르신
- 메칠렌글라이콜
- 4,4'-메칠렌디아닐린
- 3,4-메칠렌디옥시아닐린 및 그 염류
- 4,4'-메칠렌디-o-톨루이딘
- 4,4'-메칠렌비스(2-에칠아닐린)
- (메칠렌비스(4,1-페닐렌아조(1-(3-(디메칠아미노)프로필)-1,2-디하이드로-6-하이드록시-4-메칠-2-옥소피리딘-5,3-디일)))-1,1'-디피리디늄디클로라이드 디하이드로클로라이드
- 4,4'-메칠렌비스[2-(4-하이드록시벤질)-3,6-디메칠페놀]과 6-디아조-5,6-디하이드로-5-옥소-나프탈렌설포네이트(1:2)의 반응생성물과 4,4'-메칠렌비스[2-(4-하이드록시벤질)-3,6-디메칠페놀]과 6-디아조-5,6-디하이드로-5-옥소-나프탈렌설포네이트(1:3) 반응생성물과의 혼합물
- 메칠렌클로라이드
- 3-(N-메칠-N-(4-메칠아미노-3-니트로페닐)아미노)프로판-1,2-디올 및 그 염류
- 메칠메타크릴레이트모노머
- 메칠 트랜스-2-부테노에이트

- 2-[3-(메칠아미노)-4-니트로페녹시]에탄올 및 그 염류(예 : 3-메칠아미노-4-니트로페녹시에탄올)(다만, 비산화염모제에서 용법·용량에 따른 혼합물의 염모성분으로서 0.15% 이하는 제외)
- N-메칠아세타마이드
- (메칠-ONN-아조시)메칠아세테이트
- 2-메칠아지리딘(프로필렌이민)
- 메칠옥시란
- 메칠유게놀(다만, 식물추출물에 의하여 자연적으로 함유되어 다음 농도 이하인 경우에는 제외. 향료원액을 8% 초과하여 함유하는 제품 0.01%, 향료원액을 8% 이하로 함유하는 제품 0.004%, 방향용 크림 0.002%, 사용 후 씻어내는 제품 0.001%, 기타 0.0002%)
- N,N'-((메칠이미노)디에칠렌))비스(에칠디메칠암모늄) 염류(예 : 아자메토늄브로마이드)
- 메칠이소시아네이트
- 6-메칠쿠마린(6-MC)
- 7-메칠쿠마린
- 메칠크레속심
- 1-메칠-2,4,5-트리하이드록시벤젠 및 그 염류
- 메칠페니데이트 및 그 염류
- 3-메칠-1-페닐-5-피라졸론 및 그 염류(예 : 페닐메칠피라졸론)(다만, 페닐메칠피라졸론은 산화염모제에서 용법·용량에 따른 혼합물의 염모성분으로서 0.25% 이하는 제외)
- 메칠페닐렌디아민류, 그 N-치환 유도체류 및 그 염류(예 : 2,6-디하이드록시에칠아미노톨루엔)(다만, 염모제에서 염모성분으로 사용하는 것은 제외)
- 2-메칠-m-페닐렌 디이소시아네이트
- 4-메칠-m-페닐렌 디이소시아네이트
- 4,4'-[(4-메칠-1,3-페닐렌)비스(아조)]비스[6-메칠-1,3-벤젠디아민](베이직브라운 4) 및 그 염류
- 4-메칠-6-(페닐아조)-1,3-벤젠디아민 및 그 염류
- N-메칠포름아마이드
- 5-메칠-2,3-헥산디온
- 2-메칠헵틸아민 및 그 염류
- 메카밀아민
- 메타닐옐로우
- 메탄올(에탄올 및 이소프로필알콜의 변성제로서만 알콜 중 5%까지 사용)
- 메테토헵타진 및 그 염류

- 메토카바몰
- 메토트렉세이트
- 2-메톡시-4-니트로페놀(4-니트로구아이아콜) 및 그 염류
- 2-[(2-메톡시-4-니트로페닐)아미노]에탄올 및 그 염류(예 : 2-하이드록시에칠아미노-5-니트로아니솔)(다만, 비산화염모제에서 용법·용량에 따른 혼합물의 염모성분으로서 0.2% 이하는 제외)
- 1-메톡시-2,4-디아미노벤젠(2,4-디아미노아니솔 또는 4-메톡시-m-페닐렌디아민 또는 CI76050) 및 그 염류
- 1-메톡시-2,5-디아미노벤젠(2,5-디아미노아니솔) 및 그 염류
- 2-메톡시메칠-p-아미노페놀 및 그 염산염
- 6-메톡시-N2-메칠-2,3-피리딘디아민 하이드로클로라이드 및 디하이드로클로라이드염(다만, 염모제에서 용법·용량에 따른 혼합물의 염모성분으로 산으로서 0.68% 이하, 디하이드로클로라이드염으로서 1.0% 이하는 제외)
- 2-(4-메톡시벤질-N-(2-피리딜)아미노)에칠디메칠아민말리에이트
- 메톡시아세틱애씨드
- 2-메톡시에칠아세테이트(메톡시에탄올아세테이트)
- N-(2-메톡시에칠)-p-페닐렌디아민 및 그 염산염
- 2-메톡시에탄올(에칠렌글리콜 모노메칠에텔, EGMME)
- 2-(2-메톡시에톡시)에탄올(메톡시디글리콜)
- 7-메톡시쿠마린
- 4-메톡시톨루엔-2,5-디아민 및 그 염산염
- 6-메톡시-m-톨루이딘(p-크레시딘)
- 2-[[(4-메톡시페닐)메칠하이드라조노]메칠]-1,3,3-트리메칠-3H-인돌리움 및 그 염류
- 4-메톡시페놀(히드로퀴논모노메칠에텔 또는 p-히드록시아니솔)
- 4-(4-메톡시페닐)-3-부텐-2-온(4-아니실리덴아세톤)
- 1-(4-메톡시페닐)-1-펜텐-3-온(α-메칠아니살아세톤)
- 2-메톡시프로판올
- 2-메톡시프로필아세테이트
- 6-메톡시-2,3-피리딘디아민 및 그 염산염
- 메트알데히드
- 메트암페프라몬 및 그 염류
- 메트포르민 및 그 염류
- 메트헵타진 및 그 염류

- 메티라폰
- 메티프릴온 및 그 염류
- 메페네신 및 그 에스텔
- 메페클로라진 및 그 염류
- 메프로바메이트
- 2급 아민함량이 0.5%를 초과하는 모노알킬아민, 모노알칸올아민 및 그 염류
- 모노크로토포스
- 모누론
- 모르포린 및 그 염류
- 모스켄(1,1,3,3,5-펜타메칠-4,6-디니트로인단)
- 모페부타존
- 목향(Saussurea lappa Clarke = Saussurea costus (Falc.) Lipsch. = Aucklandia lappa Decne) 뿌리오일
- 몰리네이트
- 몰포린-4-카르보닐클로라이드
- 무화과나무(Ficus carica)잎엡솔루트(피그잎엡솔루트)
- 미네랄 울
- 미세플라스틱(세정, 각질제거 등의 제품에 남아있는 5mm 크기 이하의 고체플라스틱)
- 바륨염(바륨설페이트 및 색소레이크희석제로 사용한 바륨염은 제외)
- 바비츄레이트
- 2,2'-바이옥시란
- 발녹트아미드
- 발린아미드
- 방사성물질
- 백신, 독소 또는 혈청
- 베낙티진
- 베노밀
- 베라트룸(Veratrum)속 및 그 제제
- 베라트린, 그 염류 및 생약제제
- 베르베나오일(Lippia citriodora Kunth.)
- 베릴륨 및 그 화합물
- 베메그리드 및 그 염류
- 베록시카인 및 그 염류

- 베이직바이올렛 1(메칠바이올렛)
- 베이직바이올렛 3(크리스탈바이올렛)
- 1-(베타-우레이도에칠)아미노-4-니트로벤젠 및 그 염류(예 : 4-니트로페닐 아미노에칠우레아)(다만, 4-니트로페닐 아미노에칠우레아는 산화염모제에서 용법·용량에 따른 혼합물의 염모성분으로서 0.25% 이하, 비산화염모제에서 용법·용량에 따른 혼합물의 염모성분으로서 0.5% 이하는 제외)
- 1-(베타-하이드록시)아미노-2-니트로-4-N-에칠-N-(베타-하이드록시에칠)아미노벤젠 및 그 염류(예 : 에이치시 청색 No. 13)
- 벤드로플루메치아자이드 및 그 유도체
- 벤젠
- 1,2-벤젠디카르복실릭애씨드 디펜틸에스터(가지형과 직선형) ; n-펜틸-이소펜틸 프탈레이트 ; 디-n-펜틸프탈레이트 ; 디이소펜틸프탈레이트
- 1,2,4-벤젠트리아세테이트 및 그 염류
- 7-(벤조일아미노)-4-하이드록시-3-[[4-[(4-설포페닐)아조]페닐]아조]-2-나프탈렌설포닉애씨드 및 그 염류
- 벤조일퍼옥사이드
- 벤조[a]피렌
- 벤조[e]피렌
- 벤조[j]플루오란텐
- 벤조[k]플루오란텐
- 벤즈[e]아세페난트릴렌
- 벤즈아제핀류와 벤조디아제핀류
- 벤즈아트로핀 및 그 염류
- 벤즈[a]안트라센
- 벤즈이미다졸-2(3H)-온
- 벤지딘
- 벤지딘계 아조 색소류
- 벤지딘디하이드로클로라이드
- 벤지딘설페이트
- 벤지딘아세테이트
- 벤지로늄브로마이드
- 벤질 2,4-디브로모부타노에이트
- 3(또는 5)-((4-(벤질메칠아미노)페닐)아조)-1,2-(또는 1,4)-디메칠-1H-1,2,4-트리아졸

리윰 및 그 염류
- 벤질바이올렛([4-[[4-(디메칠아미노)페닐][4-[에칠(3-설포네이토벤질)아미노]페닐]메칠렌]사이클로헥사-2,5-디엔-1-일리덴](에칠)(3-설포네이토벤질) 암모늄염 및 소듐염)
- 벤질시아나이드
- 4-벤질옥시페놀(히드로퀴논모노벤질에텔)
- 2-부타논 옥심
- 부타닐리카인 및 그 염류
- 1,3-부타디엔
- 부토피프린 및 그 염류
- 부톡시디글리세롤
- 부톡시에탄올
- 5-(3-부티릴-2,4,6-트리메칠페닐)-2-[1-(에톡시이미노)프로필]-3-하이드록시사이클로헥스-2-엔-1-온
- 부틸글리시딜에텔
- 4-tert-부틸-3-메톡시-2,6-디니트로톨루엔(머스크암브레트)
- 1-부틸-3-(N-크로토노일설파닐일)우레아
- 5-tert-부틸-1,2,3-트리메칠-4,6-디니트로벤젠(머스크티베텐)
- 4-tert-부틸페놀
- 2-(4-tert-부틸페닐)에탄올
- 4-tert-부틸피로카테콜
- 부펙사막
- 붕산
- 브레티륨토실레이트
- (R)-5-브로모-3-(1-메칠-2-피롤리디닐메칠)-1H-인돌
- 브로모메탄
- 브로모에칠렌
- 브로모에탄
- 1-브로모-3,4,5-트리플루오로벤젠
- 1-브로모프로판 ; n-프로필 브로마이드
- 2-브로모프로판
- 브로목시닐헵타노에이트
- 브롬
- 브롬이소발

- 브루신(에탄올의 변성제는 제외)
- 비나프아크릴(2-sec-부틸-4,6-디니트로페닐-3-메칠크로토네이트)
- 9-비닐카르바졸
- 비닐클로라이드모노머
- 1-비닐-2-피롤리돈
- 비마토프로스트, 그 염류 및 유도체
- 비소 및 그 화합물
- 1,1-비스(디메칠아미노메칠)프로필벤조에이트(아미드리카인, 알리핀) 및 그 염류
- 4,4'-비스(디메칠아미노)벤조페논
- 3,7-비스(디메칠아미노)-페노치아진-5-이움 및 그 염류
- 3,7-비스(디에칠아미노)-페녹사진-5-이움 및 그 염류
- N-(4-[비스[4-(디에칠아미노)페닐]메칠렌]-2,5-사이클로헥사디엔-1-일리덴)-N-에칠-에탄아미니움 및 그 염류
- 비스(2-메톡시에칠)에텔(디메톡시디글리콜)
- 비스(2-메톡시에칠)프탈레이트
- 1,2-비스(2-메톡시에톡시)에탄 ; 트리에칠렌글리콜 디메칠 에텔(TEGDME) ; 트리글라임
- 1,3-비스(비닐설포닐아세타아미도)-프로판
- 비스(사이클로펜타디에닐)-비스(2,6-디플루오로-3-(피롤-1-일)-페닐)티타늄
- 4-[[비스-(4-플루오로페닐)메칠실릴]메칠]-4H-1,2,4-트리아졸과 1-[[비스-(4-플루오로페닐)메칠실릴]메칠]-1 H-1,2,4-트리아졸의 혼합물
- 비스(클로로메칠)에텔(옥시비스[클로로메탄])
- N,N-비스(2-클로로에칠)메칠아민-N-옥사이드 및 그 염류
- 비스(2-클로로에칠)에텔
- 비스페놀 A(4,4'-이소프로필리덴디페놀)
- N'N'-비스(2-히드록시에칠)-N-메칠-2-니트로-p-페닐렌디아민(HC 블루 No.1) 및 그 염류
- 4,6-비스(2-하이드록시에톡시)-m-페닐렌디아민 및 그 염류
- 2,6-비스(2-히드록시에톡시)-3,5-피리딘디아민 및 그 염산염
- 비에타미베린
- 비치오놀
- 비타민 $L_1$, $L_2$
- [1,1'-비페닐-4,4'-디일]디암모니움설페이트
- 비페닐-2-일아민

- 비페닐-4-일아민 및 그 염류
- 4,4'-비-o-톨루이딘
- 4,4'-비-o-톨루이딘디하이드로클로라이드
- 4,4'-비-o-톨루이딘설페이트
- 빈클로졸린
- 사이클라멘알코올
- N-사이클로펜틸-m-아미노페놀
- 사이클로헥시미드
- N-사이클로헥실-N-메톡시-2,5-디메칠-3-퓨라마이드
- 트랜스-4-사이클로헥실-L-프롤린 모노하이드로클로라이드
- 사프롤(천연에센스에 자연적으로 함유되어 그 양이 최종제품에서 100ppm을 넘지 않는 경우는 제외)
- α-산토닌((3S, 5aR, 9bS)-3, 3a,4,5,5a,9b-헥사히드로-3,5a,9-트리메칠나프토(1,2-b))푸란-2,8-디온
- 석면
- 석유
- 석유 정제과정에서 얻어지는 부산물(증류물, 가스오일류, 나프타, 윤활그리스, 슬랙왁스, 탄화수소류, 알칸류, 백색 페트롤라툼을 제외한 페트롤라툼, 연료오일, 잔류물). 다만, 정제과정이 완전히 알려져 있고 발암물질을 함유하지 않음을 보여줄 수 있으면 예외로 한다.
- 부타디엔 0.1%를 초과하여 함유하는 석유정제물(가스류, 탄화수소류, 알칸류, 증류물, 라피네이트)
- 디메칠설폭사이드(DMSO)로 추출한 성분을 3% 초과하여 함유하고 있는 석유 유래물질
- 벤조[a]피렌 0.005%를 초과하여 함유하고 있는 석유화학 유래물질, 석탄 및 목타르 유래물질
- 석탄추출 젯트기용 연료 및 디젤연료
- 설티암
- 설팔레이트
- 3,3'-(설포닐비스(2-니트로-4,1-페닐렌)이미노)비스(6-(페닐아미노))벤젠설포닉애씨드 및 그 염류
- 설폰아미드 및 그 유도체(톨루엔설폰아미드/포름알데하이드수지, 톨루엔설폰아미드/에폭시수지는 제외)
- 설핀피라존
- 과산화물가가 10mmol/L을 초과하는 Cedrus atlantica의 오일 및 추출물
- 세파엘린 및 그 염류

- 센노사이드
- 셀렌 및 그 화합물(셀레늄아스파테이트는 제외)
- 소듐헥사시클로네이트
- Solanum nigrum L. 및 그 생약제제
- Schoenocaulon officinale Lind.(씨 및 그 생약제제)
- 솔벤트레드1(CI 12150)
- 솔벤트블루 35
- 솔벤트오렌지 7
- 수은 및 그 화합물
- 스트로판투스(Strophantus)속 및 그 생약제제
- 스트로판틴, 그 비당질 및 그 각각의 유도체
- 스트론튬화합물
- 스트리크노스(Strychnos)속 그 생약제제
- 스트리키닌 및 그 염류
- 스파르테인 및 그 염류
- 스피로노락톤
- 시마진
- 4-시아노-2,6-디요도페닐 옥타노에이트
- 스칼렛레드(솔벤트레드 24)
- 시클라바메이트
- 시클로메놀 및 그 염류
- 시클로포스파미드 및 그 염류
- 2-α-시클로헥실벤질(N,N,N',N'테트라에칠)트리메칠렌디아민(페네타민)
- 신코카인 및 그 염류
- 신코펜 및 그 염류(유도체 포함)
- 썩시노니트릴
- Anamirta cocculus L.(과실)
- o-아니시딘
- 아닐린, 그 염류 및 그 할로겐화 유도체 및 설폰화 유도체
- 아다팔렌
- Adonis vernalis L. 및 그 제제
- Areca catechu 및 그 생약제제
- 아레콜린

- 아리스톨로키아(Aristolochia)속 및 그 생약제제
- 아리스토로킥 애씨드 및 그 염류
- 1-아미노-2-니트로-4-(2',3'-디하이드록시프로필)아미노-5-클로로벤젠과 1,4-비스-(2',3'-디하이드록시프로필)아미노-2-니트로-5-클로로벤젠 및 그 염류(예 : 에이치시 적색 No. 10과 에이치시 적색 No. 11)(다만, 산화염모제에서 용법·용량에 따른 혼합물의 염모성분으로서 1.0% 이하, 비산화염모제에서 용법·용량에 따른 혼합물의 염모성분으로서 2.0% 이하는 제외)
- 2-아미노-3-니트로페놀 및 그 염류
- p-아미노-o-니트로페놀(4-아미노-2-니트로페놀)
- 4-아미노-3-니트로페놀 및 그 염류(다만, 4-아미노-3-니트로페놀은 산화염모제에서 용법·용량에 따른 혼합물의 염모성분으로서 1.5% 이하, 비산화염모제에서 용법·용량에 따른 혼합물의 염모성분으로서 1.0% 이하는 제외)
- 2,2'-[(4-아미노-3-니트로페닐)이미노]바이세타놀 하이드로클로라이드 및 그 염류(예 : 에이치시 적색 No. 13)(다만, 하이드로클로라이드염으로서 산화염모제에서 용법·용량에 따른 혼합물의 염모성분으로서 1.5% 이하, 비산화염모제에서 용법·용량에 따른 혼합물의 염모성분으로서 1.0% 이하는 제외)
- (8-[(4-아미노-2-니트로페닐)아조]-7-하이드록시-2-나프틸)트리메칠암모늄 및 그 염류(베이직브라운 17의 불순물로 있는 베이직레드 118 제외)
- 1-아미노-4-[[4-[(디메칠아미노)메칠]페닐]아미노]안트라퀴논 및 그 염류
- 6-아미노-2-((2,4-디메칠페닐)-1H-벤즈[de]이소퀴놀린-1,3-(2H)-디온(솔벤트옐로우 44) 및 그 염류
- 5-아미노-2,6-디메톡시-3-하이드록시피리딘 및 그 염류
- 3-아미노-2,4-디클로로페놀 및 그 염류(다만, 3-아미노-2,4-디클로로페놀 및 그 염산염은 염모제에서 용법·용량에 따른 혼합물의 염모성분으로 염산염으로서 1.5% 이하는 제외)
- 2-아미노메칠-p-아미노페놀 및 그 염산염
- 2-[(4-아미노-2-메칠-5-니트로페닐)아미노]에탄올 및 그 염류(예 : 에이치시 자색 No. 1)(다만, 산화염모제에서 용법·용량에 따른 혼합물의 염모성분으로서 0.25% 이하, 비산화염모제에서 용법·용량에 따른 혼합물의 염모성분으로서 0.28% 이하는 제외)
- 2-[(3-아미노-4-메톡시페닐)아미노]에탄올 및 그 염류(예 : 2-아미노-4-하이드록시에칠아미노아니솔)(다만, 산화염모제에서 용법·용량에 따른 혼합물의 염모성분으로서 1.5% 이하는 제외)
- 4-아미노벤젠설포닉애씨드 및 그 염류
- 4-아미노벤조익애씨드 및 아미노기($-NH_2$)를 가진 그 에스텔

- 2-아미노-1,2-비스(4-메톡시페닐)에탄올 및 그 염류
- 4-아미노살리실릭애씨드 및 그 염류
- 4-아미노아조벤젠
- 1-(2-아미노에칠)아미노-4-(2-하이드록시에칠)옥시-2-니트로벤젠 및 그 염류(예 : 에이치시 등색 No. 2)(다만, 비산화염모제에서 용법·용량에 따른 혼합물의 염모성분으로서 1.0% 이하는 제외)
- 아미노카프로익애씨드 및 그 염류
- 4-아미노-m-크레솔 및 그 염류(다만, 4-아미노-m-크레솔은 산화염모제에서 용법·용량에 따른 혼합물의 염모성분으로서 1.5% 이하는 제외)
- 6-아미노-o-크레솔 및 그 염류
- 2-아미노-6-클로로-4-니트로페놀 및 그 염류(다만, 2-아미노-6-클로로-4-니트로페놀은 염모제에서 용법·용량에 따른 혼합물의 염모성분으로서 2.0% 이하는 제외)
- 1-[(3-아미노프로필)아미노]-4-(메칠아미노)안트라퀴논 및 그 염류
- 4-아미노-3-플루오로페놀
- 5-[(4-[(7-아미노-1-하이드록시-3-설포-2-나프틸)아조]-2,5-디에톡시페닐)아조]-2-[(3-포스포노페닐)아조]벤조익애씨드 및 5-[(4-[(7-아미노-1-하이드록시-3-설포-2-나프틸)아조]-2,5-디에톡시페닐)아조]-3-[(3-포스포노페닐)아조벤조익애씨드
- 3(또는 5)-[[4-[(7-아미노-1-하이드록시-3-설포네이토-2-나프틸)아조]-1-나프틸]아조]살리실릭애씨드 및 그 염류
- Ammi majus 및 그 생약제제
- 아미트롤
- 아미트리프틸린 및 그 염류
- 아밀나이트라이트
- 아밀 4-디메칠아미노벤조익애씨드(펜틸디메칠파바, 파디메이트A)
- 과산화물가가 10mmol/L을 초과하는 Abies balsamea 잎의 오일 및 추출물
- 과산화물가가 10mmol/L을 초과하는 Abies sibirica 잎의 오일 및 추출물
- 과산화물가가 10mmol/L을 초과하는 Abies alba 열매의 오일 및 추출물
- 과산화물가가 10mmol/L을 초과하는 Abies alba 잎의 오일 및 추출물
- 과산화물가가 10mmol/L을 초과하는 Abies pectinata 잎의 오일 및 추출물
- 아세노코우마롤
- 아세타마이드
- 아세토나이트릴
- 아세토페논, 포름알데하이드, 사이클로헥실아민, 메탄올 및 초산의 반응물

- (2-아세톡시에칠)트리메칠암모늄히드록사이드(아세틸콜린 및 그 염류)
- N-[2-(3-아세틸-5-니트로치오펜-2-일아조)-5-디에칠아미노페닐]아세타마이드
- 3-[(4-(아세틸아미노)페닐)아조]4-4하이드록시-7-[[[[5-하이드록시-6-(페닐아조)-7-설포-2-나프탈레닐]아미노]카보닐]아미노]-2-나프탈렌설포닉애씨드 및 그 염류
- 5-(아세틸아미노)-4-하이드록시-3-((2-메칠페닐)아조)-2,7-나프탈렌디설포닉애씨드 및 그 염류
- 아자시클로놀 및 그 염류
- 아자페니딘
- 아조벤젠
- 아지리딘
- 아코니툼(Aconitum)속 및 그 생약제제
- 아코니틴 및 그 염류
- 아크릴로니트릴
- 아크릴아마이드(다만, 폴리아크릴아마이드류에서 유래되었으며, 사용 후 씻어내지 않는 바디화장품에 0.1ppm, 기타 제품에 0.5ppm 이하인 경우에는 제외)
- 아트라놀
- Atropa belladonna L. 및 그 제제
- 아트로핀, 그 염류 및 유도체
- 아포몰핀 및 그 염류
- Apocynum cannabinum L. 및 그 제제
- 안드로겐효과를 가진 물질
- 안트라센오일
- 스테로이드 구조를 갖는 안티안드로겐
- 안티몬 및 그 화합물
- 알드린
- 알라클로르
- 알로클아미드 및 그 염류
- 알릴글리시딜에텔
- 2-(4-알릴-2-메톡시페녹시)-N,N-디에칠아세트아미드 및 그 염류
- 4-알릴-2,6-비스(2,3-에폭시프로필)페놀, 4-알릴-6-[3-[6-[3-(4-알릴-2,6-비스(2,3-에폭시프로필)페녹시)-2-하이드록시프로필]-4-알릴-2-(2,3-에폭시프로필)페녹시]-2-하이드록시프로필]-4-알릴-2-(2,3-에폭시프로필)페녹시]-2-하이드록시프로필-2-(2,3-에폭시프로필)페놀, 4-알릴-6-[3-(4-알릴-2,6-비스(2,3-에폭시프로필)페

녹시)-2-하이드록시프로필]-2-(2,3-에폭시프로필)페놀, 4-알릴-6-[3-[6-[3-(4-알릴-2,6-비스(2,3-에폭시프로필)페녹시)-2-하이드록시프로필]-4-알릴-2-(2,3-에폭시프로필)페녹시]-2-하이드록시프로필]-2-(2,3-에폭시프로필)페놀의 혼합물

- 알릴이소치오시아네이트
- 에스텔의 유리알릴알코올농도가 0.1%를 초과하는 알릴에스텔류
- 알릴클로라이드(3-클로로프로펜)
- 2급 알칸올아민 및 그 염류
- 알칼리 설파이드류 및 알칼리토 설파이드류
- 2-알칼리펜타시아노니트로실페레이트
- 알킨알코올 그 에스텔, 에텔 및 염류
- o-알킬디치오카르보닉애씨드의 염
- 2급 알킬아민 및 그 염류
- 2-{4-(2-암모니오프로필아미노)-6-[4-하이드록시-3-(5-메칠-2-메톡시-4-설파모일페닐아조)-2-설포네이토나프트-7-일아미노]-1,3,5-트리아진-2-일아미노}-2-아미노프로필포메이트
- 애씨드오렌지24(CI 20170)
- 애씨드레드73(CI 27290)
- 애씨드블랙 131 및 그 염류
- 에르고칼시페롤 및 콜레칼시페롤(비타민D2와 D3)
- 에리오나이트
- 에메틴, 그 염류 및 유도체
- 에스트로겐
- 에제린 또는 피조스티그민 및 그 염류
- 에이치시 녹색 No. 1
- 에이치시 적색 No. 8 및 그 염류
- 에이치시 청색 No. 11
- 에이치시 황색 No. 11
- 에이치시 등색 No. 3
- 에치온아미드
- 에칠렌글리콜 디메칠 에텔(EGDME)
- 2,2'-[(1,2'-에칠렌디일)비스[5-((4-에톡시페닐)아조]벤젠설포닉애씨드) 및 그 염류
- 에칠렌옥사이드
- 3-에칠-2-메칠-2-(3-메칠부틸)-1,3-옥사졸리딘

- 1-에칠-1-메칠몰포리늄 브로마이드
- 1-에칠-1-메칠피롤리디늄 브로마이드
- 에칠비스(4-히드록시-2-옥소-1-벤조피란-3-일)아세테이트 및 그 산의 염류
- 4-에칠아미노-3-니트로벤조익애씨드(N-에칠-3-니트로 파바) 및 그 염류
- 에칠아크릴레이트
- 3'-에칠-5',6',7',8'-테트라히드로-5',6',8',8',-테트라메칠-2'-아세토나프탈렌(아세틸에칠테트라메칠테트라린, AETT)
- 에칠페나세미드(페네투라이드)
- 2-[[4-[에칠(2-하이드록시에칠)아미노]페닐]아조]-6-메톡시-3-메칠-벤조치아졸리움 및 그 염류
- 2-에칠헥사노익애씨드
- 2-에칠헥실[[3,5-비스(1,1-디메칠에칠)-4-하이드록시페닐]-메칠]치오]아세테이트
- O,O'-(에테닐메칠실릴렌디[(4-메칠펜탄-2-온)옥심]
- 에토헵타진 및 그 염류
- 7-에톡시-4-메칠쿠마린
- 4'-에톡시-2-벤즈이미다졸아닐라이드
- 2-에톡시에탄올(에칠렌글리콜 모노에칠에텔, EGMEE)
- 에톡시에탄올아세테이트
- 5-에톡시-3-트리클로로메칠-1,2,4-치아디아졸
- 4-에톡시페놀(히드로퀴논모노에칠에텔)
- 4-에톡시-m-페닐렌디아민 및 그 염류(예 : 4-에톡시-m-페닐렌디아민 설페이트)
- 에페드린 및 그 염류
- 1,2-에폭시부탄
- (에폭시에칠)벤젠
- 1,2-에폭시-3-페녹시프로판
- R-2,3-에폭시-1-프로판올
- 2,3-에폭시프로판-1-올
- 2,3-에폭시프로필-o-톨일에텔
- 에피네프린
- 옥사디아질
- (옥사릴비스이미노에칠렌)비스((o-클로로벤질)디에칠암모늄)염류, (예 : 암베노뮴클로라이드)
- 옥산아미드 및 그 유도체
- 옥스페네리딘 및 그 염류

- 4,4'-옥시디아닐린(p-아미노페닐 에텔) 및 그 염류
- (s)-옥시란메탄올 4-메칠벤젠설포네이트
- 옥시염화비스머스 이외의 비스머스화합물
- 옥시퀴놀린(히드록시-8-퀴놀린 또는 퀴놀린-8-올) 및 그 황산염
- 옥타목신 및 그 염류
- 옥타밀아민 및 그 염류
- 옥토드린 및 그 염류
- 올레안드린
- 와파린 및 그 염류
- 요도메탄
- 요오드
- 요힘빈 및 그 염류
- 우레탄(에칠카바메이트)
- 우로카닌산, 우로카닌산에칠
- Urginea scilla Stern. 및 그 생약제제
- 우스닉산 및 그 염류(구리염 포함)
- 2,2'-이미노비스-에탄올, 에피클로로히드린 및 2-니트로-1,4-벤젠디아민의 반응생성물 (에이치시 청색 No. 5) 및 그 염류
- (마이크로-((7,7'-이미노비스(4-하이드록시-3-((2-하이드록시-5-(N-메칠설파모일)페닐)아조)나프탈렌-2-설포네이토))(6-)))디쿠프레이트 및 그 염류
- 4,4'-(4-이미노사이클로헥사-2,5-디에닐리덴메칠렌)디아닐린 하이드로클로라이드
- 이미다졸리딘-2-치온
- 과산화물가가 10mmol/L을 초과하는 이소디프렌
- 이소메트헵텐 및 그 염류
- 이소부틸나이트라이트
- 4,4'-이소부틸에칠리덴디페놀
- 이소소르비드디나이트레이트
- 이소카르복사지드
- 이소프레나린
- 이소프렌(2-메칠-1,3-부타디엔)
- 6-이소프로필-2-데카하이드로나프탈렌올(6-이소프로필-2-데카롤)
- 3-(4-이소프로필페닐)-1,1-디메칠우레아(이소프로투론)
- (2-이소프로필펜트-4-에노일)우레아(아프로날리드)

- 이속사풀루톨
- 이속시닐 및 그 염류
- 이부프로펜피코놀, 그 염류 및 유도체
- Ipecacuanha(Cephaelis ipecacuaha Brot. 및 관련된 종) (뿌리, 가루 및 생약제제)
- 이프로디온
- 인체 세포·조직 및 그 배양액(다만, 배양액 중 별표 3의 인체 세포·조직 배양액 안전기준에 적합한 경우는 제외)
- 인태반(Human Placenta) 유래 물질
- 인프로쿠온
- 임페라토린(9-(3-메칠부트-2-에니록시)푸로(3,2-g)크로멘-7온)
- 자이람
- 자일렌(다만, 화장품 원료의 제조공정에서 용매로 사용되었으나 완전히 제거할 수 없는 잔류용매로서 화장품법 시행규칙 [별표 3] 자. 손발톱용 제품류 중 1), 2), 3), 5)에 해당하는 제품 중 0.01% 이하, 기타 제품 중 0.002% 이하인 경우 제외)
- 자일로메타졸린 및 그 염류
- 자일리딘, 그 이성체, 염류, 할로겐화 유도체 및 설폰화 유도체
- 족사졸아민
- Juniperus sabina L.(잎, 정유 및 생약제제)
- 지르코늄 및 그 산의 염류
- 천수국꽃 추출물 또는 오일
- Chenopodium ambrosioides(정유)
- 치람
- 4,4'-치오디아닐린 및 그 염류
- 치오아세타마이드
- 치오우레아 및 그 유도체
- 치오테파
- 치오판네이트-메칠
- 카드뮴 및 그 화합물
- 카라미펜 및 그 염류
- 카르벤다짐
- 4,4'-카르본이미돌일비스[N,N-디메칠아닐린] 및 그 염류
- 카리소프로돌
- 카바독스

- 카바릴
- N-(3-카바모일-3,3-디페닐프로필)-N,N-디이소프로필메칠암모늄염(예 : 이소프로파미드아이오다이드)
- 카바졸의 니트로유도체
- 7,7'-(카보닐디이미노)비스(4-하이드록시-3-[[2-설포-4-[(4-설포페닐)아조]페닐]아조-2-나프탈렌설포닉애씨드 및 그 염류
- 카본디설파이드
- 카본모노옥사이드(일산화탄소)
- 카본블랙(다만, 불순물 중 벤조피렌과 디벤즈(a,h)안트라센이 각각 5ppb 이하이고 총 다환방향족탄화수소류(PAHs)가 0.5ppm 이하인 경우에는 제외)
- 카본테트라클로라이드
- 카부트아미드
- 카브로말
- 카탈라아제
- 카테콜(피로카테콜)(다만, 산화염모제에서 용법·용량에 따른 혼합물의 염모성분으로서 1.5% 이하는 제외)
- 칸타리스, Cantharis vesicatoria
- 캡타폴
- 캡토디암
- 케토코나졸
- Coniummaculatum L.(과실, 가루, 생약제제)
- 코니인
- 코발트디클로라이드(코발트클로라이드)
- 코발트벤젠설포네이트
- 코발트설페이트
- 코우메타롤
- 콘발라톡신
- 콜린염 및 에스텔(예 : 콜린클로라이드)
- 콜키신, 그 염류 및 유도체
- 콜키코시드 및 그 유도체
- Colchicum autumnale L. 및 그 생약제제
- 콜타르 및 정제콜타르
- 쿠라레와 쿠라린

- 합성 쿠라리잔트(Curarizants)
- 과산화물가가 10mmol/L을 초과하는 Cupressus sempervirens 잎의 오일 및 추출물
- 크로톤알데히드(부테날)
- Croton tiglium(오일)
- 3-(4-클로로페닐)-1,1-디메틸우로늄 트리클로로아세테이트 ; 모누론-TCA
- 크롬 ; 크로믹애씨드 및 그 염류
- 크리센
- 크산티놀(7-{2-히드록시-3-[N-(2-히드록시에틸)-N-메틸아미노]프로필}테오필린)
- Claviceps purpurea Tul., 그 알칼로이드 및 생약제제
- 1-클로로-4-니트로벤젠
- 2-[(4-클로로-2-니트로페닐)아미노]에탄올(에이치시 황색 No. 12) 및 그 염류
- 2-[(4-클로로-2-니트로페닐)아조)-N-(2-메톡시페닐)-3-옥소부탄올아마이드(피그먼트옐로우 73) 및 그 염류
- 2-클로로-5-니트로-N-하이드록시에틸-p-페닐렌디아민 및 그 염류
- 클로로데콘
- 2,2'-((3-클로로-4-((2,6-디클로로-4-니트로페닐)아조)페닐)이미노)비스에탄올(디스퍼스브라운 1) 및 그 염류
- 5-클로로-1,3-디하이드로-2H-인돌-2-온
- [6-[[3-클로로-4-(메틸아미노)페닐]이미노]-4-메틸-3-옥소사이클로헥사-1,4-디엔-1-일]우레아(에이치시 적색 No. 9) 및 그 염류
- 클로로메틸 메틸에텔
- 2-클로로-6-메틸피리미딘-4-일디메틸아민(크리미딘-ISO)
- 클로로메탄
- p-클로로벤조트리클로라이드
- N-5-클로로벤족사졸-2-일아세트아미드
- 4-클로로-2-아미노페놀
- 클로로아세타마이드
- 클로로아세트알데히드
- 클로로아트라놀
- 6-(2-클로로에틸)-6-(2-메톡시에톡시)-2,5,7,10-테트라옥사-6-실라운데칸
- 2-클로로-6-에틸아미노-4-니트로페놀 및 그 염류(다만, 산화염모제에서 용법·용량에 따른 혼합물의 염모성분으로서 1.5% 이하, 비산화염모제에서 용법·용량에 따른 혼합물의 염모성분으로서 3% 이하는 제외)

- 클로로에탄
- 1-클로로-2,3-에폭시프로판
- R-1-클로로-2,3-에폭시프로판
- 클로로탈로닐
- 클로로톨루론 ; 3-(3-클로로-p-톨일)-1,1-디메칠우레아
- α-클로로톨루엔
- N'-(4-클로로-o-톨일)-N,N-디메칠포름아미딘 모노하이드로클로라이드
- 1-(4-클로로페닐)-4,4-디메칠-3-(1,2,4-트리아졸-1-일메칠)펜타-3-올
- (3-클로로페닐)-(4-메톡시-3-니트로페닐)메타논
- (2RS,3RS)-3-(2-클로로페닐)-2-(4-플루오로페닐)-[1H-1,2,4-트리아졸-1-일)메칠]옥시란(에폭시코나졸)
- 2-(2-(4-클로로페닐)-2-페닐아세틸)인단 1,3-디온(클로로파시논-ISO)
- 클로로포름
- 클로로프렌(2-클로로부타-1,3-디엔)
- 클로로플루오로카본 추진제(완전하게 할로겐화 된 클로로플루오로알칸)
- 2-클로로-N-(히드록시메칠)아세트아미드
- N-[(6-[(2-클로로-4-하이드록시페닐)이미노]-4-메톡시-3-옥소-1,4-사이클로헥사디엔-1-일]아세타마이드(에이치시 황색 No. 8) 및 그 염류
- 클로르단
- 클로르디메폼
- 클로르메자논
- 클로르메틴 및 그 염류
- 클로르족사존
- 클로르탈리돈
- 클로르프로티센 및 그 염류
- 클로르프로파미드
- 클로린
- 클로졸리네이트
- 클로페노탄 ; DDT(ISO)
- 클로펜아미드
- 키노메치오네이트
- 타크로리무스(tacrolimus), 그 염류 및 유도체
- 탈륨 및 그 화합물

- 탈리도마이드 및 그 염류
- 대한민국약전(식품의약품안전처 고시) '탤크'항 중 석면기준에 적합하지 않은 탤크
- 과산화물가가 10mmol/L을 초과하는 테르펜 및 테르페노이드(다만, 리모넨류는 제외)
- 과산화물가가 10mmol/L을 초과하는 신핀 테르펜 및 테르페노이드(sinpine terpenes and terpenoids)
- 과산화물가가 10mmol/L을 초과하는 테르펜 알코올류의 아세테이트
- 과산화물가가 10mmol/L을 초과하는 테르펜하이드로카본
- 과산화물가가 10mmol/L을 초과하는 α-테르피넨
- 과산화물가가 10mmol/L을 초과하는 γ-테르피넨
- 과산화물가가 10mmol/L을 초과하는 테르피놀렌
- Thevetia neriifolia juss, 배당체 추출물
- N,N,N',N'-테트라글리시딜-4,4'-디아미노-3,3'-디에칠디페닐메탄
- N,N,N',N-테트라메칠-4,4'-메칠렌디아닐린
- 테트라베나진 및 그 염류
- 테트라브로모살리실아닐리드
- 테트라소듐 3,3'-[[1,1'-비페닐]-4,4'-디일비스(아조)]비스[5-아미노-4-하이드록시나프탈렌-2,7-디설포네이트](다이렉트블루 6)
- 1,4,5,8-테트라아미노안트라퀴논(디스퍼스블루1)
- 테트라에칠피로포스페이트 ; TEPP(ISO)
- 테트라카보닐니켈
- 테트라카인 및 그 염류
- 테트라코나졸((+/-)-2-(2,4-디클로로페닐)-3-(1H-1,2,4-트리아졸-1-일)프로필-1,1,2,2-테트라플루오로에칠에텔)
- 2,3,7,8-테트라클로로디벤조-p-디옥신
- 테트라클로로살리실아닐리드
- 5,6,12,13-테트라클로로안트라(2,1,9-def:6,5,10-d'e'f')디이소퀴놀린-1,3,8,10(2H,9H)-테트론
- 테트라클로로에칠렌
- 테트라키스-하이드록시메칠포스포늄 클로라이드, 우레아 및 증류된 수소화 C16-18 탈로우 알킬아민의 반응생성물 (UVCB 축합물)
- 테트라하이드로-6-니트로퀴노살린 및 그 염류
- 테트라히드로졸린(테트리졸린) 및 그 염류
- 테트라하이드로치오피란-3-카르복스알데하이드

- (+/−)-테트라하이드로풀푸릴-(R)-2-[4-(6-클로로퀴노살린-2-일옥시)페닐옥시]프로피오네이트
- 테트릴암모늄브로마이드
- 테파졸린 및 그 염류
- 텔루륨 및 그 화합물
- 토목향(Inula helenium)오일
- 톡사펜
- 톨루엔-3,4-디아민
- 톨루이디늄클로라이드
- 톨루이딘, 그 이성체, 염류, 할로겐화 유도체 및 설폰화 유도체
- o-톨루이딘계 색소류
- 톨루이딘설페이트(1:1)
- m-톨리덴 디이소시아네이트
- 4-o-톨릴아조-o-톨루이딘
- 톨복산
- 톨부트아미드
- [(톨일옥시)메칠]옥시란(크레실 글리시딜 에텔)
- [(m-톨일옥시)메칠]옥시란
- [(p-톨일옥시)메칠]옥시란
- 과산화물가가 10mmol/L을 초과하는 피누스(Pinus)속을 스팀증류하여 얻은 투르펜틴
- 과산화물가가 10mmol/L을 초과하는 투르펜틴검(피누스(Pinus)속)
- 과산화물가가 10mmol/L을 초과하는 투르펜틴 오일 및 정제오일
- 투아미노헵탄, 이성체 및 그 염류
- 과산화물가가 10mmol/L을 초과하는 Thuja Occidentalis 나무줄기의 오일
- 과산화물가가 10mmol/L을 초과하는 Thuja Occidentalis 잎의 오일 및 추출물
- 트라닐시프로민 및 그 염류
- 트레타민
- 트레티노인(레티노익애씨드 및 그 염류)
- 트리니켈디설파이드
- 트리데모르프
- 3,5,5-트리메칠사이클로헥스-2-에논
- 2,4,5-트리메칠아닐린[1] ; 2,4,5-트리메칠아닐린 하이드로클로라이드[2]
- 3,6,10-트리메칠-3,5,9-운데카트리엔-2-온(메칠이소슈도이오논)

- 2,2,6-트리메칠-4-피페리딜벤조에이트(유카인) 및 그 염류
- 3,4,5-트리메톡시펜에칠아민 및 그 염류
- 트리부틸포스페이트
- 3,4',5-트리브로모살리실아닐리드(트리브롬살란)
- 2,2,2-트리브로모에탄올(트리브로모에칠알코올)
- 트리소듐 비스(7-아세트아미도-2-(4-니트로-2-옥시도페닐아조)-3-설포네이토-1-나프톨라토)크로메이트(1-)
- 트리소듐[4'-(8-아세틸아미노-3,6-디설포네이토-2-나프틸아조)-4''-(6-벤조일아미노-3-설포네이토-2-나프틸아조)-비페닐-1,3',3'',1'''-테트라올라토-O,O',O'',O''']코퍼(II)
- 1,3,5-트리스(3-아미노메칠페닐)-1,3,5-(1H,3H,5H)-트리아진-2,4,6-트리온 및 3,5-비스(3-아미노메칠페닐)-1-폴리[3,5-비스(3-아미노메칠페닐)-2,4,6-트리옥소-1,3,5-(1H,3H,5H)-트리아진-1-일]-1,3,5-(1H,3H,5H)-트리아진-2,4,6-트리온 올리고머의 혼합물
- 1,3,5-트리스-[(2S 및 2R)-2,3-에폭시프로필]-1,3,5-트리아진-2,4,6-(1H,3H,5H)-트리온
- 1,3,5-트리스(옥시라닐메칠)-1,3,5-트리아진-2,4,6(1H,3H,5H)-트리온
- 트리스(2-클로로에칠)포스페이트
- N1-(트리스(하이드록시메칠))-메칠-4-니트로-1,2-페닐렌디아민(에이치시 황색 No. 3) 및 그 염류
- 1,3,5-트리스(2-히드록시에칠)헥사히드로1,3,5-트리아신
- 1,2,4-트리아졸
- 트리암테렌 및 그 염류
- 트리옥시메칠렌(1,3,5-트리옥산)
- 트리클로로니트로메탄(클로로피크린)
- N-(트리클로로메칠치오)프탈이미드
- N-[(트리클로로메칠)치오]-4-사이클로헥센-1,2-디카르복시미드(캡탄)
- 2,3,4-트리클로로부트-1-엔
- 트리클로로아세틱애씨드
- 트리클로로에칠렌
- 1,1,2-트리클로로에탄
- 2,2,2-트리클로로에탄-1,1-디올
- α,α,α-트리클로로톨루엔

- 2,4,6-트리클로로페놀
- 1,2,3-트리클로로프로판
- 트리클로르메틴 및 그 염류
- 트리톨일포스페이트
- 트리파라놀
- 트리플루오로요도메탄
- 트리플루페리돌
- 1,3,5-트리하이드록시벤젠(플로로글루시놀) 및 그 염류
- 티로트리신
- 티로프로픽애씨드 및 그 염류
- 티아마졸
- 티우람디설파이드
- 티우람모노설파이드
- 파라메타손
- 파르에톡시카인 및 그 염류
- 2급 아민함량이 5%를 초과하는 패티애씨드디알킬아마이드류 및 디알칸올아마이드류
- 페나글리코돌
- 페나디아졸
- 페나리몰
- 페나세미드
- p-페네티딘(4-에톡시아닐린)
- 페노졸론
- 페노티아진 및 그 화합물
- 페놀
- 페놀프탈레인((3,3-비스(4-하이드록시페닐)프탈리드)
- 페니라미돌
- o-페닐렌디아민 및 그 염류
- 페닐부타존
- 4-페닐부트-3-엔-2-온
- 페닐살리실레이트
- 1-페닐아조-2-나프톨(솔벤트옐로우 14)
- 4-(페닐아조)-m-페닐렌디아민 및 그 염류
- 4-페닐아조페닐렌-1-3-디아민시트레이트히드로클로라이드(크리소이딘시트레이트히드

로클로라이드)
- (R)-α-페닐에칠암모늄(-)-(1R,2S)-(1,2-에폭시프로필)포스포네이트 모노하이드레이트
- 2-페닐인단-1,3-디온(페닌디온)
- 페닐파라벤
- 트랜스-4-페닐-L-프롤린
- 페루발삼(Myroxylon pereirae의 수지)[다만, 추출물(extracts) 또는 증류물(distillates)로서 0.4% 이하인 경우는 제외]
- 페몰린 및 그 염류
- 페트리클로랄
- 펜메트라진 및 그 유도체 및 그 염류
- 펜치온
- N,N'-펜타메칠렌비스(트리메칠암모늄)염류(예 : 펜타메토늄브로마이드)
- 펜타에리트리틸테트라나이트레이트
- 펜타클로로에탄
- 펜타클로로페놀 및 그 알칼리 염류
- 펜틴 아세테이트
- 펜틴 하이드록사이드
- 2-펜틸리덴사이클로헥사논
- 펜프로바메이트
- 펜프로코우몬
- 펜프로피모르프
- 펠레티에린 및 그 염류
- 포름아마이드
- 포름알데하이드 및 p-포름알데하이드
- 포스파미돈
- 포스포러스 및 메탈포스피드류
- 포타슘브로메이트
- 폴딘메틸설페이드
- 푸로쿠마린류(예 : 트리옥시살렌, 8-메톡시소랄렌, 5-메톡시소랄렌)(천연에센스에 자연적으로 함유된 경우는 제외. 다만, 자외선차단제품 및 인공선탠제품에서는 1ppm 이하이어야 한다.)
- 푸르푸릴트리메칠암모늄염(예 : 푸르트레토늄아이오다이드)
- 풀루아지포프-부틸

- 풀미옥사진
- 퓨란
- 프라모카인 및 그 염류
- 프레그난디올
- 프로게스토젠
- 프로그레놀론아세테이트
- 프로베네시드
- 프로카인아미드, 그 염류 및 유도체
- 프로파지트
- 프로파진
- 프로파틸나이트레이트
- 4,4'-[1,3-프로판디일비스(옥시)]비스벤젠-1,3-디아민 및 그 테트라하이드로클로라이드염 (예 : 1,3-비스-(2,4-디아미노페녹시)프로판, 염산 1,3-비스-(2,4-디아미노페녹시)프로판 하이드로클로라이드)(다만, 산화염모제에서 용법·용량에 따른 혼합물의 염모성분으로서 산으로서 1.2% 이하는 제외)
- 1,3-프로판설톤
- 프로판-1,2,3-트리일트리나이트레이트
- 프로피오락톤
- 프로피자미드
- 프로피페나존
- Prunus laurocerasus L.
- 프시로시빈
- 프탈레이트류(디부틸프탈레이트, 디에틸헥실프탈레이트, 부틸벤질프탈레이트에 한함)
- 플루실라졸
- 플루아니손
- 플루오레손
- 플루오로우라실
- 플루지포프-p-부틸
- 피그먼트레드 53(레이크레드 C)
- 피그먼트레드 53:1(레이크레드 CBa)
- 피그먼트오렌지 5(파마넨트오렌지)
- 피나스테리드, 그 염류 및 유도체
- 과산화물가가 10mmol/L을 초과하는 Pinus nigra 잎과 잔가지의 오일 및 추출물

- 과산화물가가 10mmol/L을 초과하는 Pinus mugo 잎과 잔가지의 오일 및 추출물
- 과산화물가가 10mmol/L을 초과하는 Pinus mugo pumilio 잎과 잔가지의 오일 및 추출물
- 과산화물가가 10mmol/L을 초과하는 Pinus cembra 아세틸레이티드 잎 및 잔가지의 추출물
- 과산화물가가 10mmol/L을 초과하는 Pinus cembra 잎과 잔가지의 오일 및 추출물
- 과산화물가가 10mmol/L을 초과하는 Pinus species 잎과 잔가지의 오일 및 추출물
- 과산화물가가 10mmol/L을 초과하는 Pinus sylvestris 잎과 잔가지의 오일 및 추출물
- 과산화물가가 10mmol/L을 초과하는 Pinus palustris 잎과 잔가지의 오일 및 추출물
- 과산화물가가 10mmol/L을 초과하는 Pinus pumila 잎과 잔가지의 오일 및 추출물
- 과산화물가가 10mmol/L을 초과하는 Pinus pinaste 잎과 잔가지의 오일 및 추출물
- Pyrethrum album L. 및 그 생약제제
- 피로갈롤(다만, 염모제에서 용법·용량에 따른 혼합물의 염모성분으로서 2% 이하는 제외)
- Pilocarpus jaborandi Holmes 및 그 생약제제
- 피로카르핀 및 그 염류
- 6-(1-피롤리디닐)-2,4-피리미딘디아민-3-옥사이드(피롤리디닐 디아미노 피리미딘 옥사이드)
- 피리치온소듐(INNM)
- 피리치온알루미늄캄실레이트
- 피메크로리무스(pimecrolimus), 그 염류 및 그 유도체
- 피메트로진
- 과산화물가가 10mmol/L을 초과하는 Picea mariana 잎의 오일 및 추출물
- Physostigma venenosum Balf.
- 피이지-3,2',2'-디-p-페닐렌디아민
- 피크로톡신
- 피크릭애씨드
- 피토나디온(비타민 K1)
- 피톨라카(Phytolacca)속 및 그 제제
- 피파제테이트 및 그 염류
- 6-(피페리디닐)-2,4-피리미딘디아민-3-옥사이드(미녹시딜), 그 염류 및 유도체
- α-피페리딘-2-일벤질아세테이트 좌회전성의 트레오포름(레보파세토페란) 및 그 염류
- 피프라드롤 및 그 염류
- 피프로쿠라륨 및 그 염류
- 형광증백제
- 히드라스틴, 히드라스티닌 및 그 염류

- (4-하이드라지노페닐)-N-메칠메탄설폰아마이드 하이드로클로라이드
- 히드라지드 및 그 염류
- 히드라진, 그 유도체 및 그 염류
- 하이드로아비에틸 알코올
- 히드로겐시아니드 및 그 염류
- 히드로퀴논
- 히드로플루오릭애씨드, 그 노르말 염, 그 착화합물 및 히드로플루오라이드
- N-[3-하이드록시-2-(2-메칠아크릴로일아미노메톡시)프로폭시메칠]-2-메칠아크릴아마이드, N-[2,3-비스-(2-메칠아크릴로일아미노메톡시)프로폭시메칠-2-메칠아크릴아미드, 메타크릴아마이드 및 2-메칠-N-(2-메칠아크릴로일아미노메톡시메칠)-아크릴아마이드
- 4-히드록시-3-메톡시신나밀알코올의벤조에이트(천연에센스에 자연적으로 함유된 경우는 제외)
- (6-(4-하이드록시)-3-(2-메톡시페닐아조)-2-설포네이토-7-나프틸아미노)-1,3,5-트리아진-2,4-디일)비스[(아미노이-1-메칠에칠)암모늄]포메이트
- 1-하이드록시-3-니트로-4-(3-하이드록시프로필아미노)벤젠 및 그 염류(예 : 4-하이드록시프로필아미노-3-니트로페놀)(다만, 염모제에서 용법·용량에 따른 혼합물의 염모성분으로서 2.6% 이하는 제외)
- 1-하이드록시-2-베타-하이드록시에칠아미노-4,6-디니트로벤젠 및 그 염류(예 : 2-하이드록시에칠피크라믹애씨드)(다만, 2-하이드록시에칠피크라믹애씨드는 산화염모제에서 용법·용량에 따른 혼합물의 염모성분으로서 1.5% 이하, 비산화염모제에서 용법·용량에 따른 혼합물의 염모성분으로서 2.0% 이하는 제외)
- 5-하이드록시-1,4-벤조디옥산 및 그 염류
- 하이드록시아이소헥실 3-사이클로헥센 카보스알데히드(HICC)
- N1-(2-하이드록시에칠)-4-니트로-o-페닐렌디아민(에이치시 황색 No. 5) 및 그 염류
- 하이드록시에칠-2,6-디니트로-p-아니시딘 및 그 염류
- 3-[[4-[(2-하이드록시에칠)메칠아미노]-2-니트로페닐]아미노]-1,2-프로판디올 및 그 염류
- 하이드록시에칠-3,4-메칠렌디옥시아닐린; 2-(1,3-벤진디옥솔-5-일아미노)에탄올 하이드로클로라이드 및 그 염류(예 : 하이드록시에칠-3,4-메칠렌디옥시아닐린 하이드로클로라이드)(다만, 산화염모제에서 용법·용량에 따른 혼합물의 염모성분으로서 1.5% 이하는 제외)
- 3-[[4-[(2-하이드록시에칠)아미노]-2-니트로페닐]아미노]-1,2-프로판디올 및 그 염류
- 4-(2-하이드록시에칠)아미노-3-니트로페놀 및 그 염류(예 : 3-니트로-p-하이드록시에

칠아미노페놀)(다만, 3-니트로-p-하이드록시에칠아미노페놀은 산화염모제에서 용법·용량에 따른 혼합물의 염모성분으로서 3.0% 이하, 비산화염모제에서 용법·용량에 따른 혼합물의 염모성분으로서 1.85% 이하는 제외)

- 2,2'-[[4-[(2-하이드록시에칠)아미노]-3-니트로페닐]이미노]바이세타놀 및 그 염류(예 : 에이치시 청색 No. 2)(다만, 비산화염모제에서 용법·용량에 따른 혼합물의 염모성분으로서 2.8% 이하는 제외)
- 1-[(2-하이드록시에칠)아미노]-4-(메칠아미노-9,10-안트라센디온 및 그 염류
- 하이드록시에칠아미노메칠-p-아미노페놀 및 그 염류
- 5-[(2-하이드록시에칠)아미노]-o-크레졸 및 그 염류(예 : 2-메칠-5-하이드록시에칠아미노페놀)(다만, 2-메칠-5-하이드록시에칠아미노페놀은 염모제에서 용법·용량에 따른 혼합물의 염모성분으로서 0.5% 이하는 제외)
- (4-(4-히드록시-3-요오도페녹시)-3,5-디요오도페닐)아세틱애씨드 및 그 염류
- 6-하이드록시-1-(3-이소프로폭시프로필)-4-메칠-2-옥소-5-[4-(페닐아조)페닐아조]-1,2-디하이드로-3-피리딘카보니트릴
- 4-히드록시인돌
- 2-[2-하이드록시-3-(2-클로로페닐)카르바모일-1-나프틸아조]-7-[2-하이드록시-3-(3-메칠페닐)카르바모일-1-나프틸아조]플루오렌-9-온
- 4-(7-하이드록시-2,4,4-트리메칠-2-크로마닐)레솔시놀-4-일-트리스(6-디아조-5,6-디하이드로-5-옥소나프탈렌-1-설포네이트) 및 4-(7-하이드록시-2,4,4-트리메칠-2-크로마닐)레솔시놀비스(6-디아조-5,6-디하이드로-5-옥소나프탈렌-1-설포네이트)의 2:1 혼합물
- 11-α-히드록시프레근-4-엔-3,20-디온 및 그 에스텔
- 1-(3-하이드록시프로필아미노)-2-니트로-4-비스(2-하이드록시에칠)아미노)벤젠 및 그 염류(예 : 에이치시 자색 No. 2)(다만, 비산화염모제에서 용법·용량에 따른 혼합물의 염모성분으로서 2.0% 이하는 제외)
- 히드록시프로필 비스(N-히드록시에칠-p-페닐렌디아민) 및 그 염류(다만, 산화염모제에서 용법·용량에 따른 혼합물의 염모성분으로 테트라하이드로클로라이드염으로서 0.4% 이하는 제외)
- 하이드록시피리디논 및 그 염류
- 3-하이드록시-4-[(2-하이드록시나프틸)아조]-7-니트로나프탈렌-1-설포닉애씨드 및 그 염류
- 할로카르반
- 할로페리돌

- 항생물질
- 항히스타민제(예 : 독실아민, 디페닐피랄린, 디펜히드라민, 메타피릴렌, 브롬페니라민, 사이클리진, 클로르페녹사민, 트리펠렌아민, 히드록사진 등)
- N,N'-헥사메칠렌비스(트리메칠암모늄)염류(예 : 헥사메토늄브로마이드)
- 헥사메칠포스포릭-트리아마이드
- 헥사에칠테트라포스페이트
- 헥사클로로벤젠
- (1R,4S,5R,8S)-1,2,3,4,10,10-헥사클로로-6,7-에폭시-1,4,4a,5,6,7,8,8a-옥타히드로-,1,4;5,8-디메타노나프탈렌(엔드린-ISO)
- 1,2,3,4,5,6-헥사클로로사이클로헥산류(예 : 린단)
- 헥사클로로에탄
- (1R,4S,5R,8S)-1,2,3,4,10,10-헥사클로로-1,4,4a,5,8,8a-헥사히드로-1,4;5,8-디메타노나프탈렌(이소드린-ISO)
- 헥사프로피메이트
- (1R,2S)-헥사히드로-1,2-디메칠-3,6-에폭시프탈릭안하이드라이드(칸타리딘)
- 헥사하이드로사이클로펜타(C) 피롤-1-(1H)-암모늄 N-에톡시카르보닐-N-(p-톨릴설포닐)아자나이드
- 헥사하이드로쿠마린
- 헥산
- 헥산-2-온
- 1,7-헵탄디카르복실산(아젤라산), 그 염류 및 유도체
- 트랜스-2-헥세날디메칠아세탈
- 트랜스-2-헥세날디에칠아세탈
- 헨나(Lawsonia Inermis)엽가루(다만, 염모제에서 염모성분으로 사용하는 것은 제외)
- 트랜스-2-헵테날
- 헵타클로로에폭사이드
- 헵타클로르
- 3-헵틸-2-(3-헵틸-4-메칠-치오졸린-2-일렌)-4-메칠-치아졸리늄다이드
- 황산 4,5-디아미노-1-((4-클로르페닐)메칠)-1H-피라졸
- 황산 5-아미노-4-플루오르-2-메칠페놀
- Hyoscyamus niger L. (잎, 씨, 가루 및 생약제제)
- 히요시아민, 그 염류 및 유도체
- 히요신, 그 염류 및 유도체

- 영국 및 북아일랜드산 소 유래 성분
- BSE(Bovine Spongiform Encephalopathy) 감염조직 및 이를 함유하는 성분
- 광우병 발병이 보고된 지역의 다음의 특정위험물질(specified risk material) 유래성분(소·양·염소 등 반추동물의 18개 부위)
    - 뇌(brain)
    - 두개골(skull)
    - 척수(spinal cord)
    - 뇌척수액(cerebrospinal fluid)
    - 송과체(pineal gland)
    - 하수체(pituitary gland)
    - 경막(dura mater)
    - 눈(eye)
    - 삼차신경절(trigeminal ganglia)
    - 배측근신경절(dorsal root ganglia)
    - 척주(vertebral column)
    - 림프절(lymph nodes)
    - 편도(tonsil)
    - 흉선(thymus)
    - 십이지장에서 직장까지의 장관(intestines from the duodenum to the rectum)
    - 비장(spleen)
    - 태반(placenta)
    - 부신(adrenal gland)
- 「화학물질의 등록 및 평가 등에 관한 법률」 제2조 제9호 및 제27조에 따라 지정하고 있는 금지물질

## 2 화장품에 사용상의 제한이 필요한 원료

### 「화장품 안전기준 등에 관한 규정」 [별표 2] 사용상의 제한이 필요한 원료

※ 보존제 성분

| 원료명 | 사용한도 | 비고 |
|---|---|---|
| 글루타랄(펜탄-1,5-디알) | 0.1% | 에어로졸(스프레이에 한함) 제품에는 사용금지 |
| 데하이드로아세틱애씨드(3-아세틸-6-메칠피란-2,4(3H)-디온) 및 그 염류 | 데하이드로아세틱애씨드로서 0.6% | 에어로졸(스프레이에 한함) 제품에는 사용금지 |
| 4,4-디메칠-1,3-옥사졸리딘(디메칠옥사졸리딘) | 0.05%(다만, 제품의 pH는 6을 넘어야 함) | |
| 디브로모헥사미딘 및 그 염류 (이세치오네이트 포함) | 디브로모헥사미딘으로서 0.1% | |
| 디아졸리디닐우레아 (N-(히드록시메칠)-N-(디히드록시메칠-1,3-디옥소-2,5-이미다졸리디닐-4)-N'-(히드록시메칠)우레아) | 0.5% | |
| 디엠디엠하이단토인 (1,3-비스(히드록시메칠)-5,5-디메칠이미다졸리딘-2,4-디온) | 0.6% | |
| 2, 4-디클로로벤질알코올 | 0.15% | |
| 3, 4-디클로로벤질알코올 | 0.15% | |
| 메칠이소치아졸리논 | 사용 후 씻어내는 제품에 0.0015%(단, 메칠클로로이소치아졸리논과 메칠이소치아졸리논 혼합물과 병행 사용 금지) | 기타 제품에는 사용금지 |
| 메칠클로로이소치아졸리논과 메칠이소치아졸리논 혼합물(염화마그네슘과 질산마그네슘 포함) | 사용 후 씻어내는 제품에 0.0015%(메칠클로로이소치아졸리논 : 메칠이소치아졸리논=(3:1)혼합물로서) | 기타 제품에는 사용금지 |
| 메텐아민(헥사메칠렌테트라아민) | 0.15% | |
| 무기설파이트 및 하이드로젠설파이트류 | 유리 $SO_2$로 0.2% | |
| 벤잘코늄클로라이드, 브로마이드 및 사카리네이트 | • 사용 후 씻어내는 제품에 벤잘코늄클로라이드로서 0.1%<br>• 기타 제품에 벤잘코늄클로라이드로서 0.05% | |
| 벤제토늄클로라이드 | 0.1% | 점막에 사용되는 제품에는 사용금지 |
| 벤조익애씨드, 그 염류 및 에스텔류 | 산으로서 0.5%(다만, 벤조익애씨드 및 그 소듐염은 사용 후 씻어내는 제품에는 산으로서 2.5%) | |

| 원료명 | 사용한도 | 비고 |
|---|---|---|
| 벤질알코올 | 1.0%(다만, 두발 염색용 제품류에 용제로 사용할 경우에는 10%) | |
| 벤질헤미포름알 | 사용 후 씻어내는 제품에 0.15% | 기타 제품에는 사용금지 |
| 보레이트류(소듐보레이트, 테트라보레이트) | 밀납, 백납의 유화의 목적으로 사용 시 0.76%(이 경우, 밀납·백납 배합량의 1/2을 초과할 수 없다) | 기타 목적에는 사용금지 |
| 5-브로모-5-나이트로-1,3-디옥산 | 사용 후 씻어내는 제품에 0.1%(다만, 아민류나 아마이드류를 함유하고 있는 제품에는 사용금지) | 기타 제품에는 사용금지 |
| 2-브로모-2-나이트로프로판-1,3-디올(브로노폴) | 0.1% | 아민류나 아마이드류를 함유하고 있는 제품에는 사용금지 |
| 브로모클로로펜(6,6-디브로모-4,4-디클로로-2,2'-메칠렌-디페놀) | 0.1% | |
| 비페닐-2-올(o-페닐페놀) 및 그 염류 | 페놀로서 0.15% | |
| 살리실릭애씨드 및 그 염류 | 살리실릭애씨드로서 0.5% | 영유아용 제품류 또는 만 13세 이하 어린이가 사용할 수 있음을 특정하여 표시하는 제품에는 사용금지(다만, 샴푸는 제외) |
| 세틸피리디늄클로라이드 | 0.08% | |
| 소듐라우로일사코시네이트 | 사용 후 씻어내는 제품에 허용 | 기타 제품에는 사용금지 |
| 소듐아이오데이트 | 사용 후 씻어내는 제품에 0.1% | 기타 제품에는 사용금지 |
| 소듐하이드록시메칠아미노아세테이트(소듐하이드록시메칠글리시네이트) | 0.5% | |
| 소르빅애씨드(헥사-2,4-디에노익 애씨드) 및 그 염류 | 소르빅애씨드로서 0.6% | |
| 아이오도프로피닐부틸카바메이트(아이피비씨) | • 사용 후 씻어내는 제품에 0.02%<br>• 사용 후 씻어내지 않는 제품에 0.01%<br>• 다만, 데오드란트에 배합할 경우에는 0.0075% | • 입술에 사용되는 제품, 에어로졸(스프레이에 한함) 제품, 바디로션 및 바디크림에는 사용금지<br>• 영유아용 제품류 또는 만 13세 이하 어린이가 사용할 수 있음을 특정하여 표시하는 제품에는 사용금지(목욕용 제품, 샤워젤류 및 샴푸류는 제외) |
| 알킬이소퀴놀리늄브로마이드 | 사용 후 씻어내지 않는 제품에 0.05% | |

| 원료명 | 사용한도 | 비고 |
|---|---|---|
| 알킬($C_{12}$–$C_{22}$)트리메칠암모늄 브로마이드 및 클로라이드(브롬화세트리모늄 포함) | 두발용 제품류를 제외한 화장품에 0.1% | |
| 에칠라우로일알지네이트 하이드로클로라이드 | 0.4% | 입술에 사용되는 제품 및 에어로졸(스프레이에 한함) 제품에는 사용금지 |
| 엠디엠하이단토인 | 0.2% | |
| 알킬디아미노에칠글라이신하이드로클로라이드용액(30%) | 0.3% | |
| 운데실레닉애씨드 및 그 염류 및 모노에탄올아마이드 | 사용 후 씻어내는 제품에 산으로서 0.2% | 기타 제품에는 사용금지 |
| 이미다졸리디닐우레아(3,3'–비스(1–하이드록시메칠–2,5–디옥소이미다졸리딘–4–일)–1,1'메칠렌디우레아) | 0.6% | |
| 이소프로필메칠페놀(이소프로필크레졸, o–시멘–5–올) | 0.1% | |
| 징크피리치온 | 사용 후 씻어내는 제품에 0.5% | 기타 제품에는 사용금지 |
| 쿼터늄–15 (메텐아민 3–클로로알릴클로라이드) | 0.2% | |
| 클로로부탄올 | 0.5% | 에어로졸(스프레이에 한함) 제품에는 사용금지 |
| 클로로자이레놀 | 0.5% | |
| p–클로로–m–크레졸 | 0.04% | 점막에 사용되는 제품에는 사용금지 |
| 클로로펜(2–벤질–4–클로로페놀) | 0.05% | |
| 클로페네신(3–(p–클로로페녹시)–프로판–1,2–디올) | 0.3% | |
| 클로헥시딘, 그 디글루코네이트, 디아세테이트 및 디하이드로클로라이드 | • 점막에 사용하지 않고 씻어내는 제품에 클로헥시딘으로서 0.1%<br>• 기타 제품에 클로헥시딘으로서 0.05% | |
| 클림바졸[1–(4–클로로페녹시)–1–(1H–이미다졸릴)–3, 3–디메칠–2–부타논] | 두발용 제품에 0.5% | 기타 제품에는 사용금지 |
| 테트라브로모–o–크레졸 | 0.3% | |
| 트리클로산 | 사용 후 씻어내는 인체세정용 제품류, 데오도런트(스프레이 제품 제외), 페이스파우더, 피부결점을 감추기 위해 국소적으로 사용하는 파운데이션(예 : 블레미쉬컨실러)에 0.3% | 기타 제품에는 사용금지 |

| 원료명 | 사용한도 | 비고 |
|---|---|---|
| 트리클로카반(트리클로카바닐리드) | 0.2%(다만, 원료 중 3,3',4,4'-테트라클로로아조벤젠 1ppm 미만, 3,3',4,4'-테트라클로로아족시벤젠 1ppm 미만 함유하여야 함) | |
| 페녹시에탄올 | 1.0% | |
| 페녹시이소프로판올(1-페녹시프로판-2-올) | 사용 후 씻어내는 제품에 1.0% | 기타 제품에는 사용금지 |
| 포믹애씨드 및 소듐포메이트 | 포믹애씨드로서 0.5% | |
| 폴리(1-헥사메칠렌바이구아니드)에이치씨엘 | 0.05% | 에어로졸(스프레이에 한함) 제품에는 사용금지 |
| 프로피오닉애씨드 및 그 염류 | 프로피오닉애씨드로서 0.9% | |
| 피록톤올아민(1-하이드록시-4-메칠-6(2,4,4-트리메칠펜틸)2-피리돈 및 그 모노에탄올아민염) | 사용 후 씻어내는 제품에 1.0%, 기타 제품에 0.5% | |
| 피리딘-2-올 1-옥사이드 | 0.5% | |
| p-하이드록시벤조익애씨드, 그 염류 및 에스텔류(다만, 에스텔류 중 페닐은 제외) | • 단일성분일 경우 0.4%(산으로서)<br>• 혼합사용의 경우 0.8%(산으로서) | |
| 헥세티딘 | 사용 후 씻어내는 제품에 0.1% | 기타 제품에는 사용금지 |
| 헥사미딘(1,6-디(4-아미디노페녹시)-n-헥산 및 그 염류(이세치오네이트 및 p-하이드록시벤조에이트) | 헥사미딘으로서 0.1% | |

• 염류의 예 : 소듐, 포타슘, 칼슘, 마그네슘, 암모늄, 에탄올아민, 클로라이드, 브로마이드, 설페이트, 아세테이트, 베타인 등
• 에스텔류 : 메칠, 에칠, 프로필, 이소프로필, 부틸, 이소부틸, 페닐

※ 자외선차단 성분

| 원료명 | 사용한도 | 비고 |
|---|---|---|
| 드로메트리졸트리실록산 | 15% | |
| 드로메트리졸 | 1.0% | |
| 디갈로일트리올리에이트 | 5% | |
| 디소듐페닐디벤즈이미다졸테트라설포네이트 | 산으로서 10% | |
| 디에칠헥실부타미도트리아존 | 10% | |
| 디에칠아미노하이드록시벤조일헥실벤조에이트 | 10% | |
| 로우손과 디하이드록시아세톤의 혼합물 | 로우손 0.25%, 디하이드록시아세톤 3% | |
| 메칠렌비스-벤조트리아졸릴테트라메칠부틸페놀 | 10% | |
| 4-메칠벤질리덴캠퍼 | 4% | |
| 멘틸안트라닐레이트 | 5% | |
| 벤조페논-3(옥시벤존) | 5% | |
| 벤조페논-4 | 5% | |
| 벤조페논-8(디옥시벤존) | 3% | |
| 부틸메톡시디벤조일메탄 | 5% | |
| 비스에칠헥실옥시페놀메톡시페닐트리아진 | 10% | |
| 시녹세이트 | 5% | |
| 에칠디하이드록시프로필파바 | 5% | |
| 옥토크릴렌 | 10% | |
| 에칠헥실디메칠파바 | 8% | |
| 에칠헥실메톡시신나메이트 | 7.5% | |
| 에칠헥실살리실레이트 | 5% | |
| 에칠헥실트리아존 | 5% | |
| 이소아밀-p-메톡시신나메이트 | 10% | |
| 폴리실리콘-15(디메치코디에칠벤잘말로네이트) | 10% | |
| 징크옥사이드 | 25% | |
| 테레프탈릴리덴디캠퍼설포닉애씨드 및 그 염류 | 산으로서 10% | |
| 티이에이-살리실레이트 | 12% | |
| 티타늄디옥사이드 | 25% | |
| 페닐벤즈이미다졸설포닉애씨드 | 4% | |
| 호모살레이트 | 10% | |

- 다만, 제품의 변색방지를 목적으로 그 사용농도가 0.5% 미만인 것은 자외선 차단 제품으로 인정하지 아니한다.
- 염류 : 양이온염으로 소듐, 포타슘, 칼슘, 마그네슘, 암모늄 및 에탄올아민, 음이온염으로 클로라이드, 브로마이드, 설페이트, 아세테이트

※ 염모제 성분

| 원료명 | 사용할 때 농도상한(%) | 비고 |
|---|---|---|
| p-니트로-o-페닐렌디아민 | 산화염모제에 1.5% | 기타 제품에는 사용금지 |
| 니트로-p-페닐렌디아민 | 산화염모제에 3.0% | 기타 제품에는 사용금지 |
| 2-메칠-5-히드록시에칠아미노페놀 | 산화염모제에 0.5% | 기타 제품에는 사용금지 |
| 2-아미노-4-니트로페놀 | 산화염모제에 2.5% | 기타 제품에는 사용금지 |
| 2-아미노-5-니트로페놀 | 산화염모제에 1.5% | 기타 제품에는 사용금지 |
| 2-아미노-3-히드록시피리딘 | 산화염모제에 1.0% | 기타 제품에는 사용금지 |
| 4-아미노-m-크레솔 | 산화염모제에 1.5% | 기타 제품에는 사용금지 |
| 5-아미노-o-크레솔 | 산화염모제에 1.0 % | 기타 제품에는 사용금지 |
| 5-아미노-6-클로로-o-크레솔 | • 산화염모제에 1.0%<br>• 비산화염모제에 0.5% | 기타 제품에는 사용금지 |
| m-아미노페놀 | 산화염모제에 2.0% | 기타 제품에는 사용금지 |
| o-아미노페놀 | 산화염모제에 3.0% | 기타 제품에는 사용금지 |
| p-아미노페놀 | 산화염모제에 0.9% | 기타 제품에는 사용금지 |
| 염산 2,4-디아미노페녹시에탄올 | 산화염모제에 0.5% | 기타 제품에는 사용금지 |
| 염산 톨루엔-2,5-디아민 | 산화염모제에 3.2% | 기타 제품에는 사용금지 |
| 염산 m-페닐렌디아민 | 산화염모제에 0.5% | 기타 제품에는 사용금지 |
| 염산 p-페닐렌디아민 | 산화염모제에 3.3% | 기타 제품에는 사용금지 |
| 염산 히드록시프로필비스(N-히드록시에칠-p-페닐렌디아민) | 산화염모제에 0.4% | 기타 제품에는 사용금지 |
| 톨루엔-2,5-디아민 | 산화염모제에 2.0% | 기타 제품에는 사용금지 |
| m-페닐렌디아민 | 산화염모제에 1.0% | 기타 제품에는 사용금지 |
| p-페닐렌디아민 | 산화염모제에 2.0% | 기타 제품에는 사용금지 |
| N-페닐-p-페닐렌디아민 및 그 염류 | 산화염모제에 N-페닐-p-페닐렌디아민으로서 2.0% | 기타 제품에는 사용금지 |
| 피크라민산 | 산화염모제에 0.6% | 기타 제품에는 사용금지 |
| 황산 p-니트로-o-페닐렌디아민 | 산화염모제에 2.0% | 기타 제품에는 사용금지 |
| p-메칠아미노페놀 및 그 염류 | 산화염모제에 황산염으로서 0.68% | 기타 제품에는 사용금지 |
| 황산 5-아미노-o-크레솔 | 산화염모제에 4.5% | 기타 제품에는 사용금지 |
| 황산 m-아미노페놀 | 산화염모제에 2.0% | 기타 제품에는 사용금지 |
| 황산 o-아미노페놀 | 산화염모제에 3.0% | 기타 제품에는 사용금지 |
| 황산 p-아미노페놀 | 산화염모제에 1.3% | 기타 제품에는 사용금지 |
| 황산 톨루엔-2,5-디아민 | 산화염모제에 3.6% | 기타 제품에는 사용금지 |
| 황산 m-페닐렌디아민 | 산화염모제에 3.0% | 기타 제품에는 사용금지 |
| 황산 p-페닐렌디아민 | 산화염모제에 3.8% | 기타 제품에는 사용금지 |
| 황산 N,N-비스(2-히드록시에칠)-p-페닐렌디아민 | 산화염모제에 2.9% | 기타 제품에는 사용금지 |
| 2,6-디아미노피리딘 | 산화염모제에 0.15% | 기타 제품에는 사용금지 |

| 원료명 | 사용할 때 농도상한(%) | 비고 |
|---|---|---|
| 염산 2,4-디아미노페놀 | 산화염모제에 0.5% | 기타 제품에는 사용금지 |
| 1,5-디히드록시나프탈렌 | 산화염모제에 0.5% | 기타 제품에는 사용금지 |
| 피크라민산 나트륨 | 산화염모제에 0.6% | 기타 제품에는 사용금지 |
| 황산 2-아미노-5-니트로페놀 | 산화염모제에 1.5% | 기타 제품에는 사용금지 |
| 황산 o-클로로-p-페닐렌디아민 | 산화염모제에 1.5% | 기타 제품에는 사용금지 |
| 황산 1-히드록시에칠-4,5-디아미노피라졸 | 산화염모제에 3.0% | 기타 제품에는 사용금지 |
| 히드록시벤조모르포린 | 산화염모제에 1.0% | 기타 제품에는 사용금지 |
| 6-히드록시인돌 | 산화염모제에 0.5% | 기타 제품에는 사용금지 |
| 1-나프톨(α-나프톨) | 산화염모제에 2.0% | 기타 제품에는 사용금지 |
| 레조시놀 | 산화염모제에 2.0% | |
| 2-메칠레조시놀 | 산화염모제에 0.5% | 기타 제품에는 사용금지 |
| 몰식자산 | 산화염모제에 4.0% | |
| 카테콜(피로카테콜) | 산화염모제에 1.5% | 기타 제품에는 사용금지 |
| 피로갈롤 | 염모제에 2.0% | 기타 제품에는 사용금지 |
| 과붕산나트륨<br>과붕산나트륨일수화물<br>과산화수소수<br>과탄산나트륨 | 염모제(탈염·탈색 포함)에서 과산화수소로서 12.0% | |

※ 기타

| 원료명 | 사용한도 | 비고 |
|---|---|---|
| 감광소<br>감광소 101호(플라토닌), 감광소 201호(쿼터늄-73), 감광소 301호(쿼터늄-51), 감광소 401호(쿼터늄-45), 기타의 감광소의 합계량 | 0.002% | |
| 건강틴크, 칸타리스틴크, 고추틴크의 합계량 | 1% | |
| 과산화수소 및 과산화수소 생성물질 | • 두발용 제품류에 과산화수소로서 3%<br>• 손톱경화용 제품에 과산화수소로서 2% | 기타 제품에는 사용금지 |
| 글라이옥살 | 0.01% | |
| α-다마스콘(시스-로즈 케톤-1) | 0.02% | |
| 디아미노피리미딘옥사이드(2,4-디아미노-피리미딘-3-옥사이드) | 두발용 제품류에 1.5% | 기타 제품에는 사용금지 |
| 땅콩오일, 추출물 및 유도체 | | 원료 중 땅콩단백질의 최대 농도는 0.5ppm을 초과하지 않아야 함 |
| 라우레스-8, 9 및 10 | 2% | |
| 레조시놀 | • 산화염모제에 용법·용량에 따른 혼합물의 염모성분으로서 2.0%<br>• 기타 제품에 0.1% | |
| 로즈 케톤-3 | 0.02% | |
| 로즈 케톤-4 | 0.02% | |
| 로즈 케톤-5 | 0.02% | |
| 시스-로즈 케톤-2 | 0.02% | |
| 트랜스-로즈 케톤-1 | 0.02% | |
| 트랜스-로즈 케톤-2 | 0.02% | |
| 트랜스-로즈 케톤-3 | 0.02% | |
| 트랜스-로즈 케톤-5 | 0.02% | |
| 리튬하이드록사이드 | • 헤어스트레이트너 제품에 4.5%<br>• 제모제에서 pH 조정 목적으로 사용되는 경우 최종 제품의 pH는 12.7 이하 | 기타 제품에는 사용금지 |
| 만수국꽃 추출물 또는 오일 | • 사용 후 씻어내는 제품에 0.1%<br>• 사용 후 씻어내지 않는 제품에 0.01% | • 원료 중 알파 테르티에닐(테르티오펜) 함량은 0.35% 이하<br>• 자외선 차단제품 또는 자외선을 이용한 태닝(천연 또는 인공)을 목적으로 하는 제품에는 사용금지 |

| 원료명 | 사용한도 | 비고 |
|---|---|---|
|  |  | • 만수국아재비꽃 추출물 또는 오일과 혼합 사용 시 '사용 후 씻어내는 제품'에 0.1%, '사용 후 씻어내지 않는 제품'에 0.01%를 초과하지 않아야 함 |
| 만수국아재비꽃 추출물 또는 오일 | • 사용 후 씻어내는 제품에 0.1%<br>• 사용 후 씻어내지 않는 제품에 0.01% | • 원료 중 알파 테르티에닐(테르티오펜) 함량은 0.35% 이하<br>• 자외선 차단제품 또는 자외선을 이용한 태닝(천연 또는 인공)을 목적으로 하는 제품에는 사용금지<br>• 만수국꽃 추출물 또는 오일과 혼합 사용 시 '사용 후 씻어내는 제품'에 0.1%, '사용 후 씻어내지 않는 제품'에 0.01%를 초과하지 않아야 함 |
| 머스크자일렌 | • 향수류<br>향료원액을 8% 초과하여 함유하는 제품에 1.0%, 향료원액을 8% 이하로 함유하는 제품에 0.4%<br>• 기타 제품에 0.03% |  |
| 머스크케톤 | • 향수류<br>향료원액을 8% 초과하여 함유하는 제품 1.4%, 향료원액을 8% 이하로 함유하는 제품 0.56%<br>• 기타 제품에 0.042% |  |
| 3-메칠논-2-엔니트릴 | 0.2% |  |
| 메칠 2-옥티노에이트(메칠헵틴카보네이트) | 0.01%<br>(메칠옥틴카보네이트와 병용 시 최종제품에서 두 성분의 합은 0.01%, 메칠옥틴카보네이트는 0.002%) |  |
| 메칠옥틴카보네이트(메칠논-2-이노에이트) | 0.002%<br>(메칠 2-옥티노에이트와 병용 시 최종제품에서 두 성분의 합이 0.01%) |  |
| p-메칠하이드로신나믹알데하이드 | 0.2% |  |
| 메칠헵타디에논 | 0.002% |  |
| 메톡시디시클로펜타디엔카르복스알데하이드 | 0.5% |  |
| 무기설파이트 및 하이드로젠설파이트류 | 산화염모제에서 유리 $SO_2$로 0.67% | 기타 제품에는 사용금지 |

| 원료명 | 사용한도 | 비고 |
|---|---|---|
| 베헨트리모늄 클로라이드 | (단일성분 또는 세트리모늄 클로라이드, 스테아트리모늄클로라이드와 혼합사용의 합으로서)<br>• 사용 후 씻어내는 두발용 제품류 및 두발 염색용 제품류에 5.0%<br>• 사용 후 씻어내지 않는 두발용 제품류 및 두발 염색용 제품류에 3.0% | 세트리모늄 클로라이드 또는 스테아트리모늄 클로라이드와 혼합 사용하는 경우 세트리모늄 클로라이드 및 스테아트리모늄 클로라이드의 합은 '사용 후 씻어내지 않는 두발용 제품류'에 1.0% 이하, '사용 후 씻어내는 두발용 제품류 및 두발 염색용 제품류'에 2.5% 이하여야 함 |
| 4-tert-부틸디하이드로신남알데하이드 | 0.6% | |
| 1,3-비스(하이드록시메틸)이미다졸리딘-2-치온 | 두발용 제품류 및 손발톱용 제품류에 2%<br>(다만, 에어로졸(스프레이에 한함) 제품에는 사용금지) | 기타 제품에는 사용금지 |
| 비타민 E(토코페롤) | 20% | |
| 살리실릭애씨드 및 그 염류 | • 인체세정용 제품류에 살리실릭애씨드로서 2%<br>• 사용 후 씻어내는 두발용 제품류에 살리실릭애씨드로서 3% | • 영유아용 제품류 또는 만 13세 이하 어린이가 사용할 수 있음을 특정하여 표시하는 제품에는 사용금지(다만, 샴푸는 제외)<br>• 기능성화장품의 유효성분으로 사용하는 경우에 한하며 기타 제품에는 사용금지 |
| 세트리모늄 클로라이드, 스테아트리모늄 클로라이드 | (단일성분 또는 혼합사용의 합으로서)<br>• 사용 후 씻어내는 두발용 제품류 및 두발용 염색용 제품류에 2.5%<br>• 사용 후 씻어내지 않는 두발용 제품류 및 두발 염색용 제품류에 1.0% | |
| 소듐나이트라이트 | 0.2% | 2급, 3급 아민 또는 기타 니트로사민형성물질을 함유하고 있는 제품에는 사용금지 |
| 소합향나무(Liquidambar orientalis) 발삼오일 및 추출물 | 0.6% | |
| 수용성 징크 염류(징크 4-하이드록시벤젠설포네이트와 징크피리치온 제외) | 징크로서 1% | |
| 시스테인, 아세틸시스테인 및 그 염류 | 퍼머넌트웨이브용 제품에 시스테인으로서 3.0~7.5%<br>(다만, 가온2욕식 퍼머넌트웨이브용 제품의 경우에는 시스테인으로서 1.5~5.5%, 안정제로서 치오글라이콜릭애씨드 1.0%를 | |

| 원료명 | 사용한도 | 비고 |
|---|---|---|
| | 배합할 수 있으며, 첨가하는 치오글라이콜릭애씨드의 양을 최대한 1.0%로 했을 때 주성분인 시스테인의 양은 6.5%를 초과할 수 없다) | |
| 실버나이트레이트 | 속눈썹 및 눈썹 착색용도의 제품에 4% | 기타 제품에는 사용금지 |
| 아밀비닐카르비닐아세테이트 | 0.3% | |
| 아밀시클로펜테논 | 0.1% | |
| 아세틸헥사메칠인단 | 사용 후 씻어내지 않는 제품에 2% | |
| 아세틸헥사메칠테트라린 | • 사용 후 씻어내지 않는 제품 0.1%(다만, 하이드로알콜성 제품에 배합할 경우 1%, 순수향료 제품에 배합할 경우 2.5%, 방향크림에 배합할 경우 0.5%)<br>• 사용 후 씻어내는 제품 0.2% | |
| 알에이치(또는 에스에이치) 올리고펩타이드-1(상피세포성장인자) | 0.001% | |
| 알란토인클로로하이드록시알루미늄(알클록사) | 1% | |
| 알릴헵틴카보네이트 | 0.002% | 2-알키노익애씨드 에스텔(예 : 메칠헵틴카보네이트)을 함유하고 있는 제품에는 사용금지 |
| 알칼리금속의 염소산염 | 3% | |
| 암모니아 | 6% | |
| 에칠라우로일알지네이트 하이드로클로라이드 | 비듬 및 가려움을 덜어주고 씻어내는 제품(샴푸)에 0.8% | 기타 제품에는 사용금지 |
| 에탄올·붕사·라우릴황산나트륨(4:1:1)혼합물 | 외음부세정제에 12% | 기타 제품에는 사용금지 |
| 에티드로닉애씨드 및 그 염류(1-하이드록시에칠리덴-디-포스포닉애씨드 및 그 염류) | • 두발용 제품류 및 두발염색용 제품류에 산으로서 1.5%<br>• 인체 세정용 제품류에 산으로서 0.2% | 기타 제품에는 사용금지 |
| 오포파낙스 | 0.6% | |
| 옥살릭애씨드, 그 에스텔류 및 알칼리 염류 | 두발용제품류에 5% | 기타 제품에는 사용금지 |
| 우레아 | 10% | |
| 이소베르가메이트 | 0.1% | |
| 이소사이클로제라니올 | 0.5% | |
| 징크페놀설포네이트 | 사용 후 씻어내지 않는 제품에 2% | |

| 원료명 | 사용한도 | 비고 |
|---|---|---|
| 징크피리치온 | 비듬 및 가려움을 덜어주고 씻어내는 제품(샴푸, 린스) 및 탈모증상의 완화에 도움을 주는 화장품에 총 징크피리치온으로서 1.0% | 기타 제품에는 사용금지 |
| 치오글라이콜릭애씨드, 그 염류 및 에스텔류 | • 퍼머넌트웨이브용 및 헤어스트레이트너 제품에 치오글라이콜릭애씨드로서 11%(다만, 가온2욕식 헤어스트레이트너 제품의 경우에는 치오글라이콜릭애씨드로서 5%, 치오글라이콜릭애씨드 및 그 염류를 주성분으로 하고 제1제 사용 시 조제하는 발열 2욕식 퍼머넌트웨이브용 제품의 경우 치오글라이콜릭애씨드로서 19%에 해당하는 양)<br>• 제모용 제품에 치오글라이콜릭애씨드로서 5%<br>• 염모제에 치오글라이콜릭애씨드로서 1%<br>• 사용 후 씻어내는 두발용 제품류에 2% | 기타 제품에는 사용금지 |
| 칼슘하이드록사이드 | • 헤어스트레이트너 제품에 7%<br>• 제모제에서 pH 조정 목적으로 사용되는 경우 최종 제품의 pH는 12.7 이하 | 기타 제품에는 사용금지 |
| Commiphora erythrea engler var. glabrescens 검 추출물 및 오일 | 0.6% | |
| 쿠민(Cuminum cyminum) 열매 오일 및 추출물 | 사용 후 씻어내지 않는 제품에 쿠민오일로서 0.4% | |
| 퀴닌 및 그 염류 | • 샴푸에 퀴닌염으로서 0.5%<br>• 헤어로션에 퀴닌염으로서 0.2% | 기타 제품에는 사용금지 |
| 클로라민T | 0.2% | |
| 톨루엔 | 손발톱용 제품류에 25% | 기타 제품에는 사용금지 |
| 트리알킬아민, 트리알칸올아민 및 그 염류 | 사용 후 씻어내지 않는 제품에 2.5% | |
| 트리클로산 | 사용 후 씻어내는 제품류에 0.3% | 기능성화장품의 유효성분으로 사용하는 경우에 한하며 기타 제품에는 사용금지 |
| 트리클로카반(트리클로카바닐리드) | 사용 후 씻어내는 제품류에 1.5% | 기능성화장품의 유효성분으로 사용하는 경우에 한하며 기타 제품에는 사용금지 |
| 페릴알데하이드 | 0.1% | |

| 원료명 | 사용한도 | 비고 |
|---|---|---|
| 페루발삼 (Myroxylon pereirae의 수지) 추출물(extracts), 증류물(distillates) | 0.4% | |
| 포타슘하이드록사이드 또는 소듐하이드록사이드 | • 손톱표피 용해 목적일 경우 5%, pH 조정 목적으로 사용되고 최종 제품이 제5조 제5항에 pH기준이 정하여 있지 아니한 경우에도 최종 제품의 pH는 11 이하<br>• 제모제에서 pH 조정 목적으로 사용되는 경우 최종 제품의 pH는 12.7 이하 | |
| 폴리아크릴아마이드류 | • 사용 후 씻어내지 않는 바디화장품에 잔류 아크릴아마이드로서 0.00001%<br>• 기타 제품에 잔류 아크릴아마이드로서 0.00005% | |
| 풍나무(Liquidambar styraciflua) 발삼오일 및 추출물 | 0.6% | |
| 프로필리덴프탈라이드 | 0.01% | |
| 하이드롤라이즈드밀단백질 | | 원료 중 펩타이드의 최대 평균분자량은 3.5kDa 이하이어야 함 |
| 트랜스-2-헥세날 | 0.002% | |
| 2-헥실리덴사이클로펜타논 | 0.06% | |

- 염류의 예 : 소듐, 포타슘, 칼슘, 마그네슘, 암모늄, 에탄올아민, 클로라이드, 브로마이드, 설페이트, 아세테이트, 베타인 등
- 에스텔류 : 메칠, 에칠, 프로필, 이소프로필, 부틸, 이소부틸, 페닐

## 3 유통화장품의 안전관리 기준

「화장품 안전기준 등에 관한 규정」 제6조(유통화장품의 안전관리 기준)

① 유통화장품은 제2항부터 제5항까지의 안전관리 기준에 적합하여야 하며, 유통화장품 유형별로 제6항부터 제9항까지의 안전관리 기준에 추가적으로 적합하여야 한다. 또한 시험방법은 별표 4에 따라 시험하되, 기타 과학적·합리적으로 타당성이 인정되는 경우 자사 기준으로 시험할 수 있다.

② 화장품을 제조하면서 다음 각 호의 물질을 인위적으로 첨가하지 않았으나, 제조 또는 보관 과정 중 포장재로부터 이행되는 등 비의도적으로 유래된 사실이 객관적인 자료로 확인되고 기술적으로 완전한 제거가 불가능한 경우 해당 물질의 검출 허용 한도는 다음 각 호와 같다.

1. 납 : 점토를 원료로 사용한 분말제품은 50㎍/g 이하, 그 밖의 제품은 20㎍/g 이하
2. 니켈 : 눈 화장용 제품은 35㎍/g 이하, 색조 화장용 제품은 30㎍/g 이하, 그 밖의 제품은 10㎍/g 이하
3. 비소 : 10㎍/g 이하
4. 수은 : 1㎍/g 이하
5. 안티몬 : 10㎍/g 이하
6. 카드뮴 : 5㎍/g 이하
7. 디옥산 : 100㎍/g 이하
8. 메탄올 : 0.2(v/v)% 이하, 물휴지는 0.002%(v/v) 이하
9. 포름알데하이드 : 2,000㎍/g 이하, 물휴지는 20㎍/g 이하
10. 프탈레이트류(디부틸프탈레이트, 부틸벤질프탈레이트 및 디에칠헥실프탈레이트에 한함) : 총 합으로서 100㎍/g 이하

③ 별표 1의 사용할 수 없는 원료가 제2항의 사유로 검출되었으나 검출허용한도가 설정되지 아니한 경우에는 「화장품법 시행규칙」 제17조에 따라 위해평가 후 위해 여부를 결정하여야 한다.

④ 미생물한도는 다음 각 호와 같다.

1. 총호기성생균수는 영·유아용 제품류 및 눈화장용 제품류의 경우 500개/g(mL) 이하
2. 물휴지의 경우 세균 및 진균수는 각각 100개/g(mL) 이하
3. 기타 화장품의 경우 1,000개/g(mL) 이하
4. 대장균(Escherichia Coli), 녹농균(Pseudomonas aeruginosa), 황색포도상구균(Staphylococcus aureus)은 불검출

⑤ 내용량의 기준은 다음 각 호와 같다.

1. 제품 3개를 가지고 시험할 때 그 평균 내용량이 표기량에 대하여 97% 이상(다만, 화장 비

누의 경우 건조중량을 내용량으로 한다)
2. 제1호의 기준치를 벗어날 경우 : 6개를 더 취하여 시험할 때 9개의 평균 내용량이 제1호의 기준치 이상
3. 그 밖의 특수한 제품 : 「대한민국약전」(식품의약품안전처 고시)을 따를 것

⑥ 영·유아용 제품류(영·유아용 샴푸, 영·유아용 린스, 영·유아 인체 세정용 제품, 영·유아 목욕용 제품 제외), 눈 화장용 제품류, 색조 화장용 제품류, 두발용 제품류(샴푸, 린스 제외), 면도용 제품류(셰이빙 크림, 셰이빙 폼 제외), 기초화장용 제품류(클렌징 워터, 클렌징 오일, 클렌징 로션, 클렌징 크림 등 메이크업 리무버 제품 제외) 중 액, 로션, 크림 및 이와 유사한 제형의 액상제품은 pH 기준이 3.0~9.0이어야 한다. 다만, 물을 포함하지 않는 제품과 사용한 후 곧바로 물로 씻어 내는 제품은 제외한다.

⑦ 기능성화장품은 기능성을 나타나게 하는 주원료의 함량이 「화장품법」 제4조 및 같은 법 시행규칙 제9조 또는 제10조에 따라 심사 또는 보고한 기준에 적합하여야 한다.

⑧ 퍼머넌트웨이브용 및 헤어스트레이트너 제품은 다음 각 호의 기준에 적합하여야 한다.
1. 치오글라이콜릭애씨드 또는 그 염류를 주성분으로 하는 냉2욕식 퍼머넌트웨이브용 제품 : 이 제품은 실온에서 사용하는 것으로서 치오글라이콜릭애씨드 또는 그 염류를 주성분으로 하는 제1제 및 산화제를 함유하는 제2제로 구성된다.

가. 제1제 : 이 제품은 치오글라이콜릭애씨드 또는 그 염류를 주성분으로 하고, 불휘발성 무기알칼리의 총량이 치오글라이콜릭애씨드의 대응량 이하인 액제이다. 단, 산성에서 끓인 후의 환원성물질의 함량이 7.0%를 초과하는 경우에는 초과분에 대하여 디치오디글라이콜릭애씨드 또는 그 염류를 디치오디글라이콜릭애씨드로서 같은량 이상 배합하여야 한다. 이 제품에는 품질을 유지하거나 유용성을 높이기 위하여 적당한 알칼리제, 침투제, 습윤제, 착색제, 유화제, 향료 등을 첨가할 수 있다.

1) pH : 4.5~9.6
2) 알칼리 : 0.1N염산의 소비량은 검체 1mL에 대하여 7.0mL 이하
3) 산성에서 끓인 후의 환원성물질(치오글라이콜릭애씨드) : 산성에서 끓인 후의 환원성물질의 함량(치오글라이콜릭애씨드로서)이 2.0~11.0%
4) 산성에서 끓인 후의 환원성물질 이외의 환원성물질(아황산염, 황화물 등) : 검체 1mL 중의 산성에서 끓인 후의 환원성물질 이외의 환원성물질에 대한 0.1N 요오드액의 소비량이 0.6mL 이하
5) 환원 후의 환원성물질(디치오디글라이콜릭애씨드) : 환원 후의 환원성물질의 함량은 4.0% 이하
6) 중금속 : $20\mu g/g$ 이하
7) 비소 : $5\mu g/g$ 이하

8) 철 : 2㎍/g 이하

나. 제2제

1) 브롬산나트륨 함유제제 : 브롬산나트륨에 그 품질을 유지하거나 유용성을 높이기 위하여 적당한 용해제, 침투제, 습윤제, 착색제, 유화제, 향료 등을 첨가한 것이다.

가) 용해상태 : 명확한 불용성이물이 없을 것

나) pH : 4.0~10.5

다) 중금속 : 20㎍/g 이하

라) 산화력 : 1인 1회 분량의 산화력이 3.5 이상

2) 과산화수소수 함유제제 : 과산화수소수 또는 과산화수소수에 그 품질을 유지하거나 유용성을 높이기 위하여 적당한 침투제, 안정제, 습윤제, 착색제, 유화제, 향료 등을 첨가한 것이다.

가) pH : 2.5 ~ 4.5

나) 중금속 : 20㎍/g 이하

다) 산화력 : 1인 1회 분량의 산화력이 0.8~3.0

2. 시스테인, 시스테인염류 또는 아세틸시스테인을 주성분으로 하는 냉2욕식 퍼머넌트웨이브용 제품 : 이 제품은 실온에서 사용하는 것으로서 시스테인, 시스테인염류 또는 아세틸시스테인을 주성분으로 하는 제1제 및 산화제를 함유하는 제2제로 구성된다.

가. 제1제 : 이 제품은 시스테인, 시스테인염류 또는 아세틸시스테인을 주성분으로 하고 불휘발성 무기알칼리를 함유하지 않은 액제이다. 이 제품에는 품질을 유지하거나 유용성을 높이기 위하여 적당한 알칼리제, 침투제, 습윤제, 착색제, 유화제, 향료 등을 첨가할 수 있다.

1) pH : 8.0~9.5

2) 알칼리 : 0.1N 염산의 소비량은 검체 1mL에 대하여 12mL 이하

3) 시스테인 : 3.0~7.5%

4) 환원 후의 환원성물질(시스틴) : 0.65% 이하

5) 중금속 : 20㎍/g 이하

6) 비소 : 5㎍/g 이하

7) 철 : 2㎍/g 이하

나. 제2제 기준 : 1. 치오글라이콜릭애씨드 또는 그 염류를 주성분으로 하는 냉2욕식 퍼머넌트웨이브용 제품 나. 제2제의 기준에 따른다.

3. 치오글라이콜릭애씨드 또는 그 염류를 주성분으로 하는 냉2욕식 헤어스트레이트너용 제품 : 이 제품은 실온에서 사용하는 것으로서 치오글라이콜릭애씨드 또는 그 염류를 주성분으로 하는 제1제 및 산화제를 함유하는 제2제로 구성된다.

가. 제1제 : 이 제품은 치오글라이콜릭애씨드 또는 그 염류를 주성분으로 하고 불휘발성 무기알칼리의 총량이 치오글라이콜릭애씨드의 대응량 이하인 제제이다. 단, 산성에서 끓인 후의 환원성물질의 함량이 7.0%를 초과하는 경우, 초과분에 대해 디치오디글라이콜릭애씨드 또는 그 염류를 디치오디글라이콜릭애씨드로 같은 양 이상 배합하여야 한다. 이 제품에는 품질을 유지하거나 유용성을 높이기 위하여 적당한 알칼리제, 침투제, 착색제, 습윤제, 유화제, 증점제, 향료 등을 첨가할 수 있다.

　　1) pH : 4.5~9.6

　　2) 알칼리 : 0.1N 염산의 소비량은 검체 1mL에 대하여 7.0mL 이하

　　3) 산성에서 끓인 후의 환원성물질(치오글라이콜릭애씨드) : 2.0~11.0%

　　4) 산성에서 끓인 후의 환원성물질 이외의 환원성물질(아황산, 황화물 등) : 검체 1mL 중의 산성에서 끓인 후의 환원성물질 이외의 환원성물질에 대한 0.1N 요오드액의 소비량은 0.6mL 이하

　　5) 환원 후의 환원성물질(디치오디글리콜릭애씨드) : 4.0% 이하

　　6) 중금속 : 20㎍/g 이하

　　7) 비소 : 5㎍/g 이하

　　8) 철 : 2㎍/g 이하

　나. 제2제 기준 : 1. 치오글라이콜릭애씨드 또는 그 염류를 주성분으로 하는 냉2욕식 퍼머넌트웨이브용 제품 나. 제2제의 기준에 따른다.

4. 치오글라이콜릭애씨드 또는 그 염류를 주성분으로 하는 가온2욕식 퍼머넌트웨이브용 제품 : 이 제품은 사용할 때 약 60℃ 이하로 가온조작하여 사용하는 것으로서 치오글라이콜릭애씨드 또는 그 염류를 주성분으로 하는 제1제 및 산화제를 함유하는 제2제로 구성된다.

　가. 제1제 : 이 제품은 치오글라이콜릭애씨드 또는 그 염류를 주성분으로 하고 불휘발성 무기알칼리의 총량이 치오글라이콜릭애씨드의 대응량 이하인 액제이다. 이 제품에는 품질을 유지하거나 유용성을 높이기 위하여 적당한 알칼리제, 침투제, 습윤제, 착색제, 유화제, 향료 등을 첨가할 수 있다.

　　1) pH : 4.5~9.3

　　2) 알칼리 : 0.1N 염산의 소비량은 검체 1mL에 대하여 5mL 이하

　　3) 산성에서 끓인 후의 환원성물질(치오글라이콜릭애씨드) : 1.0~5.0%

　　4) 산성에서 끓인 후의 환원성물질 이외의 환원성물질(아황산, 황화물 등) : 검체 1mL 중의 산성에서 끓인 후의 환원성물질 이외의 환원성물질에 대한 0.1N 요오드액의 소비량은 0.6mL 이하

　　5) 환원 후의 환원성물질(디치오디글리콜릭애씨드) : 4.0% 이하

　　6) 중금속 : 20㎍/g 이하

7) 비소 : 5㎍/g 이하

8) 철 : 2㎍/g 이하

나. 제2제 기준 : 1. 치오글라이콜릭애씨드 또는 그 염류를 주성분으로 하는 냉2욕식 퍼머넌트웨이브용 제품 나. 제2제의 기준에 따른다.

5. 시스테인, 시스테인염류 또는 아세틸시스테인을 주성분으로 하는 가온 2욕식 퍼머넌트웨이브용 제품 : 이 제품은 사용 시 약 60℃ 이하로 가온조작하여 사용하는 것으로서 시스테인, 시스테인염류, 또는 아세틸시스테인을 주성분으로 하는 제1제 및 산화제를 함유하는 제2제로 구성된다.

  가. 제1제 : 이 제품은 시스테인, 시스테인염류, 또는 아세틸시스테인을 주성분으로 하고 불휘발성 무기알칼리를 함유하지 않는 액제로서 이 제품에는 품질을 유지하거나 유용성을 높이기 위해서 적당한 알칼리제, 침투제, 습윤제, 착색제, 유화제, 향료 등을 첨가할 수 있다.

   1) pH : 4.0~9.5

   2) 알칼리 : 0.1N염산의 소비량은 검체 1mL에 대하여 9mL 이하

   3) 시스테인 : 1.5~5.5%

   4) 환원 후의 환원성물질(시스틴) : 0.65% 이하

   5) 중금속 : 20㎍/g 이하

   6) 비소 : 5㎍/g 이하

   7) 철 : 2㎍/g 이하

  나. 제2제 기준 : 1. 치오글라이콜릭애씨드 또는 그 염류를 주성분으로 하는 냉2욕식 퍼머넌트웨이브용 제품 나. 제2제의 기준에 따른다.

6. 치오글라이콜릭애씨드 또는 그 염류를 주성분으로 하는 가온2욕식 헤어스트레이트너 제품 : 이 제품은 시험할 때 약 60℃ 이하로 가온 조작하여 사용하는 것으로서 치오글라이콜릭애씨드 또는 그 염류를 주성분으로 하는 제1제 및 산화제를 함유하는 제2제로 구성된다.

  가. 제1제 : 이 제품은 치오글라이콜릭애씨드 또는 그 염류를 주성분으로 하고 불휘발성 알칼리의 총량이 치오글라이콜릭애씨드의 대응량 이하인 제제이다. 이 제품에는 품질을 유지하거나 유용성을 높이기 위하여 적당한 알칼리제, 침투제, 습윤제, 유화제, 점증제, 향료 등을 첨가할 수 있다.

   1) pH : 4.5~9.3

   2) 알칼리 : 0.1N 염산의 소비량은 검체 1mL에 대하여 5.0mL 이하

   3) 산성에서 끓인 후의 환원성물질(치오글라이콜릭애씨드) : 1.0~5.0%

   4) 산성에서 끓인 후의 환원성물질 이외의 환원성물질(아황산염, 황화물 등) : 검체 1mL 중의 산성에서 끓인 후의 환원성물질 이외의 환원성물질에 대한 0.1N 요오드

액의 소비량은 0.6mL 이하

5) 환원 후의 환원성물질(디치오디글라이콜릭애씨드) : 4.0% 이하

6) 중금속 : 20μg/g 이하

7) 비소 : 5μg/g 이하

8) 철 : 2μg/g 이하

나. 제2제 기준 : 1. 치오글라이콜릭애씨드 또는 그 염류를 주성분으로 하는 냉2욕식 퍼머넌트웨이브용 제품 나. 제2제의 기준에 따른다.

7. 치오글라이콜릭애씨드 또는 그 염류를 주성분으로 하는 고온정발용 열기구를 사용하는 가온2욕식 헤어스트레이트너 제품 : 이 제품은 시험할 때 약 60℃ 이하로 가온하여 제1제를 처리한 후 물로 충분히 세척하여 수분을 제거하고 고온정발용 열기구(180℃ 이하)를 사용하는 것으로서 치오글라이콜릭애씨드 또는 그 염류를 주성분으로 하는 제1제 및 산화제를 함유하는 제2제로 구성된다.

가. 제1제 : 이 제품은 치오글라이콜릭애씨드 또는 그 염류를 주성분으로 하고 불휘발성 알칼리의 총량이 치오글라이콜릭애씨드의 대응량 이하인 제제이다. 이 제품에는 품질을 유지하거나 유용성을 높이기 위하여 적당한 알칼리제, 침투제, 습윤제, 유화제, 점증제, 향료 등을 첨가할 수 있다.

1) pH : 4.5~9.3

2) 알칼리 : 0.1N 염산의 소비량은 검체 1mL에 대하여 5.0mL 이하

3) 산성에서 끓인 후의 환원성물질(치오글라이콜릭애씨드) : 1.0~5.0%

4) 산성에서 끓인 후의 환원성물질 이외의 환원성물질(아황산염, 황화물 등) : 검체 1mL 중의 산성에서 끓인 후의 환원성물질 이외의 환원성물질에 대한 0.1N 요오드액의 소비량은 0.6mL 이하

5) 환원 후의 환원성물질(디치오디글라이콜릭애씨드) : 4.0% 이하

6) 중금속 : 20μg/g 이하

7) 비소 : 5μg/g 이하

8) 철 : 2μg/g 이하

나. 제2제 기준 : 1. 치오글라이콜릭애씨드 또는 그 염류를 주성분으로 하는 냉2욕식 퍼머넌트웨이브용 제품 나. 제2제의 기준에 따른다.

8. 치오글라이콜릭애씨드 또는 그 염류를 주성분으로 하는 냉1욕식 퍼머넌트웨이브용 제품 : 이 제품은 실온에서 사용하는 것으로서 치오글라이콜릭애씨드 또는 그 염류를 주성분으로 하고 불휘발성 무기알칼리의 총량이 치오글라이콜릭애씨드의 대응량 이하인 액제이다. 이 제품에는 품질을 유지하거나 유용성을 높이기 위하여 적당한 알칼리제, 침투제, 습윤제, 착색제, 유화제, 향료 등을 첨가할 수 있다.

1) pH : 9.4~9.6

2) 알칼리 : 0.1N 염산의 소비량은 검체 1mL에 대하여 3.5~4.6mL

3) 산성에서 끓인 후의 환원성물질(치오글라이콜릭애씨드) : 3.0~3.3%

4) 산성에서 끓인 후의 환원성물질 이외의 환원성물질(아황산염, 황화물 등) : 검체 1mL 중의 산성에서 끓인 후의 환원성물질 이외의 환원성물질에 대한 0.1N 요오드액의 소비량은 0.6mL 이하

5) 환원 후의 환원성물질(디치오디글라이콜릭애씨드) : 0.5% 이하

6) 중금속 : 20㎍/g 이하

7) 비소 : 5㎍/g 이하

8) 철 : 2㎍/g 이하

9. 치오글라이콜릭애씨드 또는 그 염류를 주성분으로 하는 제1제 사용 시 조제하는 발열2욕식 퍼머넌트웨이브용 제품 : 이 제품은 치오글라이콜릭애씨드 또는 그 염류를 주성분으로 하는 제1제의 1과 제1제의 1중의 치오글라이콜릭애씨드 또는 그 염류의 대응량 이하의 과산화수소를 함유한 제1제의 2, 과산화수소를 산화제로 함유하는 제2제로 구성되며, 사용 시 제1제의 1 및 제1제의 2를 혼합하면 약 40℃로 발열되어 사용하는 것이다.

가. 제1제의 1 : 이 제품은 치오글라이콜릭애씨드 또는 그 염류를 주성분으로 하는 액제로서 이 제품에는 품질을 유지하거나 유용성을 높이기 위하여 적당한 알칼리제, 침투제, 습윤제, 착색제, 유화제, 향료 등을 첨가할 수 있다.

1) pH : 4.5~9.5

2) 알칼리 : 0.1N 염산의 소비량은 검체 1mL에 대하여 10mL 이하

3) 산성에서 끓인 후의 환원성물질(치오글라이콜릭애씨드) : 8.0~19.0%

4) 산성에서 끓인 후의 환원성물질 이외의 환원성물질(아황산염, 황화물 등) : 검체 1mL 중의 산성에서 끓인 후의 환원성물질 이외의 환원성물질에 대한 0.1N 요오드액의 소비량은 0.8mL 이하

5) 환원 후의 환원성물질(디치오디글라이콜릭애씨드) : 0.5% 이하

6) 중금속 : 20㎍/g 이하

7) 비소 : 5㎍/g 이하

8) 철 : 2㎍/g 이하

나. 제1제의 2 : 이 제품은 제1제의 1중에 함유된 치오글라이콜릭애씨드 또는 그 염류의 대응량 이하의 과산화수소를 함유한 액제로서 이 제품에는 품질을 유지하거나 유용성을 높이기 위하여 적당한 침투제, pH조정제, 안정제, 습윤제, 착색제, 유화제, 향료 등을 첨가할 수 있다.

1) pH : 2.5~4.5

2) 중금속 : 20㎍/g 이하

3) 과산화수소 : 2.7~3.0%

다. 제1제의 1 및 제1제의 2의 혼합물 : 이 제품은 제1제의 1 및 제1제의 2를 용량비 3:1로 혼합한 액제로서 치오글라이콜릭애씨드 또는 그 염류를 주성분으로 하고 불휘발성 무기알칼리의 총량이 치오글라이콜릭애씨드의 대응량 이하인 것이다.

1) pH : 4.5~9.4

2) 알칼리 : 0.1N 염산의 소비량은 검체 1mL에 대하여 7mL 이하

3) 산성에서 끓인 후의 환원성물질(치오글라이콜릭애씨드) : 2.0~11.0%

4) 산성에서 끓인 후의 환원성물질 이외의 환원성물질(아황산염, 황화물 등) : 산성에서 끓인 후의 환원성물질 이외의 환원성물질에 대한 0.1N 요오드액의 소비량은 0.6mL 이하

5) 환원 후의 환원성물질(디치오디글라이콜릭애씨드) : 3.2~4.0%

6) 온도상승 : 온도의 차는 14℃~20℃

라. 제2제 : 1. 치오글라이콜릭애씨드 또는 그 염류를 주성분으로 하는 냉2욕식 퍼머넌트 웨이브용 제품 나. 제2제의 기준에 따른다.

⑨ 유리알칼리 0.1% 이하(화장 비누에 한함)

**학습문의 및 정오표 안내**

저희 북스케치는 오류 없는 책을 만들기 위해 노력하고 있으나, 미처 발견하지 못한 잘못된 내용이 있을 수 있습니다. 학습하시다 문의 사항이 생기실 경우, 북스케치 이메일(booksk@booksk.co.kr)로 교재 이름, 페이지, 문의 내용 등을 보내주시면 확인 후 성실히 답변 드리도록 하겠습니다.

또한, 출간 후 발견되는 정오 사항은 북스케치 홈페이지(www.booksk.co.kr)의 도서정오표 게시판에 신속히 게재하도록 하겠습니다.

좋은 콘텐츠와 유용한 정보를 전하는 '간직하고 싶은 수험서'를 만들기 위해 늘 노력하겠습니다.

---

**인플루언서**
# 쫀이떡의 맞춤형화장품 조제관리사

핵심이론요약 + 실전연습문제
실전모의고사 5회

| | |
|---|---|
| 초판발행 | 2020년 09월 10일 |
| 개정판발행 | 2021년 07월 20일 |
| 개정2판발행 | 2022년 02월 10일 |
| 편저자 | 김석준 |
| 펴낸곳 | 북스케치 |
| 출판등록 | 제2018-000089호 |
| 주소 | 서울시 마포구 양화로 26 KCC엠파이어리버 202호 |
| 전화 | 070-4821-5513 |
| 팩스 | 0303-0957-0405 |
| 학습문의 | booksk@booksk.co.kr |
| 홈페이지 | www.booksk.co.kr |
| ISBN | 979-11-91870-14-5 |

이 책은 저작권법의 보호를 받습니다. 수록된 내용은 무단으로 복제, 인용, 사용할 수 없습니다.
Copyright©booksk, 2022 Printed in Korea